U0896515

高校-企业合作研究轧机振动攻关项目（30 项）
国家自然科学基金项目（51775038）

# 冷连轧机组多源激励耦合振动控制

闫晓强 著

全书数字资源

北 京
冶 金 工 业 出 版 社
2025

## 内 容 提 要

本书是一部研究国内外冶金行业生产中普遍存在的冷连轧机组振动问题的专著，是重大工程科研成果的总结，详细介绍了轧机振动的理论研究方法、现场测试手段及抑振措施，对分析其他机电液设备的振动问题具有重要的参考价值。全书共分 10 章，包括冷连轧机组工艺及设备，冷连轧机组振动现象，冷连轧机组振动在线监测系统，冷连轧机组振动影响因素现场试验，冷连轧机组机械系统模态耦合特性，冷连轧机组机电液耦合幅频特性，冷连轧机组振动遗传及协同振动机制，冷连轧机组多源激励耦合振动，冷连轧机组振动抑制措施，冷连轧机组振动研究启示。

本书可供从事轧钢设备生产以及轧机振动研究的科研人员和有关工程技术人员阅读，也可供高等院校机械、液压、工艺和电气等相关专业的师生参考。

**图书在版编目（CIP）数据**

冷连轧机组多源激励耦合振动控制 / 闫晓强著 . 北京 ：冶金工业出版社，2025. 5. -- ISBN 978-7-5240-0125-6

Ⅰ. TG335. 12

中国国家版本馆 CIP 数据核字第 2025SC7597 号

**冷连轧机组多源激励耦合振动控制**

| | | | |
|---|---|---|---|
| **出版发行** | 冶金工业出版社 | **电　　话** | (010)64027926 |
| **地　　址** | 北京市东城区嵩祝院北巷 39 号 | **邮　　编** | 100009 |
| **网　　址** | www. mip1953. com | **电子信箱** | service@ mip1953. com |

责任编辑　王　颖　美术编辑　彭子赫　版式设计　郑小利

责任校对　葛新霞　责任印制　禹　蕊

北京建宏印刷有限公司印刷

2025 年 5 月第 1 版，2025 年 5 月第 1 次印刷

710mm×1000mm　1/16；17. 75 印张；344 千字；270 页

**定价 99. 00 元**

**投稿电话　(010)64027932　投稿信箱　tougao@cnmip. com. cn**

**营销中心电话　(010)64044283**

**冶金工业出版社天猫旗舰店　yjgycbs. tmall. com**

（本书如有印装质量问题，本社营销中心负责退换）

# 序

随着钢铁工业的高速发展，我国开始由钢铁大国迈向钢铁强国，追求更高品质冷轧带钢成为重要目标之一。由于高强度薄带钢产品的需求骤增，冷连轧机组振动的发生更加频繁和形态多样化，严重影响了带钢表面质量和威胁轧机的安全生产。轧机振动是国内外钢铁行业生产中普遍存在的现象，成为60多年来世界范围内轧制领域生产迫切需要解决的一项技术难题。

北京科技大学闫晓强教授带领课题组长期深入现场第一线，从跟随前人研究思想到提出振动遗传概念，踏上了一条探索开创实用抑振方法的荆棘之路。近二十年承担了全国30套轧机机组的振动研究，从单机架振动研究到整个机组，最终拓展至铸—轧全流程，验证了带钢振动遗传基因是诱发冷连轧机组振动的重要根源，开拓了轧机振动研究的新思路，揭示了轧机振动遗传特征，取得了多项创新性成果，建立并不断完善轧机机电液界多态耦合振动理论。

本书描述了大量的轧机振动信号分析、理论研究手段及仿真探究思路，学术思想新颖、内容具体实用，展示了多学科交叉的研究成果，将机械、电气、液压、工艺、计算机和连铸等专业有机地结合在一起，为解决现场轧机振动问题提供了一整套方法和手段，是一本在理论和实践上都有重要价值的著作。

本书是北京科技大学与马鞍山钢铁股份有限公司和首钢股份有限公司等数十家企业联合攻关的成果。首先从生产中提出轧机振动会降低带钢产品表面质量、缩短轧辊在线使用寿命和频繁损坏零部件；然后研制轧机耦合振动在线监测系统，捕捉振动现象和特征，依据实测数据从理论上探究多源耦合振动机制；最后制定实用的抑振措施并在企业现场投用，取得了显著的抑振效果。

本书的出版，可以帮助读者理解冷连轧机组的振动现象并运用抑振措施来解决现场实际问题。

中国工程院院士：

2024 年 10 月 18 日

# 前　言

冷连轧机组振动问题自20世纪60年代初开始进行研究，是世界范围内轧制领域的一项技术难题。国内外许多学者、专家和现场工程技术人员进行了长期不懈的努力，做了大量有益的工作，以解决困扰现场生产的瓶颈。近年来，随着轧机装备水平的提高和高强度薄带钢产量的增加，冷连轧机组暴露出更加复杂的振动现象，被业内称为“幽灵”式振动，成为困扰国内外冶金企业轧制高强度薄带钢的瓶颈与障碍。

自1992年开始研究冷连轧机组的振动问题，特别是2006年后，以作者为核心的课题组承担了马钢、首钢、宝钢、梅钢、通钢、涟钢、济钢、山钢和河钢等企业的30套轧机机组振动研究，做了50余次的大规模现场综合测试、深入的理论研究和仿真分析，从单因素线性动力学到多因素非线性动力学研究，从机械动力学研究到多源激励耦合动力学研究。

自2012年开始，从仅研究轧机本身振动影响因素拓展到铸-轧全流程的振源追溯，将连铸机和热连轧机振动引入冷连轧机振动研究中，捕捉到了诱发轧机“幽灵”式振动的特征及规律，提出轧机振动遗传概念，为解决冷连轧机振动提出了新的研究思路。首先，对现场冷连轧机组进行了大量的振动在线监测，发现了轧机呈现多种激励因素并存的振动现象，归纳出轧机振动的本质和振动特征；其次，进行轧机振动理论研究和仿真分析，求解轧机振动存在多源激励和耦合振动特征；最后，依据现场多年抑振经验，总结出一套通用的抑振措施，使轧机振动得到了显著控制，为轧制高强度薄带钢提供了保障。轧机振动问题的解决使带钢表面质量上了一个新台阶，减小了带钢纵向厚差，提高了实物质量，同时也提高了轧辊、零部件、电气器件和传感器在线使用寿命，降低了吨钢电耗，获得了显著的经济效益和社会效益。冷连轧机组振动问题的解决，为行业轧机振动提供了宝贵的现场解决方案，也为国民经济其他行业复杂机电设备振动问题提供了研究思路。有关轧机振动研究项目获得省部级科技一等奖4项、二等奖5项，2014年成为中国金属学会重点推广项目，2019年入选“北京科技大学十大学术进展”。

北京科技大学课题组成员如下：

教师：闫晓强、孙志辉、郜志英、陈兵、程伟、王文瑞、韩天和孙浩等。

作者指导参加轧机振动研究的博士研究生：张义方、凌启辉、吴继民、王鑫鑫、肖彪、贾金亮、齐杰彬、贾星斗、王立东、刘煜杰、孙为全和闫宗庆等。

作者指导参加轧机振动研究的硕士研究生：张寅、袁振文、贾永茂、崔秀波、张超、曹羲、刘丽娜、史灿、张龑、焦念成、司小明、包淼、范连东、杨喜恩、杨文广、吴先锋、雷洋、任力、刘伟、岳翔、杨文海、张之明、邹建才、张宏杰、王瑞祥、黄壮、么爱东、刘克飞、苏杭帅、周晟、米雨佳、王小华、张勇、王宗元、周志、刘奎、付兴辉、刘建伟、陈建宇、付佳、刘晓星、张中豪、贾星斗、杨博涵、邓槟杰、雷杰、李立彬、陈远、李霄、关世昌、隋立国、刘煜杰、李珂、于文宝、闫雄、孙运强、李胜奇、李晓昆、杨文皓、杨绪飞、侯鹏、王海鹏、邵化壮、张建民、赵梦梦、王学伟、吕宏涛、曹晖、云惟京和陈宇辰等。

本书在编写过程中，参考了有关文献资料，并得到了很多钢铁企业的帮助，在此一并表示感谢！

因作者水平所限，书中不妥之处，敬请广大读者不吝赐教。

作　者

2024年9月

# 目　　录

# 1 冷连轧机组工艺及设备

冷轧带钢具有表面粗糙度好、尺寸精度高及力学性能良好等特点，被广泛应用于汽车、船舶、高铁、家电、高端建材和食品包装等领域，近年来下游行业的快速发展对冷轧带钢的尺寸精度及表面质量要求越来越高。目前，我国高端冷连轧机组多为全套国外引进，在长期不断消化吸收引进技术的过程中，国内已经具备了工厂设计、工艺制定、主体设备制造和自动化系统配套的能力。

## 1.1 冷连轧机组工艺流程

以某 1250 冷连轧机组为例，该生产线设计年产冷轧钢卷 100 万吨，见表 1-1。原料宽度为 700~1100 mm、厚度为 1.8~4.5 mm，成品宽度为 700~1100 mm、厚度为 0.18~2.0 mm。

**表 1-1 某 1250 冷连轧机组产品及产量**

| 产 品 | 产量/(万吨·年$^{-1}$) | 成品规格/(mm×mm) |
|---|---|---|
| 冷硬板 | 42 | (0.25~1.80)×(700~1100) |
| 涂镀基板 | 28 | (0.30~1.50)×(700~1100) |
| 高强钢基板 | 16 | (0.50~2.00)×(700~1100) |
| 镀锡基板 | 14 | (0.18~0.55)×(700~1050) |

轧机入口区设有开卷机、焊机和水平活套等，如图 1-1 所示。2 台开卷机通过液压缸驱动机体设备横移，外支撑用于支撑悬臂式开卷机卷筒。焊机实现机组入口的前后钢卷的头尾焊接，以实现全连续高速轧制，减少了辅助操作时间和操作事故。采用水平活套，满足入口钢卷焊接与轧机运行的时间调节，充分发挥轧机的运行效率。具备在线快速换辊功能，减少生产实际辅助时间。采用无头轧制，带钢头尾损耗少，轧制成材率高。S5 轧机出口带钢通过夹送辊，经过启停式滚筒飞剪进行剪切，进入到卷取机进行卷取，然后将成品钢卷运送到钢卷成品库。

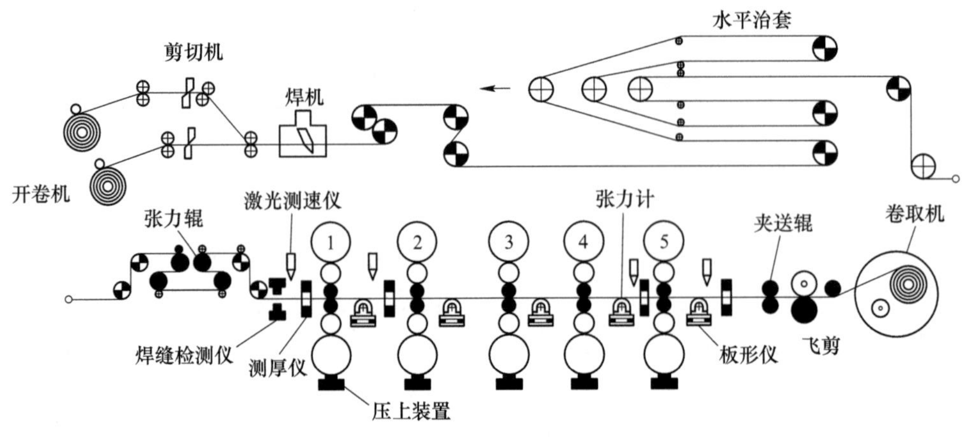


图 1-1　某 1250 冷连轧机组生产线布置

## 1.2　冷连轧机组主要参数

该冷连轧机组为 5 个机架，全部采用六辊轧机。每架轧机辊系均具有轧辊倾斜、工作辊弯辊和中间辊弯辊等板形控制手段。其中 S5 轧机出口安装有压磁式板形仪，以实现板形闭环控制和工作辊凸度控制。轧机主要技术参数见表 1-2。

**表 1-2　轧机主要技术参数**

| 轧　机 | S1 | S2 | S3 | S4 | S5 |
|---|---|---|---|---|---|
| 工作辊直径/mm | $\phi$340～385 | | | | |
| 中间辊直径/mm | $\phi$390～440 | | | | |
| 支承辊直径/mm | $\phi$1050～1200 | | | | |
| 工作辊辊身长度/mm | 1250 | | | | |
| 轧制力/kN | 18000 | | | | |
| 主电机功率/kW | 2600 | 3600 | | | |

## 1.3　冷连轧机组控制系统

轧机控制系统采用多级分布式计算机控制系统架构。过程自动化系统采用 PC 服务器，基础自动化系统采用西门子 TDC 控制器，人机界面基于 WinCC 软件平台搭建。整个计算机控制系统网络结构如图 1-2 所示。

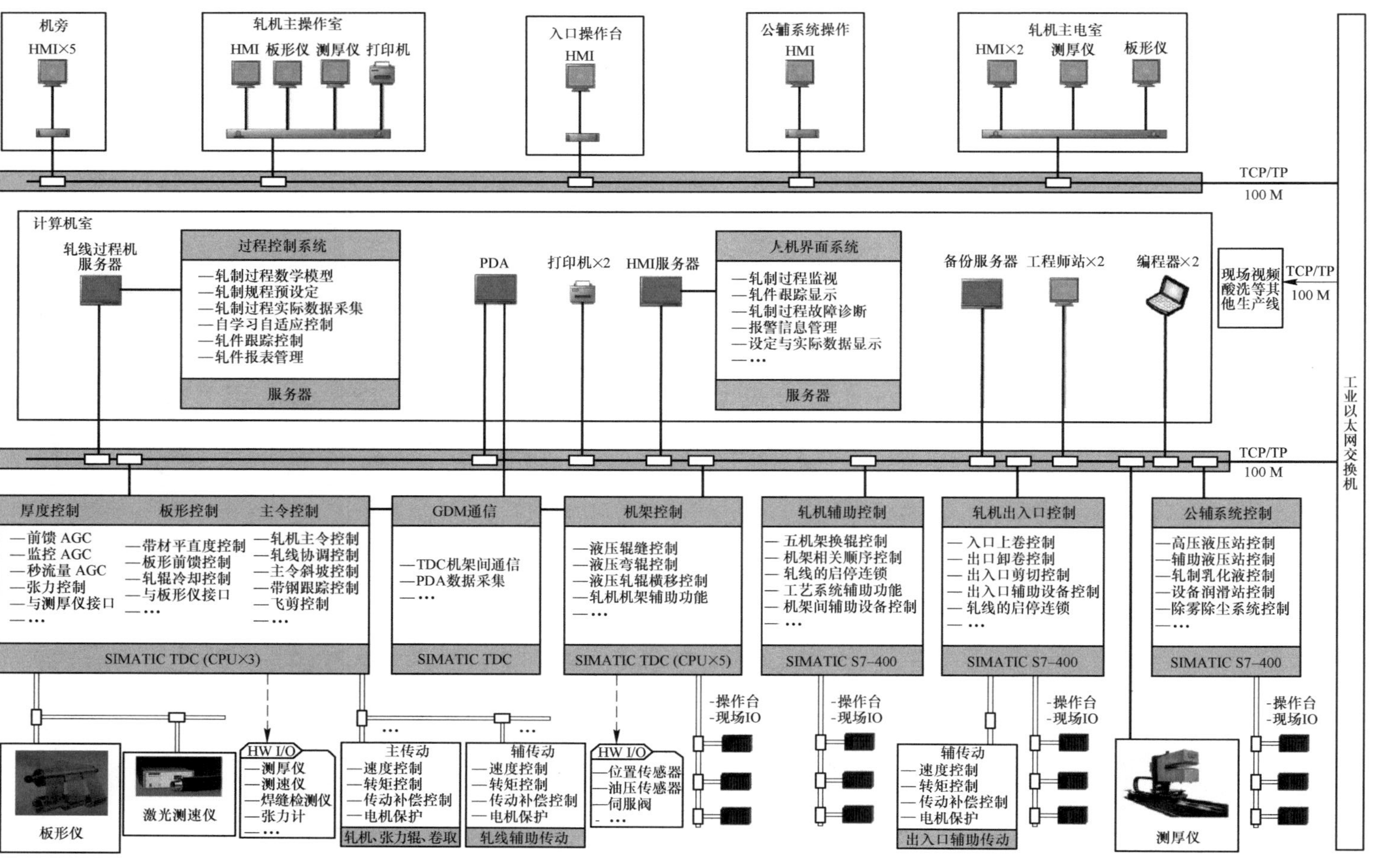

图 1-2 某 1250 冷连轧机组计算机控制系统与网络配置

冷连轧过程自动化控制系统实现了轧制负荷分配、轧制力、辊缝和张力等工艺参数的优化设定，以提高生产效率，降低头尾超差长度。同时，过程自动化系统具有完善的信号通信、钢卷跟踪、数据处理与统计等功能，轧过程控制系统框架如图 1-3 所示。

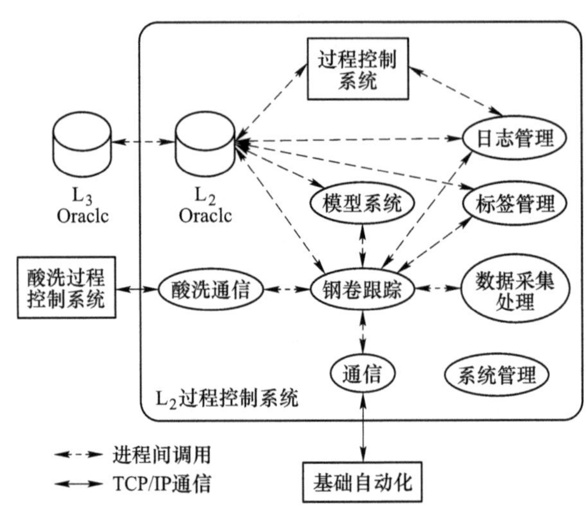


图 1-3 某 1250 冷连轧机组过程控制系统结构

## 1.4 轧制过程控制模型

数学模型系统是冷连轧机组过程控制系统乃至整个计算机控制系统的“中枢”和“心脏”，其设定精度以及对工况的适应能力决定了产品质量水平和生产稳定性。主要包括基于有限元的轧制力能参数模型、新型的轧辊弹跳模型、考虑轧辊凸度和轧辊磨损的板形设定模型、穿带/稳态过程的轧制参数智能优化模型等，通过优化摩擦系数和变形抗力等参数，提高了穿带/甩尾时的设定精度，减少了超差长度。

## 1.5 轧制规程多目标优化

为了制定合理的轧制规程，摆脱对经验值的依赖，采用一种轧制规程的多目标（多运行状态）优化方法，对轧制规程进行优化如图 1-4 所示。

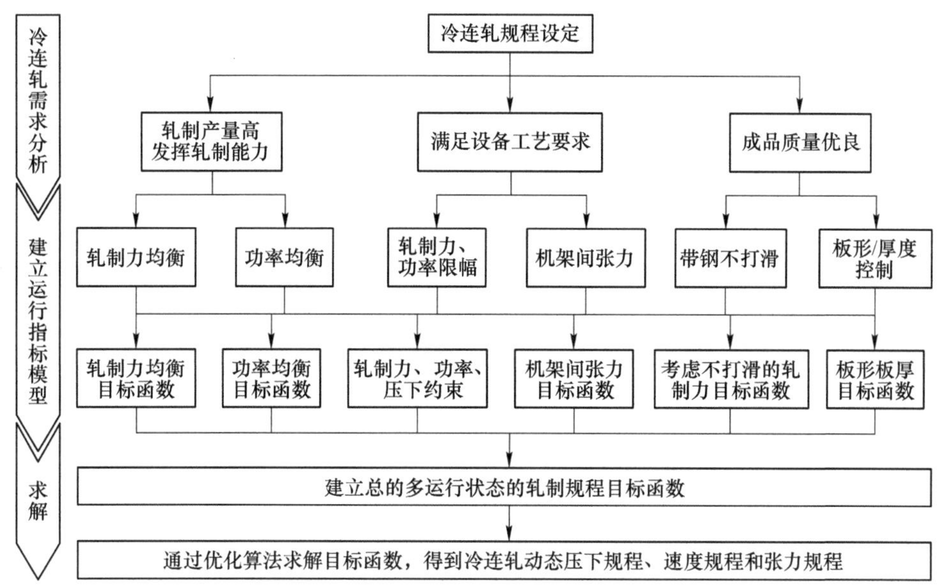


图 1-4 轧制规程优化设定

## 1.6 基础自动化配置

基础自动化主要根据轧制规程信息对轧制速度、带钢厚度和板形等进行实时闭环控制。按照功能划分为工艺控制系统、主传动控制系统、液压压上控制系统和辅助控制系统等，其中工艺控制系统包括自动厚度控制、自动张力控制和自动板形控制。

## 1.7 本 章 小 结

本章阐述了冷连轧工艺的完整流程，这一工艺在现代冶金工业中占据着举足轻重的地位，其流程覆盖了从原料到最终产品诞生的每一个环节。在设备配置方面，冷连轧机展现出了其精密机械系统的卓越性，各类设备紧密协作，共同构成一个高效运作的机械体系。其中，轧机传动系统、垂直系统以及一系列关键组件，尤其是作为直接作用于带钢并使其变形的关键工具——轧辊，其材质选择、硬度设计、表面粗糙度等特性均经过严格的计算与优化处理，以确保轧制过程的顺畅与高效性。

此外，冷连轧机系统的高度精准控制能力也是其显著特点之一，它不仅能够精确控制轧制力的分布，还能实现轧制速度的精细调节，从而为生产出高品质的产品奠定了坚实的基础。

冷连轧机的主要功能与参数是衡量其性能优劣的重要标尺。这些功能与参数涵盖了从轧制力的精确调控、轧制速度的灵活转换，到带钢厚度与宽度的精细控制等多个方面，每一项都直接关系到产品的最终品质与生产效率。因此，对于冷连轧机的主要功能与参数的深入理解与掌握，不仅是轧机振动研究领域的专家学者及工程师们必备的专业素养，也是提升产品质量、减少轧机振动负面影响的重要策略。

# 2 冷连轧机组振动现象

为了了解冷连轧机组振动现象，利用自制的轧机耦合振动在线监测系统，对某 1550 冷连轧机组、1450 冷连轧机组、1220 冷连轧机组和 1720 冷连轧机组等进行了振动测试，以获得轧机振动时对应的振动信号特征和规律。

## 2.1 冷连轧机组振动现象

### 2.1.1 某 1550 冷连轧机组振动

依据对某 1550 冷连轧机组振动长期跟踪在线监测，在轧制材质为 SPCC、规格为 0.2 mm×1200 mm 带钢时，轧机轧制速度呈阶梯状逐渐升高，S5 轧制速度从 0 升至 850 m/min 过程中，轧机平稳运行，各测点并无异常振动。当轧制速度由 850 m/min 升至 900 m/min 过程中，S4 和 S5 轧机出现剧烈振动并伴有刺耳噪声，此时 S1～S5 轧机牌坊顶部中心振动速度（图中 OS 和 DS 分别为操作侧和传动侧）波形如图 2-1 所示，S4 和 S5 轧机振幅具有迅速放大现象，为了避免振动损坏零部件和降低带钢表面质量，此时操作工马上降低轧制速度，随之振幅迅速衰减。

S1～S5 轧机振动速度测点位置及振动速度最大值统计见表 2-1。为了清晰起见，将表中数据制成图 2-2 所示。

从图 2-2 可以明显看出，S5 轧机振动速度最大为 5.32 mm/s、S4 轧机振动为 3.29 mm/s，其他轧机振动很小，都在 0.57 mm/s 以下。

为了更加清晰，将 S4 和 S5 轧机产生剧烈振动部分进行放大并做频谱分析，如图 2-3 所示。

从图 2-3 中清楚地看到 S4 和 S5 轧机各测点均出现相同明显优势频率 144 Hz，其中 S5 轧机传动侧（S5DS）牌坊顶部中心振动最为剧烈，振动速度有效值达到 3.03 mm/s、频域幅值达到 3.83 mm/s，此时 S5 轧机支承辊表面生成振痕如图 2-4 所示，同时带钢表面也出现振痕。

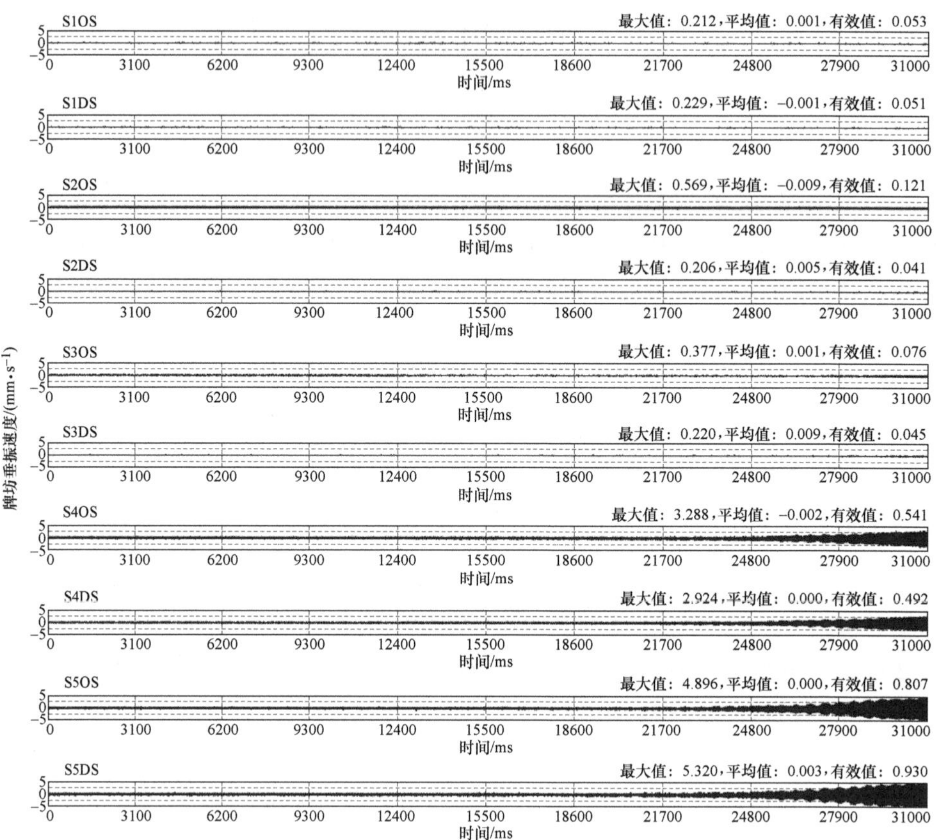


图 2-1　S1～S5 轧机牌坊顶部中心振动速度

**表 2-1　某 1550 冷连轧机组振动测点位置及振动速度**

| 测点位置 | | 振动速度最大值/(mm·s$^{-1}$) | 测点位置 | | 振动速度最大值/(mm·s$^{-1}$) |
|---|---|---|---|---|---|
| 操作侧 | S1 牌坊顶部中心 | 0.212 | 传动侧 | S1 牌坊顶部中心 | 0.229 |
| | S2 牌坊顶部中心 | 0.569 | | S2 牌坊顶部中心 | 0.206 |
| | S3 牌坊顶部中心 | 0.377 | | S3 牌坊顶部中心 | 0.220 |
| | S4 牌坊顶部中心 | 3.288 | | S4 牌坊顶部中心 | 2.924 |
| | S5 牌坊顶部中心 | 4.896 | | S5 牌坊顶部中心 | 5.320 |

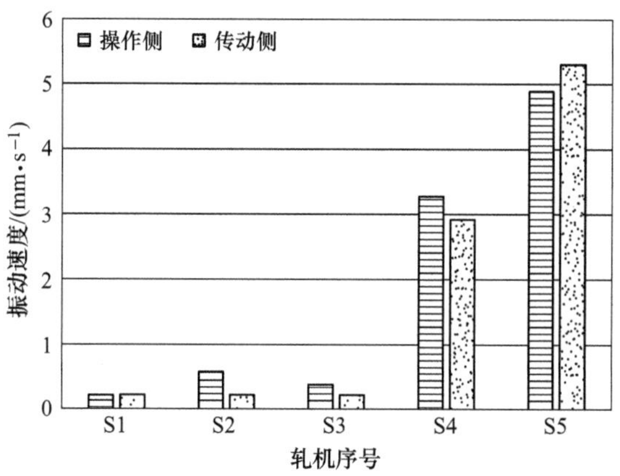


图 2-2 S1~S5 轧机最大振动速度对比

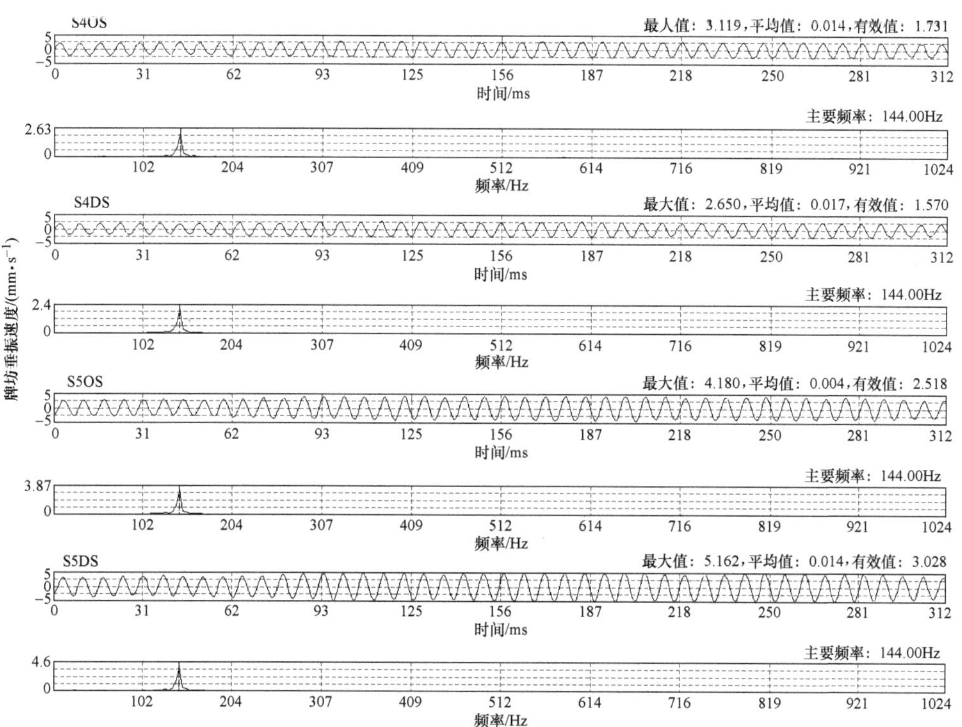


图 2-3 S4 和 S5 轧机操作侧和传动侧牌坊顶部中心最大振动速度时频图

图 2-4　某 1550 冷连轧 S5 轧机支承辊表面振痕

### 2.1.2　某 1220 冷连轧机组振动

某 1220 冷连轧机组由 5 架轧机构成，其中 S4 和 S5 轧机在轧制某几种材质薄规格产品时频繁发生振动现象。提取 S4 和 S5 牌坊顶部中心垂振速度和主传动电机输出轴扭振信号来进行观察和分析。选取 5 次典型振动时所对应的带钢材质、规格和轧制速度参数见表 2-2。S4 和 S5 轧机第 1 次振动时牌坊垂振速度和主传动扭振信号如图 2-5 和图 2-6 所示。

**表 2-2　轧机典型振动工况统计**

| 振动次数 | 材质 | 带钢宽度 /mm | 带钢厚度 /mm | 振动时轧制速度 /(m · min$^{-1}$) | 振动中心频率 /Hz |
|---|---|---|---|---|---|
| 1 | LT-5CA | 885 | 0. 22 | 1211 | 228 |
| 2 | MRT-4CA | 837 | 0. 20 | 1142 | 244 |
| 3 | SPCC-1B | 750 | 0. 19 | 1024 | 210 |
| 4 | SPCC-1B | 750 | 0. 19 | 1074 | 238 |
| 5 | SPCC-1B | 845 | 0. 18 | 1070 | 228 |

从图中可以看出：S5 轧机首先出现较小振动然后衰减，随后 S4 出现较大振动，S5 紧跟出现强烈振动，此时振动中心频率为 228 Hz，振动速度达到 6 mm/s 以上并伴随强烈噪声。与此同时传动系统中出现了除转频 3. 91 Hz 外与垂振频率 228 Hz 一致的扭振信号，但振速幅值较小，说明轧机出现了垂扭弱耦合振动现象。

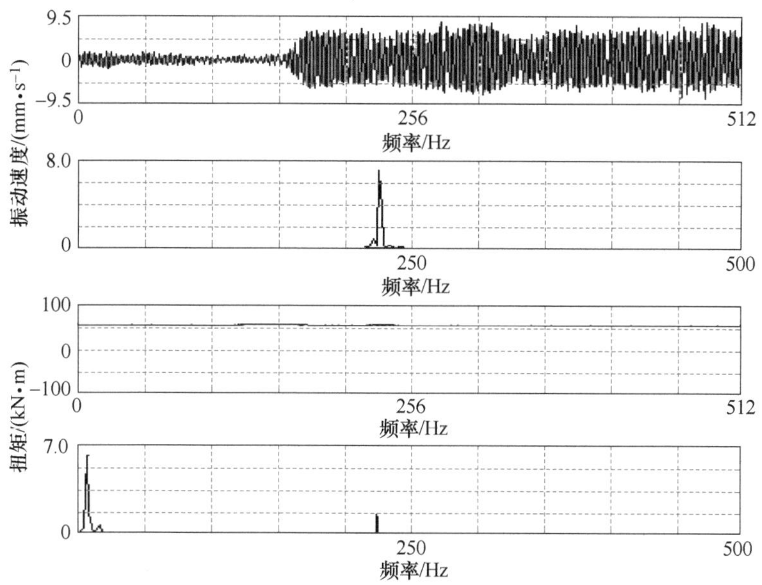


图 2-5　S4 第 1 次牌坊垂振和电机轴扭振

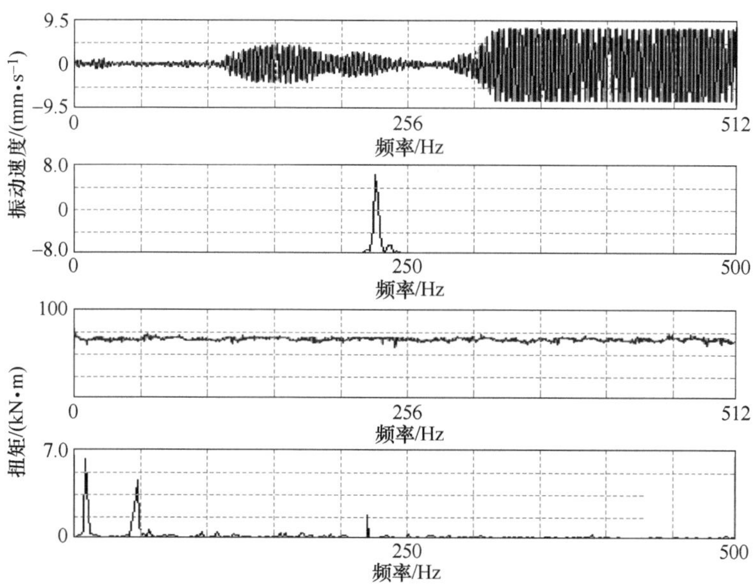


图 2-6　S5 第 1 次牌坊垂振和电机轴扭振

S5 轧机第 2 次振动中心频率为 244 Hz，如图 2-7 所示，幅值达到 5.6 mm/s，而 S4 振动速度约为 S5 的一半，说明 S5 轧机振动比 S4 轧机振动更加强烈。另外，从图 2-8 看出，S5 比 S4 垂振滞后约 90°。

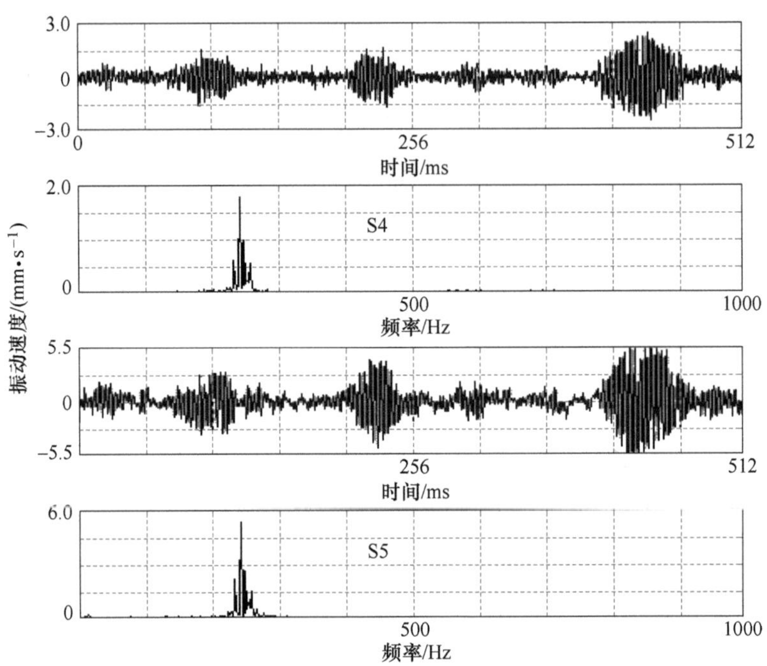


图 2-7　S4 和 S5 第 2 次牌坊垂振

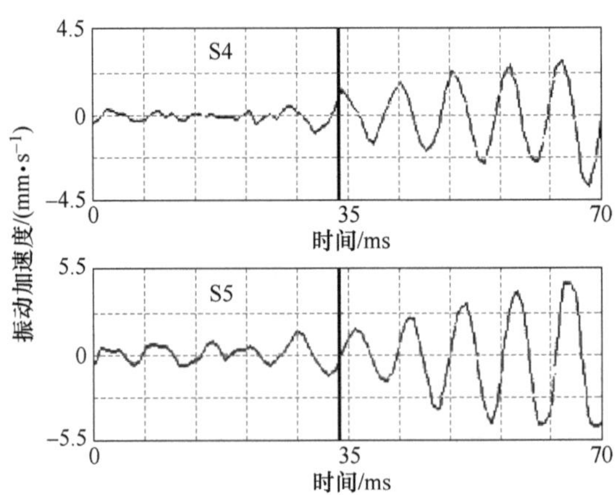


图 2-8　S4 和 S5 第 2 次牌坊垂振速度相位

S4 和 S5 轧机第 3 次振动中心频率都为 210 Hz，如图 2-9 和图 2-10 所示，幅值都超过 6 mm/s，S4 振动比 S5 超前 90°。

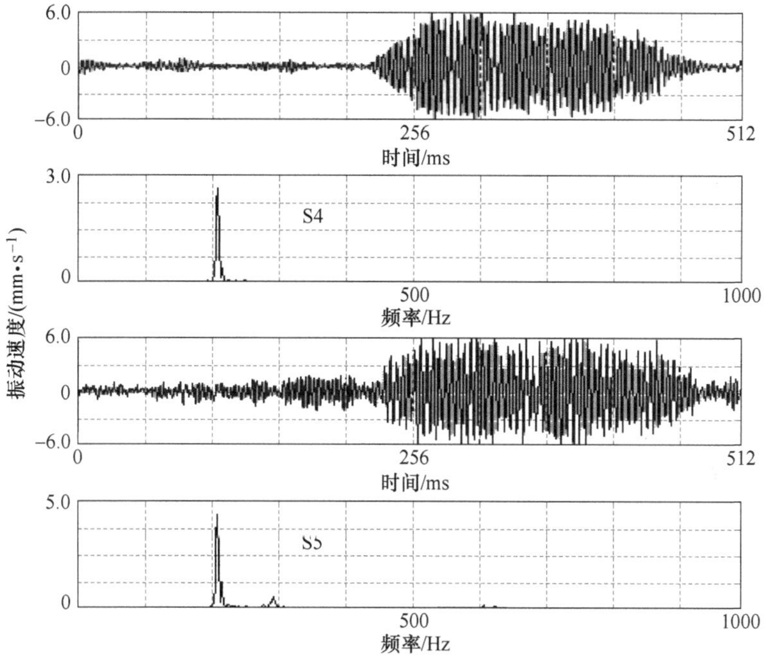


图 2-9 S4 和 S5 第 3 次轧机牌坊垂振

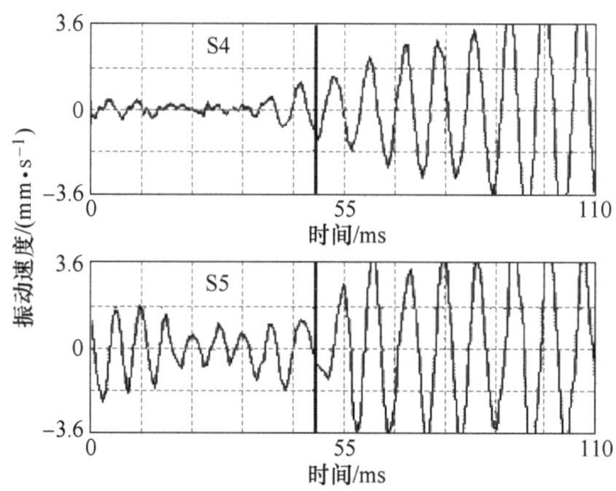


图 2-10 S4 和 S5 第 3 次牌坊垂振速度相位

S4 和 S5 轧机第 4 次振动中心频率都为 238 Hz，如图 2-11 和图 2-12 所示，幅值都超过 20 mm/s，是振动最为严重的一次，此时以垂振为主。

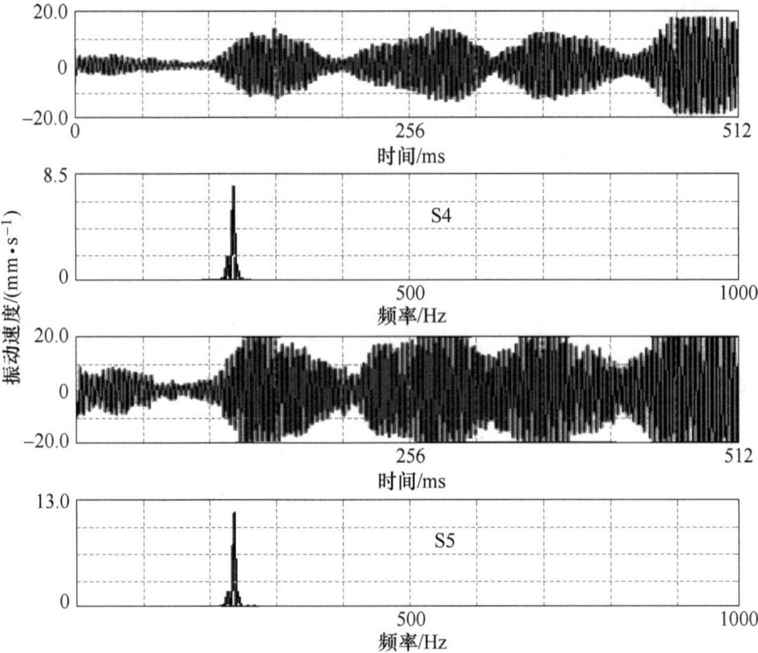


图 2-11　S4 和 S5 第 4 次牌坊垂振

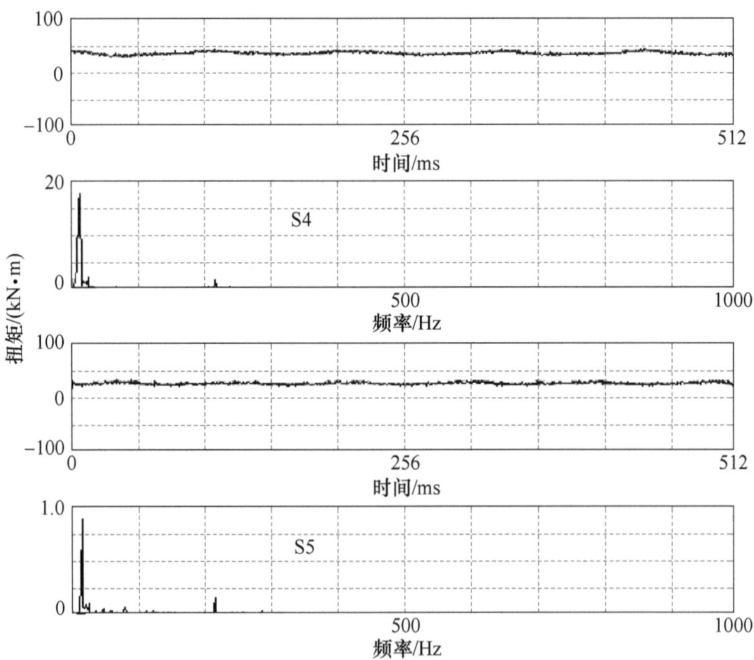


图 2-12　S4 和 S5 第 4 次传动扭振

S4 和 S5 轧机第 5 次振动初期较小，如图 2-13 和图 2-14 所示，然后变大，S4 也跟随振动，但比 S5 要小很多，振动主频 228 Hz。出现振动后，操作工被迫让轧机减速，振动也随之降低。在此期间扭矩也出现转频和倍频及垂振频率。

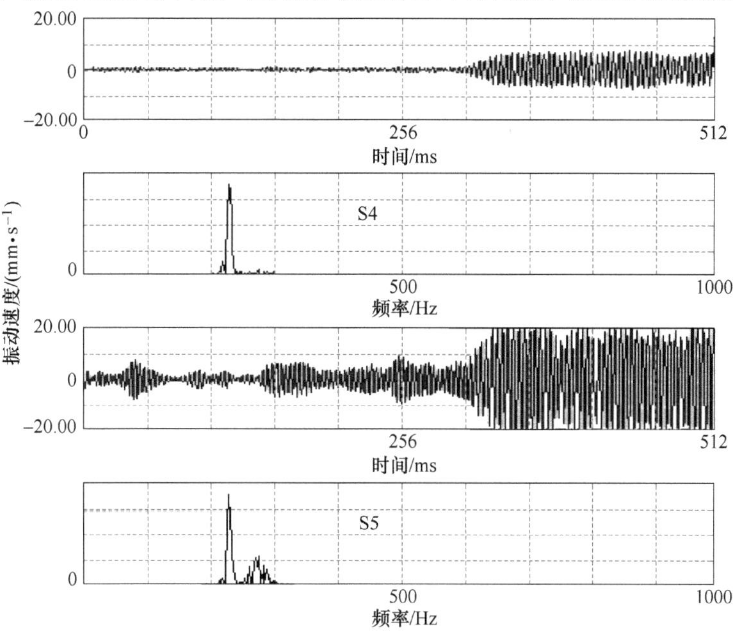


图 2-13 S4 和 S5 第 5 次牌坊垂振

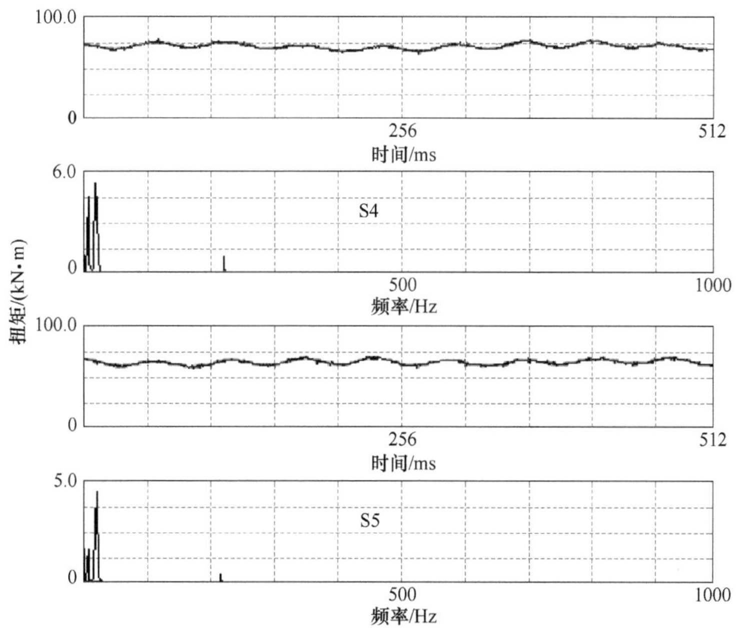


图 2-14 S4 和 S5 第 5 次传动扭振

综上所述，某 1220 冷连轧机组在轧制上述 3 种材质 4 种规格的薄规格产品时，S4 和 S5 轧机出现了 5 次振动现象，垂振速度最大峰值达到 20 mm/s 以上，振动中心频率为 210~244 Hz，不同材质振动频率不同，即使相同材质的带钢，每次振动的频率也不同，但都在比较小的范围内变化。扭振除了出现转频和倍频外，还出现了与垂振同样的频率，但比较弱，说明轧机出现了垂扭弱耦合振动现象。

### 2.1.3　某 1720 冷连轧机组振动

某 1720 四机架冷连轧机组在轧制 SPCC、规格 0.7 mm×1475 mm 带钢时 S4 出现严重振动并呈发散形态，牌坊顶部中心振动速度幅值达到 5.2 mm/s，为了避免强烈振动造成的后果，操作工迅速将轧制速度降低，轧机振动随之衰减，振动中心频率为 141 Hz，如图 2-15 所示。

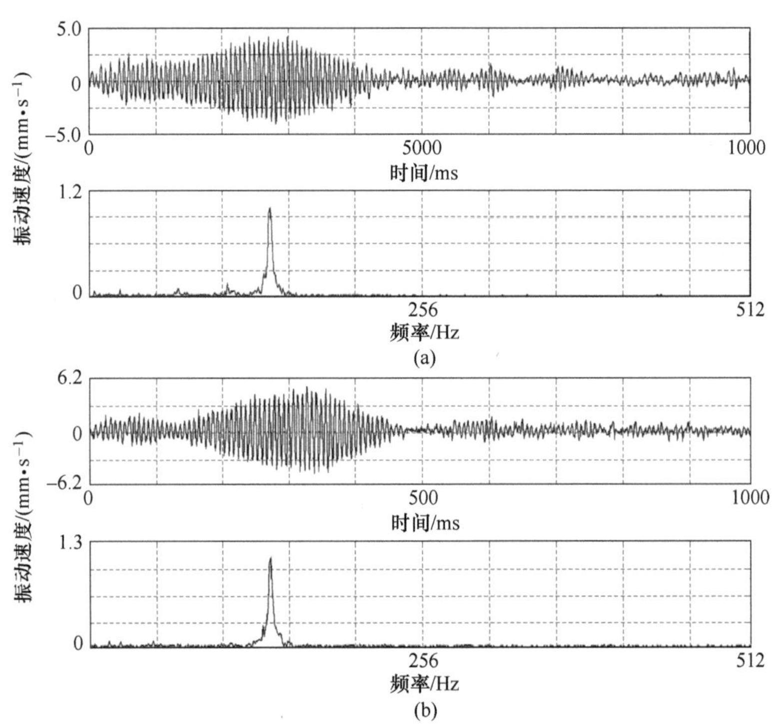


图 2-15　某 1720 冷连轧 S4 轧机牌坊顶部中心振动速度
（a）操作侧；（b）传动侧

### 2.1.4　某 1450 冷连轧机组振动

对某 1450 冷连轧机组长期在线监测跟踪，S5 轧机在轧制 S40（或 S30Y）材质、0.5 mm×1050 mm 带钢且轧制速度达到 1050 m/min 以上时发生异常振动现象。例如轧制速度为 1056 m/min 和 1188 m/min 时 S5 轧机发生振动时，轧机牌坊顶部中心的振动速度时频图如图 2-16 所示。

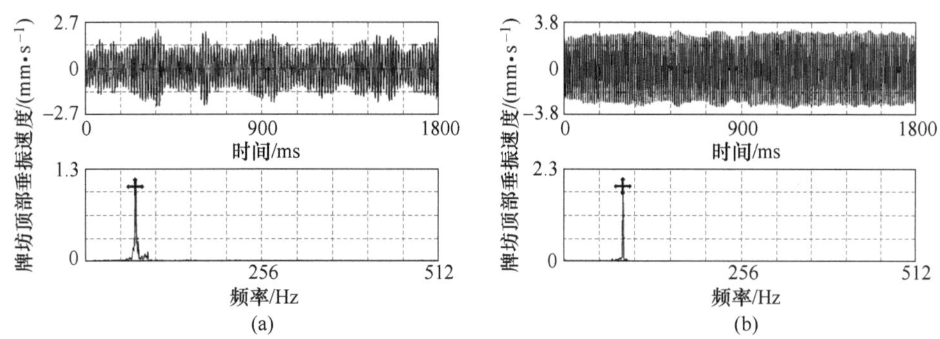


图 2-16 不同轧制速度下 S5 轧机垂振时频图

（a）轧制速度 1056 m/min；（b）轧制速度 1188 m/min

经过一段时间的统计，发现相同轧制速度下 S5 轧机的振动频率随着上支承辊直径的变化而变化，而不随工作辊和中间辊直径变化，将不同上支承辊直径和不同轧制速度下的 S5 轧机振动频率统计列在表 2-3 和绘制成图 2-17。

**表 2-3 S5 轧机振动频率与轧制速度及上支承辊直径关系统计**

| 上支承辊直径/mm | 轧制速度/($m \cdot min^{-1}$) | 振动频率/Hz |
|---|---|---|
| 1209 | 1056 | 74 |
| | 1134 | 79 |
| | 1146 | 80 |
| | 1158 | 81 |
| | 1170 | 82 |
| | 1176 | 83 |
| | 1188 | 84 |
| | 1200 | 85 |
| 1184.2 | 1050 | 75 |
| | 1092 | 78 |
| | 1128 | 81 |
| | 1146 | 82 |
| | 1164 | 83 |
| | 1176 | 84 |
| | 1188 | 85 |

续表 2-3

| 上支承辊直径/mm | 轧制速度/(m · min$^{-1}$) | 振动频率/Hz |
|---|---|---|
| 1292 | 1146 | 75 |
| | 1158 | 76 |
| | 1176 | 77 |
| | 1188 | 78 |
| | 1200 | 79 |
| 1172 | 960 | 69 |
| | 1038 | 75 |
| | 1092 | 79 |
| | 1122 | 81 |
| | 1200 | 86 |
| | 1230 | 88 |
| | 1242 | 89 |
| | 1260 | 91 |
| | 1302 | 94 |

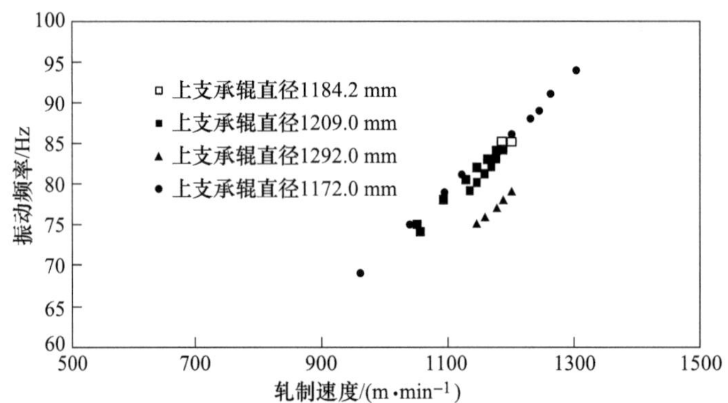


图 2-17　S5 轧机振动频率与轧制速度关系

从图 2-17 中可以看出，在同一支承辊辊径条件下，轧机垂直振动频率与轧制速度呈明显的线性关系，振动频率与轧制速度比例关系的改变原因都源于更换了 S5 轧机不同直径的支承辊。

以上为 4 种不同的冷连轧机组振动现象，尽管振动中心频率相差较大，但都是在较高的轧制速度下发生的振动。因此，一般轧制薄规格、硬材质和轧制速度较高时轧机振动发生的概率更高。

## 2.2 冷连轧机组振动演进过程

为了对冷连轧机组振动过程有一个全面了解，以某 1450 冷连轧机组为例来观察与分析轧机振动生成的过程。

冷连轧机组采用连续轧制工艺，将原料钢卷焊接在一起进行连续轧制，轧制完成后再切断分卷。为了避免焊缝通过轧机时擦伤轧辊，需要减速至安全轧制速度，当焊缝通过连轧机组并切断分卷后，再升速至最高速度进行轧制。

为了观察连轧机组振动由弱变强的起振过程，对轧制 S30Y 薄带钢时升速过程中的振动信号进行频谱分析。将轧制速度从 200 m/min 升至 1200 m/min，如图 2-18 所示。

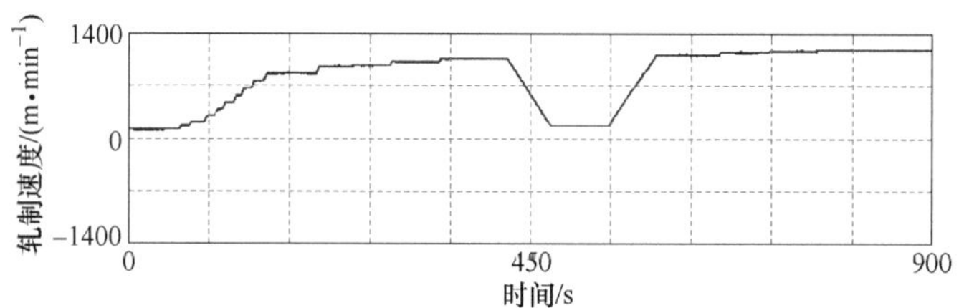


图 2-18 某 1550 冷连轧机组 S5 轧机变速轧制阶梯图

在不同轧制速度下，该冷连轧机组振动最大的 S5 轧机典型振动信号如图 2-19~图 2-29 所示。

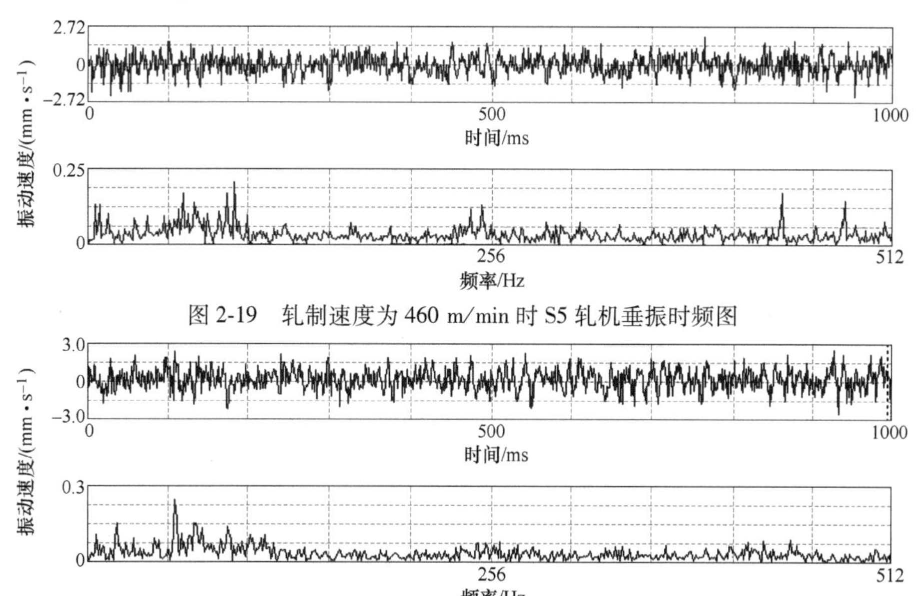


图 2-19 轧制速度为 460 m/min 时 S5 轧机垂振时频图



图 2-20 轧制速度为 620 m/min 时 S5 轧机垂振时频图

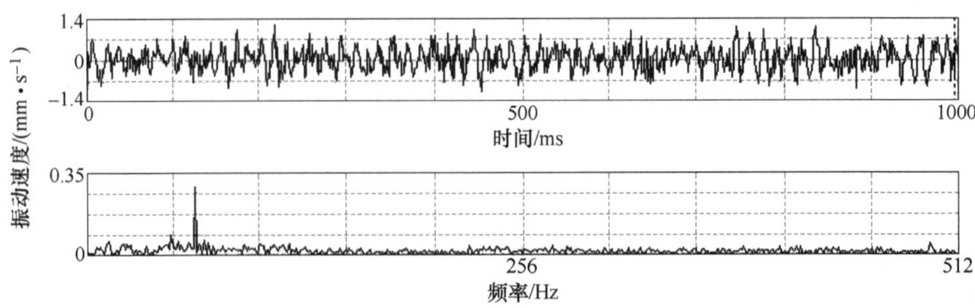


图 2-21　轧制速度为 700 m/min 时 S5 轧机垂振时频图

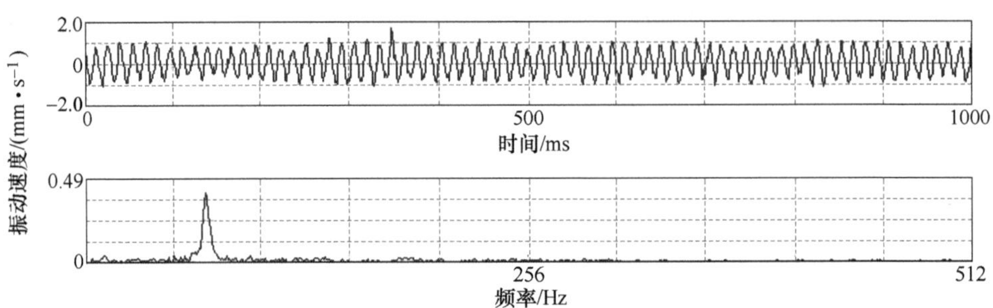


图 2-22　轧制速度为 780 m/min 时 S5 轧机垂振时频图

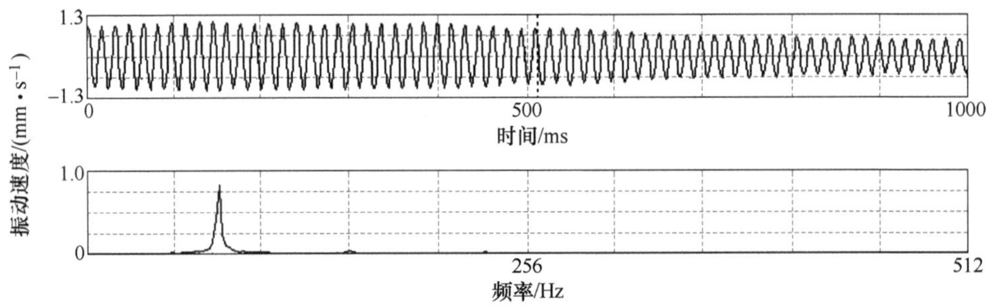


图 2-23　轧制速度为 860 m/min 时 S5 轧机垂振时频图

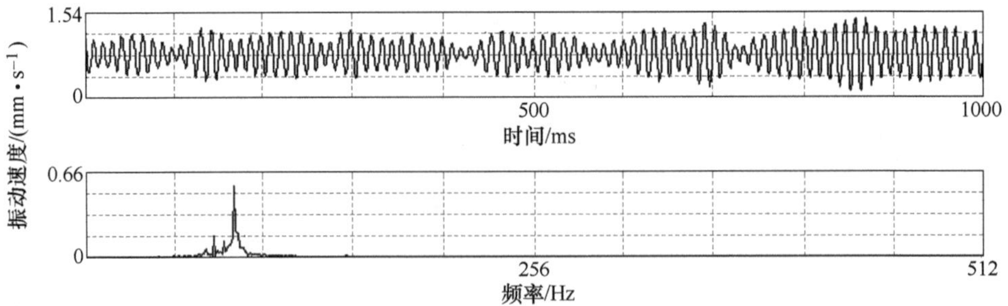


图 2-24　轧制速度为 940 m/min 时 S5 轧机垂振时频图

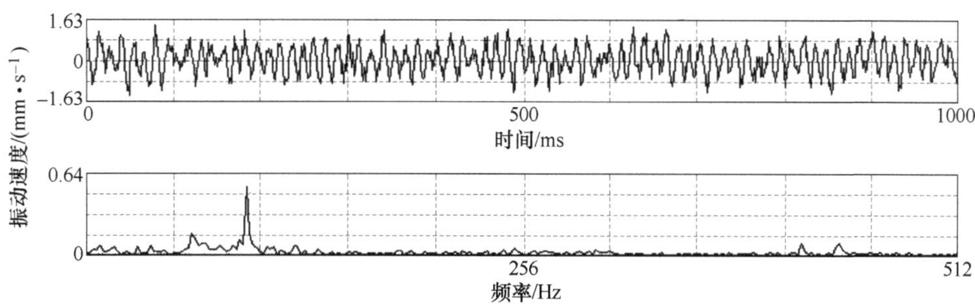


图 2-25 轧制速度为 1020 m/min 时 S5 轧机垂振时频图

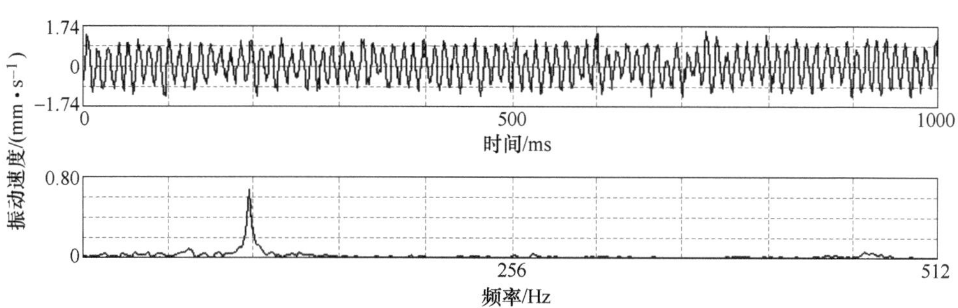


图 2-26 轧制速度为 1100 m/min 时 S5 轧机垂振时频图

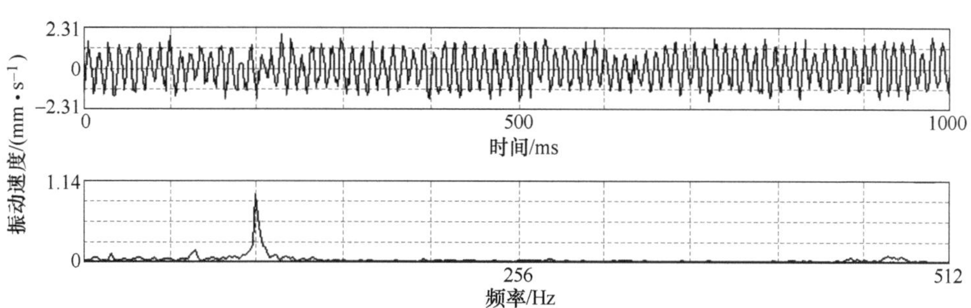


图 2-27 轧制速度为 1140 m/min 时 S5 轧机垂振时频图

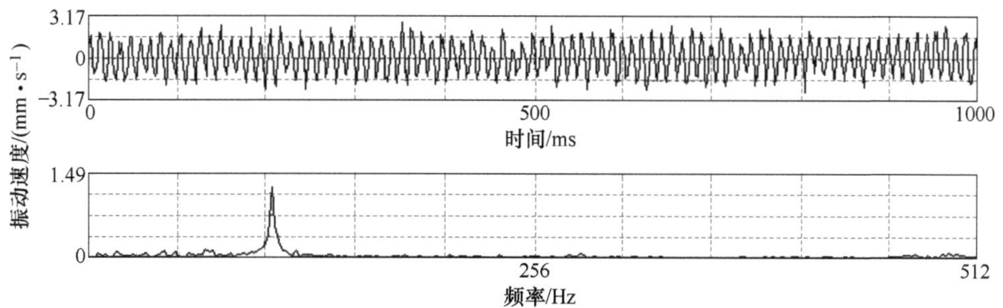


图 2-28 轧制速度为 1170 m/min 时 S5 轧机垂振时频图

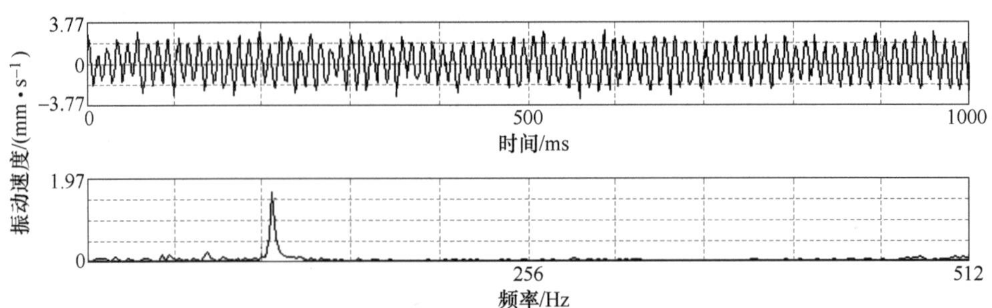


图 2-29　轧制速度为 1200 m/min 时 S5 轧机垂振时频图

为了便于分析，将图中振动信号的优势频率和振速幅值统计制成表 2-4。

**表 2-4　轧机振动频率和振速幅值与轧制速度关系**

| 轧制速度/($m \cdot min^{-1}$) | 优势频率/Hz | 垂振速度幅值/($mm \cdot s^{-1}$) |
|---|---|---|
| 460 | — | — |
| 620 | 56 | 0.26 |
| 700 | 64 | 0.29 |
| 780 | 70 | 0.41 |
| 860 | 78 | 0.83 |
| 940 | 86 | 0.54 |
| 1020 | 94 | 0.45 |
| 1100 | 100 | 0.67 |
| 1140 | 102 | 0.92 |
| 1170 | 106 | 1.19 |
| 1200 | 109 | 1.60 |

由表 2-4 中数据可知，当轧制速度低于 620 m/min 时，S5 轧机垂直振动信号频谱中无优势频率；当轧制速度高于 620 m/min 时出现优势频率，S5 轧机垂振速度幅值不断增大，在 860 m/min 时达到第一个峰值，然后下降后又继续升高，在 1200 m/min 轧制速度时振动速度快速攀升，此时操作工将轧制速度降下来，避免振动再大而损坏设备。将表 2-4 中振动频率和垂振速度幅值与轧制速度的关系制成图 2-30 和图 2-31。

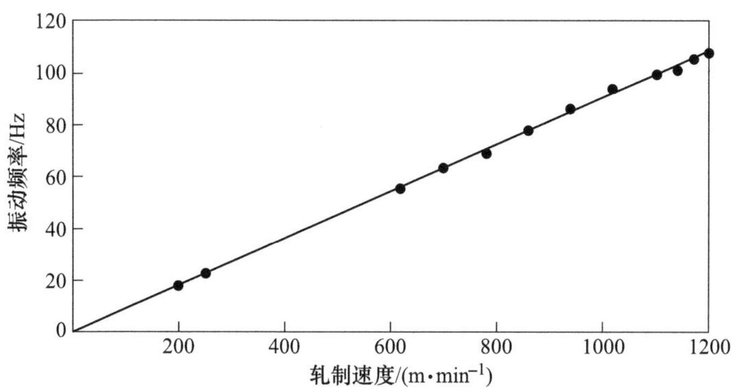


图 2-30 S5 轧机振动频率与轧制速度关系

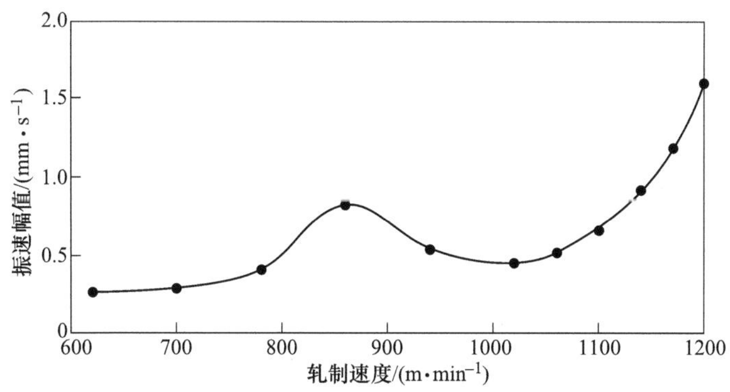


图 2-31 S5 轧机振速幅值与轧制速度关系

由图可以看出，该冷连轧机组 S5 轧机的振动频率与轧制速度呈明显的线性关系，而轧机振动大小与轧制速度密切相关，在 860 m/min 和 1200 m/min 出现了振动峰值。

另外，某 1550 冷连轧机组 S5 轧机垂振速度与轧制速度关系如表 2-5 和图 2-32 所示。

**表 2-5 S5 轧机垂振速度与轧制速度关系统计**

| 上支承辊直径/mm | 轧制速度/($m \cdot min^{-1}$) | 垂振速度/($mm \cdot s^{-1}$) |
|---|---|---|
| 1172.0 | 402 | 0.178 |
| | 762 | 0.294 |
| | 960 | 0.571 |
| | 1038 | 1.555 |
| | 1092 | 1.797 |
| | 1122 | 1.997 |

续表 2-5

| 上支承辊直径/mm | 轧制速度/(m · min$^{-1}$) | 垂振速度/(mm · s$^{-1}$) |
|---|---|---|
| 1172.0 | 1200 | 1.614 |
| | 1230 | 0.731 |
| | 1242 | 0.715 |
| | 1260 | 0.465 |
| | 1302 | 0.584 |

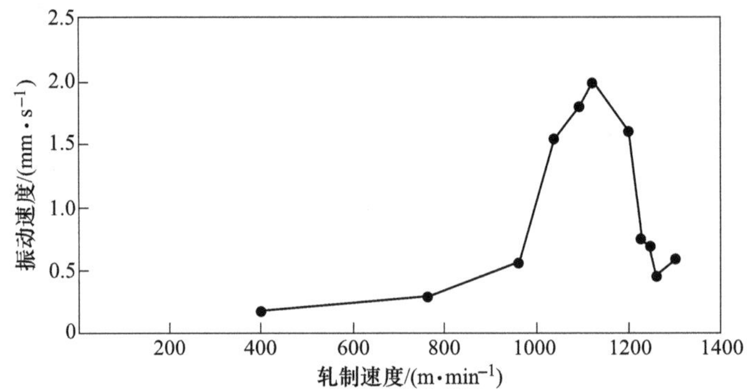


图 2-32　S5 轧机振动速度与轧制速度关系

由图 2-32 中明显看出，轧机振动速度幅值较大的区间的轧制速度为 1000~1200 m/min，避开该区间轧机振动得到明显缓解。

## 2.3　本 章 小 结

以某 1550 冷连轧机组、1220 冷连轧机组、1720 冷连轧机组和 1450 冷连轧机组为例，选取了一些典型的振动现象，得到不同振动频率和振动幅值，同一轧机也表现出多种的振动现象，其振动中心频率在一定范围内变化，基本都为 100~300 Hz。有的振动具有突发和发散性，有的具有近似等幅振动和持久性，说明了轧机振动的复杂性和多样性。经过统计，通常情况下冷连轧机组在轧制薄规格、硬材质及轧制速度较高时，轧机出现振动的概率较高，经常伴随轧辊和带钢表面生成振痕，被迫停机提前换辊，严重影响了产量和经济效益。

# 3 冷连轧机组振动在线监测系统

某铸-轧全流程主要由连铸机、热连轧机和冷连轧机组等组成，如图 3-1 所示。

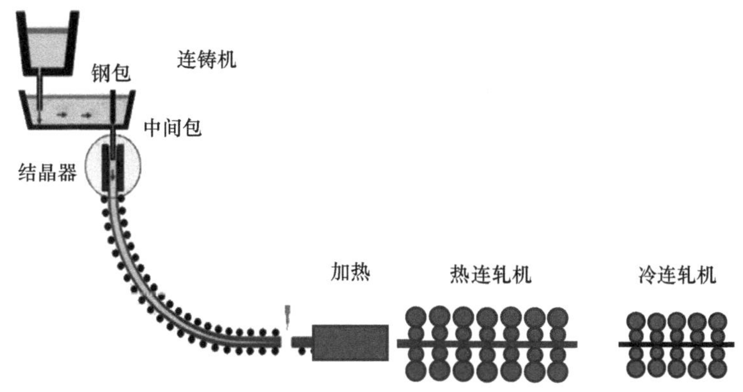


图 3-1 铸-轧全流程示意图

首先连铸机将液态钢水铸成连铸坯，经过热连轧机组轧制后再送到冷连轧机组继续轧制。连铸坯厚度和硬度波动是诱发热连轧机振动最重要的根源，经过热连轧机轧制的带钢再激励后面工序的冷连轧机组。因此应该从铸-轧全流程视野对连铸机、热连轧机组和冷连轧机组振动进行在线监测，以获得振动遗传的特征和规律，为解决冷连轧机组振动提供实测数据。

## 3.1 冷连轧机组耦合振动在线监测系统

除了需要监测连铸机振动和热连轧机组振动外，这里重点监测冷连轧机组振动。以五机架冷连轧机组为例来说明监测系统的组成及功能。

首先安装 S1~S5 轧机牌坊顶部中心振动速度传感器和主传动电机输出轴上扭振遥测装置，然后将现场 PLC 中 S1~S5 轧机的轧制速度、S1 入口带钢速度、S1 入口带钢厚度和 S5 出口带钢厚度等辅助信号一同经过数据采集器引到计算机，如图 3-2 所示，被测参数见表 3-1。

需要配置的软硬件见表 3-2。

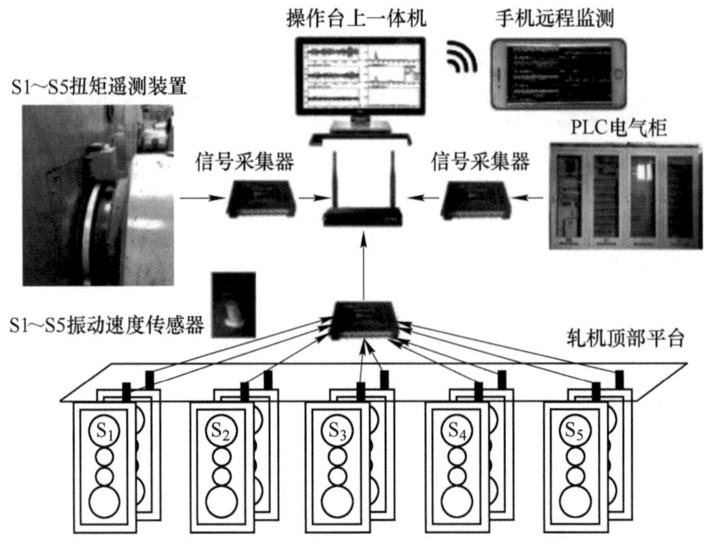


图 3-2　冷连轧机组耦合振动在线监测系统构成

**表 3-1　冷连轧机组振动监测信号一览表**

| 序号 | 信号名称 | 数量 | 参数来源 |
|---|---|---|---|
| 1 | S1～S5 轧机主传动扭矩 | 5 个 | 单独安装扭矩遥测装置 |
| 2 | S1～S5 轧机操作侧振动速度 | 5 个 | 单独在牌坊顶部中心安装振动速度传感器 |
| 3 | S1～S5 轧机传动侧振动速度 | 5 个 | |
| 4 | S1 入口带钢厚度 | 1 个 | 来自现场 PLC |
| 5 | S5 出口带钢厚度 | 1 个 | |
| 6 | S1～S5 轧制速度 | 5 个 | |
| 7 | S1 入口带钢速度 | 1 个 | |

**表 3-2　冷连轧机组振动监测系统软硬件配置一览表**

| 序号 | 名　　称 | 数量 |
|---|---|---|
| 1 | 计算机 | 1 台 |
| 2 | 路由器 | 1 个 |
| 3 | 16 通道分布式数据采集器 | 1 台 |
| 4 | 8 通道分布式数据采集器 | 2 台 |
| 5 | 振动速度传感器 | 10 个 |
| 6 | 焊接式扭矩传感器 | 10 组 |
| 7 | 发射机 | 5 套 |
| 8 | 接收机 | 5 台 |

续表 3-2

| 序号 | 名　　称 | 数量 |
|---|---|---|
| 9 | 无线电源接收器 | 5 套 |
| 10 | 无线电源发射器 | 5 套 |
| 11 | 监测数据采集软件 | 1 套 |
| 12 | 监测数据库和历史库 | 1 套 |
| 13 | 监测数据分析软件包 | 1 套 |

振动速度传感器安装在牌坊顶部中心，其输出信号送到轧机牌坊顶部平台上的数据采集器，再通过路由器送到操作台上的计算机进行采集、显示、存储和分析。

扭矩遥测装置由扭矩传感器、发射机、接收机、无线电源发射器和无线电源接收器组成，如图 3-3 所示。

图 3-3　轧机扭振遥测装置

首先将扭矩传感器焊接在电机输出轴上，当轴产生变形时，传感器随着轴一起变形把扭矩转换成电压信号输出，扭矩信号将发射机载波调制后发射，接收机将信号解调还原成扭振信号，送到采集器进行采集，再经过路由器传到计算机进行显示、存储和分析。

被测电机轴上的发射机和传感器采用无线供电电源。首先将交流 220 V 电压变换成高频电源送到发射器，无线电源接收器经过电源模块变换成 5 V 直流电源供传感器和发射机工作。

其他信号取自轧机 PLC 系统，经过隔离传输到采集器，再送到路由器和计算机。

轧机耦合振动在线监测系统是针对轧机振动自行研制的产品，在轧制过程中自动记录和在线显示轧机振动等信号的振动频率、最大值和有效值，如图 3-4 所示，便于操作工和技术人员在操作台上随时观察轧机振动状态和抑振效果等。

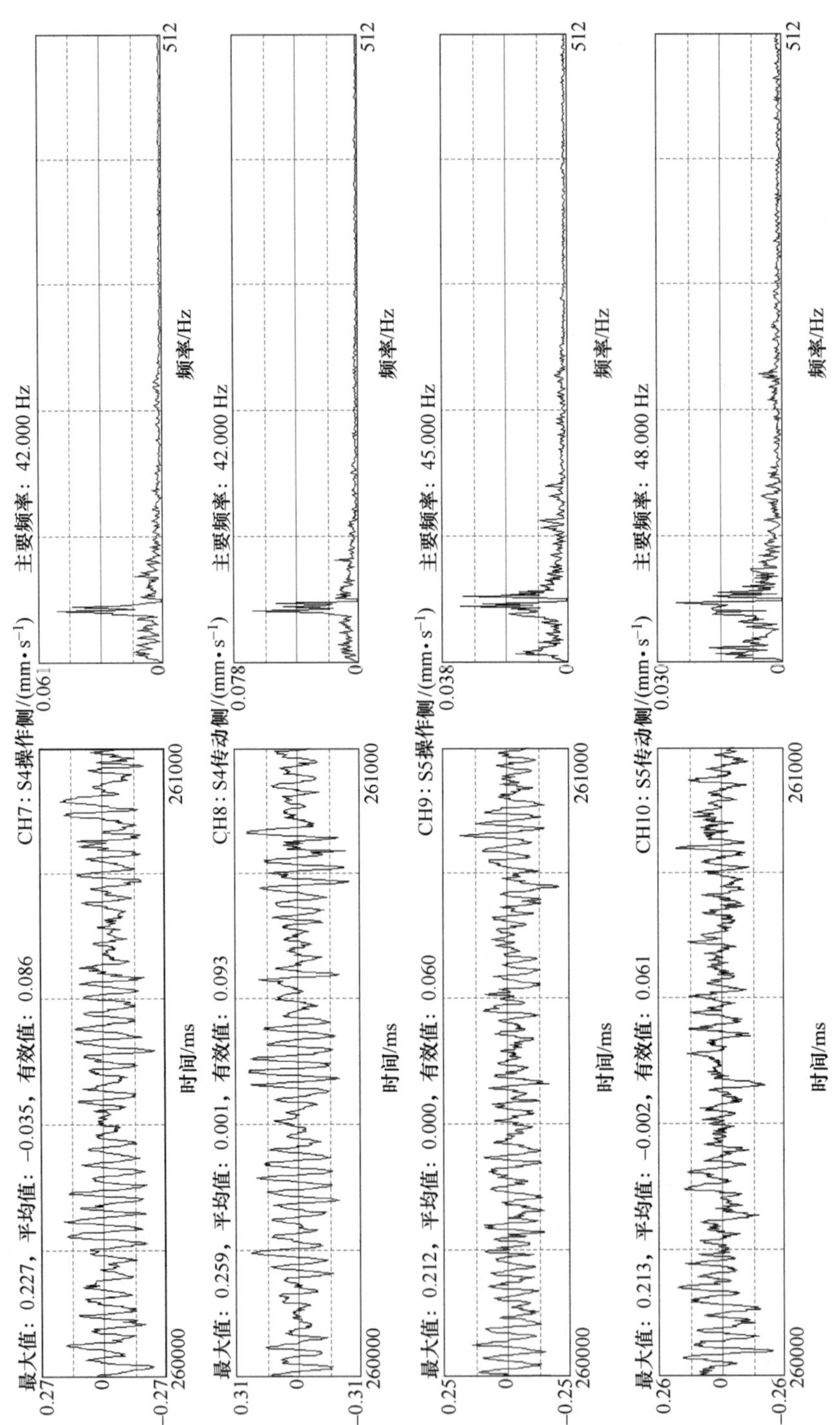


图 3-4　轧机振动在线监测显示界面

## 3.2　便携式轧机振动测试系统

轧机振动在线监测系统是监测固定点的振动状态，一般测点选在不经常检修和运行过程中比较安全的部位。但有时也需要临时测试某些点的振动状态，此时采用振动速度遥测系统进行测试。即将三维振动速度传感器用磁铁吸附在被测点上，当被测点振动时，三轴速度传感器拾取被测点的振动信号并发射，笔记本电脑接收机收到信号后进行数据显示、存储和分析，如图 3-5 所示。

(a)

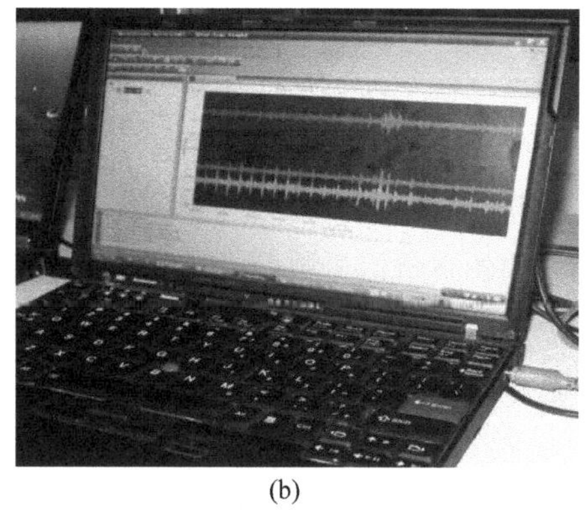

(b)

图 3-5　便携式振动速度测试系统

（a）吸附在被测点上的振动速度传感器；（b）数据采集系统

## 3.3　轧制过程数据采集系统

日立公司设计的冷连轧机组一般都配有 MICA TRACE 过程数据采集系统。MICA（Module Integrated Concept Architecture）是日立公司 PLC 的编程语言，是基于模块化集成结构、图表化的一种编程语言。MICA TRACE 系统提供了轧机基本数据跟踪和监测，目的是在轧机运行和维护中更加容易地使用实际数据来分析轧机运行状态或查找故障问题。

某冷连轧机组电气控制采用日立控制系统，在生产中需要经常对机组生产数据进行采集，为保证高效生产、产品质量稳定提供海量信息的支持。

MICA 编程语言具有以下一些主要特点：图形化描述指令，直观、易懂、指令少、易于掌握，基于模块化结构，使编程和修改软件更容易，根据控制对象的模块化编程，可大大提高故障查找效率。

MICA TRACE 系统提供了基本数据跟踪和监测功能，目的是使在生产和维护中更加容易地使用实测数据来分析实际存在的问题。

数据的跟踪监视由 MICA 执行，有以下特点：

（1）可跟踪的最大数量：512。

（2）采样时间：20 ms、40 ms、60 ms、80 ms、100 ms 可选。

（3）存储时间：72 h（选择 20 ms 时）。

（4）对采集的数据进行选择，以趋势图的形式显示和打印。这些数据也可转成 Excel 格式读取。

对于需要监测的 PLC 信号加入 TRACE 系统后就能直接通过信号在 PLC 内的地址访问到它的数据，TRACE 系统中的信号类型与 PLC 系统保持一致。TRACE 系统分别根据每个信号最大监测个数、实际采样时间，划分出对应的存储文件，这个文件的大小与实际监测的信号个数无关，即对单位采样周期内传输的数据量为最大的监测信号数，最大的监测信号数包括两部分：实际已用于监测的信号数和未被使用的空余信号数，未被使用的空余信号以 0 占位进行传输，并且以此数据传输原理计算出单位时间内可产生的网络负荷和需要的存储文件大小。

该过程数据采集系统由于采样周期最快为 20 ms，对应的最高分析频率仅为 25 Hz，而冷连轧机组的振动频率一般为 100～300 Hz。因此 TRACE 系统采集的信号丢失了大量的振动信号信息，对于分析轧机振动基本无参考价值，远远达不到轧机振动频谱分析对采样周期的要求。近年来冷连轧机组也开始选用配套德国 PDA（Process Date Acquisition）、日本 ODG（Online Data Gathering）或意大利 FDA（Fast Date Acquisition）过程数据采集系统等，最快采样周期为 1 ms，可分析 500 Hz 以下的频率成分，适应了冷连轧机组应用的场合。

## 3.4 本章小结

本章介绍了轧机耦合振动在线监测系统的搭建与应用。该系统持续监测轧机的振动状况，为振动研究者提供了极具价值的实时数据。

系统的精髓在于其构成与功能的完美融合。从数据采集的源头，历经信号处理的精细加工，直至结果展示的直观呈现，每一环节均紧密衔接，协同工作，共同编织出轧机振动状态的实时监测与分析网络。值得一提的是，该系统在轧机主传动扭振与垂振的测量上展现出独有的功效，通过传感器与先进数据处理技术的融合，实现了对轧机振动信号中每一细微波动的精准捕捉，为研究者提供了宝贵的实测数据。

此外，现场轧机已配备的过程数据检测系统，更是为轧机振动在线监测系统提供了更多的辅助信号。该系统能够即时捕捉轧制过程中的关键数据，如轧制力、速度及带钢厚度等，并将这些宝贵信息与振动监测数据进行深度分析。这一多源数据的融合，不仅拓宽了对轧机运行状态全面认知的视野，更为后续的振动理论研究与仿真分析提供了可靠的现场数据支撑。

# 4 冷连轧机组振动影响因素现场试验

冷连轧机组振动现象十分复杂，其影响因素众多，下面从工艺、液压、机械、控制及来料等方面进行分项试验，以便对轧机振动影响因素有一个比较直观的了解，为理解轧机振动机制提供帮助。

## 4.1 工艺参数对轧机振动影响试验

### 4.1.1 轧制速度对轧机振动影响

以某 1550 冷连轧机组 S5 轧机为例，在轧制 SPCC、规格 0. 23 mm×806 mm 时轧机牌坊顶部垂直振动与轧制速度关系如图 4-1~图 4-19 和表 4-1 所示。

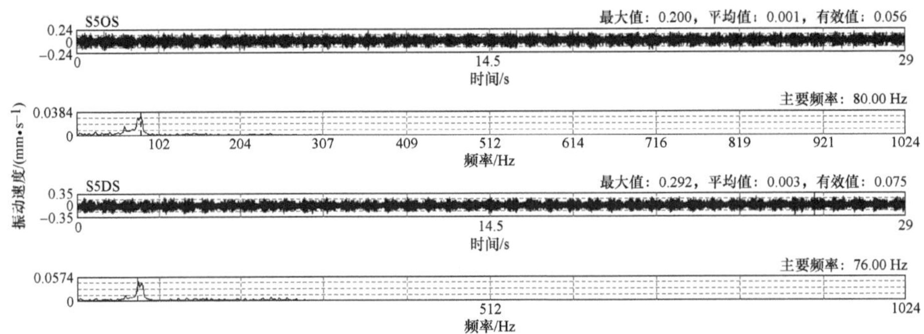


图 4-1 轧制速度 136 m/min 牌坊振动速度波形及频谱

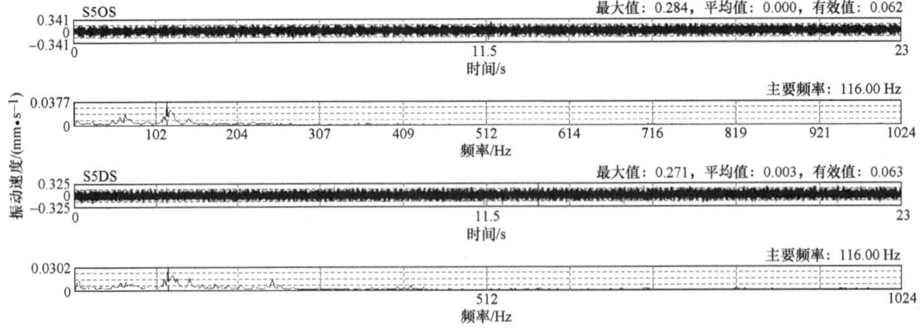


图 4-2 轧制速度 205 m/min 牌坊振动速度波形及频谱

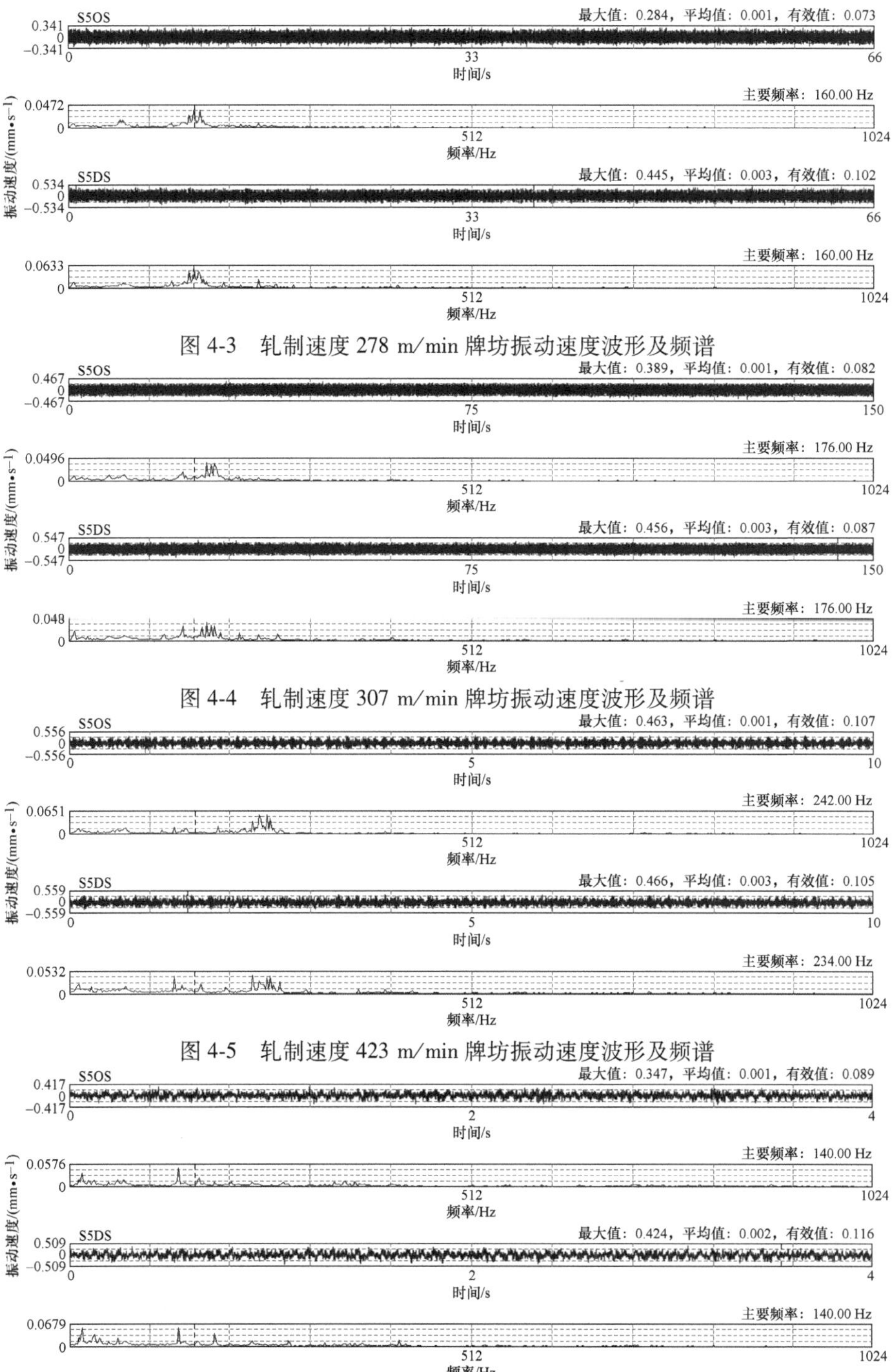


图 4-3 轧制速度 278 m/min 牌坊振动速度波形及频谱

图 4-4 轧制速度 307 m/min 牌坊振动速度波形及频谱

图 4-5 轧制速度 423 m/min 牌坊振动速度波形及频谱

图 4-6 轧制速度 590 m/min 牌坊振动速度波形及频谱

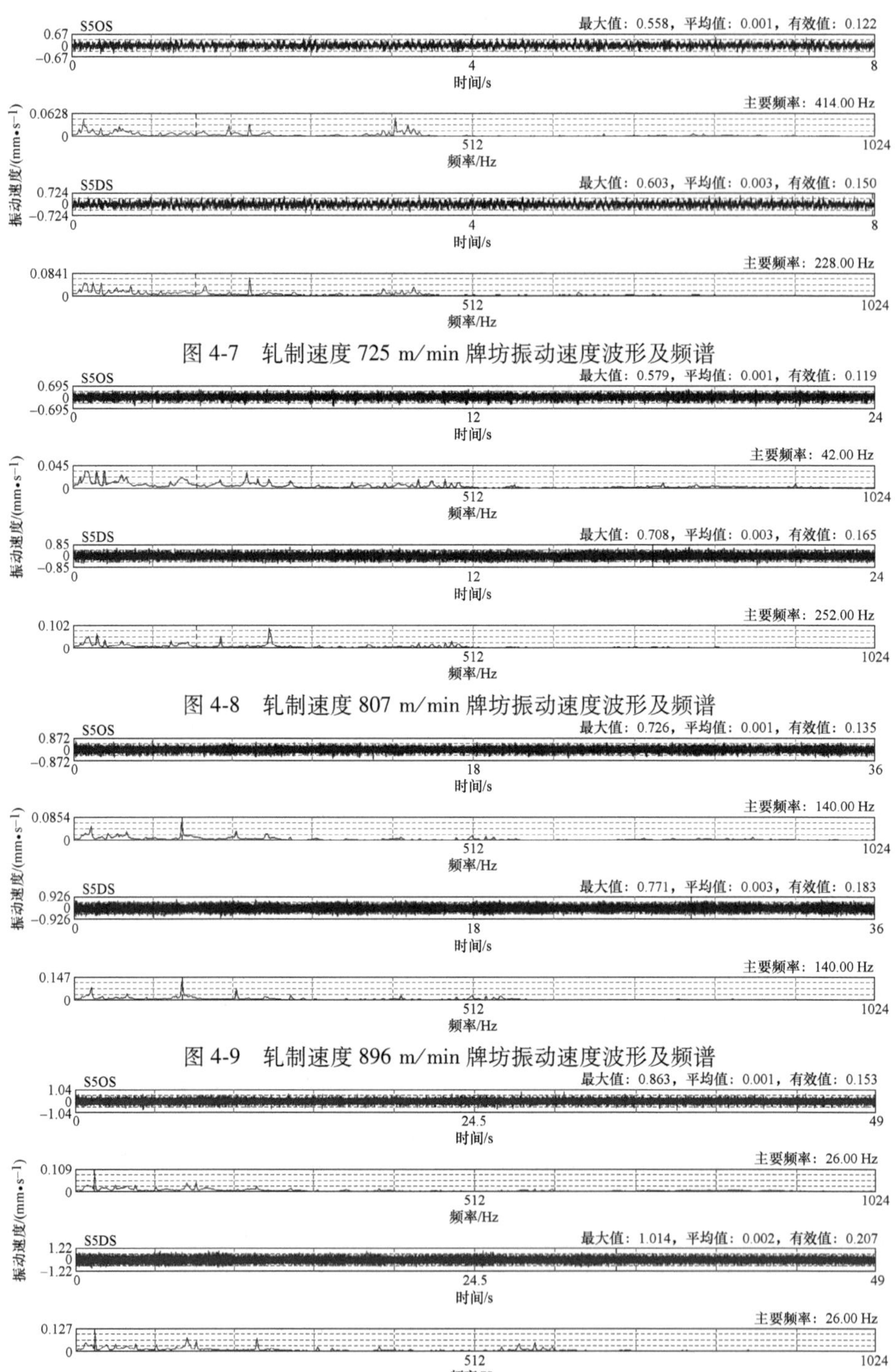


图 4-7　轧制速度 725 m/min 牌坊振动速度波形及频谱



图 4-8　轧制速度 807 m/min 牌坊振动速度波形及频谱



图 4-9　轧制速度 896 m/min 牌坊振动速度波形及频谱



图 4-10　轧制速度 1000 m/min 牌坊振动速度波形及频谱

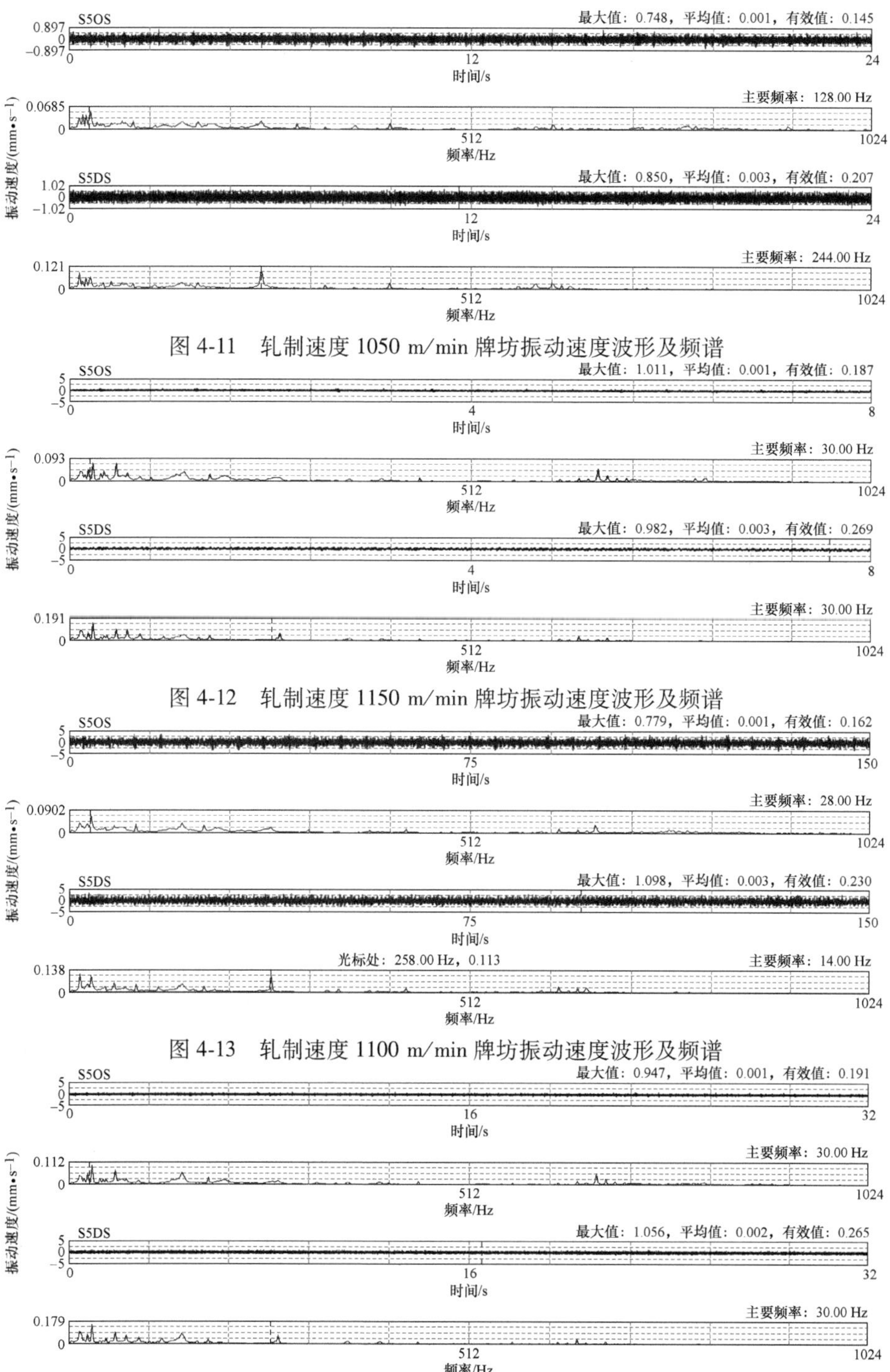


图 4-11　轧制速度 1050 m/min 牌坊振动速度波形及频谱

图 4-12　轧制速度 1150 m/min 牌坊振动速度波形及频谱

图 4-13　轧制速度 1100 m/min 牌坊振动速度波形及频谱

图 4-14　轧制速度 1140 m/min 牌坊振动速度波形及频谱

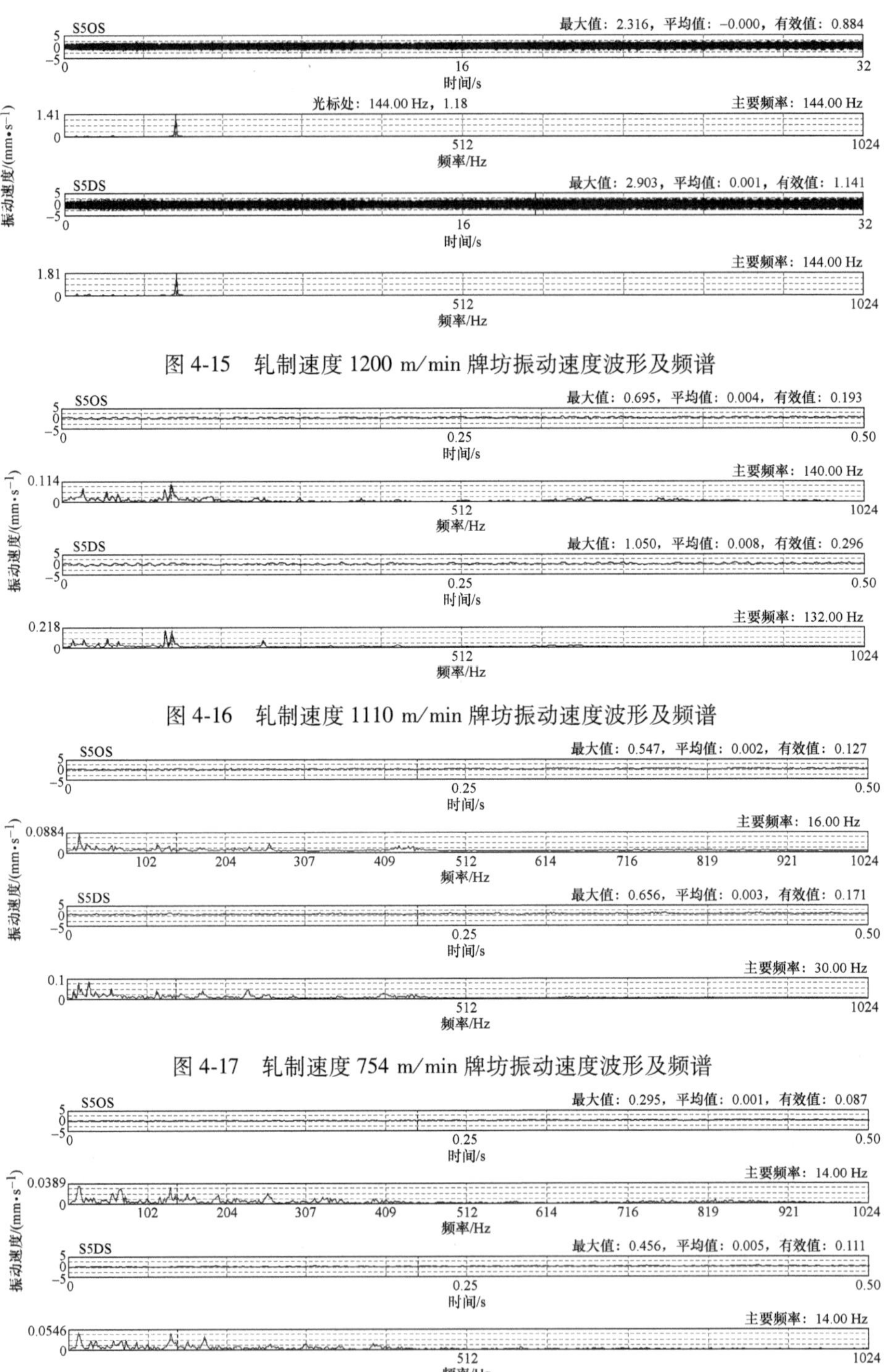


图 4-15　轧制速度 1200 m/min 牌坊振动速度波形及频谱

图 4-16　轧制速度 1110 m/min 牌坊振动速度波形及频谱

图 4-17　轧制速度 754 m/min 牌坊振动速度波形及频谱

图 4-18　轧制速度 567 m/min 牌坊振动速度波形及频谱

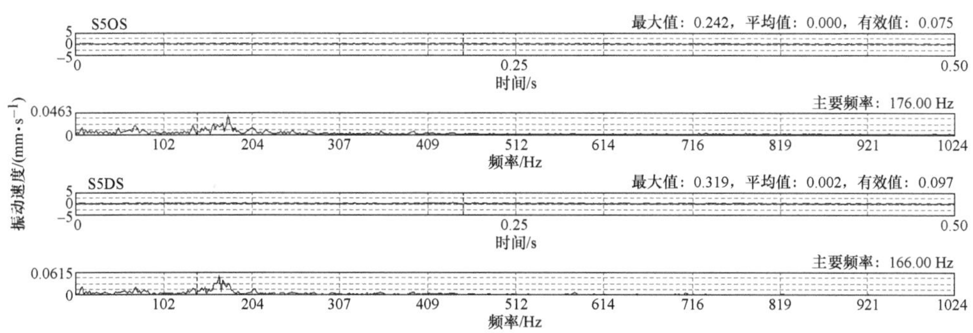


图 4-19 轧制速度 293 m/min 牌坊振动速度波形及频谱

**表 4-1 轧制薄带钢时不同轧制速度牌坊顶部垂直振动速度有效值与轧制速度关系统计**

| 序号 | 轧制速度 /(m·min$^{-1}$) | 操作侧振动速度有效值 /(mm·s$^{-1}$) | 传动侧振动速度有效值 /(mm·s$^{-1}$) |
|---|---|---|---|
| 1 | 136 | 0.056 | 0.075 |
| 2 | 205 | 0.062 | 0.063 |
| 3 | 278 | 0.073 | 0.102 |
| 4 | 307 | 0.082 | 0.087 |
| 5 | 423 | 0.107 | 0.105 |
| 6 | 590 | 0.089 | 0.116 |
| 7 | 725 | 0.122 | 0.150 |
| 8 | 807 | 0.119 | 0.165 |
| 9 | 896 | 0.135 | 0.183 |
| 10 | 1000 | 0.153 | 0.207 |
| 11 | 1050 | 0.145 | 0.207 |
| 12 | 1150 | 0.187 | 0.269 |
| 13 | 1100 | 0.162 | 0.230 |
| 14 | 1140 | 0.191 | 0.265 |
| 15 | 1200 | 0.884 | 1.141 |
| 16 | 1110 | 0.193 | 0.296 |
| 17 | 754 | 0.127 | 0.171 |
| 18 | 567 | 0.087 | 0.111 |
| 19 | 293 | 0.075 | 0.097 |

将表 4-1 制成图 4-20，可以看出随着轧机轧制速度的提高，牌坊振动速度有效值在不断提高，当轧制速度达到 1200 m/min 时，牌坊振动速度突然增加，振

动频率集中在 144 Hz，说明轧机已进入共振区。为了避免振动导致的零部件损坏，操作工立即降低轧制速度，轧机振动速度有效值也迅速降低。

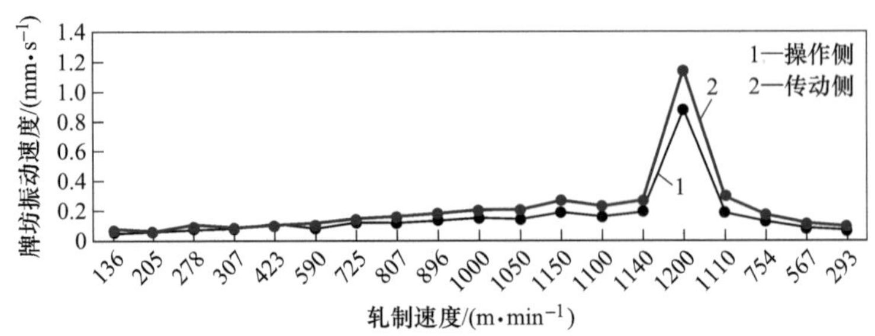


图 4-20　牌坊垂振速度有效值与轧制速度关系

### 4.1.2　乳化液对摩擦系数影响试验

为了研究某 1220 冷连轧机组乳化液浓度及铁粉含量对摩擦系数的影响，在实验室开展了乳化液的试验研究。

试样取自某 1220 冷连轧机组的现场乳化液，使用的是帕卡 RH-4(Y) 轧制油。利用某国家重点实验室的 MRS-10A 四球摩擦磨损试验机进行了乳化液性能试验。按照国家标准 GB 3142—92 润滑剂承载能力测定法以及 GB/T 12583—90 润滑剂极压性能测定法进行了试验。试验总共分为两大组，一组为乳化液浓度对摩擦系数影响，另一组为铁粉含量对摩擦系数影响。试验之前首先将乳化液加热至 50 ℃后搅拌均匀，然后按表 4-2 和表 4-3 试样开始试验。原始乳化液密度为 1.01 g/mL，原油浓度为 0.89 g/mL。第一批取样乳化液浓度为 2.5%（皂化值 192）、铁粉含量为 0.045%；第二批取样乳化液浓度为 1.6%（皂化值 186），铁粉含量为 0.084%，配置的每个试样都为 300 mL。

表 4-2　不同浓度乳化液试样

| 第一批 | | 第二批 | |
|---|---|---|---|
| 试样序号 | 浓度/% | 试样序号 | 浓度/% |
| 1 号 | 原 2.5 | 6 号 | 原 1.6 |
| 2 号 | 2.2 | 7 号 | 3.5 |
| 3 号 | 1.8 | 8 号 | 4.0 |
| 4 号 | 1.0 | 9 号 | 4.5 |
| 5 号 | 3.0 | 10 号 | 5.0 |

表 4-3 不同铁粉含量乳化液试样

| 第一批 | | 第二批 | |
|---|---|---|---|
| 试样序号 | 铁粉含量/% | 试样序号 | 铁粉含量/% |
| 11 号 | 原 0.045 | 14 号 | 原 0.084 |
| 12 号 | 0.015 | 15 号 | 0.010 |
| 13 号 | 0.075 | 16 号 | 0.130 |

试验步骤如下：

（1）把 3 个试验钢球放到四球摩擦磨损试验机油盒内，并使压紧环放在试验钢球上面，用螺母锁紧，将试样倒入油盒内使试样浸没钢球。

（2）将一个试验钢球装到夹头中，并把夹头装到主轴上。

（3）把组装好的试验油盒装在试验座上。

（4）启动液压油泵，油盒上升，使下面 3 个试验钢球与顶上试验钢球接触缓缓地加载。

（5）启动电机，运转 30 min。

（6）取下油盒和夹头，并卸下夹头中的试验钢球。

（7）测量磨痕直径。倒掉油盒中的试样，用直读式显微镜或其他自动精密测量仪器，测量 3 个试验钢球的磨痕直径，取算数平均值，精确到 0.01 mm。

以 4 号乳化液试样为例进行摩擦系数值测试，试验条件见表 4-4。

表 4-4 乳化液摩擦系数试验条件

| 试样序号 | 室温/℃ | 加热温度/℃ | 钢球材质 | 转速/($r \cdot min^{-1}$) |
|---|---|---|---|---|
| 4 号 | 20 | 50 | GCr15、一级、直径 12.7 mm、硬度 HRC59-61 | 1420 |

通过长磨 21 min 试验所采集的数据求平均值处理，得到试验力和摩擦力，从而获得摩擦系数 $\mu$ 值如图 4-21 所示，4 号乳化液摩擦系数 $\mu$ 值的平均值为 0.1047。

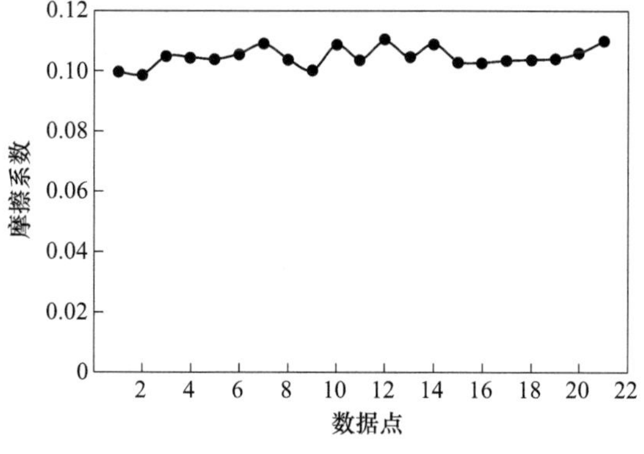


图 4-21 摩擦系数与数据点关系

整理所有试验数据得到结果，见表 4-5 和表 4-6。

**表 4-5　摩擦系数与乳化液浓度关系**

| 乳化液浓度/% | 1 | 1.8 | 2.2 | 2.5 | 3.0 | 3.5 | 4 | 4.5 | 5 |
|---|---|---|---|---|---|---|---|---|---|
| 摩擦系数 $\mu$ | 0.1047 | 0.0961 | 0.0924 | 0.0853 | 0.0769 | 0.0657 | 0.0674 | 0.07 | 0.0738 |

**表 4-6　摩擦系数与乳化液铁粉含量关系**

| 铁粉含量/% | 0.01 | 0.015 | 0.045 | 0.075 | 0.13 |
|---|---|---|---|---|---|
| 摩擦系统 $\mu$ | 0.1263 | 0.1228 | 0.0853 | 0.0742 | 0.0742 |

为了清晰起见，将上述数据制成图 4-22 和图 4-23。

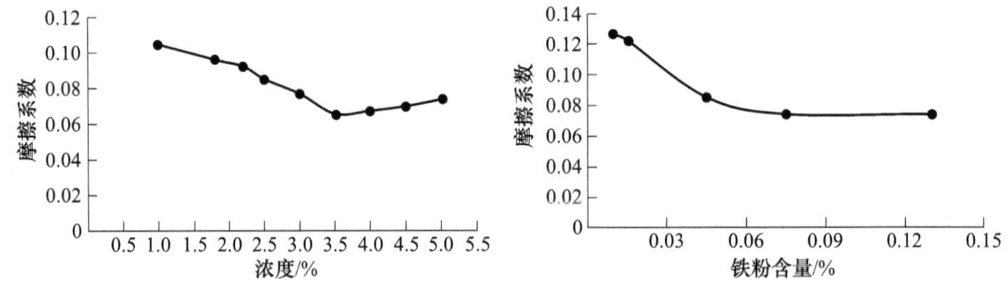


图 4-22　乳化液浓度对摩擦系数的影响　　图 4-23　乳化液铁粉含量对摩擦系数的影响

从试验结果可得：

(1) 摩擦系数随着乳化液浓度的增加而减小，当乳化液浓度达到 3.5%以上时摩擦系数略有增加。

(2) 摩擦系数随着铁粉含量的增加而减小，当铁粉含量超过 0.075%时摩擦系数开始趋于定值。

现场冷连轧机组投用轧制乳化液目的是降低轧制力来节能、提高带钢表面质量和增加轧辊使用寿命等。但乳化液对抑制轧机振动却有一定效果，因此现场经常作为抑制轧机振动的一项措施。依据在实验室对乳化液进行的试验结果，可以得出在现场利用乳化液浓度和铁粉含量不同配比来改变冷连轧机组在轧制过程辊缝的摩擦状态，随着摩擦系数的降低，轧制压力降低，同时轧制力波动也降低，使轧机振动得到缓解，但降低太多也会造成打滑现象而诱发振动。因此，要从现场实际出发，经过试验来最终确定合适的乳液浓度和铁粉含量。另外，不同商家提供的乳化液抑振效果也不一样，需要通过现场一些试验数据为依据来选择合适的乳化液及浓度。

### 4.1.3 轧辊磨床振动影响因素

轧辊表面磨削质量十分重要，对诱发轧机振动时有报道。磨削过程分粗磨、半精磨和精磨 3 个阶段。依据不同的轧辊，每个阶段磨削次数会有所不同，在现场对 4 种工况下砂轮水平主要振动频率进行统计，见表 4-7，其典型波形与频谱如图 4-24 和图 4-25 所示。

表 4-7 砂轮水平振动频谱分析结果统计

| 工况 | 进给量/($\mu m \cdot min^{-1}$) | 40 | 8 | 5 | 2 |
|---|---|---|---|---|---|
| | 磨削速度/($m \cdot s^{-1}$) | 33 | 30 | 20 | 19 |
| 主要振动频率/Hz | | 33.5、58.5、93、145、236 | 35、92、93、215、264 | 5.75、33.75、89.5、176 | 5.25、34.25、83、158.5 |
| 振动速度幅值/($mm \cdot s^{-1}$) | | 0.0682~0.0741 | 0.0347~0.0398 | 0.0229~0.0932 | 0.0244~0.0893 |

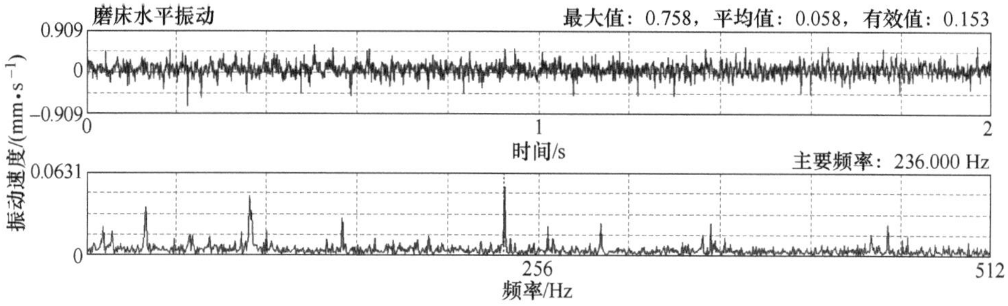


图 4-24 磨床砂轮水平振动速度典型波形及频谱 1

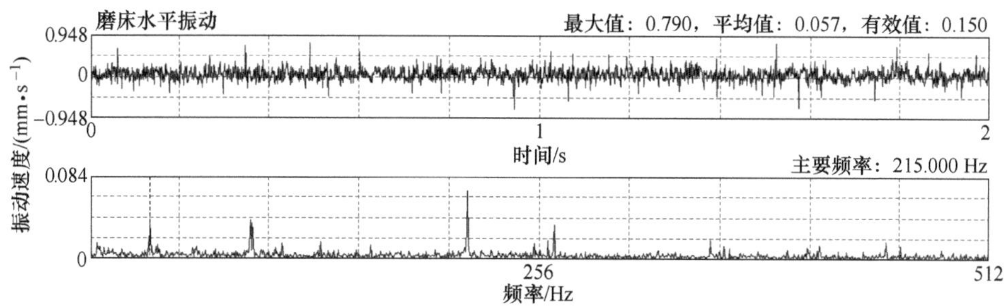


图 4-25 磨床砂轮水平振动速度典型波形及频谱 2

砂轮水平方向振动出现多个集中频率，但幅值较小。进给量减小到 5 μm/min 以下时，砂轮水平方向出现 5~6 Hz 低频振动，其频率随磨削速度的降低而减小。基于轧辊磨削出现多边形上机后对轧机成为激励源之一，可以推算出在一定轧制速度下对轧机的激振频率，可能会形成轧机振动现象。因此磨辊时，应尽量采用变速磨削，避免轧辊产生有规律的多边形对轧机振动的诱发作用。现场可通过模拟轧制过程进行动压靠试验的频谱分析来评定轧辊的磨削质量和对轧机振动的影响。

### 4.1.4　AGC 对轧机振动影响

以某 1550 五机架冷连轧机组为例进行了开关 AGC（Automatic roll gauge control）试验，同时监测 S4 和 S5 轧机测点的振动速度。试验条件为：轧制材质 SPCC、带钢成品规格 0.2 mm×806 mm 和出口轧制速度 902 m/min。

在轧制过程中，3 次关停 AGC 得到 S4 和 S5 轧机测点（S4 操作侧牌坊顶部中心、S4 传动侧牌坊顶部中心、S5 操作侧牌坊顶部中心和 S5 传动侧工作辊轴承座）的振动速度信号，如图 4-26~图 4-31 所示，振动参数变化统计见表 4-8。

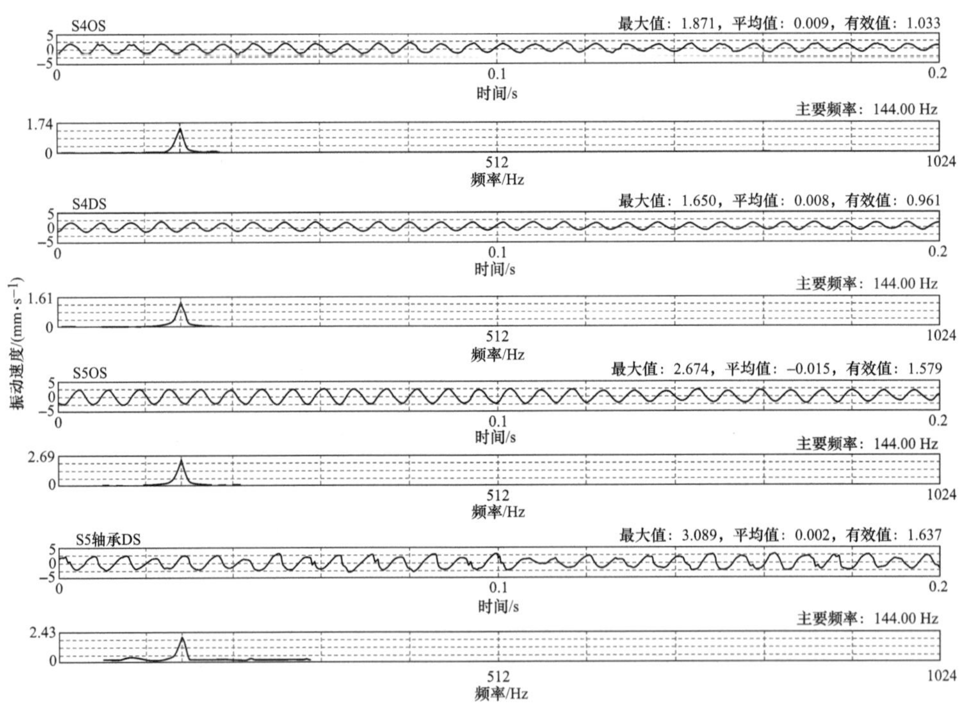


图 4-26　第 1 次关 AGC 后测点振动速度波形和频谱

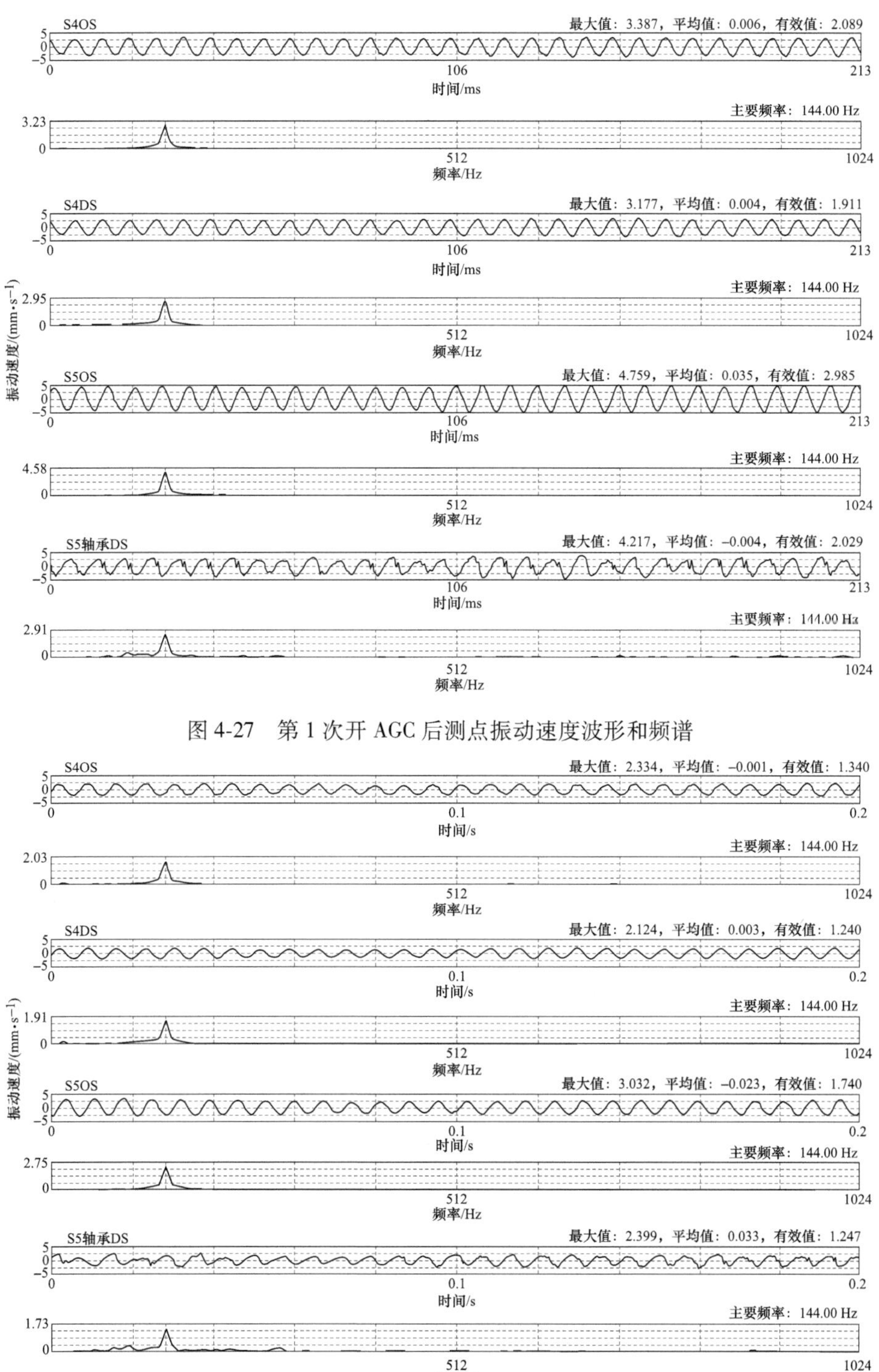


图 4-27 第 1 次开 AGC 后测点振动速度波形和频谱

图 4-28 第 2 次关 AGC 后测点振动速度波形和频谱

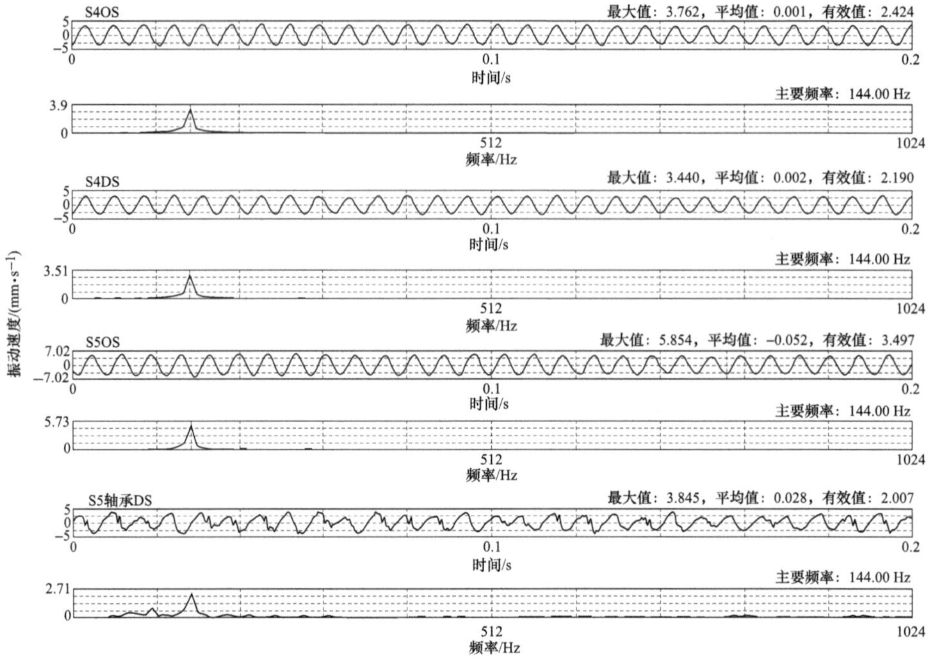

图 4-29　第 2 次开 AGC 后测点振动速度波形和频谱

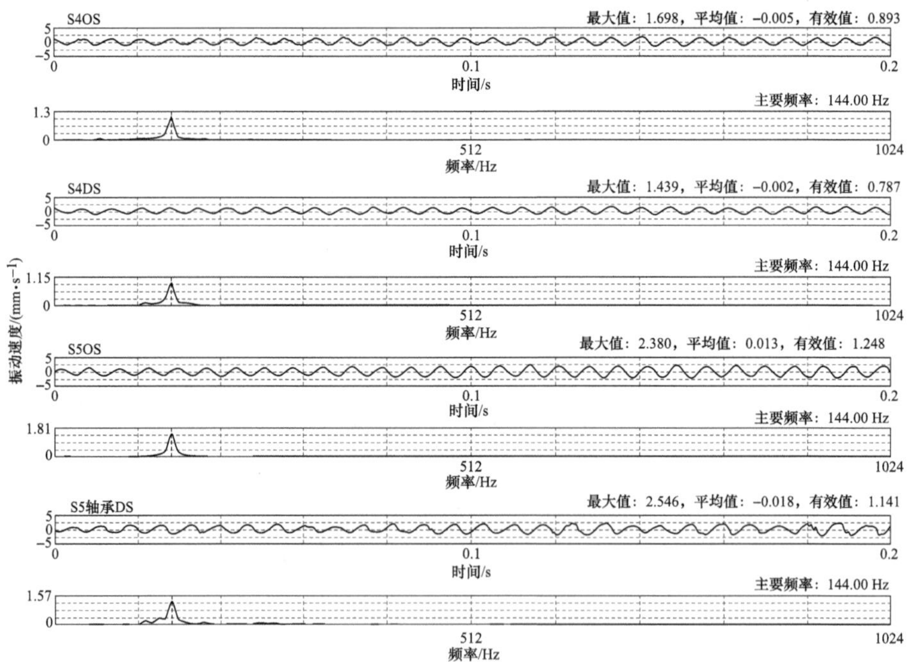


图 4-30　第 3 次关 AGC 后测点振动速度波形和频谱

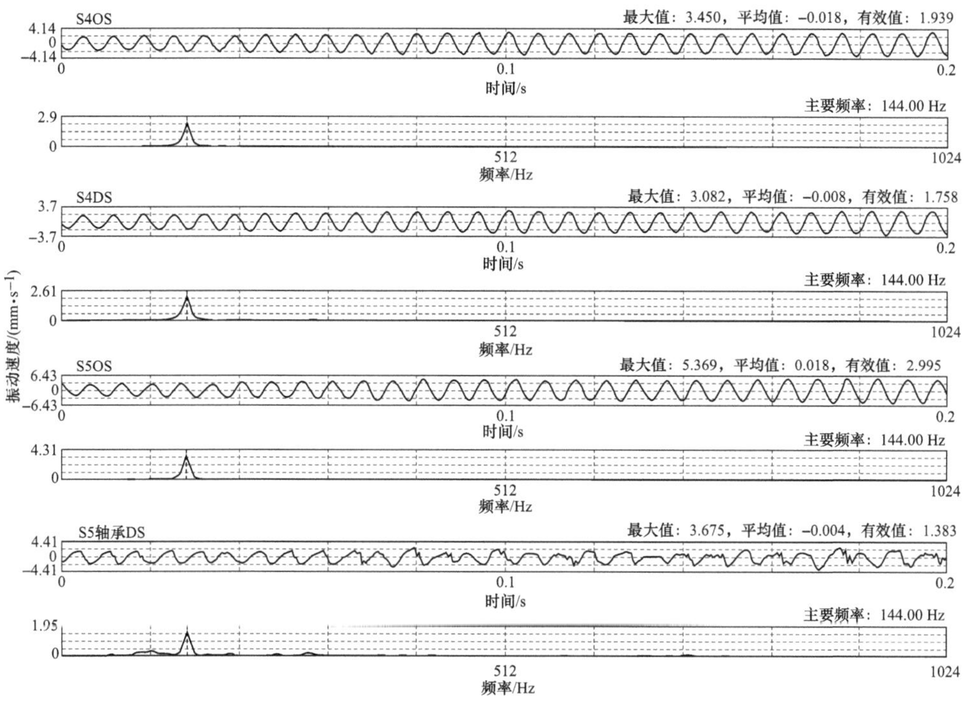


图 4-31 第 3 次开 AGC 后测点振动速度波形和频谱

**表 4-8 开关 AGC 振动参数变化统计表**

| 试验次数 | AGC 状态 | 测试点 | 时域有效值 /(mm·s$^{-1}$) | 时域最大值 /(mm·s$^{-1}$) | 优势频率 /Hz | 频域幅值 /(mm·s$^{-1}$) |
|---|---|---|---|---|---|---|
| 1 | 关 | S4 操作侧牌坊顶部垂振 | 1.033 | 1.871 | 144 | 1.02 |
| | | S4 传动侧牌坊顶部垂振 | 0.961 | 1.650 | 144 | 0.934 |
| | | S5 操作侧牌坊顶部垂振 | 1.579 | 2.674 | 144 | 1.69 |
| | | S5 传动侧辊轴承座垂振 | 1.637 | 3.089 | 144 | 1.43 |
| | 开 | S4 操作侧牌坊顶部垂振 | 2.089 | 3.387 | 144 | 2.69 |
| | | S4 传动侧牌坊顶部垂振 | 1.911 | 3.177 | 144 | 2.46 |
| | | S5 操作侧牌坊顶部垂振 | 2.985 | 4.759 | 144 | 3.81 |
| | | S5 传动侧辊轴承座垂振 | 2.029 | 4.217 | 144 | 2.43 |
| 2 | 关 | S4 操作侧牌坊顶部垂振 | 1.340 | 2.334 | 144 | 1.69 |
| | | S4 传动侧牌坊顶部垂振 | 1.240 | 2.124 | 144 | 1.59 |
| | | S5 操作侧牌坊顶部垂振 | 1.740 | 3.032 | 144 | 2.29 |
| | | S5 传动侧辊轴承座垂振 | 1.247 | 2.399 | 144 | 1.44 |

续表 4-8

| 试验次数 | AGC 状态 | 测试点 | 时域有效值 /(mm · s$^{-1}$) | 时域最大值 /(mm · s$^{-1}$) | 优势频率 /Hz | 频域幅值 /(mm · s$^{-1}$) |
|---|---|---|---|---|---|---|
| 2 | 开 | S4 操作侧牌坊顶部垂振 | 2. 424 | 3. 762 | 144 | 3. 25 |
| | | S4 传动侧牌坊顶部垂振 | 2. 190 | 3. 440 | 144 | 2. 92 |
| | | S5 操作侧牌坊顶部垂振 | 3. 497 | 5. 854 | 144 | 4. 78 |
| | | S5 传动侧辊轴承座垂振 | 2. 007 | 3. 845 | 144 | 2. 26 |
| 3 | 关 | S4 操作侧牌坊顶部垂振 | 0. 893 | 1. 698 | 144 | 1. 440 |
| | | S4 传动侧牌坊顶部垂振 | 0. 787 | 1. 439 | 144 | 0. 875 |
| | | S5 操作侧牌坊顶部垂振 | 1. 248 | 2. 380 | 144 | 1. 590 |
| | | S5 传动侧辊轴承座垂振 | 1. 141 | 2. 546 | 144 | 1. 010 |
| | 开 | S4 操作侧牌坊顶部垂振 | 1. 939 | 3. 450 | 144 | 2. 420 |
| | | S4 传动侧牌坊顶部垂振 | 1. 758 | 3. 082 | 144 | 2. 170 |
| | | S5 操作侧牌坊顶部垂振 | 2. 995 | 5. 369 | 144 | 3. 590 |
| | | S5 传动侧辊轴承座垂振 | 1. 383 | 3. 675 | 144 | 1. 620 |

为了观察开关 AGC 总体趋势，将 3 次试验结果统计成平均值见表 4-9。

**表 4-9　开关 AGC 三次试验结果平均值统计**

| AGC 状态 | 测试点 | 时域有效值 /(mm · s$^{-1}$) | 时域最大值 /(mm · s$^{-1}$) | 优势频率 Hz | 频域幅值 /(mm · s$^{-1}$) |
|---|---|---|---|---|---|
| 关 | S4 操作侧牌坊顶部垂振 | 1. 09 | 1. 97 | 144. 00 | 1. 25 |
| | S4 传动侧牌坊顶部垂振 | 0. 85 | 1. 51 | 144. 00 | 0. 89 |
| | S5 操作侧牌坊顶部垂振 | 1. 52 | 2. 70 | 144. 00 | 1. 86 |
| | S5 传动侧轧辊轴承座垂振 | 1. 34 | 2. 68 | 144. 00 | 1. 29 |
| 开 | S4 操作侧牌坊顶部垂振 | 2. 15 | 3. 53 | 144. 00 | 2. 79 |
| | S4 传动侧牌坊顶部垂振 | 1. 95 | 3. 23 | 144. 00 | 2. 52 |
| | S5 操作侧牌坊顶部垂振 | 3. 16 | 5. 33 | 144. 00 | 4. 06 |
| | S5 传动侧轧辊轴承座垂振 | 1. 81 | 3. 91 | 144. 00 | 2. 10 |

为了清晰起见，将表 4-9 制成图 4-32 ~ 图 4-35。从图中可以看出，轧机振动时，关 AGC 后 S4 ~ S5 轧机牌坊振动速度基本都降低大约一半的水平，说明轧机振动出现了液机耦合振动现象。

另外，在其他几个厂家的冷连轧机组上也做过同样的试验，试验结果有较大差异，但可以肯定的是，液压 AGC 参数对轧机振动影响较大，因此优化 AGC 性能参数可作为抑制轧机振动的措施之一。

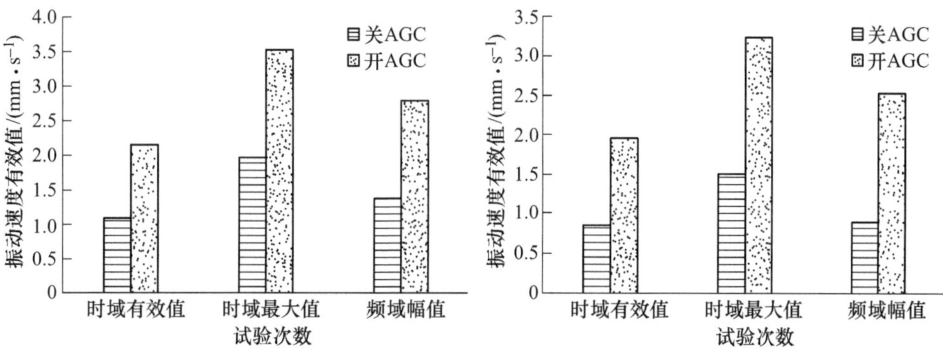


图 4-32 S4 操作侧开关 AGC 时振动速度有效值对比

图 4-33 S4 传动侧开关 AGC 时振动速度有效值对比

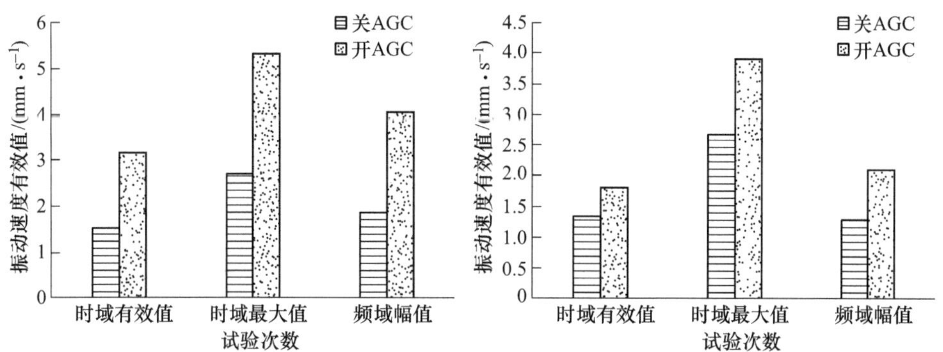


图 4-34 S5 操作侧开关 AGC 时振动速度有效值对比

图 4-35 S5 传动侧开关 AGC 时 S5 轴承座垂振有效值对比

另外，在轧制 SPCC、规格 0.2 mm×1200 mm 带钢时开关 S4 轧机 AGC 进行成品带钢取样，然后利用维氏硬度测量仪和超声波测厚仪沿带钢长度方向进行了硬度和厚度波动测量，每隔 2 mm 测量一次，结果如图 4-36 和图 4-37 所示。

从图中可以看出，开 AGC 时带钢硬度波动明显要大于关 AGC 时硬度波动，经过统计开 AGC 平均硬度为 217.6 HV、关 AGC 平均硬度为 204.5 HV，降低了 6%。开 AGC 带钢厚度波动平均值为 7 μm，关 AGC 时为 13 μm，约为前者的 2 倍。即开 AGC 轧制时带钢的硬度波动变大、厚差变小。

为了验证上述结论，在多套轧机机组上进行了试验，其趋势基本一致，但有一定的差别。例如在某 1450 冷连轧机组在轧制材质 S40、规格 0.496 mm×1130 mm 带钢时发生 109 Hz 的垂直振动时进行了开关 AGC 试验，选取连续 3 卷同材质、同规格的带钢，在相同的轧制工况下，分别将 S4 与 S5 轧机的 AGC 控制系统关闭，测试轧机的振动情况，并与关闭前的振动状态进行对比，其中 S5

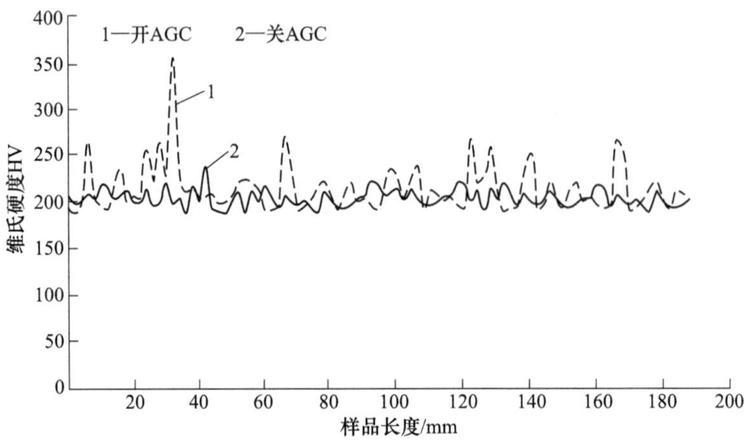


图 4-36　开关 AGC 前后带钢硬度变化

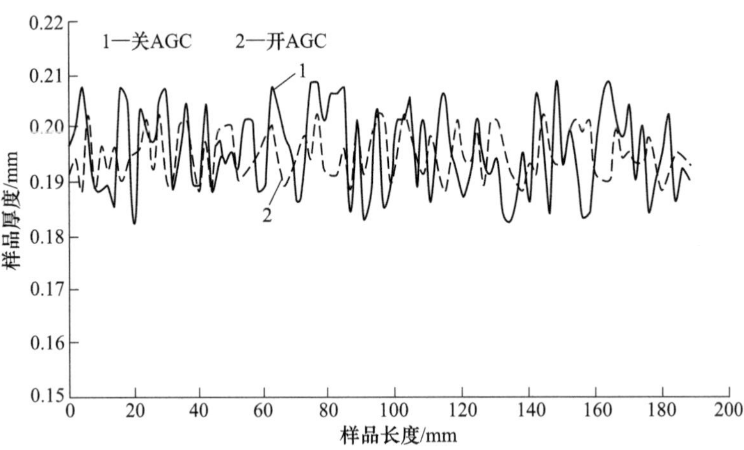


图 4-37　开关 AGC 前后带钢厚差变化

轧机 AGC 关闭前后牌坊振动速度信号如图 4-38 和图 4-39 所示。

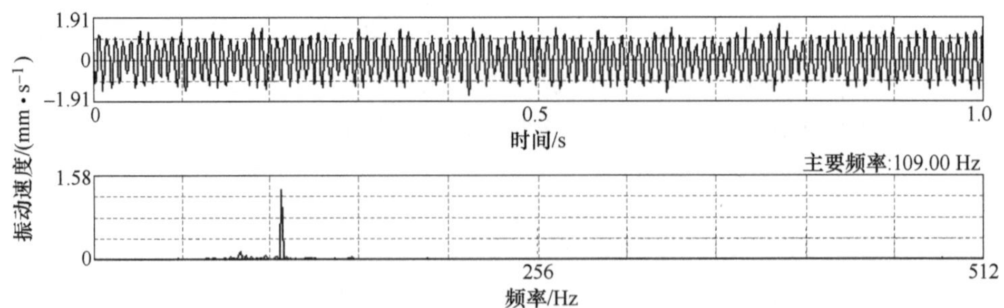


图 4-38　S5 轧机开 AGC 时的牌坊振动速度

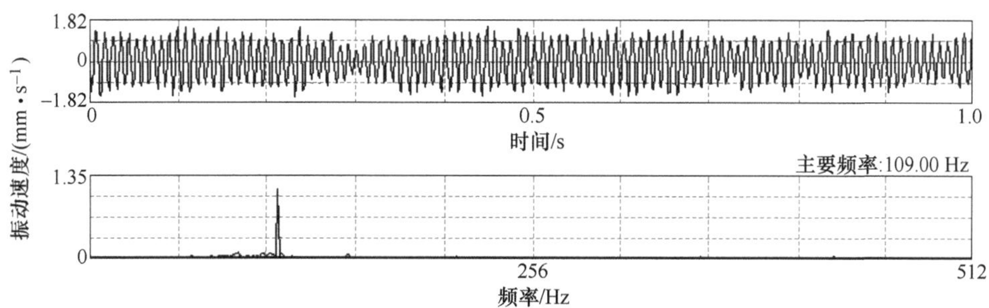


图 4-39 S5 轧机关 AGC 时的牌坊振动速度

可见当 S5 轧机 AGC 关闭后，其振动频率没有变化，但振动速度幅值降低了 20%左右，关闭 S4 轧机的 AGC，其振速幅值降低了 10%左右，可见 AGC 对轧机振动有较大影响。同时对 S1~S3 轧机的振动速度变化也做了统计，如图 4-40 所示。

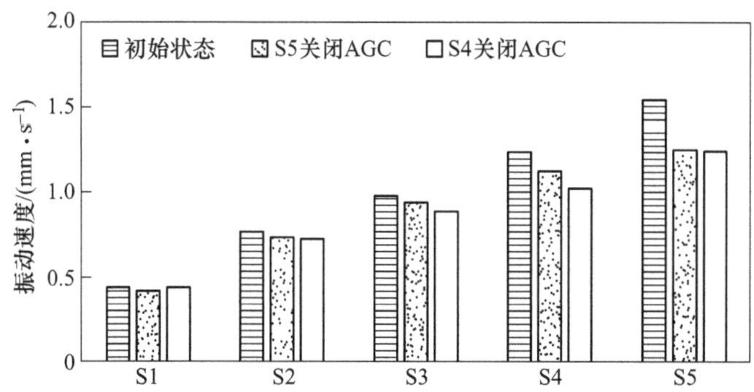


图 4-40 某 1450 连轧机组在关闭 S4 和 S5 轧机 AGC 系统前后的振速幅值

从图 4-40 中可以看出，当关闭 S4 或 S5 轧机 AGC 后，各架轧机的振速幅值均有不同程度的降低，S4 和 S5 轧机的下降幅值较大，而 S1~S3 轧机的下降幅值很小。另外，S4 轧机在关闭 AGC 后的振动速度下降幅值比关闭 S5 轧机时的更大。说明轧机的振动速度幅值不仅受自身 AGC 的影响，而且受其他轧机 AGC 的影响，具有明显的液机耦合和轧机之间耦合振动现象。

### 4.1.5 轧制力与带钢成品厚度关系测试

某 1550 冷连轧机组在轧制不同材质和规格时表现出不同程度的振动现象，为了寻找规律做了现场试验。

(1) 轧制材质 SA570、规格为 (0.18~0.27) mm×806 mm 时，S1~S5 轧机轧制力的典型变化规律如图 4-41 所示，每种规格轧制 6 卷统计结果如表 4-10 及图 4-42 所示。

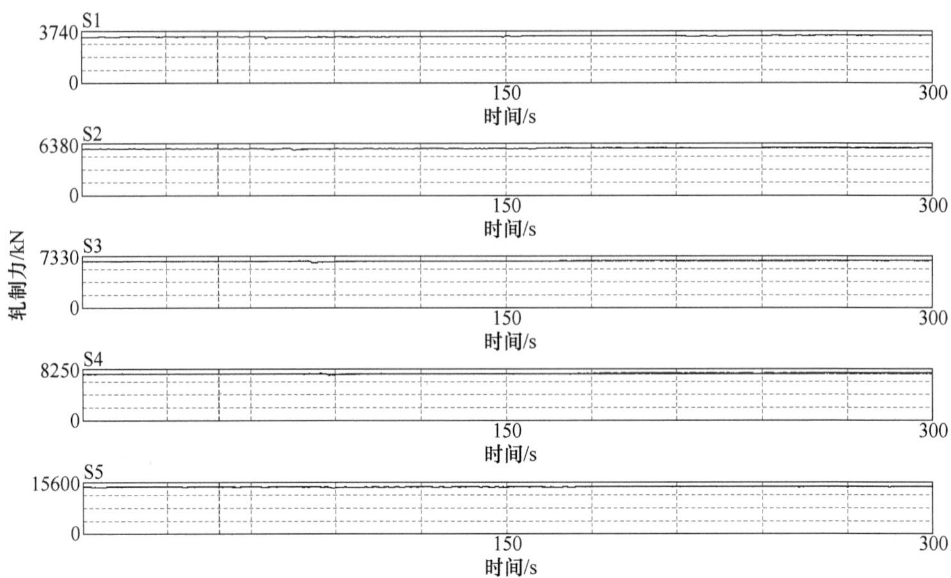


图 4-41　轧制钢种 SA570 典型轧制力波形

**表 4-10　轧制材质 SA570、不同规格时轧制力分配统计**

| 规格/(mm×mm) | 轧制力/kN | | | | |
|---|---|---|---|---|---|
| | S1 | S2 | S3 | S4 | S5 |
| 0. 27×806 | 2166 | 3704 | 4381 | 4616 | 6256 |
| 0. 23×806 | 2509 | 3959 | 4508 | 4773 | 6796 |
| 0. 20×806 | 2773 | 4410 | 5086 | 5488 | 7229 |
| 0. 18×806 | 2891 | 4988 | 5811 | 6742 | 8431 |

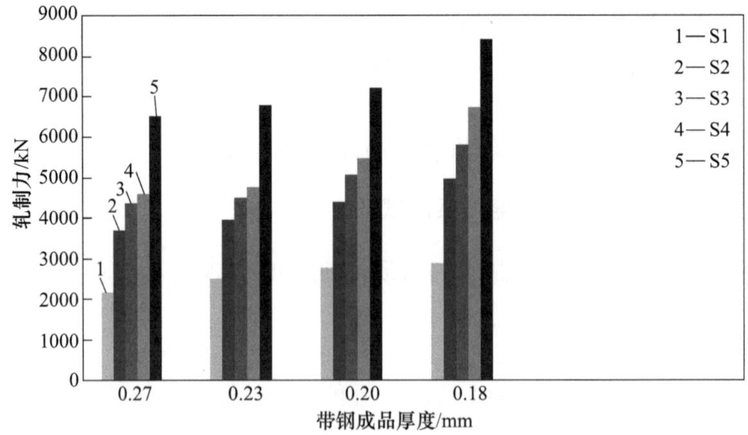


图 4-42　轧制力与带钢厚度关系

从图 4-42 中可以看出，随着带钢成品厚度减薄，轧制力逐渐增加。5 个轧机的轧制力越往后轧机轧制力越高。通常要求 S5 轧机为平整道次，轧制力应该偏低一些。

（2）轧制材质 SPCC、规格为（0.2~0.3）mm×1006 mm 时，S1~S5 轧机轧制力统计结果如表 4-11 和图 4-43 所示。

**表 4-11 轧制材质 SPCC、不同规格时轧制力分配统计**

| 规格/（mm×mm） | 轧机轧制力/kN | | | | |
|---|---|---|---|---|---|
| | S1 | S2 | S3 | S4 | S5 |
| 0.30×1600 | 2211 | 3782 | 4474 | 4712 | 9941 |
| 0.27×1600 | 2562 | 4044 | 4602 | 4870 | 10354 |
| 0.23×1600 | 2835 | 4503 | 5192 | 5606 | 11010 |
| 0.20×1600 | 2955 | 5106 | 5932 | 6884 | 12846 |

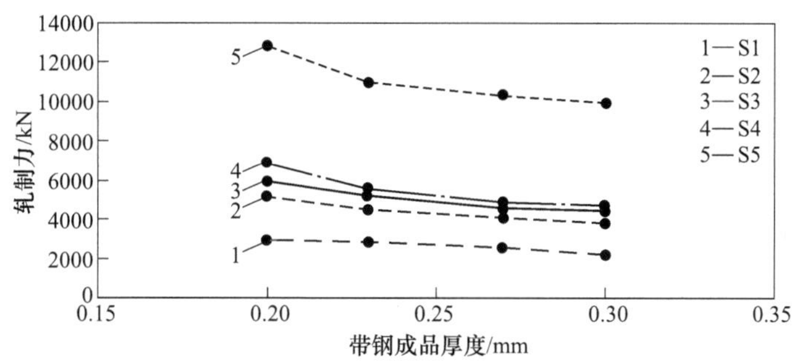


图 4-43 轧制时各轧机轧制力分配

从图 4-43 中看出，S5 的轧制力比其他轧机大很多，现场的现象表明：在轧制 0.3 mm 带钢时轧机不出现振动现象，轧制 0.23 mm 开始出现轻微振动，轧制 0.2 mm 时轧机出现强烈振动现象。

通常情况下，轧制力变大，轧制力的波动部分也会增大，轧机振动就会变大。当轧制力波动频率与易被激发的轧机固有频率吻合或相近时，轧机会出现强烈振动。因此，在同材质情况下，重新分配负荷，降低振动机架的轧制力，即降低了轧制力的波动，从而使轧机振动得到缓解。但有时轧制高强度薄带钢由于轧机主传动电机功率或机械承载能力的限制，轧机间负荷分配重新调整将受到限制。

## 4.2 辊系轴承对轧机振动影响试验

现场轧机经常出现由于轧辊轴承的振动诱发轧机更高频率的振动现象，因此确定轴承的振动规律有助于判定轴承的故障点。

### 4.2.1 工作辊轴承对轧机振动影响

某1850冷连轧机组在轧制同规格同材质带钢时，更换S5轧机不同工作辊轴承座后，轧机振动的幅值不同。为了确定哪个工作辊轴承座振动偏大，对5个工作辊轴承座进行了跟踪测试与分析，重点采集了稳速轧制时的工作辊转速、操作侧振动频率、传动侧振动频率、操作侧振动速度有效值和传动侧振动速度有效值，以分析不同工作辊轴承座实际振动状态。

为了方便比较和判定5个工作辊轴承座之间振动大小及频率关系，对测试数据进行统计分析，如图4-44~图4-47所示。

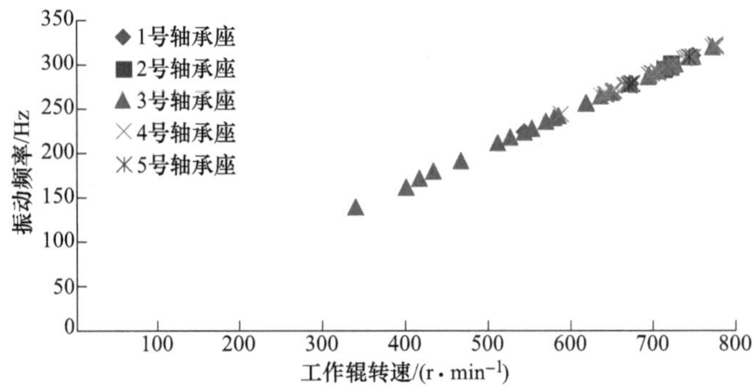


图4-44　工作辊操作侧振动频率与转速关系统计

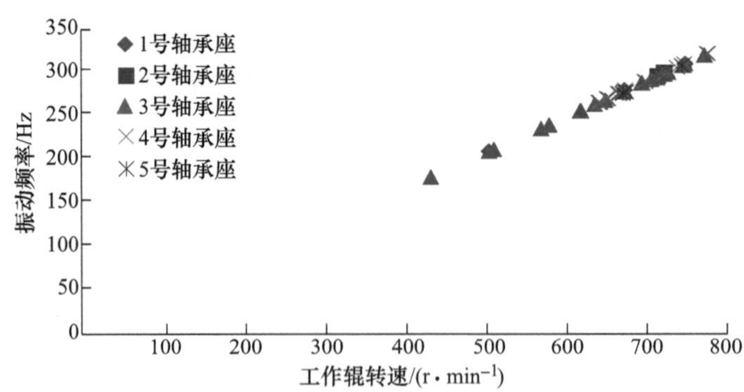


图4-45　工作辊传动侧振动频率与转速关系统计

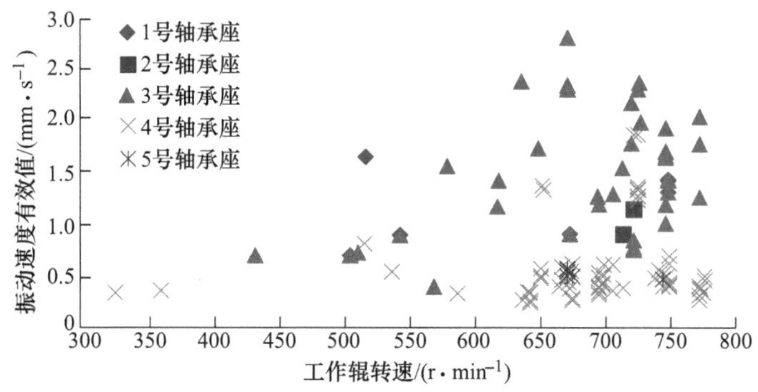


图 4-46 5 个工作辊操作侧轴承座振动速度有效值比较

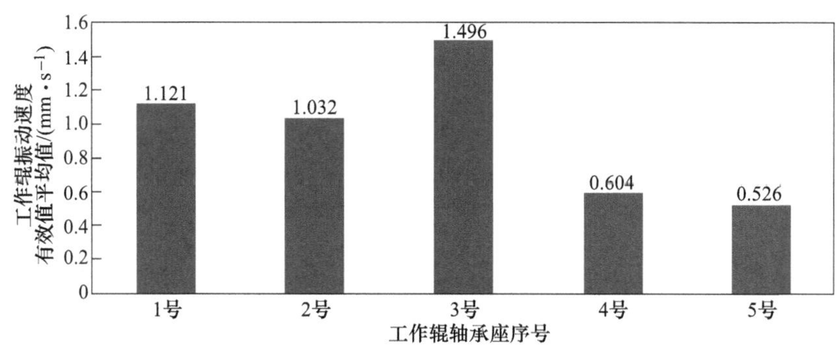


图 4-47 5 个工作辊操作侧轴承座振动速度有效值的平均值比较

从图中可以看出，振动频率随着工作辊转速增加而线性增加，经计算该频率与工作辊轴承内圈故障频率吻合。对 5 个操作侧轴承座振动速度有效值的平均值统计，获得 5 号工作辊轴承座振动速度平均值为 0. 526 mm/s、3 号工作辊轴承座振动速度平均值为 1. 496 mm/s，即 3 号工作辊轴承座振动比 5 号约大 3 倍。

轧机工作辊轴承工作有其特殊性，由于工作辊辊颈与轴承内圈经常拆卸，所以采用间隙配合来工作，加之频繁换辊和磨损使间隙变得更大，因此轧机轧钢时轴承的内圈故障频率一直伴随着出现，轧制过程的轴承磨损和装配不同也使工作辊轴承座振动不同。一般情况下，轴承间隙（径向和轴向）越大，轧机振动越大，因此轴承座内的轴承装配要严格控制，另外轴承与辊颈间隙变大后需要经过表面涂镀等处理，使配合间隙变小才能使轧机振动速度幅值降低，这对抑制轧机振动十分有利。

### 4.2.2 支承辊辊役周期振动变化影响

为了确定某 1720 冷连轧机组支承辊上机后至下机前的一个辊役周期过程振

动的变化规律，对 S5 轧机进行了跟踪测试。

新磨削的上支承辊（直径 1208. 605 mm）和下支承辊（直径 1203. 375 mm）上线后，两天更换了新工作辊 5 次，见表 4-12，对振动优势频率统计及规律进行了统计。

**表 4-12　S5 轧机工作辊换辊的辊径统计**

| 工作辊换新辊顺序 | 上工作辊直径/mm | 下工作辊直径/mm |
|---|---|---|
| 1 | 415. 922 | 415. 915 |
| 2 | 442. 785 | 442. 810 |
| 3 | 443. 361 | 443. 384 |
| 4 | 435. 627 | 435. 620 |
| 5 | 431. 636 | 431. 641 |
| 平均 | 433. 870 | 433. 870 |

（1）第 1 次换新工作辊开始统计振动参数，如表 4-13 和图 4-48 所示。

**表 4-13　第 1 次换新工作辊振动频率统计**

| 钢卷序号 | 工作辊转速/(r · min$^{-1}$) | 轴承座优势频率/Hz |
|---|---|---|
| 1 | 743 | 552 |
| 2 | 768 | 568 |
| 3 | 758 | 562 |
| 4 | 768 | 566 |
| 5 | 690 | 512 |
| 6 | 768 | 566 |
| 7 | 690 | 512 |
| 8 | 768 | 566 |
| 9 | 690 | 512 |
| 10 | 768 | 566 |
| 11 | 690 | 512 |
| 12 | 690 | 512 |
| 13 | 768 | 566 |
| 14 | 690 | 512 |
| 15 | 768 | 566 |
| 16 | 768 | 566 |
| 17 | 768 | 566 |
| 18 | 714 | 530 |
| 19 | 768 | 566 |

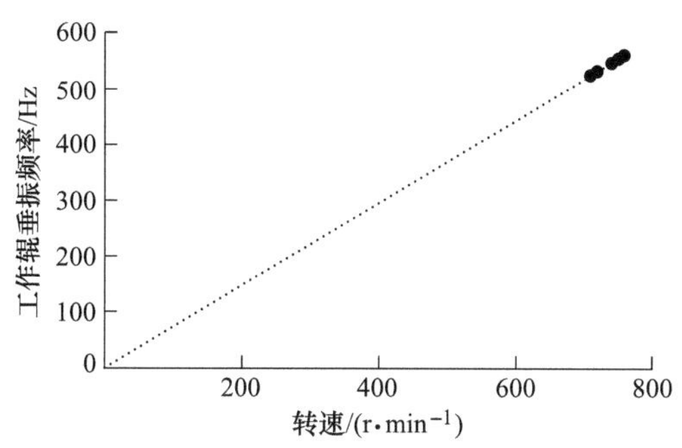


图 4-48 第 1 次换新工作辊振动频率与转速关系统计

从图中可以看出，S5 轧机工作辊振动频率较高且单一，随着转速增加而增加，呈线性关系。

（2）第 2 次换新工作辊振动频率统计如表 4-14 和图 4-49 所示。

**表 4-14 第 2 次换新工作辊振动频率统计**

<table>
<tr><th>钢卷数</th><th>工作辊转速/(r·min$^{-1}$)</th><th>轴承座优势频率/Hz</th></tr>
<tr><td>1</td><td>646</td><td>268</td></tr>
<tr><td>2</td><td>646</td><td>614</td></tr>
<tr><td>3</td><td>717</td><td>652</td></tr>
<tr><td>4</td><td>646</td><td>614</td></tr>
<tr><td>5</td><td>646</td><td>268</td></tr>
<tr><td rowspan="2">6</td><td rowspan="2">646</td><td>268</td></tr>
<tr><td>512</td></tr>
<tr><td rowspan="3">7</td><td rowspan="3">718</td><td>298</td></tr>
<tr><td>566</td></tr>
<tr><td>654</td></tr>
<tr><td rowspan="3">8</td><td rowspan="3">646</td><td>268</td></tr>
<tr><td>512</td></tr>
<tr><td>614</td></tr>
<tr><td rowspan="2">9</td><td rowspan="2">718</td><td>566</td></tr>
<tr><td>654</td></tr>
</table>

从图表中看出，工作辊振动频率出现了 3 个优势频率，随着转速增加而增加，也呈线性关系。

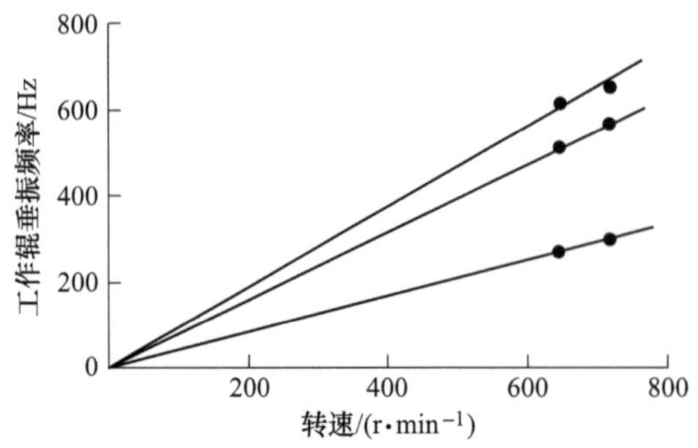


图 4-49　第 2 次换新工作辊振动频率与转速关系统计

（3）第 3 次换新工作辊振动频率统计如表 4-15 和图 4-50 所示。

**表 4-15　第 3 次换新工作辊振动频率统计**

| 钢卷数 | 工作辊转速/$(r \cdot min^{-1})$ | 轴承座优势频率/Hz |
|---|---|---|
| 1 | 645 | 586 |
| | | 614 |
| | | 642 |
| 2 | 717 | 566 |
| | | 656 |
| 3 | 645 | 614 |
| | | 644 |
| 4 | 717 | 566 |
| | | 652 |
| | | 684 |
| 5 | 718 | 298 |
| | | 566 |
| 6 | 592 | 246 |
| | | 468 |
| 7 | 718 | 298 |
| | | 568 |
| | | 654 |

此工作辊投用后，其振动频率与第 2 次换辊振动频率基本一致。

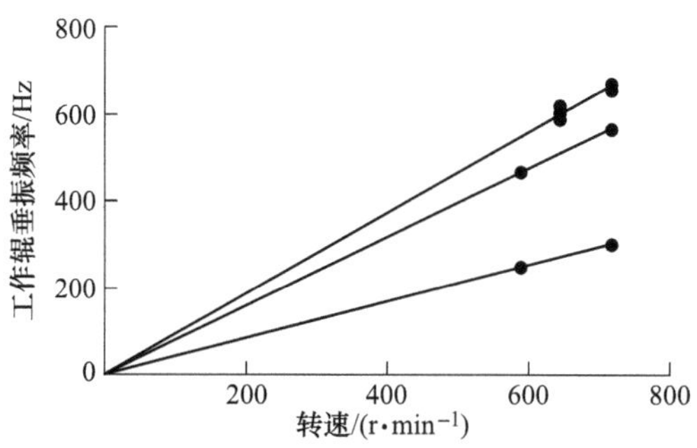


图 4-50 第 3 次换新工作辊振动频率与转速关系统计

（4）第 4 次换工作辊振动频率统计如表 4-16 和图 4-51 所示。

**表 4-16 第 4 次换工作辊振动频率统计**

<table>
<tr><th>钢卷数</th><th>工作辊转速/(r · min$^{-1}$)</th><th>轴承座优势频率/Hz</th></tr>
<tr><td rowspan="2">1</td><td rowspan="2">657</td><td>272</td></tr>
<tr><td>586</td></tr>
<tr><td rowspan="2">2</td><td rowspan="2">730</td><td>304</td></tr>
<tr><td>568</td></tr>
<tr><td rowspan="3">3</td><td rowspan="3">657</td><td>272</td></tr>
<tr><td>512</td></tr>
<tr><td>614</td></tr>
<tr><td rowspan="2">4</td><td rowspan="2">730</td><td>302</td></tr>
<tr><td>568</td></tr>
<tr><td rowspan="3">5</td><td rowspan="3">657</td><td>272</td></tr>
<tr><td>512</td></tr>
<tr><td>614</td></tr>
<tr><td>6</td><td>552</td><td>228</td></tr>
<tr><td>7</td><td>731</td><td>302</td></tr>
</table>

第 4 套工作辊投用后，其振动频率和转速关系与第 2 次及第 3 次换辊振动频率基本一致。

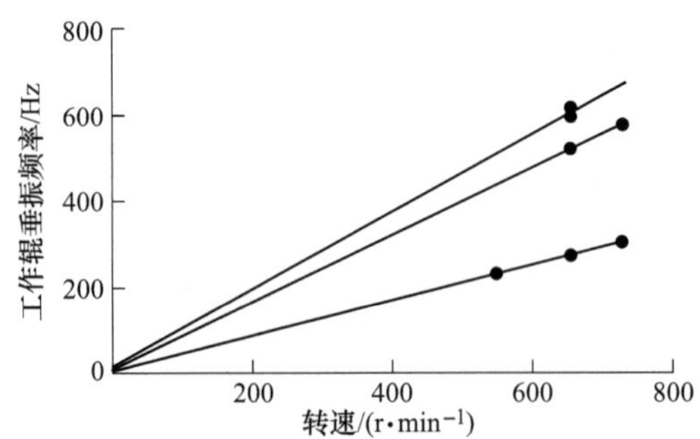


图 4-51　第 4 次换新工作辊振动频率与转速关系统计

（5）第 5 次换工作辊后，振动频率统计如表 4-17 和图 4-52 所示。

**表 4-17　第 5 次换新工作辊振动频率统计**

| 钢卷数 | 工作辊转速/($r \cdot min^{-1}$) | 轴承座优势频率/Hz |
|---|---|---|
| 1 | 522 | 552 |
| | | 576 |
| 2 | 576 | 512 |
| | | 528 |
| 3 | 580 | 514 |
| | | 534 |
| 4 | 574 | 508 |
| | | 528 |
| 5 | 587 | 520 |
| 6 | 609 | 532 |
| 7 | 717 | 566 |
| | | 645 |
| 8 | 517 | 338 |
| | | 462 |
| 9 | 593 | 532 |
| 10 | 548 | 356 |
| | | 434 |
| | | 494 |
| 11 | 603 | 556 |
| 12 | 576 | 524 |

续表 4-17

| 钢卷数 | 工作辊转速/(r·min⁻¹) | 轴承座优势频率/Hz |
|---|---|---|
| 13 | 588 | 466 |
| | | 528 |
| 14 | 618 | 488 |
| | | 548 |
| | | 616 |
| 15 | 580 | 458 |
| | | 528 |
| 16 | 627 | 496 |
| | | 556 |
| 17 | 590 | 466 |
| | | 532 |
| 18 | 568 | 644 |
| 19 | 663 | 210 |
| | | 512 |

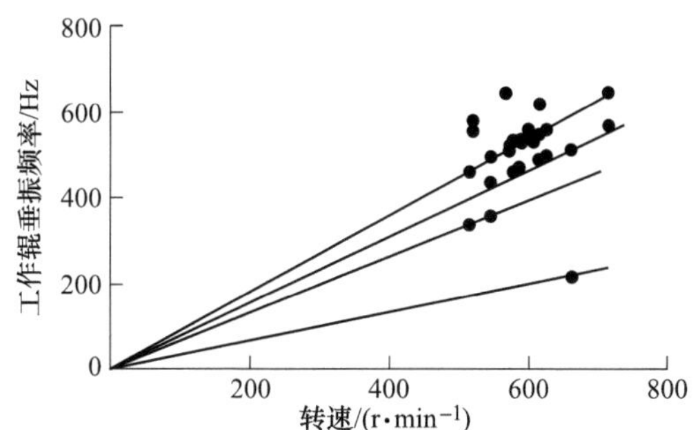


图 4-52 第 5 次换新工作辊振动频率与转速关系统计

从图中可以看出，除了基频和 2 倍频依然存在以外，高频成分变得多起来，而且频率成分丰富。

综上，在同一套新支承辊在线运行条件下，两天换了 5 次新工作辊。从第 1 次更换新工作辊，轧机就存在振动优势频率直到第 5 套工作辊上线。随着轧制时间的推移，高频成分变得更加丰富和复杂，使轧机的稳定性下降，这是支承辊随着轧制里程的增加支承辊表面变差的缘故。同时 3 个优势频率从第 2 次换辊后一直存在，呈线性关系。因此研究轧机的振动演变和掌握一个支承辊辊役期振动变化过程十分重要，不能只关心出现强烈振动时的状态。

### 4.2.3　新旧支承辊对轧机振动影响

为了比较支承辊在服役后期与新上线的支承辊对轧机振动的影响，对某 1450 冷连轧机组 S5 轧机进行了动压靠对比试验，统计轧机操作侧牌坊顶部中心的振动速度与支承辊转频的关系，典型振动信号如图 4-53 所示。经过统计如表 4-18 和图 4-54 所示。

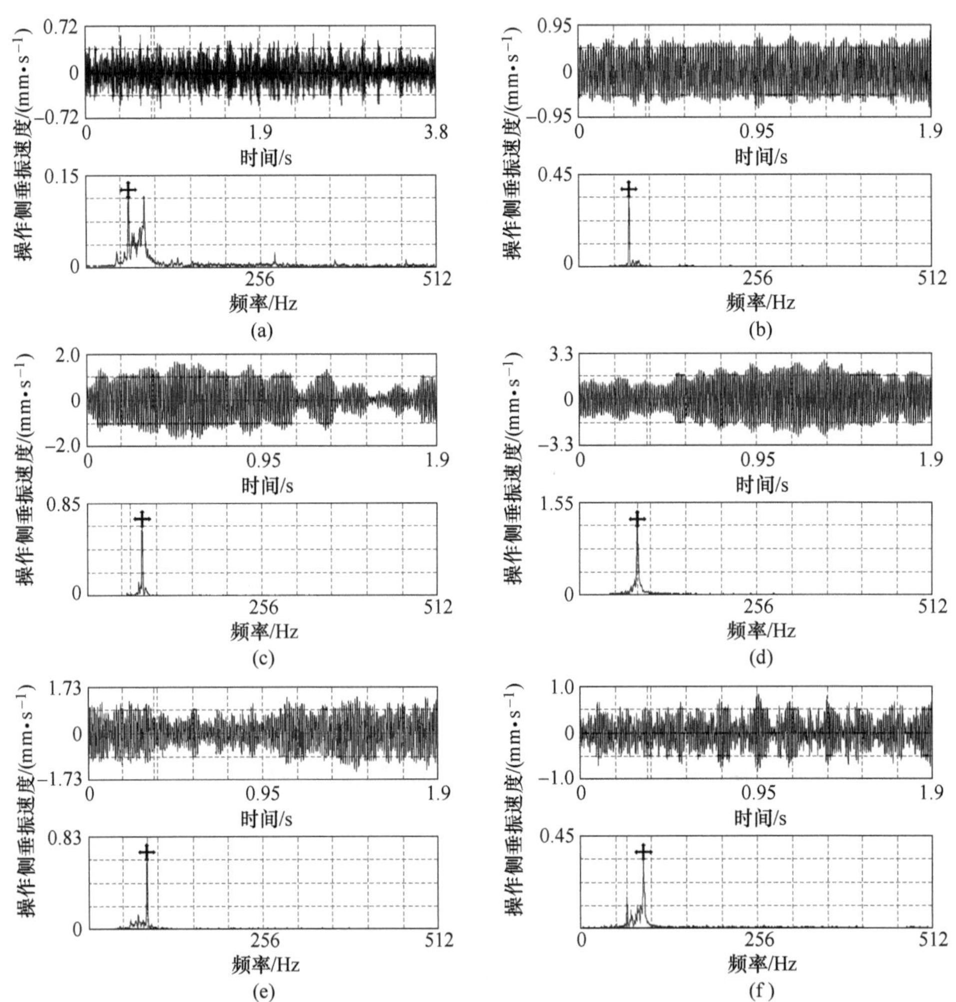


图 4-53　不同新支承辊转频下轧机振动速度与振动频率典型关系

(a) 支承辊转频为 3.8 Hz；(b) 支承辊转频为 4.4 Hz；(c) 支承辊转频为 4.8 Hz；(d) 支承辊转频为 5.0 Hz；(e) 支承辊转频为 5.2 Hz；(f) 支承辊转频为 5.5 Hz

表 4-18　轧机动压靠时新旧支承辊振动速度对比统计

| 序号 | 动压靠速度 /(m · min$^{-1}$) | 支承辊转频 /Hz | 振动优势频率 /Hz | 旧辊振动速度 /(mm · s$^{-1}$) | 新辊振动速度 /(mm · s$^{-1}$) |
|---|---|---|---|---|---|
| 1 | 700 | 3.0 | 48 | 0.051 | 0.015 |
| 2 | 800 | 3.4 | 55 | 0.155 | 0.063 |
| 3 | 900 | 3.8 | 63 | 0.257 | 0.101 |
| 4 | 1000 | 4.2 | 70 | 0.375 | 0.187 |
| 5 | 1050 | 4.4 | 73 | 0.532 | 0.343 |
| 6 | 1100 | 4.6 | 76 | 0.816 | 0.492 |
| 7 | 1150 | 4.82 | 80 | 1.148 | 0.742 |
| 8 | 1200 | 5.03 | 83 | 1.925 | 1.341 |
| 9 | 1230 | 5.15 | 85 | 1.379 | 0.704 |
| 10 | 1300 | 5.45 | 90 | 1.163 | 0.379 |

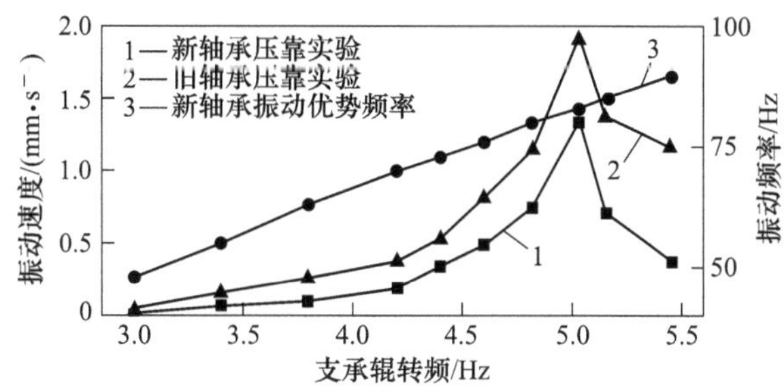


图 4-54　轧机动压靠振动与新旧支承辊轴承转频关系

从图中可以看出，更换新支承辊轴承以后仍然存在随支承辊转频增加的轧机振动优势频率，说明即使是新轴承无故障，依然存在故障频率（由于配合间隙较大），并且在外圈故障频率靠近 83 Hz 左右时会有更明显振动放大效应。旧支承辊轴承比新支承辊轴承的振动速度大 30%～50%，也就是轧制一定吨位（或里程）的带钢必须更换支承辊的缘故。因此合理控制轴承的间隙、定期检查轴承滚道等缺陷和定期更换支承辊也是降低轧机振动的一项措施。

## 4.3　液压系统对轧机振动影响试验

### 4.3.1　辊径变化对振动影响试验

某 1720 冷连轧机组 S2 轧机在轧制钢种为 SPCC、规格为 0.2 mm×1000 mm 且使用较小辊径（见表 4-19）时出现了 141 Hz 振动现象，此时压上缸活塞杆伸出高度为 183 mm。经过多次试验在轧制高强度薄规格带钢频繁出现类似振动现象，当更换大辊径时，振动消失。为了进一步确定原因，做了如下现场试验。

**表 4-19　S2 轧机各轧辊辊径**

| 名称 | 工作辊辊径/mm | 中间辊辊径/mm | 支承辊辊径/mm |
|---|---|---|---|
| 上辊系 | 396. 95 | 476. 16 | 1209. 21 |
| 下辊系 | 396. 97 | 476. 17 | 1217. 94 |

### 4. 3. 2　压上缸活塞杆空载上升振动试验

在 S2 轧机配置小辊径时进行了压上缸活塞杆空载上升试验，发现在液压缸活塞杆上升到一定位置时开始出现集中频率振动现象。针对 S2 轧机振动速度进行了测试，观察液压缸活塞杆位置从 0 提升至 240 mm 过程中下工作辊轴承座的振动现象。

本次试验共进行 3 次提升液压缸活塞杆。第 1 次提升，当压上缸活塞杆上升至 100 mm 时，轧机操作侧开始出现 108 Hz 的优势频率，如图 4-55 所示，而水平振动速度信号中无优势频率。随着压上缸活塞杆上升至 160 mm 时，振动速度优势频率发生变化，108 Hz 频率逐渐消失，出现 141 Hz 优势频率，且振动速度幅值随着上升高度增加而增大，如图 4-56 所示。

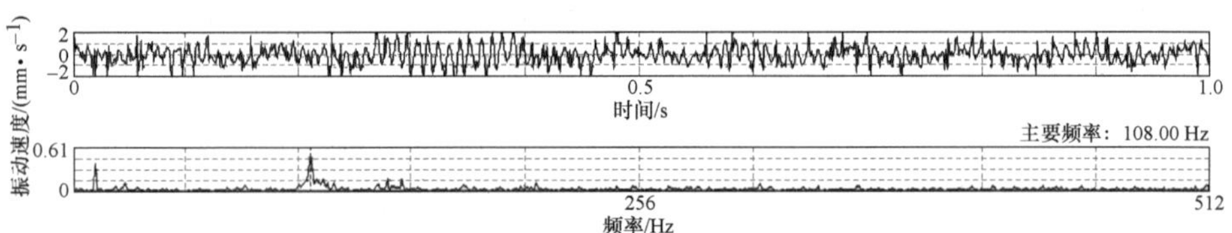


图 4-55　第 1 次提升 100 mm 时工作辊轴承座操作侧垂振速度

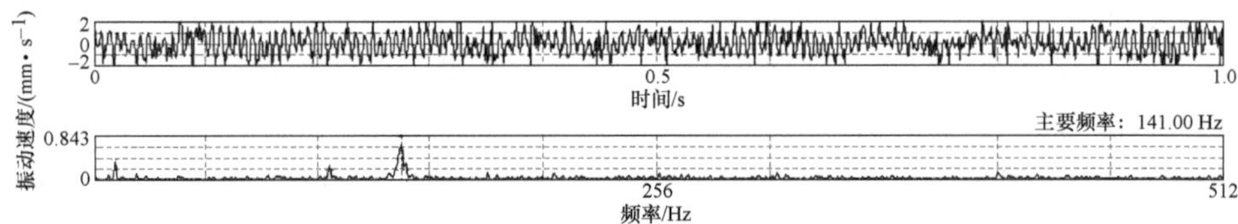


图 4-56　第 1 次提升 160 mm 时工作辊轴承座操作侧垂振速度

第 2 次提升，当液压缸上升至 90 mm 时，操作车侧下工作辊轴承座开始出现 141 Hz 的垂直振动速度优势频率，如图 4-57 所示。随着提升量增加，开始出现 109 Hz 优势频率，141 Hz 优势频率逐渐消失，如图 4-58 所示。

第 2 次试验出现 141 Hz 和 108 Hz 左右优势频率时，其幅值比第 1 次小且优势频率出现顺序不一样。

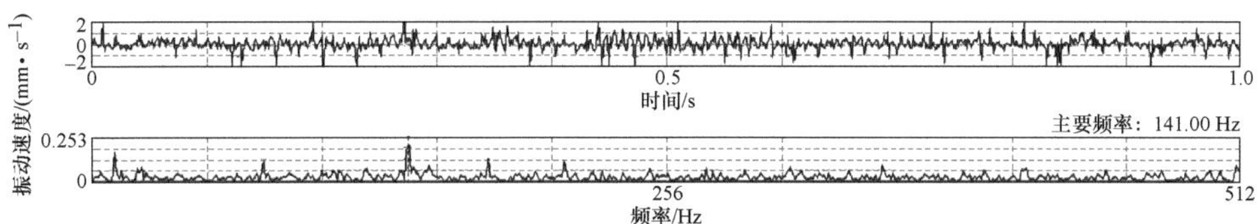


图 4-57 第 2 次提升 90 mm 时工作辊轴承座操作侧垂振速度

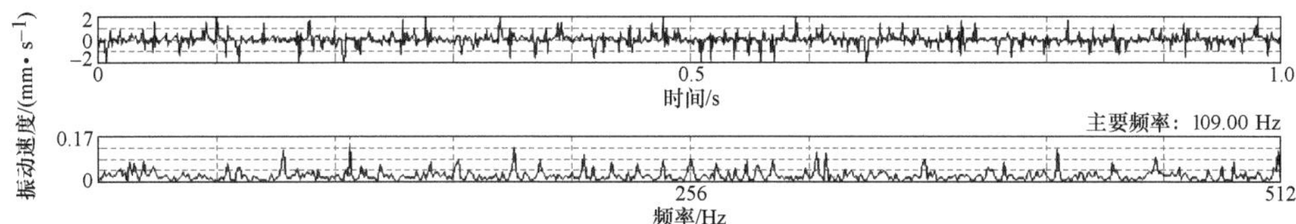


图 4-58 第 2 次提升超过 90 mm 时工作辊轴承座操作侧垂振速度

第 3 次提升，当压上缸上升至 95 mm 时，首先出现 108 Hz 优势频率，如图 4-59 所示。出现 108 Hz 优势频率后，立即又出现了 141 Hz 优势频率，如图 4-60 所示。之后两优势频率一直存在，且有此起彼伏的现象。当液压缸活塞杆提升量达到 230 mm 时，优势频率 141 Hz 对应的振动速度幅值达到了 1.62 mm/s，如图 4-61 所示。

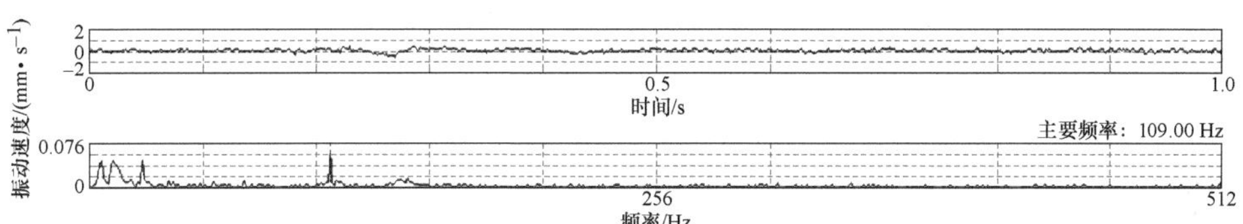


图 4-59 第 3 次提升 95 mm 时工作辊轴承座操作侧垂振速度

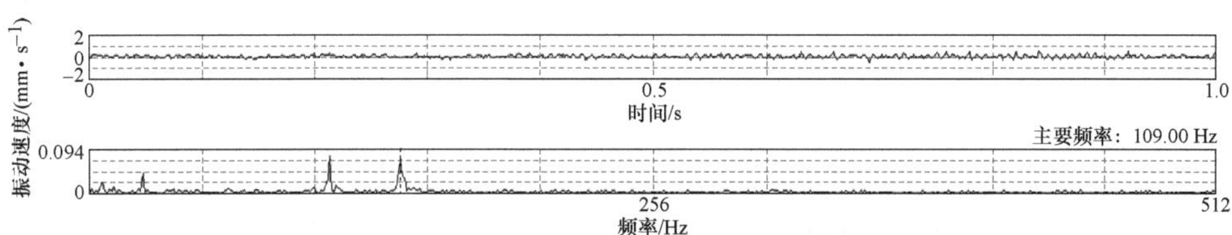


图 4-60 第 3 次提升超过 95 mm 时工作辊轴承座操作侧垂振速度

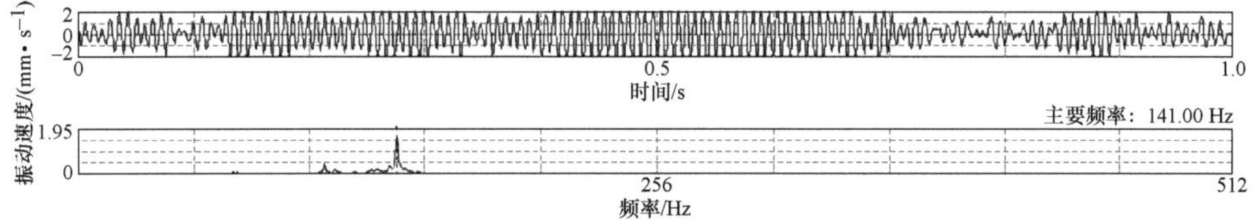


图 4-61 第 3 次提升 230 mm 时工作辊轴承座操作侧垂振速度

该轧机在小辊径轧制高强薄带钢时频繁发生严重振动现象，其振动频率与液压缸提升过程生成的 141 Hz 频率相吻合，说明振动与压上缸活塞杆上升高度有关。另外在同样的轧制速度下，小辊径比大辊径转速更高，其扰动也更大。

### 4.3.3　液压站液压泵振动试验

为了解某 1720 冷连轧机组液压站内液压柱塞泵振动状态进行测试，液压站共由 5 台液压泵组成。正常轧钢时 2 台运行，3 台备用；换辊时 4 台运行，1 台备用。测试时，选择 2 台开启的液压泵进行振动速度测试，此时 S2 轧机轧制工作状态见表 4-20。

**表 4-20　S2 轧机轧制状态**

| 序号 | 厚度/mm | 宽度/mm | 轧制力/kN | 轧制速度/(m · $min^{-1}$) |
|---|---|---|---|---|
| 1 | 0. 186 | 906 | 7808 | 1020 |
| 2 | 0. 186 | 906 | 7808 | 1000 |
| 3 | 0. 186 | 906 | 7808 | 1060 |
| 4 | 0. 186 | 906 | 7808 | 1000 |
| 5 | 0. 186 | 906 | 7808 | 1030 |

液压站内 1 号和 4 号液压泵运行，其泵头垂直和水平振动速度如图 4-62 和图 4-63 所示。

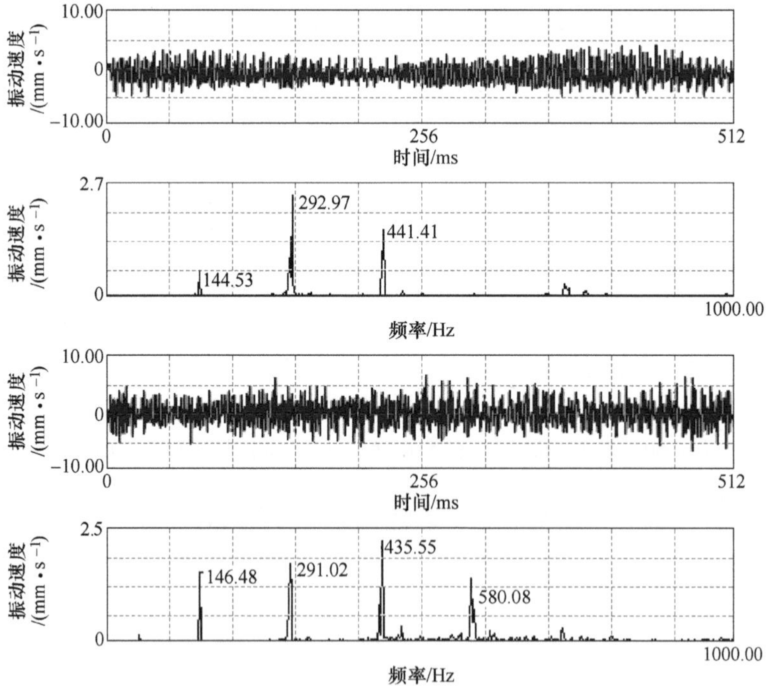

图 4-62　1 号液压泵垂直和水平振动速度

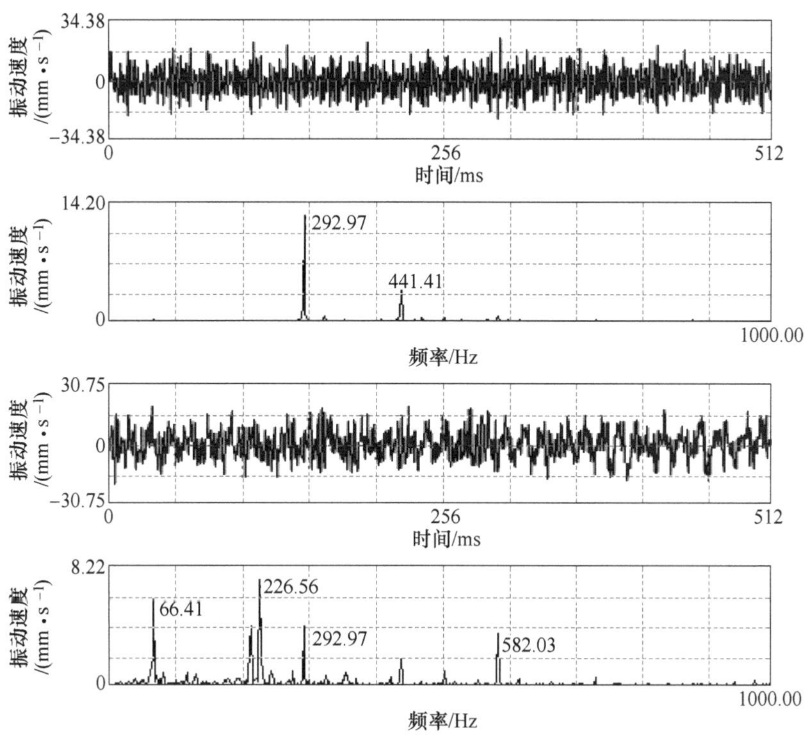


图 4-63 4 号液压泵垂直和水平振动速度

从图中可以看出，液压泵的振动存在多个频率成分为 66～582 Hz，与通常的轧机振动频率在一个区间，可以认为轧机振动与液压泵垂直振动有耦合振动关系。因此，要注重液压泵的维护降低其振动，减小通过液压压力波动对轧机的激励。

## 4.4 电气系统对轧机振动影响试验

### 4.4.1 主电机电流谐波测试

为了摸清主传动电机电流谐波状态，利用电能质量测试仪对某 1720 四机架冷连轧机组主电机电流进行测试和分析，为研究主传动机电耦合振动提供实测数据。

以轧制 SPCC 0.6 mm×1200 mm 为例，将钳形电流传感器套在电机电源线上，其输出信号送到电能质量测试仪，经过分析获得 S1～S4 电机电流谐波，如图 4-64～图 4-67 所示。

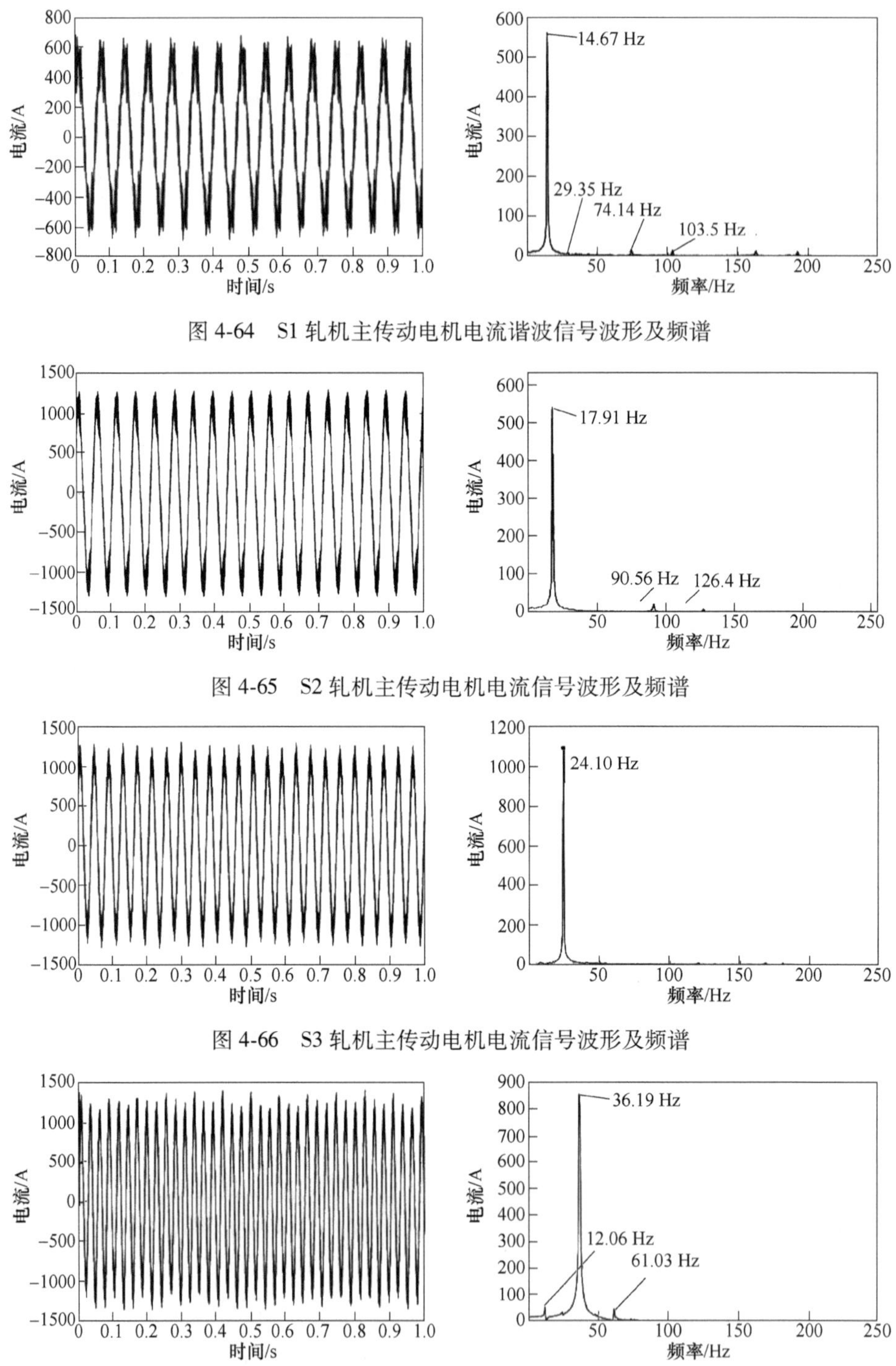


图 4-64　S1 轧机主传动电机电流谐波信号波形及频谱

图 4-65　S2 轧机主传动电机电流信号波形及频谱

图 4-66　S3 轧机主传动电机电流信号波形及频谱

图 4-67　S4 轧机主传动电机电流信号波形及频谱

从图中可以看出，S1 轧机主电机电流基波频率为 14.67 Hz、S2 电机为 17.91 Hz、S3 电机为 24.10 Hz 和 S4 电机为 36.19 Hz，这些基频是提供电机转速所需的变频频率。除了基频外，还存在部分谐波，这些谐波在主传动机械系统会产生激励扭矩，当与某固有频率吻合时形成机电耦合振动现象，因此，变频器输出谐波对轧机主传动的激励成为需要关注的因素之一，特别是当轧制高强钢薄规格产品发生振动时更需要关注谐波频率与轧机振动频率关系，以判断因果关系。

### 4.4.2 压上控制增益对轧机振动影响

在轧机液压压上控制系统中，立马达阀功率放大器前面是比例控制器，用来调节液压辊缝的控制特性。通过调节控制器 $P$ 值，观察对轧机振动的影响。液压压上控制程序中 $P$ 值原值为 5，在原有参数的基础上以 0.5 的步长依次降低至 3.5。通过监测轧机牌坊顶部垂直振动速度信号变化，判断对轧机振动的影响，同时监测轧机出口带钢的厚度偏差，现场采集到的轧机牌坊顶部振动中心信号如图 4-68 所示。

为了便于观察，将轧机操作侧和传动侧牌坊顶部中心振动速度数据进行整理绘制，如图 4-69 所示。

从图中可以看出，随着比例控制器 $P$ 值的降低，轧机牌坊顶部振动速度降低。此外，根据现场监测到的出口带钢厚度波动有时有增加的趋势，但是增加幅度微小，而且都在允许的厚度偏差范围之内，因此综合以上角度考虑，可以通过

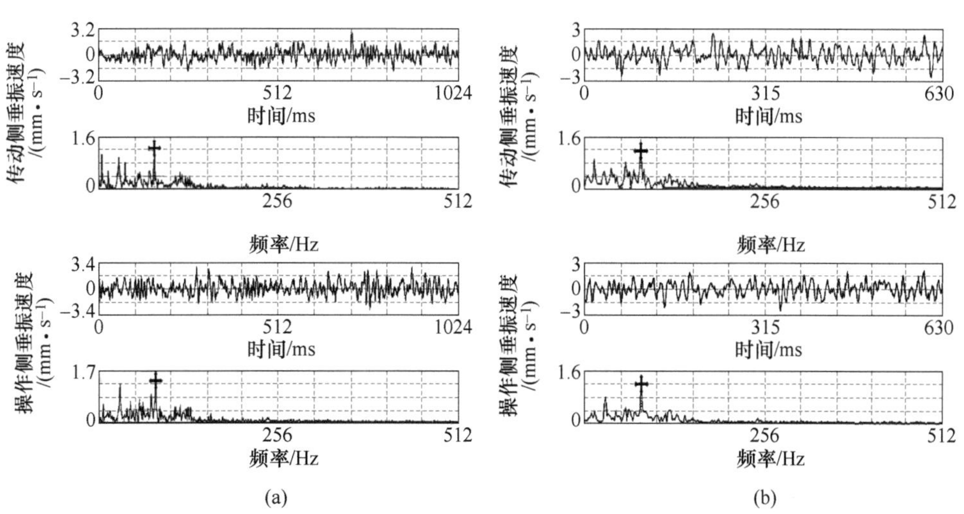

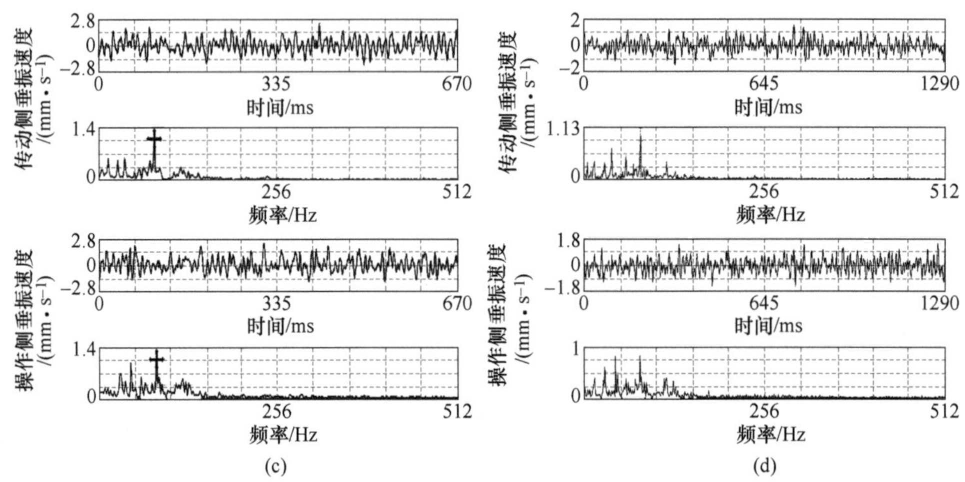


图 4-68　不同 $P$ 值时轧机振动时频图

（a）$P=5$ 时轧机牌坊顶部中心信号；（b）$P=4.5$ 时轧机牌坊顶部中心信号；（c）$P=4$ 时轧机牌坊顶部中心信号；（d）$P=3.5$ 时轧机牌坊顶部中心信号

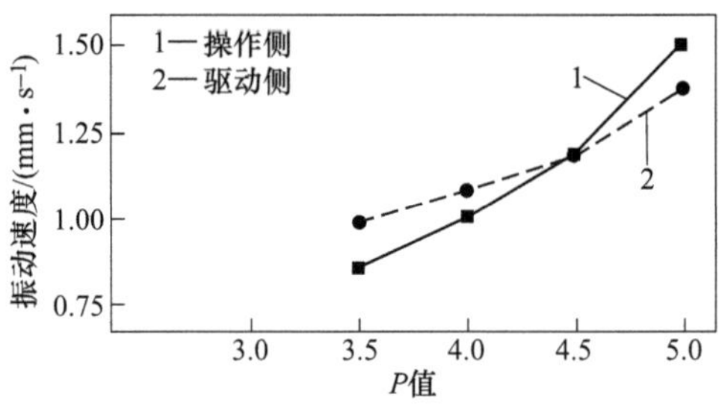


图 4-69　轧机振动速度与 $P$ 值关系

适当的降低控制器的 $P$ 值来降低轧机幅值。多次现场实践表明，有些轧机 $P$ 值降低后轧机振动并未得到明显的改善，甚至有增加的趋势，因此需要进行现场试验后最终来评定效果和固化参数。

## 4.5　动压靠时轧机振动状态试验

冷连轧机组振动与轧机本身和来料状态有关，为了排除振动是否由轧机本身引起，可通过压靠试验来判断。

### 4.5.1　某 1550 冷连轧机组动压靠试验

动压靠是轧机更换新辊后使上下工作辊靠紧并具有较大的压力，改变轧机的转速来模拟轧钢时的状态，通过对比动压靠和正常轧制时的振动信号，基本可以判断振动是否由轧机本身激励引起。

以 1550 冷连轧 S5 轧机为例，动压靠试验线速度范围为 444～1036 m/min，分 5 档进行，压靠力设定为 1000 t，振动速度传感器安装在操作侧工作辊轴承座上部中心，测试结果统计如表 4-21 和图 4-70～图 4-78 所示。

**表 4-21 1550 冷连轧机组 S5 动压靠轧机振动速度与轧辊线速度关系统计**

| 状态参数 | S5 线速度/($m \cdot min^{-1}$) | 优势频率/Hz | 时域有效值/($mm \cdot s^{-1}$) |
|---|---|---|---|
| 升速阶梯 | 444 | 6 | 0.433 |
| | 592 | 8 | 0.487 |
| | 740 | 10.496 | 0.770 |
| | 888 | 12.528 | 1.284 |
| | 1036 | 14.586 | 1.184 |
| 降速阶梯 | 888 | 12.528 | 1.694 |
| | 740 | 10.496 | 0.979 |
| | 592 | 8 | 0.589 |
| | 444 | 6 | 0.491 |

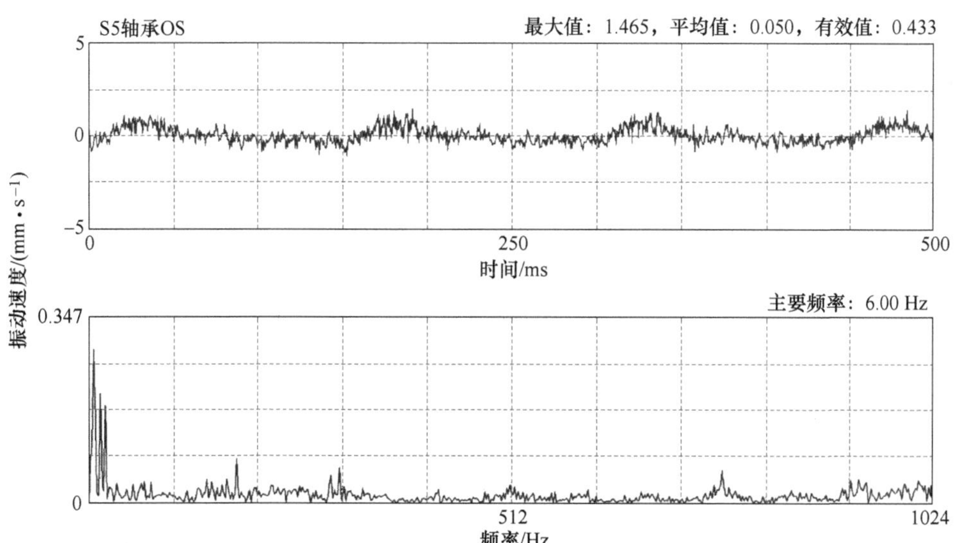


图 4-70 线速度为 444 m/min 轧机振动速度

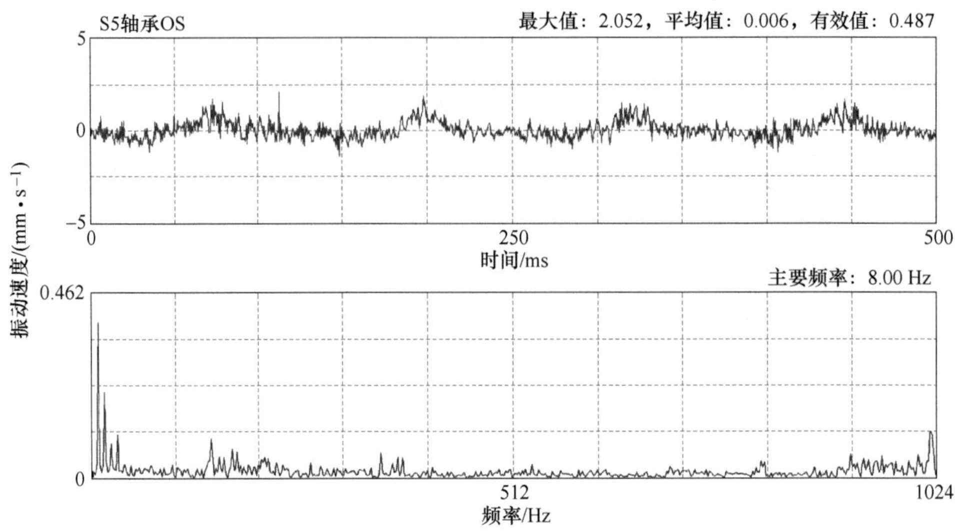


图 4-71　线速度为 592 m/min 轧机振动速度

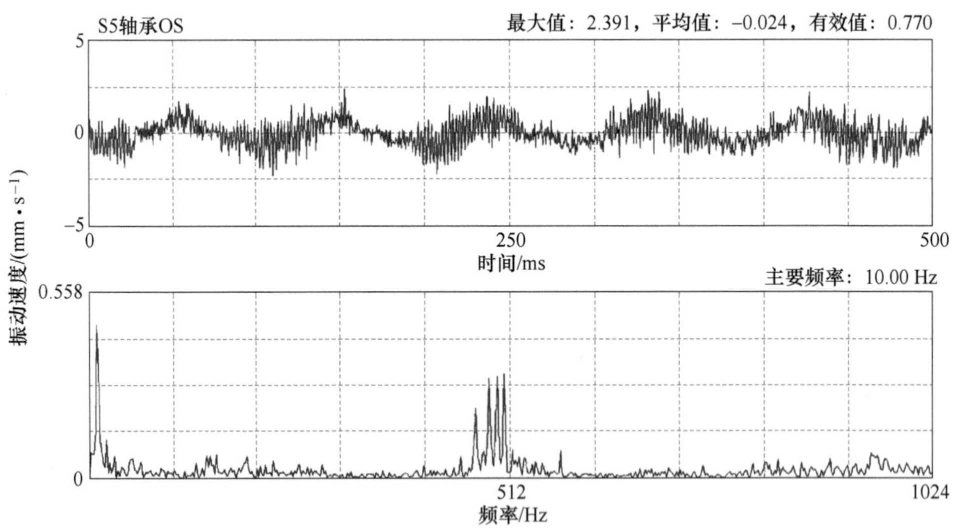


图 4-72　线速度为 740 m/min 轧机振动速度

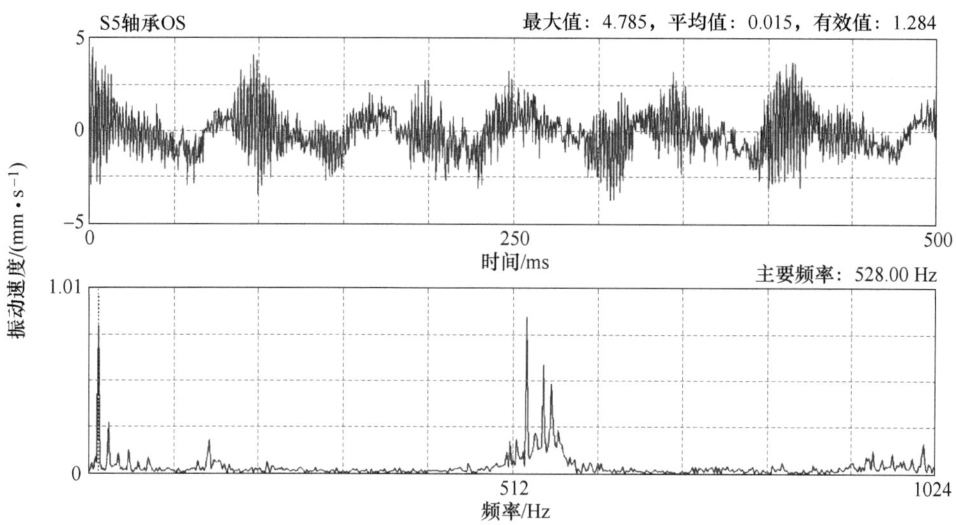


图 4-73 线速度为 888 m/min 轧机振动速度

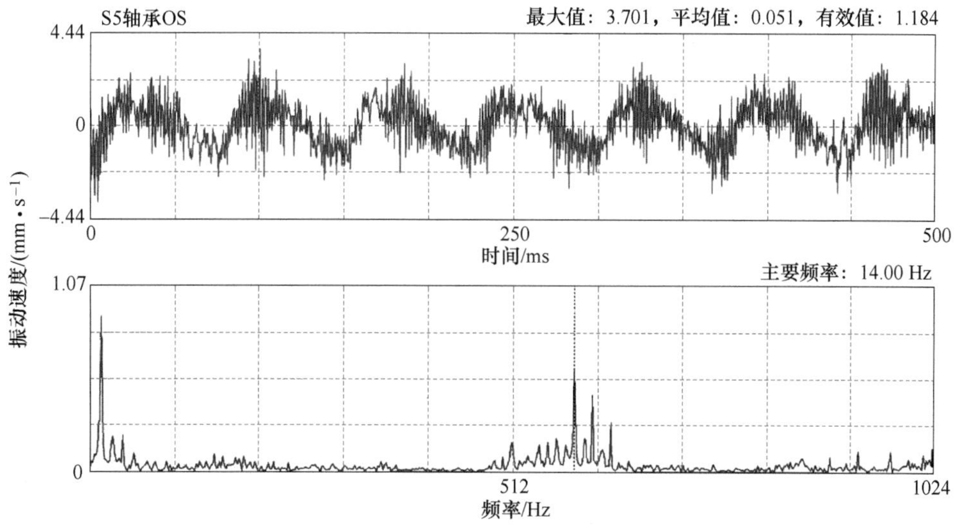


图 4-74 线速度为 1036 m/min 轧机振动速度

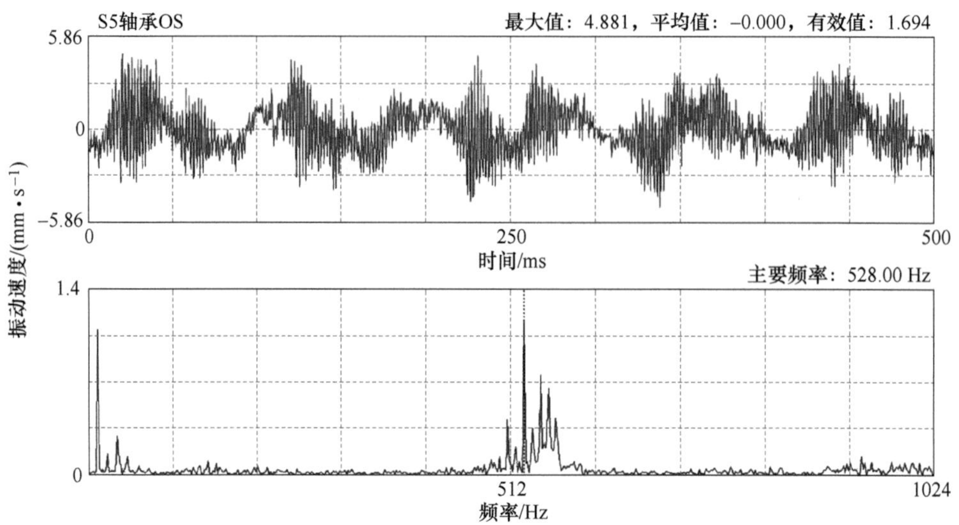


图 4-75　线速度为 888 m/min 轧机振动速度

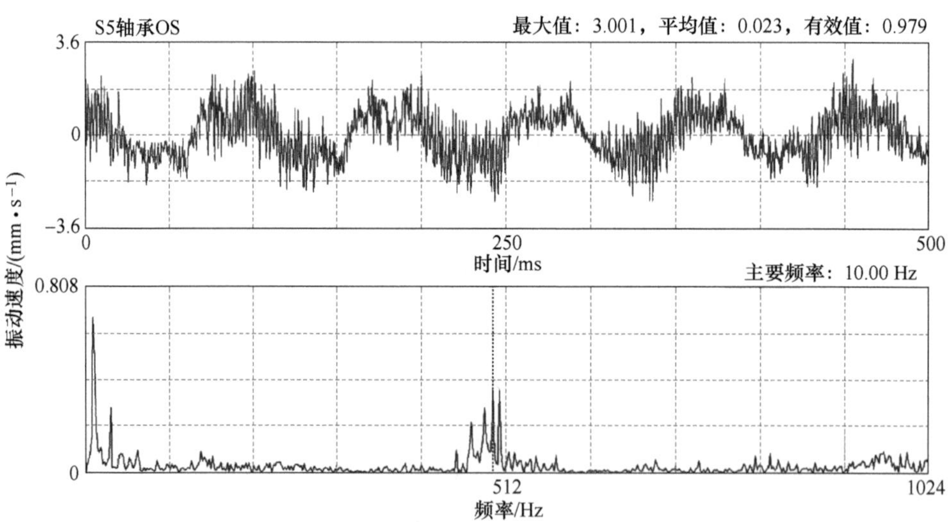


图 4-76　线速度为 740 m/min 轧机振动速度

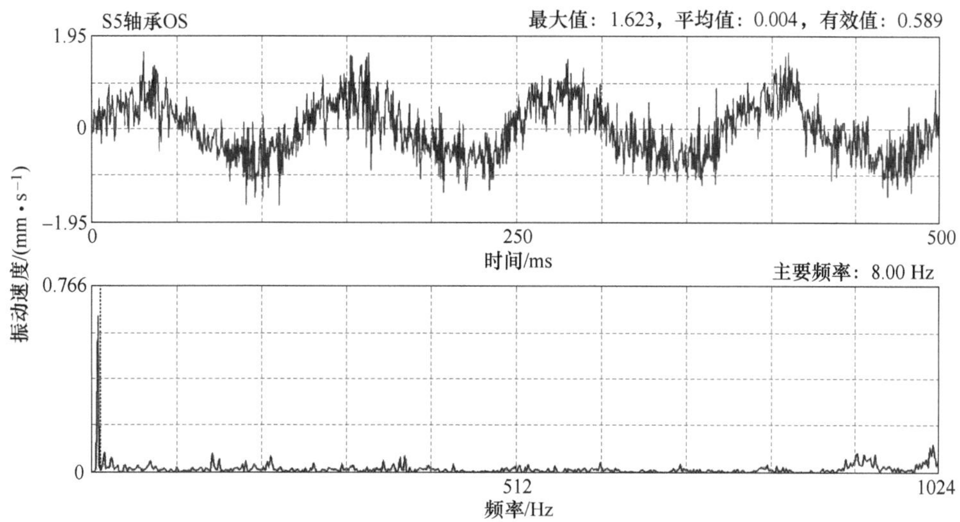


图 4-77 线速度为 592 m/min 轧机振动速度

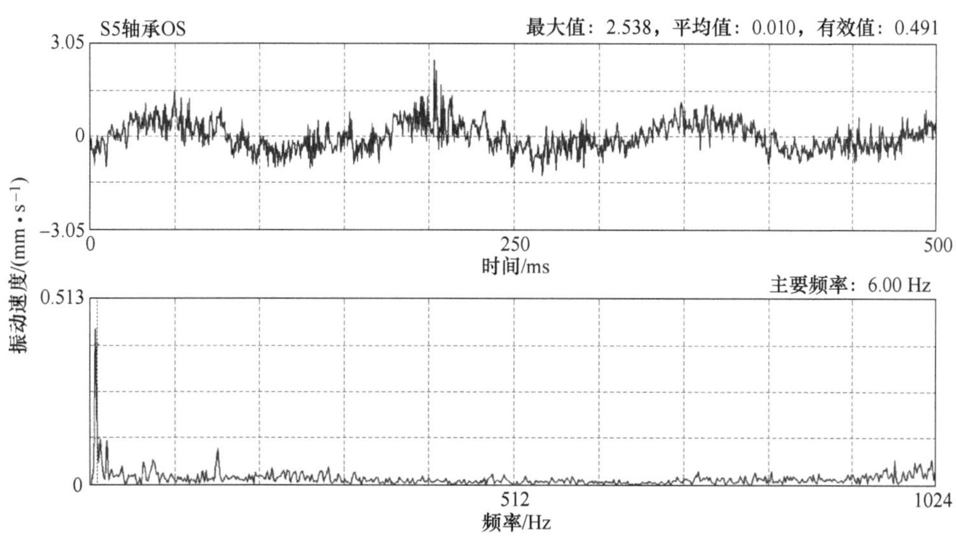


图 4-78 线速度为 444 m/min 轧机振动速度

将表 4-21 中的数据制成图 4-79。从图中可以看出，当新辊压靠速度大于 650 m/min 后，工作辊轴承座振动速度急剧增加，在 940 m/min 达到最大，说明进入了共振区，随后振动又逐渐降低，离开共振区。

动压靠过程反映了随着动压靠速度的增加，轧机进入和离开共振区的过程，

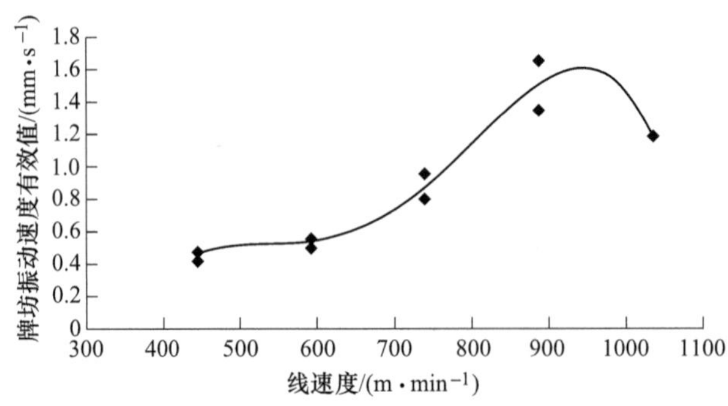


图 4-79　S5 轴承 OS 侧时域有效值

需要进一步查清楚轧机本身激励源，以投入相应措施来消减振动。若压靠时轧机振动很小，说明诱发轧机振动的根源不在轧机本身，应该重点从轧机来料质量优劣方面进行研究。

另外，经过推算，动压靠 1036 m/min 速度下的振动频谱图上 14 Hz 与万向接轴转速一致，出现转频的倍频说明套筒与轧辊扁头有不对中等问题，应该更换套筒衬板，改善对中状态。

### 4.5.2　某 1720 冷连轧机组动压靠试验

某 1720 四机架冷连轧机组在 S2 轧机配置小辊径工作辊时频繁出现振动现象。为此进行小辊径动压靠试验，配辊参数见表 4-22，压靠力设定为 600 t，此时压上缸活塞杆伸出 233 mm，模拟轧机正常轧制时的状态，轧制速度从 0 上升到 380 m/min，利用在线监测系统测量轧机牌坊顶部中心垂直方向的振动速度，并用数据采集分析软件对测得的信号进行时域和频域分析，观察振动速度信号的变化。

**表 4-22　S2 轧辊配辊参数**　　(mm)

| 名称 | 辊　系 | |
|---|---|---|
| | 上辊系 | 下辊系 |
| 工作辊直径 | 387.1 | 387.0 |
| 中间辊直径 | 447.3 | 447.8 |
| 支承辊直径 | 1165.0 | 1166.0 |

动压靠试验分 3 个阶段，升速阶段压靠速度由 57 m/min 上升至 380 m/min，稳速后再降回到 57 m/min，轧机操作侧牌坊顶部中心垂直振动速度如图 4-80 所示。

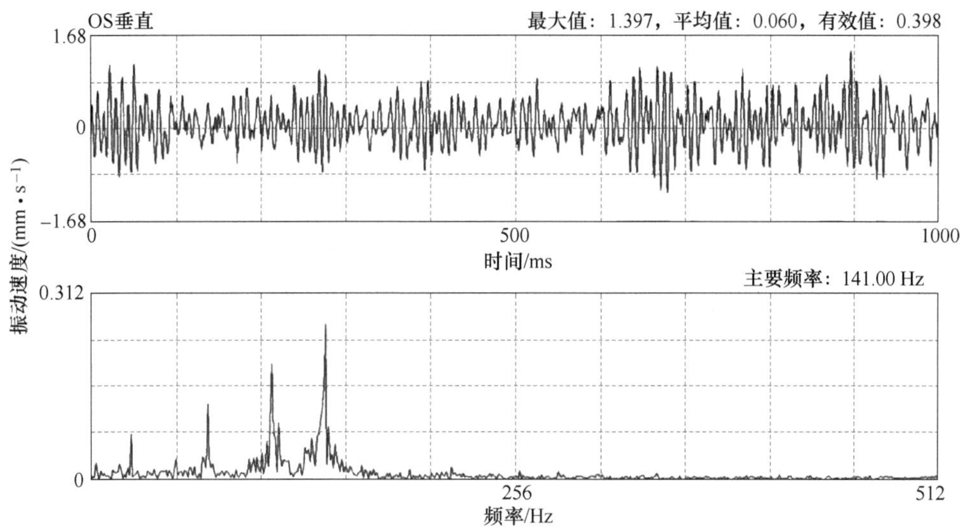


图 4-80　升速至 380 m/min 过程操作侧牌坊垂振速度

稳速阶段轧制速度为 380 m/min 运行 37 s，牌坊典型振动速度波形如图 4-81 所示。

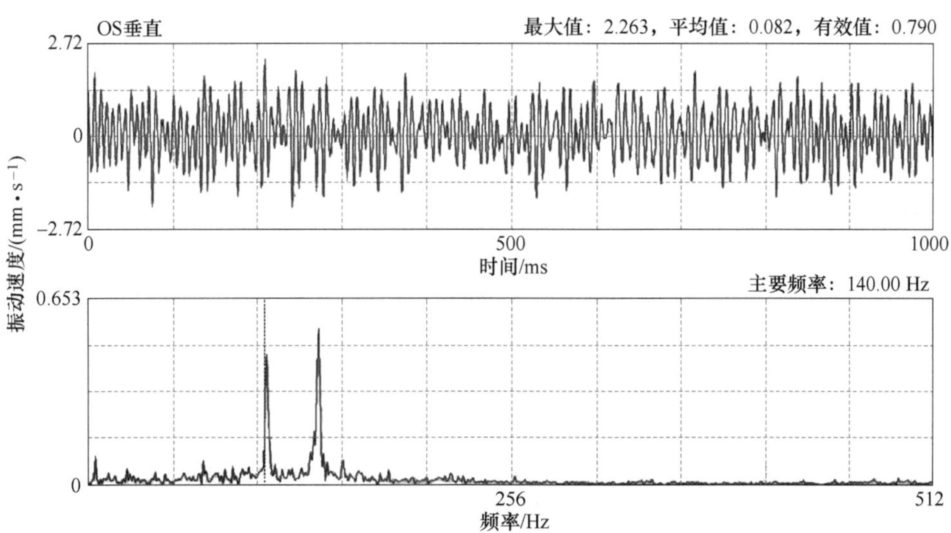


图 4-81　稳速 380 m/min 时操作侧牌坊垂振速度

降速阶段，S2 轧机轧制速度由 380 m/min 经过 9.5 s 降至 0。此阶段振动速度波形及频谱如图 4-82 所示。

从图中可以看出，在升速与降速两个阶段，轧机操作侧牌坊垂直振动速度信

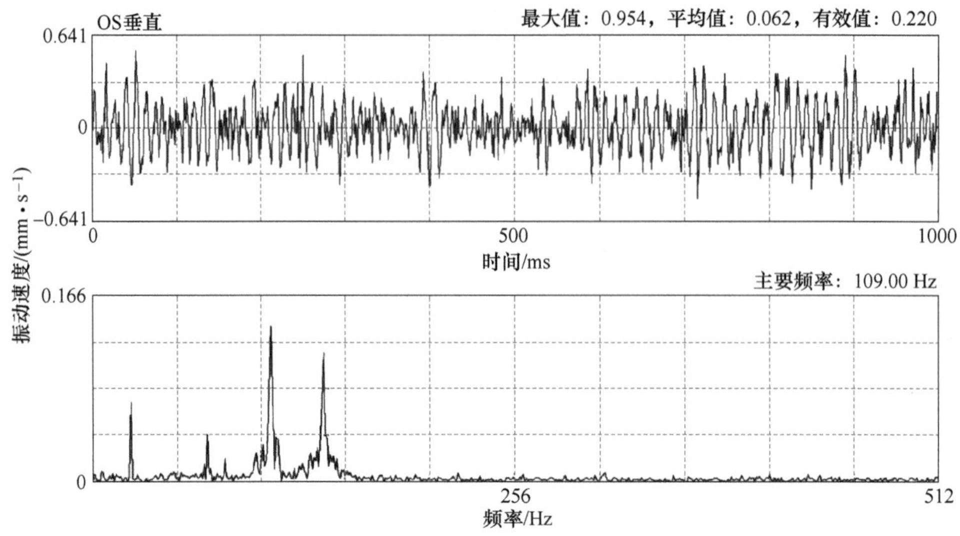


图 4-82　从 380 m/min 降速过程操作侧垂振速度

号均出现 109 Hz、141 Hz、40 Hz 和 70 Hz 优势频率，而在稳速阶段只有 109 Hz 和 141 Hz 的频率。另外也观察了轧机操作侧与传动侧牌坊水平振动速度信号均无明显优势频率。

该 S2 轧机在轧钢过程中曾出现 109 Hz 和 141 Hz 频率的振动现象，因此振源与轧机本身有关，需进一步分析。

## 4.6　轧机振动其他影响因素

除上述影响轧机振动大小因素外，还有轧辊材质、机械间隙、前后张力、板形控制状态和机械间隙等影响因素，这里不再赘述。

## 4.7　本 章 小 结

本章从不同角度和视野对冷连轧机组振动的影响因素做了大量试验。通过压靠模拟轧钢状态来辨别是不是轧机本身诱发的轧机振动，如果不是轧机诱发，就是来料引发的。对轧制速度、带钢材质规格、乳化液、轧辊磨削、AGC、轴承、轧辊、辊径、液压泵、电流谐波和控制器参数等影响轧机振动进行了大量的现场测试，获得了很多有用的数据。对于理解冷连轧机组振动现象提供了实测数据，同时佐证了冷连轧机组振动具有多样性和复杂性，也说明冷连轧机组振动具有多源激励耦合致振的特点，为后续理论研究和仿真分析奠定了基础。

# 5 冷连轧机组机械系统模态耦合特性

本章求解轧机的共振频率，即求解轧机在液压缸和辊缝激励下轧机可以被激起的频率，该频率称为共振频率。当激励源的激励频率与共振频率吻合或相近时将产生较大的振幅，了解共振频率的分布及特征对于抑制轧机振动具有指导意义。

## 5.1 模态叠加和模态贡献量概念

模态分析作为多自由度系统振动分析的主要手段，其核心思想在于将原本相互耦合的多自由度系统动力学方程转化为一系列相互独立的单自由度系统动力学方程。这一过程的关键在于利用单自由度系统的求解进行精确解析，从而实现对复杂振动系统的深入理解和分析。在此过程中，模态分析的首要任务是识别系统自由振动的基本特性，即确定结构在自由振动状态下的模态参数，包括固有频率以及对应的振型，共同刻画了结构在特定频率下的振动行为。

模态叠加又称振型叠加法，是以系统无阻尼的模态为空间基底，通过坐标变换，使原动力学方程解耦，求解多个相互独立的方程获得模态位移，进而通过叠加各阶模态的贡献求得系统的响应。在实际工程中，为了得到系统的完整响应，需要考虑到所有可能出现的模态，并将它们线性叠加得到测点的总响应，即幅频特性。

模态贡献量是轧机分析中最重要的物理量之一，模态贡献量是用于诊断模态密度较小频率范围振动问题的重要物理量。特别是在振动的低频阶段，通过分析各阶模态对系统响应的贡献程度，帮助确定哪些模态对结构响应的共振大小有显著影响。通过找出贡献量最大的模态，可以更有效地解决共振过大的问题。这意味着轧机结构响应的幅值大小是由多阶模态效应叠加产生的结果。通过分析模态贡献量可以确定哪些模态对幅值贡献最大，无论是正贡献还是负贡献，从而对正贡献量大的模态进行抑制，以达到降低响应的目的，即降低振幅。通过模态贡献量分析，可以识别出在非密集模态情况下，响应幅值或响应贡献量最大的某几阶模态。这有助于有针对性地优化结构，降低这些关键模态的贡献量，从而达到降低轧机振动响应幅值的目的。

模态叠加原理是模态贡献量分析的基础。通过模态叠加法可以将系统的共振频率分解为各阶模态的贡献，进而分析和优化每一阶模态对幅值的影响。模态贡献量进一步量化了每一阶模态对共振幅值的具体贡献，为轧机结构优化和轧机抗振性能评定提供了理论基础。因此，模态叠加和模态贡献量在轧机结构动力学分析中相辅相成，共同构成了对共振频率进行全面分析和优化的重要工具。

在轧机振动分析中，多自由度系统与单自由度系统相比，不仅计算量和复杂性增加，而且分析方法也呈现出显著差异。理论上讲，轧机是一个连续体，具有无数个自由度，对应就有无数个模态。而有限元法将轧机分割成有限个单元，且只关心在轧制过程中易出现的几个振动速度幅值较大的响应。

本章基于 ANSYS/Workbench 仿真软件建立轧机垂直系统有限元动力学模型。对 3 种激励状态下的轧机垂直系统共振频率特性进行研究，重点研究主要模态贡献量分布规律。

## 5.2　轧机垂直系统有限元模型

以某 2050 冷连轧机 S2 为例，轧机主要由牌坊、上下工作辊、上下工作辊轴承及轴承座、上下支承辊、上下支承辊轴承和轴承座以及液压缸等组成。轧制过程中，通过上下万向接轴将电机通过减速机和齿轮座提供的动力传递给上下工作辊转动，然后借助工作辊与支承辊之间摩擦力带动支承辊转动。利用液压缸活塞的升降完成辊缝调节，实现带钢厚度控制。

图 5-1　轧机垂直系统实体模型

### 5.2.1　轧机三维实体模型建立

根据实际轧机图纸及资料，在确保仿真精准度的前提下，对轧机各部件进行适当的简化，用 Solidworks 三维建模软件建立轧机三维实体模型如图 5-1 所示。

### 5.2.2　轧机三维有限元模型建立

轧机零部件材料参数设定见表 5-1。

**表 5-1　轧机主要零部件材料参数**

| 材料 | 弹性模量/GPa | 密度/(kg · m$^{-3}$) | 泊松比 |
|---|---|---|---|
| 钢 | 210 | 7800 | 0.3 |

完成材料属性定义后，对各零部件进行网格划分。采用结构化网格划分技术，首先对各部件进行分块处理，设置各部分的网格划分形状、尺寸分别完成各零部件的网格划分，总体单元数为385037、节点数为1060519。然后进行接触设置，零部件之间无相对运动的设置为绑定、有相对运动的设置为不分离。最后进行模型约束的设定，牌坊通过地脚螺栓固定在地基上，轧辊轴承座不可轴向移动等。轧机垂直系统有限元模型如图5-2所示。

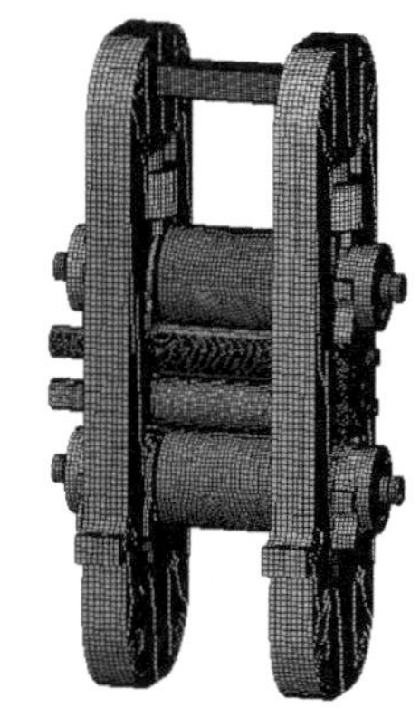

图5-2 轧机有限元网格模型

## 5.3 轧机多源激励下幅频特性

基于建立的有限元动力学模型，分别施加不同位置的激励来探究轧机的共振频率特性。主要激励源设为两工作辊之间的辊缝激励和液压缸活塞与缸体之间的激励，施加对称的周期性正弦波载荷，改变激励频率范围为1~750 Hz，求解操作侧的牌坊、上下支承辊轴承座、上下工作辊轴承座测点的振动速度幅频特性响应曲线。

### 5.3.1 单激励源轧机幅频特性

#### 5.3.1.1 辊缝激励轧机的幅频特性

为了更好地模拟实际轧制过程，对于辊缝处激励设置为：

$$F = F_0 + \Delta F\sin(2\pi f) \tag{5-1}$$

式中 $F_0$——轧制力稳定值；

$\Delta F$——轧制力波动幅值；

$f$——激励频率。

该轧机正常轧制过程总轧制力在20000 kN左右、波动为1%左右，因此取单片牌坊承受的轧制力为$F_0$=10000 kN，$\Delta F$=100 kN。由于轧机振动主要频率一般都在750 Hz以内，因此取$f$=1~750 Hz。

利用ANSYS/Workbench的Harmonic Response模块，分别在两工作辊之间施加大小相等方向相反的对称载荷，扫频频率范围设置为1~750 Hz。求解得到轧机的各部位的振动速度幅频特性如图5-3所示。

从图5-3中可以看出，在辊缝激励作用下牌坊、上下支承辊和上下工作辊幅频特性的主要共振频率（74 Hz、106 Hz、167 Hz和666 Hz）基本相同。

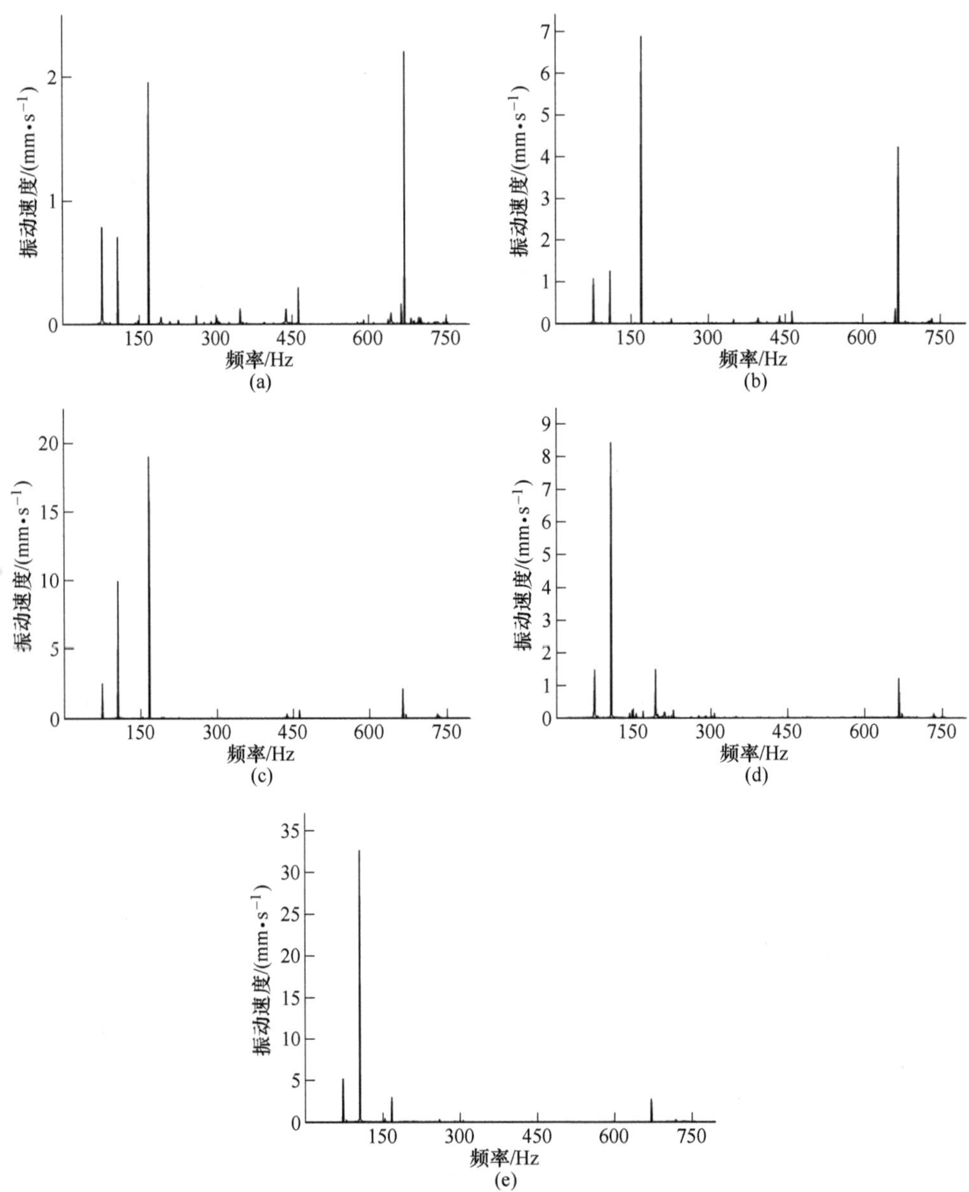


图 5-3　轧机在辊缝激励下操作侧主要部位的幅频特性

(a) 牌坊；(b) 上支承辊；(c) 下支承辊；(d) 上工作辊；(e) 下工作辊

#### 5.3.1.2　液压缸激励轧机振动幅频特性

一架轧机两片牌坊，每片牌坊承受总轧制力的 1/2，取 $F_0=10000$ kN、波动值取 $\Delta F=100$ kN、激励频率范围也为 1~750 Hz。仿真获得轧机在液压缸激励下操作侧主要零部件的幅频特性如图 5-4 所示。

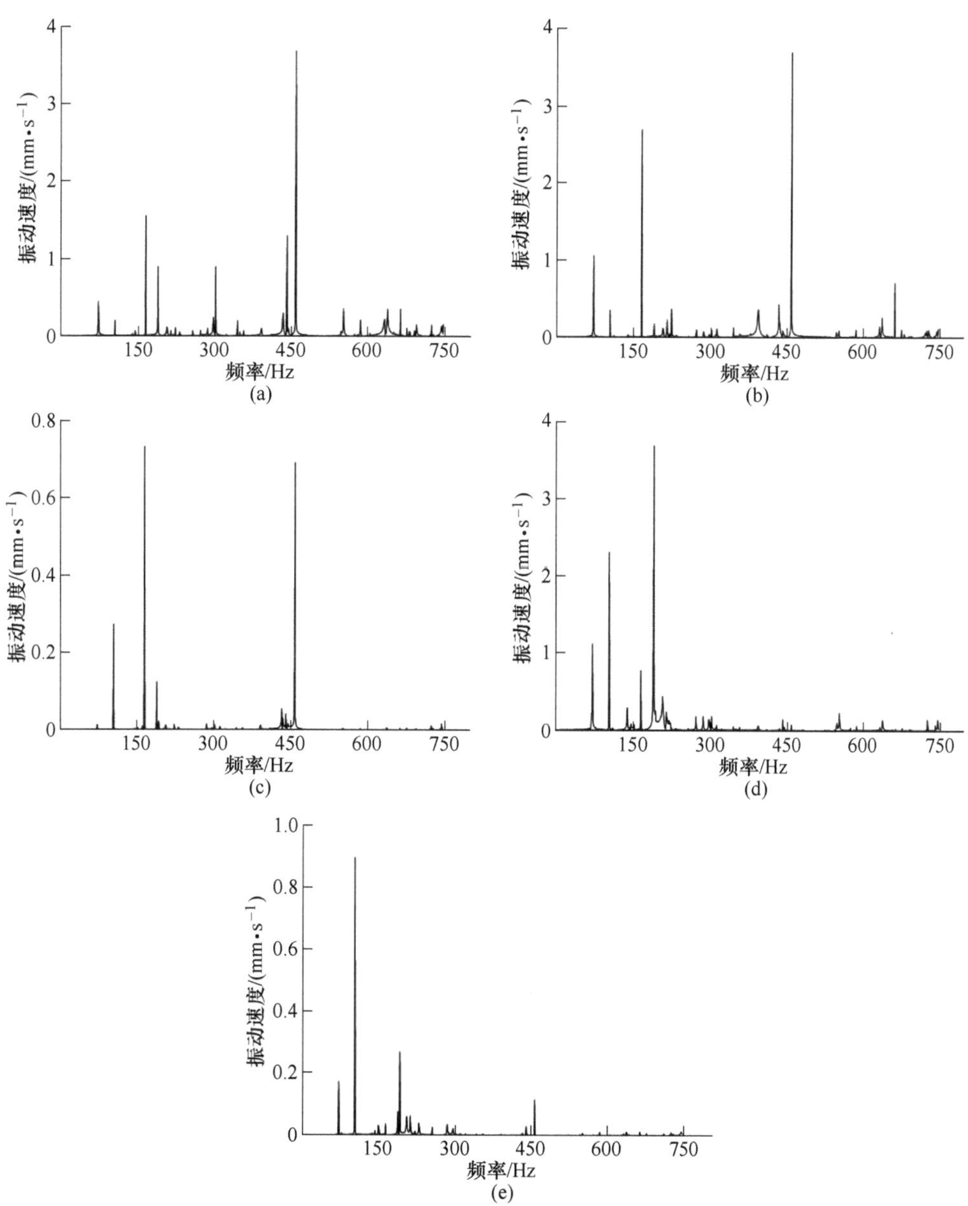


图 5-4 轧机在液压缸激励下操作侧主要零部件的幅频特性

(a) 牌坊；(b) 上支承辊；(c) 下支承辊；(d) 上工作辊；(e) 下工作辊

从图中可以看出，在液压缸激励作用下上下支承辊和上下工作辊的幅频特性的主要共振频率分别为 74 Hz、106 Hz、167 Hz、460 Hz 和 666 Hz。

### 5.3.2　双激励源轧机幅频特性

在辊缝和液压缸同时同相位激励下，频率扫频范围设置也设为 1～750 Hz。基于前面有限元动力学模型求解得轧机各零部件的振动速度幅频特性，如图 5-5 所示。

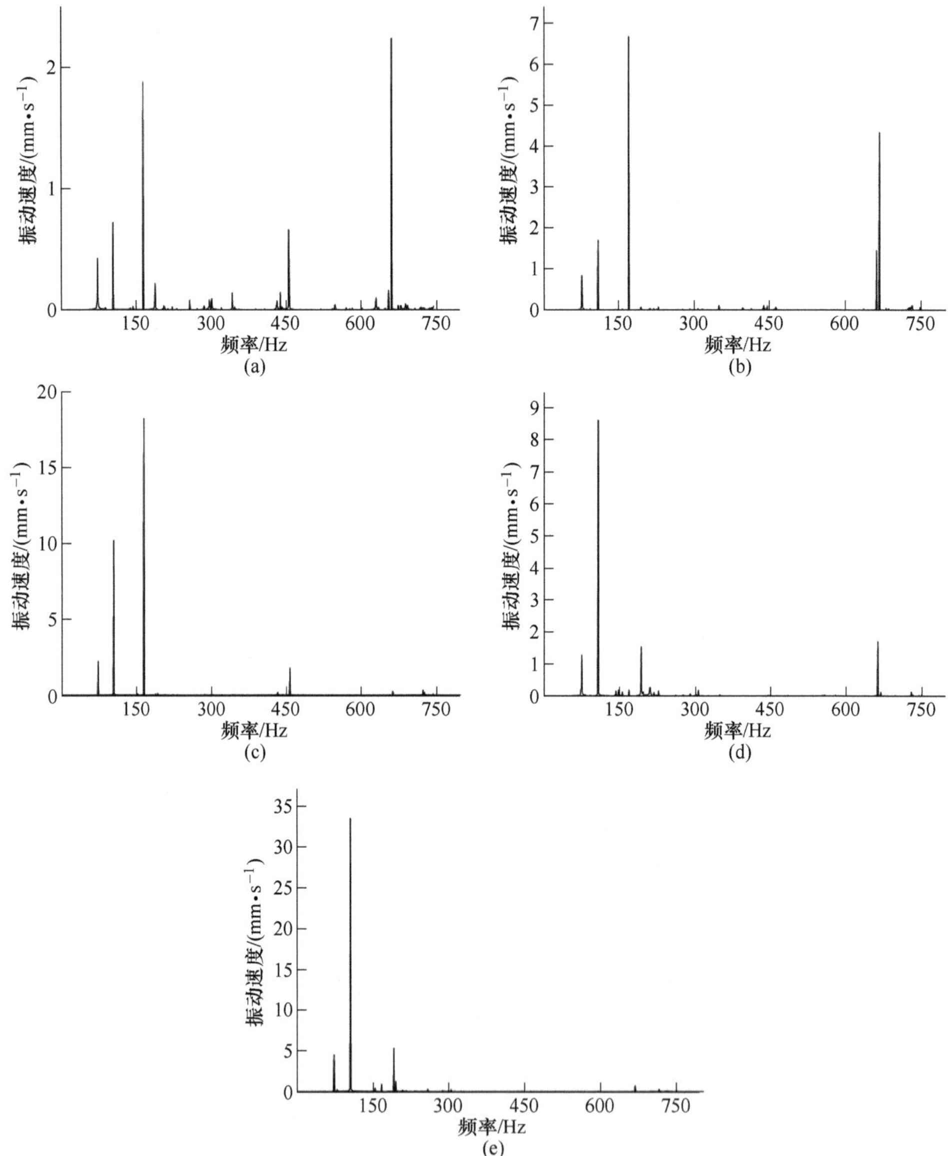


图 5-5　轧机在液压缸激励下操作侧主要部位的幅频特性

(a) 牌坊；(b) 上支承辊；(c) 下支承辊；(d) 上工作辊；(e) 下工作辊

从图 5-5 中可以看出，在辊缝和液压缸激励作用下，牌坊、上下支承辊和上下工作辊轴承座的主要共振频率为 74 Hz、106 Hz、167 Hz、460 Hz 和 666 Hz，即当激励频率与这些频率吻合时，轧机将产生很大的振动现象。

## 5.4 轧机振动模态耦合响应贡献量

### 5.4.1 模态参与因子和模态有效质量简介

模态参与因子是指轧机的某一阶特定的模态在频率响应中的参与量，即每一阶结构模态对轧机响应的参与量用于描述不同模态在系统响应中的贡献程度。模态参与因子较大的模态在轧机结构响应中起支配作用，称为轧机结构的主导模态。了解和控制模态参与因子可以帮助分析和优化轧机的振动行为，提高轧机结构的动力学性能。

模态有效质量是指某个振动模态中质量参与振动的程度。在轧机振动中，某个振动模态的有效质量越大，说明在该模态下，该部件承受的振动力和振动位移越大。模态有效质量是评估结构响应或者机械设备振动特性的重要参数，具有较高模态有效质量的模态可以较容易被外界激发出来。在轧机动力学分析和振动控制中，模态有效质量是一个关键指标，用于确定结构优化和振动控制策略。

因此，模态参与因子和模态有效质量都是评估轧机振动特性的重要参数，它们在结构设计和优化、振动控制等方面具有实际应用价值。

基于三维有限元模型，通过仿真分析获得该轧机垂直系统主要模态的模态参与因子和各阶模态的有效质量占比，见表 5-2。

**表 5-2 主要模态的模态参与因子和有效质量占比**

| 频率/Hz | 模态参与因子 | 模态有效质量占比/% |
|---|---|---|
| 73. 85 | 553. 75 | 56. 59 |
| 105. 99 | 281. 86 | 14. 66 |
| 167. 00 | −48. 55 | 0. 43 |
| 190. 88 | −69. 77 | 0. 90 |
| 304. 05 | 41. 28 | 0. 31 |
| 442. 95 | 8. 54 | ⩽0. 01 |
| 459. 95 | −6. 60 | ⩽0. 01 |
| 660. 06 | −2. 15 | ⩽0. 01 |
| 666. 00 | 3. 09 | ⩽0. 01 |

从表 5-2 可以看出，前两个模态的模态参与因子和有效质量占比数值比其他

几阶模态的相应参数值更大，说明前两个模态在该频率响应中的参与量更大，且在该模态下零部件承受的振动力和振动位移也更大。

模态参与因子和有效质量占比是结构模态分析中的固有参数，它们描述的是结构自身的模态特性，不依赖于外部激励的变化。这两个参数在一定程度上可以反映各阶模态对结构整体动态响应的贡献占比，但要从实际响应的角度评估各阶模态在特定激励状态下的贡献程度，则需要引入模态耦合响应贡献量这一参数。模态耦合响应贡献量考虑了激励的特性以及结构与激励之间的相互作用，能够更直接、更具体地衡量各阶模态在特定激励下的实际响应情况。模态耦合响应贡献量的正负则可以表示该模态对结构在该频率点处的振动响应起到加强或抑制作用，进行不同激励状态下的模态耦合响应贡献量分析有助于帮助识别需要重点关注的模态，并提出可能的抑振方案。

### 5.4.2　单激励源轧机振动模态耦合响应贡献量分布

利用 ANSYS 实现各阶模态下的节点模态响应求解。再利用 MATLAB 编程实现数据后处理，得到轧机垂直机械系统动力学模型在某处激励频率下主要部件的各阶模态耦合响应贡献量。

在辊缝激励状态下，基于有限元法的轧机各部分结构的模态耦合响应贡献量如图 5-6 所示。

在轧机 4 个主要共振频率处，各阶模态对牌坊振动响应的具体贡献量，有些作正贡献，有些作负贡献。

从前面分析的牌坊幅频特性响应（见图 5-6（a））可以看到，在辊缝激励下轧机牌坊在 74 Hz、106 Hz、167 Hz 和 666 Hz 处的共振频率幅值较大。从图 5-6（b）中可以看到，在 74 Hz 处，对轧机牌坊振动响应正贡献最大的模态为 73. 85 Hz 模态，贡献量为 100. 3058%，而负贡献最大的模态为 71. 55 Hz 模态，贡献量为-0. 3218%；在 106 Hz 处，正贡献最大的模态为 105. 99 Hz 模态，贡献量为 99. 6825%，而负贡献最大的模态为 91. 55 Hz 模态，贡献量为-0. 0262%；在 167 Hz 处，正贡献最大的模态为 167. 00 Hz 模态，贡献量为 99. 8718%，而负贡献最大的模态为 435. 68 Hz 模态，但贡献量仅有-0. 0036%；在 666 Hz 处，对轧机牌坊振动响应正贡献最大的模态为 666. 00 Hz 模态，贡献量为 100. 1123%，而负贡献最大的模态为 660. 06 Hz 模态，贡献量仅为-0. 0923%。除图中显示的模态外，其他所有模态对轧机牌坊在这 4 个共振频率处的振动响应贡献量分别为 0. 0166%、0. 0176%、0. 0192%和-0. 0012%。

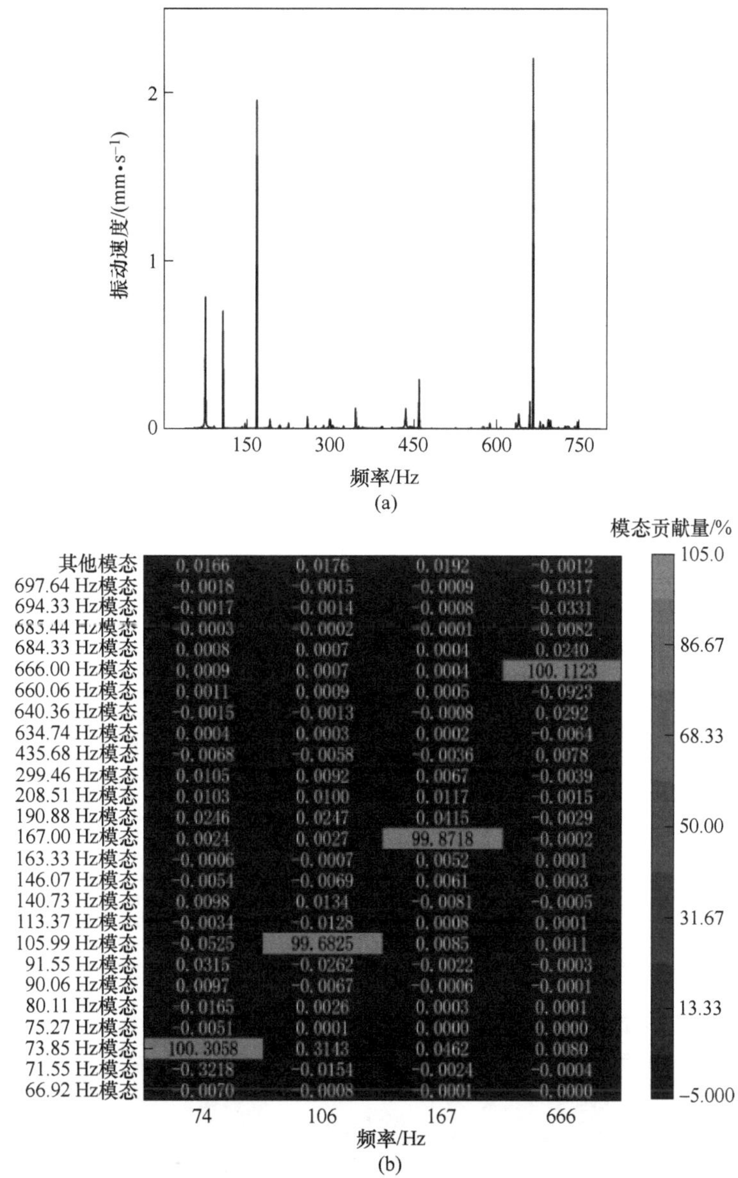


图 5-6 辊缝激励下轧机牌坊模态耦合响应贡献量

（a）幅频特性；（b）模态贡献量

此外，还可以看出，共振频率附近的模态的贡献量比其他远离共振频率的模态的贡献量要大一些，也就是说共振频率对应的及其附近的模态对该共振频率处的振动响应值影响更大。

对于在某一频率点处，抑制对该频率点处的振动响应正贡献较大的模态响应，可以降低其响应幅值，增大对该频率点处的振动响应负贡献较大的模态响应，也可以降低该结构的振动响应幅值。

同理，可获得上下支承辊、上下工作辊振动的模态贡献量如图 5-7～图 5-10 所示。

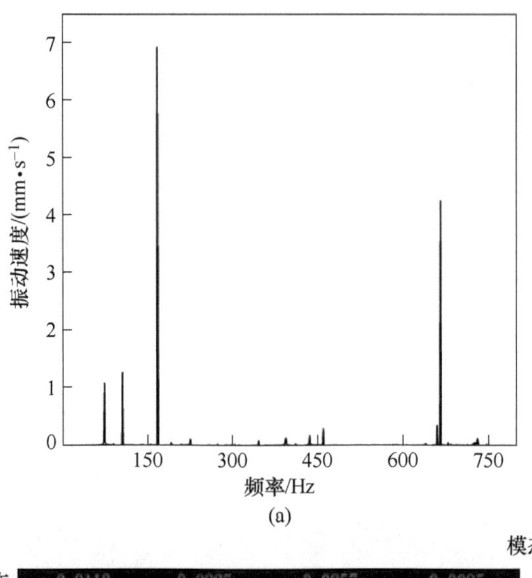


(a)

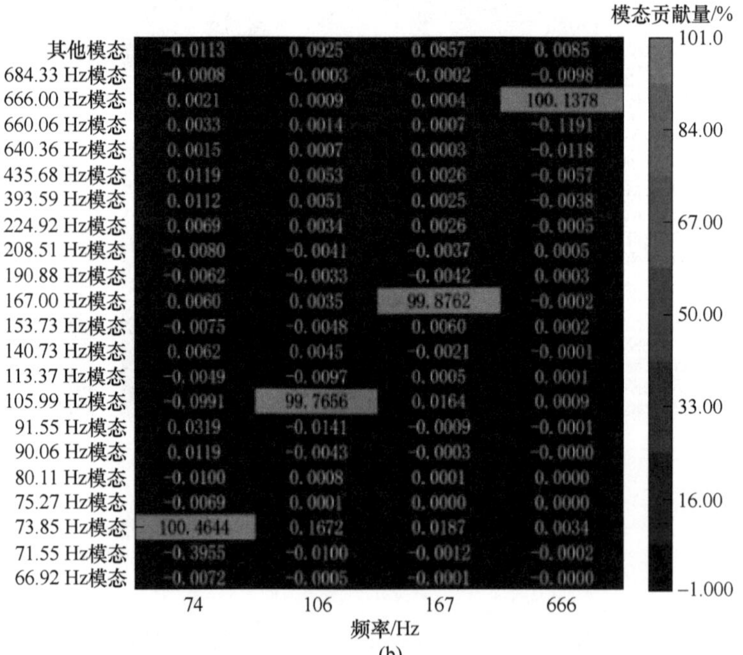


(b)

图 5-7　辊缝激励下上支承辊模态耦合响应贡献量

（a）幅频特性；（b）模态贡献量

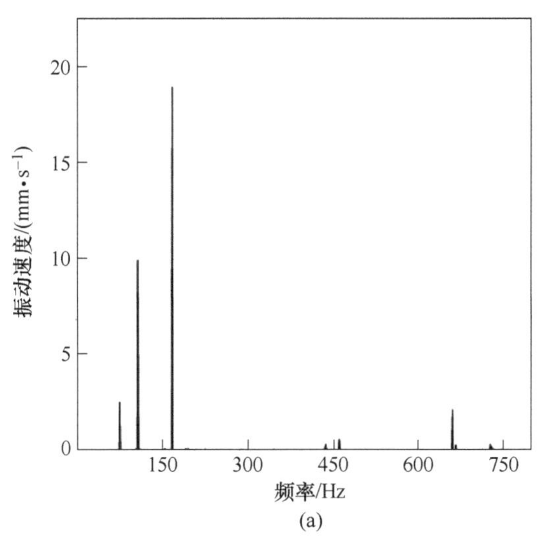


(a)

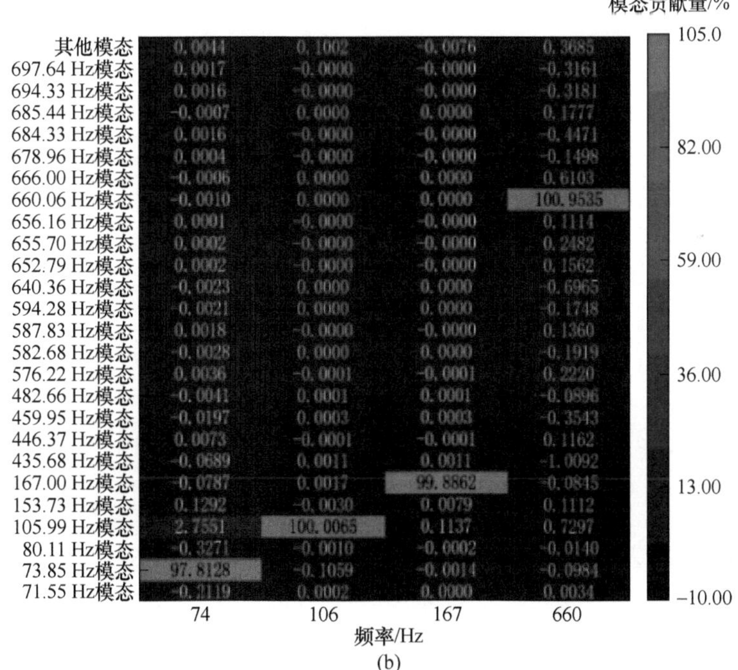


(b)

图 5-8 辊缝激励下下支承辊模态耦合响应贡献量

(a) 幅频特性；(b) 模态贡献量

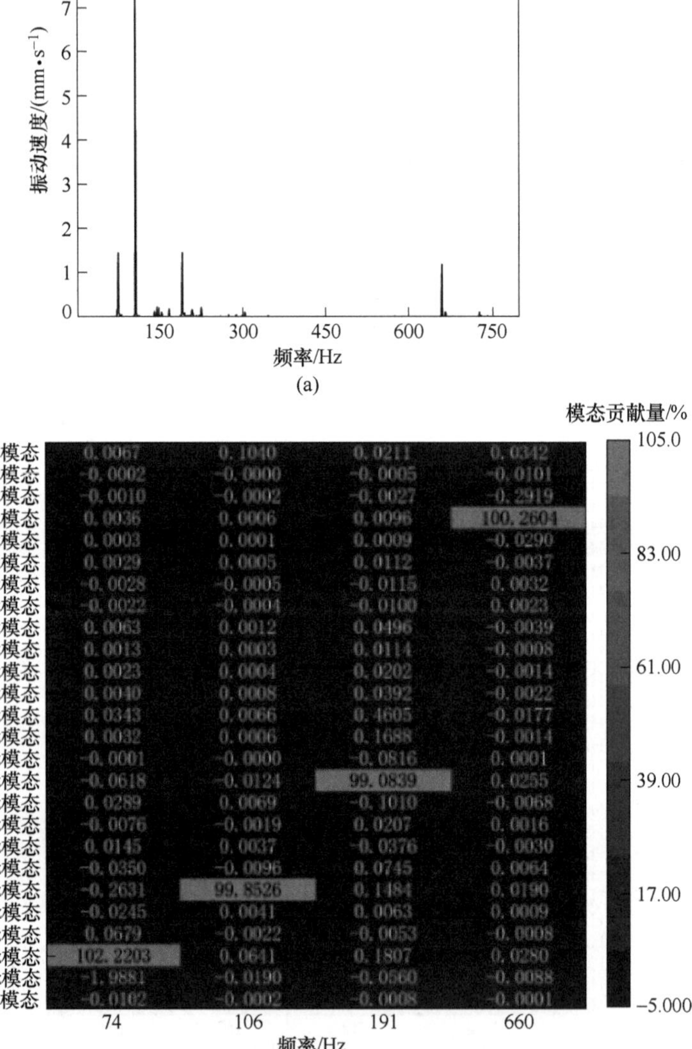


图 5-9　辊缝激励下上工作辊模态耦合响应贡献量

（a）幅频特性；（b）模态贡献量

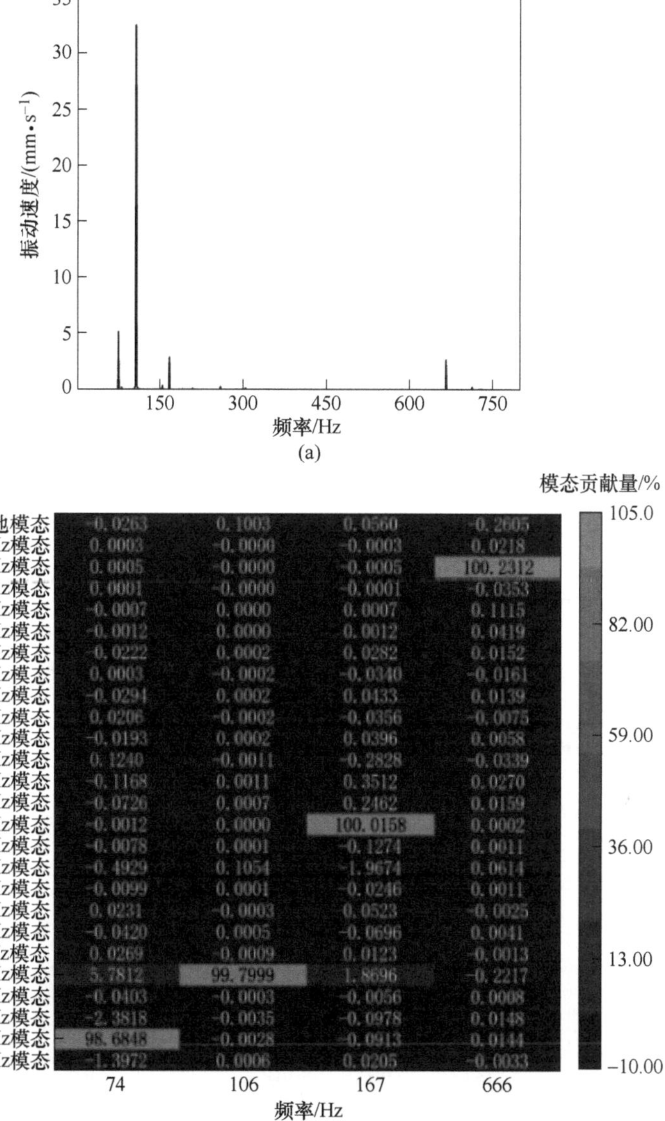


图 5-10　辊缝激励下下工作辊模态耦合响应贡献量

（a）幅频特性；（b）模态贡献量

### 5.4.3　压下缸活塞激励下模态耦合响应贡献量

用同样的方法求解压下缸活塞激励状态下，基于有限元动力学模型的轧机牌坊模态耦合响应贡献量如图 5-11 所示。

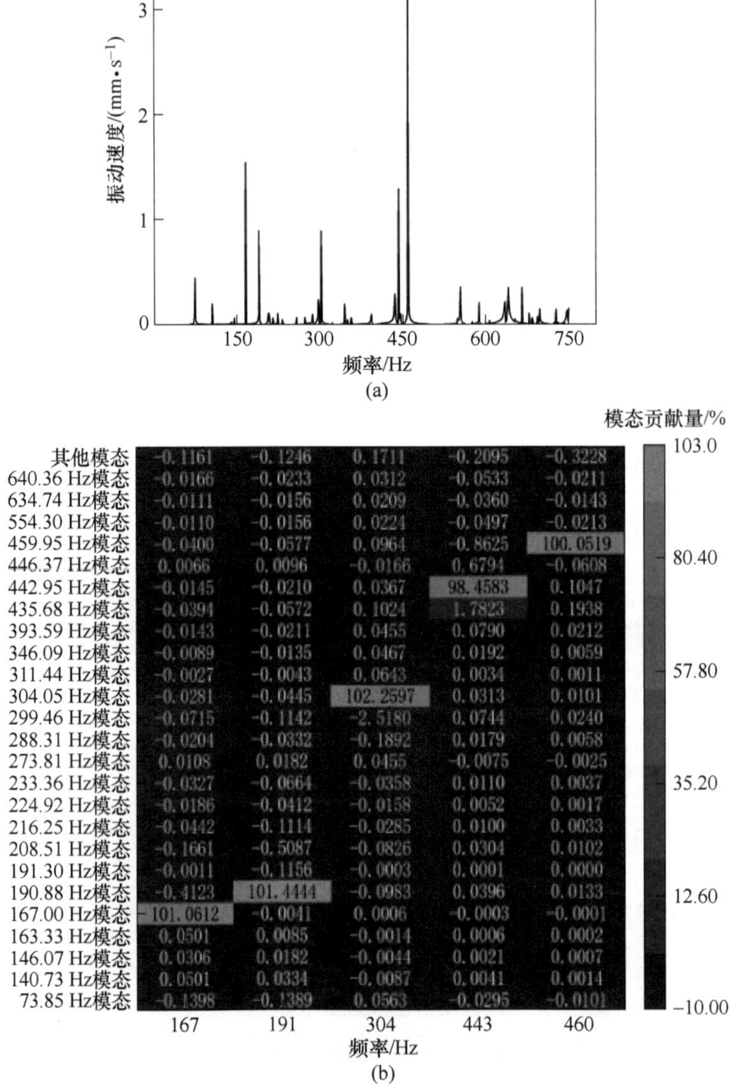


图 5-11　压下缸活塞激励下牌坊模态耦合响应贡献量

（a）幅频特性；（b）模态贡献量

从图 5-11 中可以看到，在 167 Hz、191 Hz、304 Hz、443 Hz 和 460 Hz 处，对该频率处的振动响应正贡献量最大的模态均为该频率最近的频率值对应的模态，分别为 167.00 Hz 模态、190.88 Hz 模态、304.05 Hz 模态、442.95 Hz 模态和 459.95 Hz 模态，贡献量分别为 101.0612%、101.4444%、102.2597%、98.4583%和

100.0519%，正贡献量次之的模态分别为 163.33 Hz 模态、140.73 Hz 模态、435.68 Hz 模态、435.68 Hz 模态和 435.68 Hz 模态，贡献量分别为 0.0501%、0.0334%、0.1024%、1.7823%和 0.1938%，贡献量都很小，作负贡献的模态其贡献量也较小。

同理，可获得在压下缸激励下上下支承辊和上下工作辊的模态贡献量如图 5-12～图 5-15 所示。

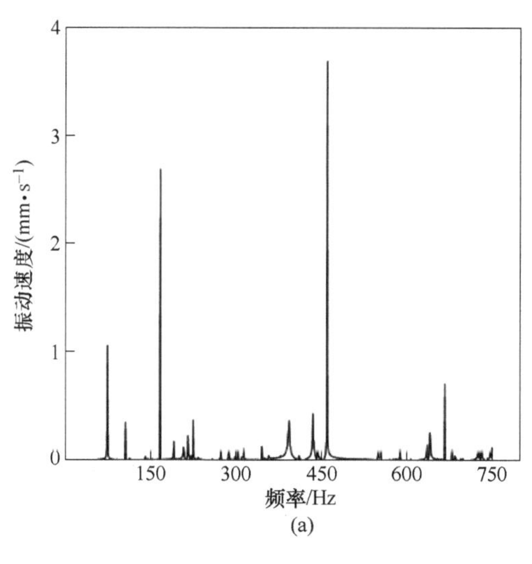

(a)

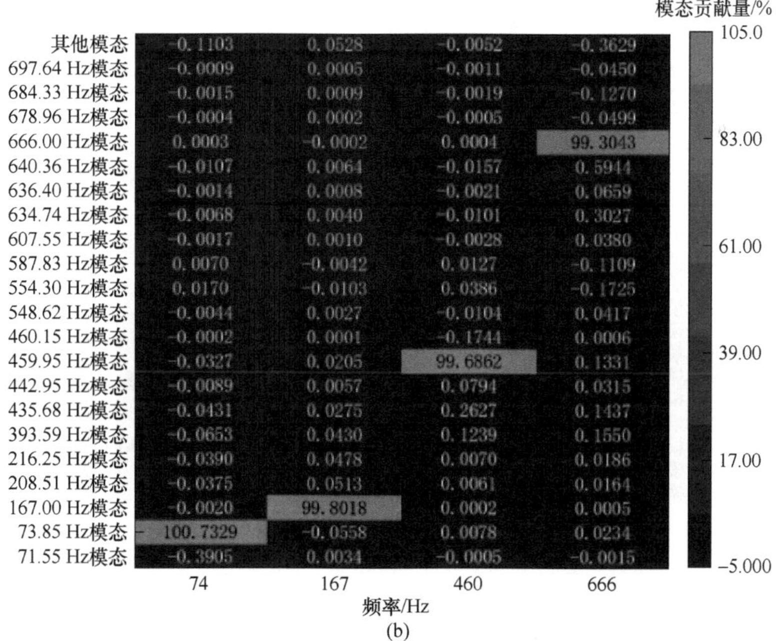

(b)

图 5-12 压下缸活塞激励下上支承辊模态耦合响应贡献量

(a) 幅频特性；(b) 模态贡献量

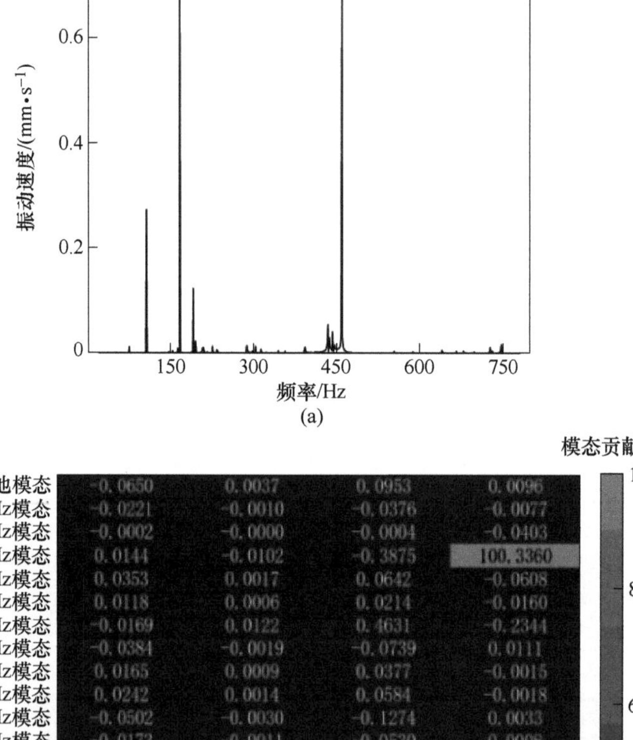


图 5-13　压下缸活塞激励下下支承辊模态耦合响应贡献量

(a) 幅频特性；(b) 模态贡献量

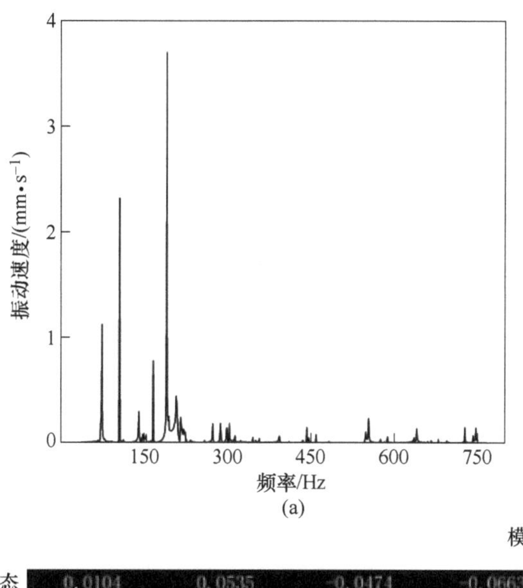


(a)

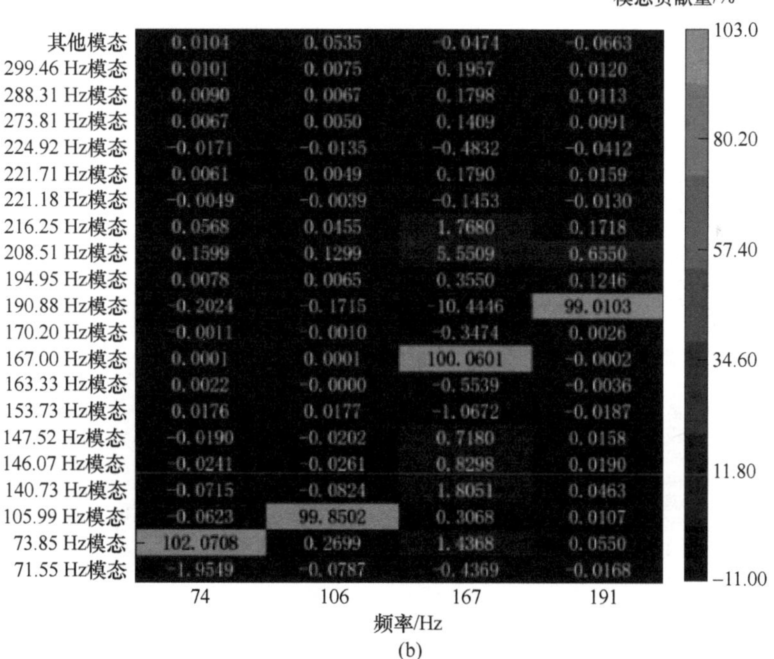


(b)

图 5-14　压下缸活塞激励下上工作辊模态耦合响应贡献量

（a）幅频特性；（b）模态贡献量

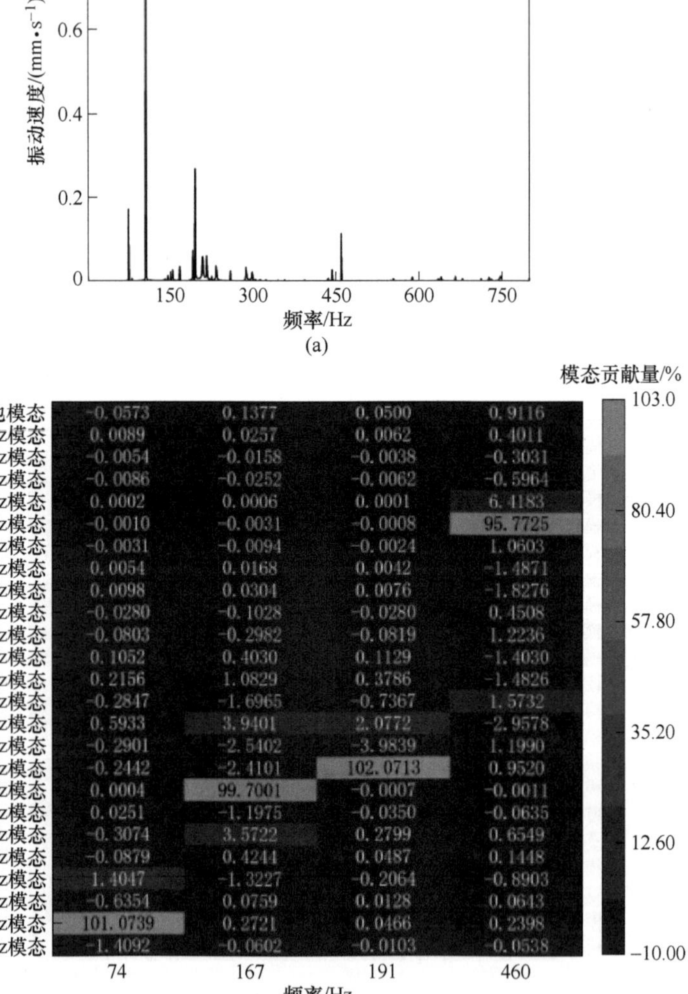


图 5-15 压下缸活塞激励下下工作辊模态耦合响应贡献量

（a）幅频特性；（b）模态贡献量

对轧机系统各部分结构进行模态耦合响应贡献量分析，可以得到每阶模态对某共振频率振动响应的具体贡献量，以及贡献的正负，更加直观地找出哪些模态为需要重点关注的模态，哪些模态是降低振动幅值响应考虑的模态，得到在不同的单激励状态下轧机各部分结构的模态耦合响应贡献量组成主要呈现以下特点：

（1）轧机结构共振频率处的振动响应贡献量最大的模态均为离该频率最近的频率对应的那阶模态，且均作正贡献，其他模态相对该模态耦合响应贡献量要小很多，即该模态对频率响应起到主导作用，是导致振动幅值增大的主要原因。

（2）轧机共振频率处除主导模态外，有些模态对其贡献量的绝对值在1%以上，甚至能达到7%，那么这些模态也可以作为关注的模态。

（3）轧机共振频率处附近的模态，一般其贡献量会明显大于远离共振频率的模态，也就是说，主导模态附近的一些模态也会对振动响应产生一定的贡献，这些模态在抑制振动时均需重点关注。

此外，对于基于有限元模型求解轧机各部分结构幅频特性时出现的几个共振频率，在求解模态耦合响应贡献量时发现，在单激励状态下，轧机各部分结构在共振频率下的模态耦合响应贡献量组成中，正贡献量最大的均为该频率对应的模态，即各部分结构在该频率处的振动基本上只受该模态振型的影响，其他模态的贡献很小。

### 5.4.4 双激励源轧机振动模态耦合响应贡献量分布

用同样的方法，求解辊缝和压下缸活塞激励在同幅同相位作用下，轧机动力学模型中牌坊在共振频率处的模态耦合响应贡献量占比情况如图5-16所示。

从图5-16可以看出，轧机牌坊振动共振频率分别是106 Hz、167 Hz、460 Hz、666 Hz频率处，对轧机牌坊在该频率处的振动响应正贡献最大的模态均为该频率最近对应的模态，分别为105.99 Hz模态、167.00 Hz模态、459.95 Hz模态和666.00 Hz模态，模态耦合响应贡献量分别为99.6230%、99.8244%、100.3762%和100.1275%；其他诸多模态耦合响应贡献量都比较小，但贡献量略大一些的模态也基本上都集中在共振频率附近。

同理，可获得在辊缝和压下缸共同激励下上下支承辊和上下工作辊的模态贡献量如图5-17~图5-20所示。

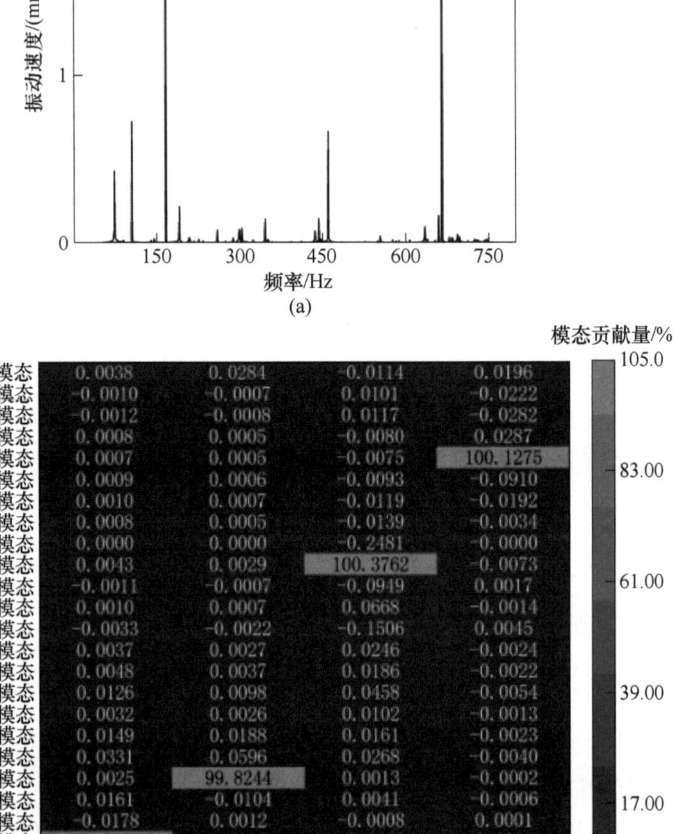


图 5-16 辊缝和液压缸激励下牌坊模态耦合响应贡献量

（a）幅频特性；（b）模态贡献量

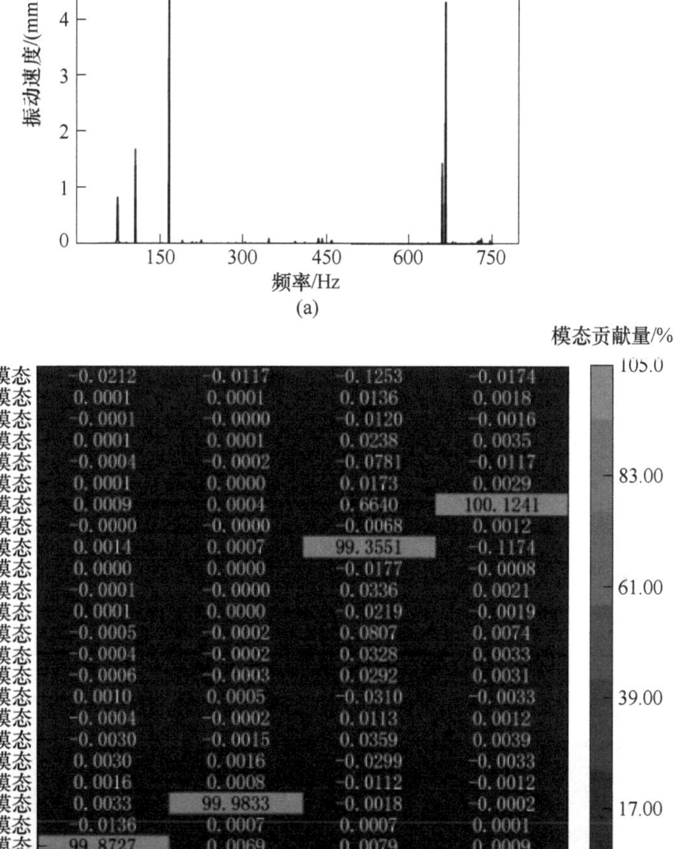


图 5-17 辊缝和液压缸激励下上支承辊模态耦合响应贡献

(a) 幅频特性；(b) 模态贡献量

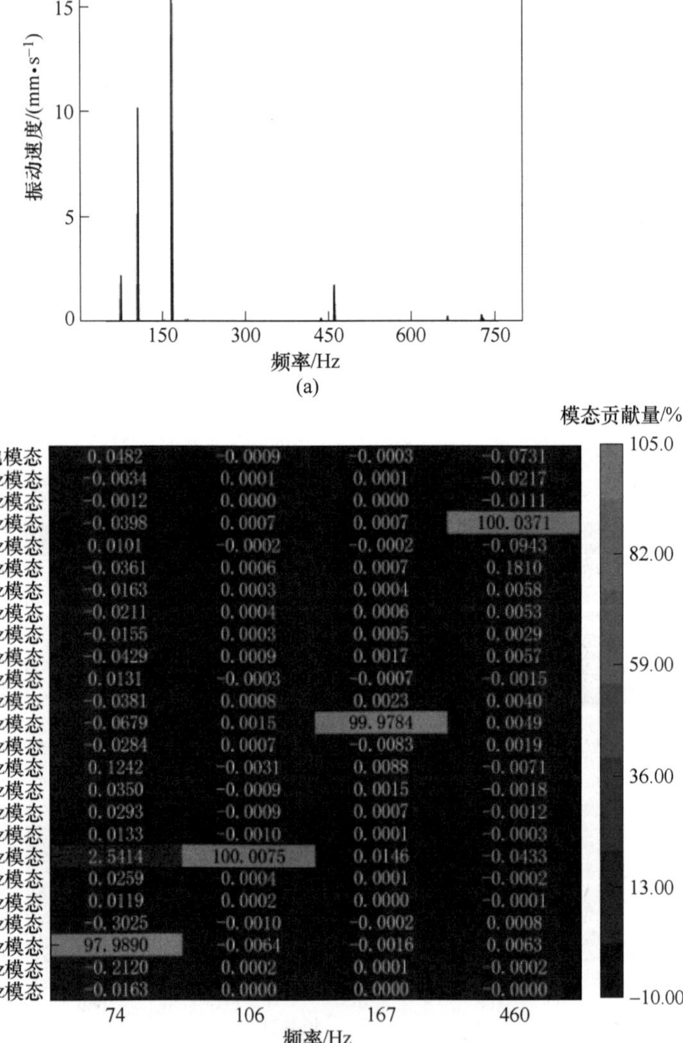


图 5-18　辊缝和液压缸激励下下支承辊模态耦合响应贡献量

（a）幅频特性；（b）模态贡献量

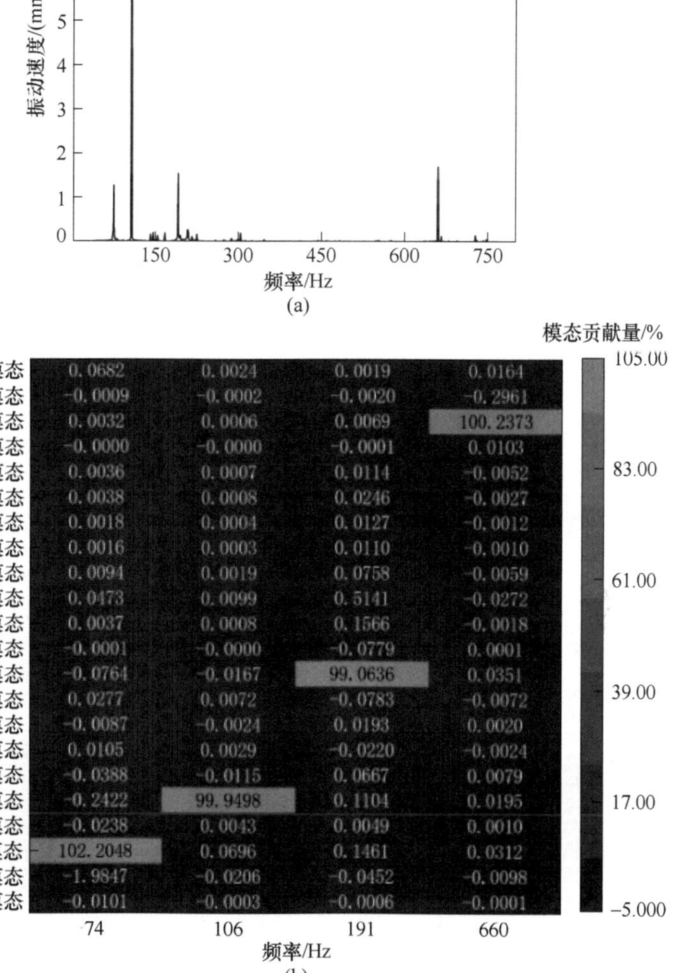


图 5-19 辊缝和液压缸激励下上工作辊模态耦合响应贡献量

（a）幅频特性；（b）模态贡献量

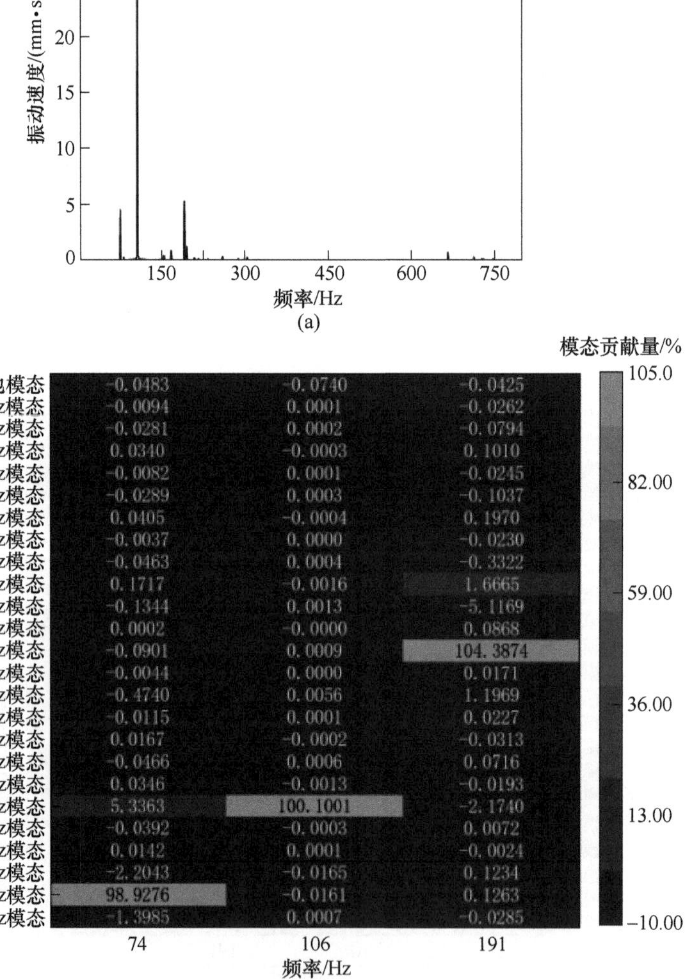


图 5-20　辊缝和液压缸激励下下工作辊模态耦合响应贡献量

(a) 幅频特性；(b) 模态贡献量

## 5.5 本 章 小 结

基于有限元动力学模型对轧机垂直系统的模态耦合响应贡献量进行了深入研究，求解了不同激励状态下轧机主要零部件共振频率和模态耦合响应贡献量组成与分布，得出以下结论。

（1）对比分析了共振频率处的各阶模态参与因子和模态有效质量大小，获得了靠近共振频率处参与因子和模态有效质量更大。

（2）进行了 3 种激励状态下轧机各零部件的模态耦合响应贡献量对比分析，发现共振频率处的模态贡献中，正贡献最大的模态起到主导作用，即该模态是导致振动幅值增大的主要原因。

（3）关注共振频率处附近的模态相对远离共振频率处的那些模态对振动响应产生主要贡献的。可从这些模态出发，抑制对振动较大的模态响应，或增强对振动负贡献较大的模态响应，都可以降低轧机振动幅值。

# 6 冷连轧机组机电液耦合幅频特性

## 6.1 液机耦合与机电耦合幅频特性概念

轧机辊缝调节系统是一个典型的液机耦合系统，包含轧辊、牌坊、液压缸、液压控制系统等。液机耦合指的是机械系统与液压系统之间的相互作用，共同决定了系统的动态行为。液机耦合幅频特性描述了该系统对不同激励频率的响应，通过研究液机耦合的幅频特性，可以了解在不同激励频率下，机械和液压系统相互作用而影响轧机的振动行为，可以确定哪些频率下的振动最为显著，从而有针对性地提出抑振措施来降低或消除振动。此外，液机耦合的幅频特性研究还有助于优化轧机的设计，改变系统的幅频特性，进而改善轧机的动力学性能。

轧机机电耦合是指主传动控制与主传动机械系统的耦合，机电耦合幅频特性是指机电耦合系统振动幅度随频率变化的特性。在机电耦合系统中，机械系统和电气系统之间的相互作用和协同工作会导致振动发生幅度和频率的变化，这种变化可以通过幅频特性来描述。同时，幅频特性的不同也会影响机电耦合系统的性能和稳定性。因此，在设计和优化机电耦合系统时，需要充分考虑幅频特性的影响，以确保系统的稳定性和可靠性。

综上所述，液机耦合和机电耦合的幅频特性在解释轧机振动及抑制轧机振动方面具有重要作用，它有助于深入理解轧机的振动行为，并为优化设计和操作提供理论依据。

本章首先建立单架轧机整体动力学模型，包括垂直系统的液机耦合动力学模型和传动系统的机电耦合动力学模型；然后研究单机架轧机和机组液机耦合和机电耦合状态下的幅频特性，为后续抑振提供理论基础。

## 6.2 轧机机电液动力学模型建立

### 6.2.1 垂直系统液机耦合模型建立

轧机垂直系统的液机耦合动力学模型包括垂直机械系统动力学模型和厚度控制系统模型两个部分。

#### 6.2.1.1　垂直机械系统动力学模型

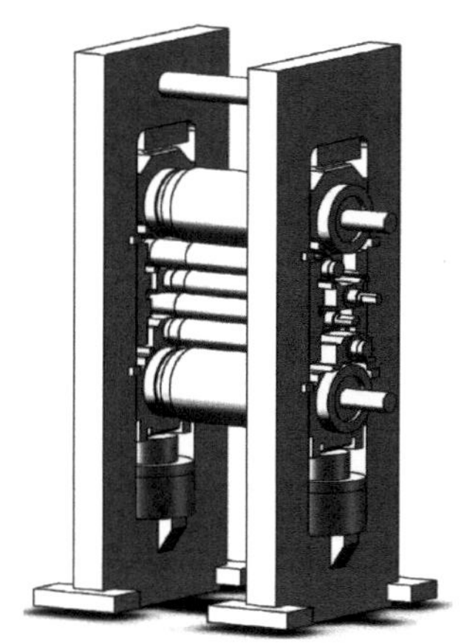
图 6-1　冷轧机垂直机械系统三维模型

某 1450 冷连轧机组为五机架六辊轧机，垂直机械系统结构如图 6-1 所示。两侧牌坊通过地脚螺栓分别固定在混凝土基础上，顶部通过横杆连接在一起。牌坊窗口内装有液压压上缸、支承辊、中间辊、工作辊、轴承座和调整垫等零部件。依据实际的轧机图纸及资料建立质量-弹簧动力学模型过程中最主要的就是考虑零部件的质量和刚度以及零件之间界面接触等情况。将质量和刚度都较大的零部件看作刚性体简化为集中质量，将质量较小刚度较小的零部件看作柔性体简化为弹簧，质量平均分布到弹簧两端。将接触刚度较大的两侧零部件看作一个整体，接触界面刚度较小的接触界面看作弹簧，两侧的质量按实际计算。

首先将辊系接触界面简化为弹簧，由于牌坊不同高度的振动位移不同，利用振动能量等效的方法将牌坊立柱从中间位置简化为弹簧，牌坊质量上下分布。又由于支承辊轴承的滚动体和支承辊的接触刚度远小于轴承座上表面和调整垫的接触刚度，也小于下支承辊轴承座下表面与液压缸的接触刚度，因此将上支承辊轴承座和上牌坊简化为同一质量块，将下支承辊轴承座与液压缸活塞简化为同一质量块。忽略轧机牌坊的弯矩影响，轧机垂直系统可以简化为八自由度垂直机械系统动力学模型，如图 6-2 所示。

根据图 6-2 中的质量-弹簧动力学模型建立微分方程组：

$$
\begin{cases}
m_0\ddot{y}_0 + c_0\dot{y}_0 + c_1(\dot{y}_0 - \dot{y}_1) + k_0y_0 + k_1(y_0 - y_1) = 0 \\
m_1\ddot{y}_1 - c_1(\dot{y}_0 - \dot{y}_1) + c_2(\dot{y}_1 - \dot{y}_2) - k_1(y_0 - y_1) + k_2(y_1 - y_2) = 0 \\
m_2\ddot{y}_2 - c_2(\dot{y}_1 - \dot{y}_2) + c_3(\dot{y}_2 - \dot{y}_3) - k_2(y_1 - y_2) + k_3(y_2 - y_3) = 0 \\
m_3\ddot{y}_3 - c_3(\dot{y}_2 - \dot{y}_3) - k_3(y_2 - y_3) = \Delta P_i \\
m_4\ddot{y}_4 + c_4(\dot{y}_4 - \dot{y}_5) + k_4(y_4 - y_5) = -\Delta P_i \\
m_5\ddot{y}_5 - c_4(\dot{y}_4 - \dot{y}_5) + c_5(\dot{y}_5 - \dot{y}_6) - k_4(y_4 - y_5) + k_5(y_5 - y_6) = 0 \\
m_6\ddot{y}_6 - c_5(\dot{y}_5 - \dot{y}_6) + c_6(\dot{y}_6 - \dot{y}_7) - k_5(y_5 - y_6) + k_6(y_6 - y_7) = 0 \\
m_7\ddot{y}_7 - c_6(\dot{y}_6 - \dot{y}_7) - k_6(y_6 - y_7) = \Delta p_1A_1
\end{cases}
\tag{6-1}
$$

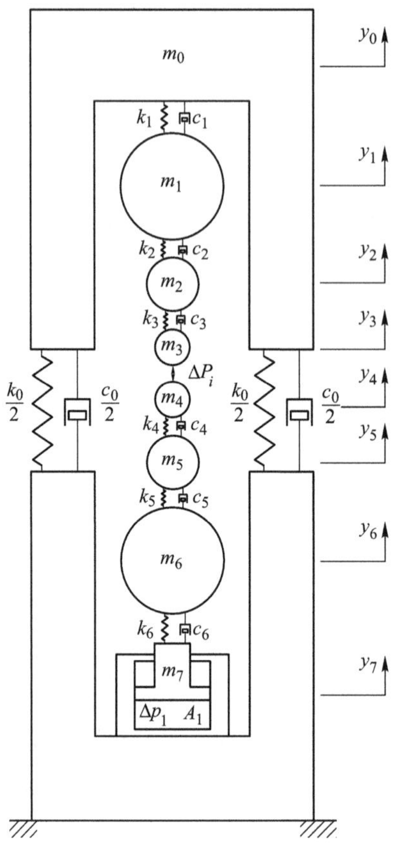


图 6-2　冷轧机垂直系统动力学模型

$m_0$—牌坊和立柱、上支承辊轴承座和调整阶梯垫的质量总和；$m_1$—上支承辊质量；$m_2$—上中间辊及其轴承座质量；$m_3$—上工作辊及其轴承座质量；$m_4$—下工作辊及其轴承座质量；$m_5$—下中间辊及其轴承座质量；$m_6$—下支承辊质量；$m_7$—下支承辊轴承座和液压缸活塞质量；$k_0$ 和 $c_0$—牌坊立柱的等效刚度和等效阻尼；$k_1$ 和 $c_1$—上支承辊轴承座的等效刚度和等效阻尼；$k_2$ 和 $c_2$—上支承辊和上中间辊之间的等效刚度和等效阻尼；$k_3$ 和 $c_3$—上中间辊和上工作辊之间的等效刚度和等效阻尼；$k_4$ 和 $c_4$—下中间辊和下工作辊之间的等效刚度和等效阻尼；$k_5$ 和 $c_5$—下支承辊和下中间辊之间的等效刚度和等效阻尼；$k_6$ 和 $c_6$—下支承辊轴承座的等效刚度和等效阻尼；$\Delta P_i$—考虑轧辊压扁的第 $i(i=1\sim5)$ 架轧机辊缝间动态轧制力；$\Delta p_1$—液压压上缸无杆腔动态压强；$A_1$—液压压上缸无杆腔面积

当不考虑带钢对轧机垂直机械系统的动力学影响时，辊缝间动态轧制力可以表示为：

$$\Delta P_i = k_p(y_3 - y_4) \tag{6-2}$$

式中　$k_p$——上下工作辊之间的接触刚度。

当不考虑厚度控制系统对轧机垂直机械系统的动力学影响时，通过关闭伺服阀使液压缸内油液既没有流入也没有流出，液压油可以看作液压弹簧，其刚度为：

$$K_h = \frac{2\beta_e A_1^2}{V_1} \tag{6-3}$$

式中 $\beta_e$——有效体积弹性模量，其值跟油液压力有关，MPa；

$V_1$——液压压上缸无杆腔的容积，$m^3$。

此时液压缸内的压力满足：

$$\Delta p_1 A_1 = -K_h y_7 \tag{6-4}$$

由于轧辊在使用过程中产生磨损，所以磨辊后辊径不完全一致，现场通过配辊的方式保证工作辊、中间辊和支承辊的辊径总和在一定范围内。不同的轧辊直径会造成轧辊质量和轧辊间刚度的差异，为了研究的方便，各轧机的辊径均取中间值，在模型中五架轧机均采用轧辊的中间直径进行质量和刚度计算。质量参数根据现场轧机图纸建立的三维模型得到，等效质量参数见表 6-1。

**表 6-1 轧机垂直系统等效质量参数**

| 工作辊 | $m_0$ | $m_1$ | $m_2$ | $m_3$ | $m_4$ | $m_5$ | $m_6$ | $m_7$ |
|---|---|---|---|---|---|---|---|---|
| 质量/kg | 88686 | 21641 | 5853 | 4461 | 4455 | 5829 | 21641 | 19514 |

牌坊立柱的总刚度为：

$$k_0 = \frac{4EA_l}{H_l} \tag{6-5}$$

式中 $E$——钢的弹性模量，GPa；

$A_l$——立柱横截面积，$m^2$；

$H_l$——立柱高度，m。

轧辊之间的接触刚度为：

$$k = \frac{\pi l E}{2(1-\mu^2)\{1.1182 + \ln El(D_1 + D_2) - \ln 2P(1-\mu^2)\}} \tag{6-6}$$

式中 $l$——轧辊间接触长度，m；

$\mu$——泊松比；

$D_1$，$D_2$——相接触的两轧辊的直径，m；

$P$——辊间压力，N。

由式（6-6）可以看出，轧辊间的接触刚度主要与辊径和轧制力的大小有关。为了研究的方便，轧制力也取中间值为 8000 kN。

在每次换辊之后都要进行轧机刚度标定，现场测试得到的平均刚度值为 $K$= 4023 kN/mm。轧机标定刚度和轧机垂直机械系统中各零部件刚度关系：

$$\frac{1}{K} = \frac{1}{k_0} + \frac{1}{k_1} + \frac{1}{k_2} + \frac{1}{k_3} + \frac{1}{k_4} + \frac{1}{k_5} + \frac{1}{k_6} + \frac{1}{k_p} \tag{6-7}$$

计算刚度需要的参数见表 6-2。

**表 6-2　轧机垂直系统参数**

| 名　称 | 数　值 |
|---|---|
| 支承辊直径/mm | 1225 |
| 中间辊直径/mm | 465 |
| 工作辊直径/mm | 400 |
| 油液体积弹性模量 $\beta_e$/MPa | 1280 |
| 液压缸无杆腔面积 $A_1/\mathrm{m}^2$ | 0. 623 |
| 液压缸无杆腔容积 $V_1/\mathrm{m}^3$ | 0. 06853 |
| 钢的弹性模量 $E$/GPa | 210 |
| 牌坊立柱横截面积 $A_l/\mathrm{m}^2$ | 0. 41 |
| 立柱高度 $H_l$/m | 6. 44 |
| 轧辊间接触长度 $l$/m | 1. 45 |
| 泊松比 $\mu$ | 0. 3 |

将表中参数代入刚度计算公式中，得到各刚度参数见表 6-3。

**表 6-3　轧机垂直系统等效刚度**

| 符号 | $k_0$ | $k_1$ | $k_2$ | $k_3$ | $k_p$ | $k_4$ | $k_5$ | $k_6$ | $K_h$ |
|---|---|---|---|---|---|---|---|---|---|
| 刚度/($\mathrm{kN \cdot mm^{-1}}$) | 53480 | 16000 | 45350 | 48100 | 48420 | 48100 | 45350 | 16000 | 14500 |

将振动微分方程改为矩阵形式：

$$\boldsymbol{M}\ddot{y} + \boldsymbol{C}\dot{y} + \boldsymbol{K}y = 0 \tag{6-8}$$

其中各矩阵和各列阵分别为：

$$\boldsymbol{M} = \begin{bmatrix} m_0 & & & & & & & \\ & m_1 & & & & & & \\ & & m_2 & & & & & \\ & & & m_3 & & & & \\ & & & & m_4 & & & \\ & & & & & m_5 & & \\ & & & & & & m_6 & \\ & & & & & & & m_7 \end{bmatrix} \tag{6-9}$$

$$C = \begin{bmatrix} c_0 + c_1 & -c_1 & & & & & & \\ -c_1 & c_1 + c_2 & -c_2 & & & & & \\ & -c_2 & c_2 + c_3 & -c_3 & & & & \\ & & -c_3 & c_3 & & & & \\ & & & & c_4 & -c_4 & & \\ & & & & -c_4 & c_4 + c_5 & -c_5 & \\ & & & & & -c_5 & c_5 + c_6 & -c_6 \\ & & & & & & -c_6 & c_6 \end{bmatrix} \tag{6-10}$$

$$K = \begin{bmatrix} k_0 + k_1 & -k_1 & & & & & & \\ -k_1 & k_1 + k_2 & -k_2 & & & & & \\ & -k_2 & k_2 + k_3 & -k_3 & & & & \\ & & -k_3 & k_3 + k_p & -k_p & & & \\ & & & -k_p & k_p + k_4 & -k_4 & & \\ & & & & -k_4 & k_4 + k_5 & -k_5 & \\ & & & & & -k_5 & k_5 + k_6 & -k_6 \\ & & & & & & -k_6 & k_6 + K_h \end{bmatrix} \tag{6-11}$$

为了简化分析，一般将阻尼矩阵 $\boldsymbol{C}$ 设为比例阻尼，阻尼矩阵是质量矩阵和刚度矩阵的线性组合，即：

$$\boldsymbol{C} = a\boldsymbol{M} + b\boldsymbol{K} \tag{6-12}$$

式中 $a$，$b$——线性系数。

则动力学矩阵方程变为：

$$\boldsymbol{M}\ddot{\boldsymbol{y}} + (a\boldsymbol{M} + b\boldsymbol{K})\dot{\boldsymbol{y}} + \boldsymbol{K}\boldsymbol{y} = \boldsymbol{0} \tag{6-13}$$

当阻尼比小于 0.2 时，阻尼对系统的固有频率和振型影响较小，这样系统的固有频率和振型均可按照无阻尼系统的方法求解，比例阻尼系统的振型与无阻尼系统的振型相同。根据无阻尼振动系统模态求解理论，则有：

$$(\boldsymbol{K} - \overline{\omega}_j^2\boldsymbol{M})\boldsymbol{A}_j = \boldsymbol{0} \tag{6-14}$$

式中 $\boldsymbol{A}_j$——第 $j$ 阶模态对应的振型；

$\overline{\omega}_j$——无阻尼系统固有频率。

另外有：

$$\omega_j = \overline{\omega}_j\sqrt{1 - \xi_j^2} \tag{6-15}$$

式中 $\omega_j$——考虑比例阻尼因素的系统固有频率；

$\xi_j$——第 $j$ 阶模态的阻尼系数。

同时系统的频率特征方程为：

$$\det\left|\boldsymbol{K}-\overline{\omega}_j^2\boldsymbol{M}\right|=0 \tag{6-16}$$

联立求解得到各阶固有频率和振型，见表 6-4。

**表 6-4　冷轧机垂直系统机械系统固有频率**

| 阶数 | 1 | 2 | 3 | 4 | 5 | 6 | 7 | 8 |
|---|---|---|---|---|---|---|---|---|
| 固有频率/Hz | 79.3 | 130.2 | 177 | 229 | 373.6 | 575.3 | 775 | 967 |

#### 6.2.1.2　带钢厚度控制系统模型

厚度控制系统是保证带钢出口厚度精度的关键部分，为了将连轧机组出口带钢厚差控制在较小范围内，在每个轧机上都配备了不同的厚度控制系统，简称为 AGC（Automatic Gauge Control）。根据取用信号和计算方式的不同，可以分为：

（1）前馈式厚度自动控制，简称为 FF AGC；

（2）反馈式厚度自动控制，简称为 FB AGC；

（3）厚度计式厚度自动控制，简称为 GM AGC；

（4）金属秒流量厚度自动控制，简称为 MF AGC。

该冷连轧机组各轧机的厚度控制系统配置见表 6-5。

**表 6-5　冷连轧机组厚度控制系统配置**

| 轧机 | S1 | S2 | S3 | S4 | S5 |
|---|---|---|---|---|---|
| FF AGC | √ | × | × | × | × |
| FB AGC | √ | × | × | × | × |
| GM AGC | × | √ | √ | √ | √ |
| MF AGC | × | √ | √ | √ | √ |

注：√表示有；×表示没有。

轧机厚度控制系统采用双闭环控制模式。外环根据轧制压力、出入口带钢厚度和出入口带钢速度等信息和不同的控制算法，计算得到液压压上缸的位置调整量，进而得到液压缸目标位置值；该目标值作为内环的位置给定值，与液压缸位置传感器反馈信号比较后，经 PI 控制器和功率放大器，控制力马达阀实现液压缸的位置控制。

首先建立液压伺服位置控制系统模型。位置内环执行机构为压上缸，由功率放大器输出电流信号驱动力马达阀内电磁线圈，产生电磁力驱动阀芯移动，进而控制液压缸无杆腔进出油量。有杆腔采用独立的控制油路，通过蓄能器保持恒定的背压力。

直动式力马达电磁线圈电流-安培力方程：

$$F = B\pi dNi_A \tag{6-17}$$

式中 $B$——永磁体在线圈周围的磁感应强度；

$d$——电磁线圈的直径；

$N$——电磁线圈的匝数；

$i_A$——电磁线圈的电流。

伺服阀阀芯的力平衡微分方程为：

$$F = m\frac{d^2x_v}{dt^2} + (B_n + B_s)\frac{dx_v}{dt} + (k_v + k_f)x_v \tag{6-18}$$

式中 $m$——阀芯和电磁线圈的质量；

$x_v$——阀芯位移；

$B_n$，$B_s$——系统黏性阻尼系数和瞬态液动力产生的阻尼系数，阀芯的阻尼系数一般很小，这里取总的阻尼系数为 0.1；

$k_v$——阀芯对中弹簧刚度；

$k_f$——阀芯受到的稳态液动力刚度。

将式（6-17）和式（6-18）进行拉普拉斯变换，并整理后得出阀芯位移与驱动电流的传递函数：

$$G_1(s) = \frac{x_v(s)}{i(s)} = \frac{B\pi dN}{ms^2 + (B_n + B_s)s + (k_v + k_f)} \tag{6-19}$$

力马达阀（FMV）的流量-压力方程：

$$q_1 = \begin{cases} C_dWx_v\sqrt{\dfrac{2}{\rho}(p_s - p_1 - \Delta p_1)} & x_v \geqslant 0 \\ C_dWx_v\sqrt{\dfrac{2}{\rho}(p_1 + \Delta p_1)} & x_v < 0 \end{cases} \tag{6-20}$$

式中 $C_d$——流量系数；

$W$——阀口面积梯度；

$p_s$——油源压力；

$\rho$——油液密度；

$p_1$——液压缸无杆腔稳态压力。

将 FMV 阀的流量-压力方程在零点位置线性化后变为：

$$\Delta q_1 = K_q\Delta x_v - K_c\Delta p_1 \tag{6-21}$$

式中 $K_q$——伺服阀流量增益；

$K_c$——伺服阀流量-压力系数。

液压压上缸无杆腔流量方程：

$$q_1 = A_1\frac{dX_v}{dt} + C_{jp}(p_1 - p_2) + C_{ep}p_1 + \frac{V_1}{\beta_e}\frac{dp_1}{dt} \tag{6-22}$$

式中　$X_v$——液压缸位移，$X_v = y_7$；

$C_{jp}$——压上缸的内部泄漏系数；

$C_{ep}$——压上缸的外部泄漏系数；

$\beta_e$——有效体积弹性模量，其值跟油液压力有关；

$V_1$——液压压上缸无杆腔的容积。

由于 $C_{jp} \approx 0$，$C_{ep} \approx 0$，上式可以简化后为：

$$q_1 = A_1 \frac{\mathrm{d}X_v}{\mathrm{d}t} + \frac{V_1}{\beta_e} \frac{\mathrm{d}p_1}{\mathrm{d}t} \tag{6-23}$$

液压压上系统各参数见表 6-6。

**表 6-6　冷轧液机压压上系统设备参数表**

| 名　　称 | 数　值 |
| --- | --- |
| 阀芯和电磁线圈的质量 $m$/kg | 0.148 |
| 阀芯刚度（$k_v + k_f$）/（N · m$^{-1}$） | 59090 |
| 电磁线圈最大电流 $i_{A\max}$/A | 10 |
| 阀芯最大位移 $x_{v\max}$/mm | 3 |
| 流量系数 $C_d$ | 0.61 |
| 阀口面积梯度 $W$/mm | 47.124 |
| 伺服阀流量-压力系数 $K_c$/（L · s$^{-1}$ · MPa） | 0.1367 |
| 油源压力 $p_s$/MPa | 20.6 |
| 液压缸无杆腔稳态压力 $p_1$/MPa | 7.9 |
| 油液密度 $\rho$/（kg · m$^{-3}$） | 870 |
| 有效体积弹性模量 $\beta_e$/MPa | 1280 |
| 液压压上缸无杆腔的容积 $V_1$/m$^3$ | 0.06853 |
| 伺服阀流量增益 $K_q$/（L · min$^{-1}$ · mm） | 204 |
| 电磁线圈安培力 $F$/（N · A$^{-1}$） | 17.727 |

将式（6-18）~式（6-23）转化为控制框图的形式并作用于轧机垂直机械系统中，则液压伺服位置控制系统和轧机垂直机械系统的液机耦合动力学模型如图 6-3 所示。

在此基础上继续建立各轧机的控制算法模型。S1 轧机的前馈式厚度控制系统的控制原理是通过冷连轧机入口处测厚仪，测得进入 S1 轧机的带钢原料厚度为 $H_{1x}$，与设定厚度 $H_1$ 比较后得到入口厚度波动量 $\Delta H_{1x}$为：

$$\Delta H_{1x} = H_{1x} - H_1 \tag{6-24}$$

由于 $\Delta H_{1x}$ 的入口厚度偏差而产生的出口厚度偏差为：

$$\Delta h_{1x} = \frac{M}{K + M} \Delta H_{1x} \tag{6-25}$$

式中 $M$——带钢塑性刚度。

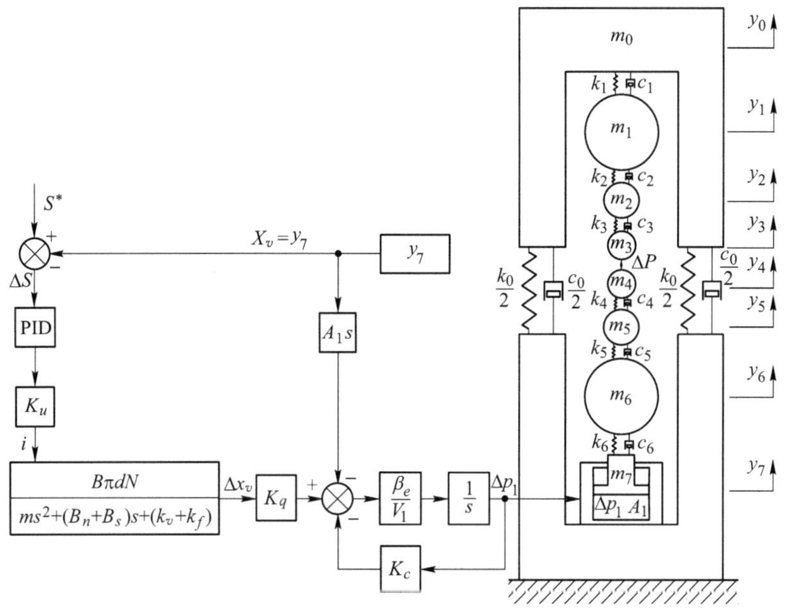


图 6-3 冷轧机垂直系统液机耦合动力学模型

为了消除出口厚度偏差 $\Delta h_{1x}$ 需要调整的液压缸位移量为:

$$\Delta S_{FF} = \frac{K + M}{K}\Delta h_{1x} = \frac{M}{K}\Delta H_{1x} \tag{6-26}$$

虽然入口测厚仪和轧机辊缝之间有一定的距离会导致控制超前，现场通过使用数据移位寄存器可以使厚度控制执行的带钢正好是对应的那一段带钢，所以在仿真验算时可以忽略这一影响。

S1 轧机的反馈式厚度控制系统控制原理是通过 S1 轧机出口处的 $x$ 射线测厚仪，测得带钢的出口厚度为 $h_{1x}$，与设定出口厚度比较后得到的出口厚度偏差为:

$$\Delta h_{1x} = h_{1x} - h_1 \tag{6-27}$$

由此计算出要消除 $\Delta h_{1x}$ 的出口厚度偏差，需要调整的液压缸位移量为:

$$\Delta S_{FB} = \frac{K + M}{K}\Delta h_{1x} \tag{6-28}$$

由于 S1 轧机出口测厚仪位于轧机后面，反馈的控制信号和控制执行信号有滞后，会导致调节不及时、产生超调和系统不稳定等问题。为了解决这个问题，现场采用预估法进行补偿，使系统的滞后问题得到有效解决，所以为简化问题的分析，忽略滞后和预估器环节。

综上所述，S1 轧机同时受两种控制系统的作用，液压缸位移调整量为两种厚度控制系统输出之和。S1 轧机包括厚度控制系统的动力学模型如图 6-4 所示。

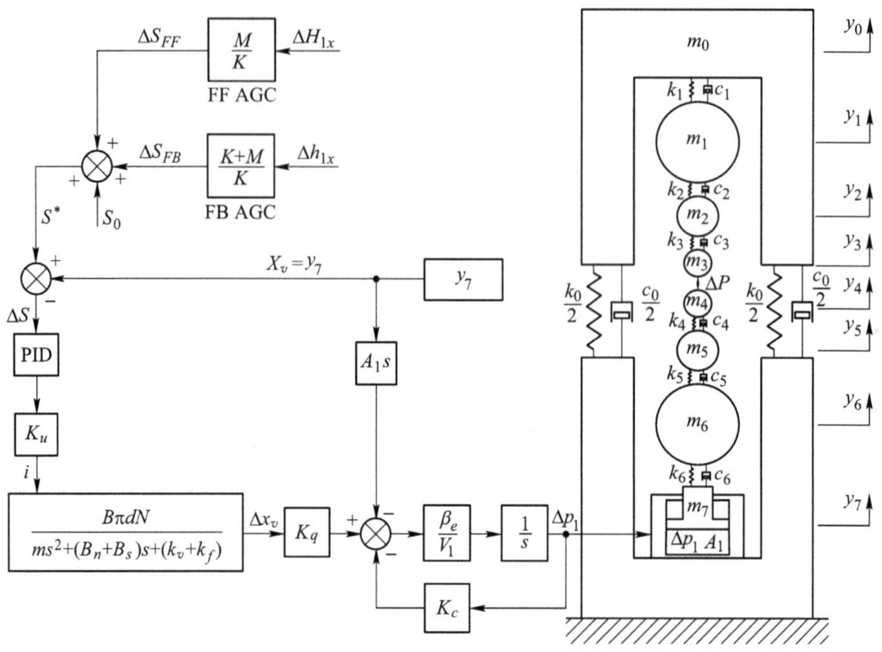


图 6-4　S1 轧机厚度控制模式下的液机耦合动力学模型

为了对带钢厚度及时控制，在 S2～S5 轧机上都设置了厚度计式厚度自动控制系统，这种控制方式通过测量轧制力和液压缸上磁尺位置间接计算带钢厚度进行厚度反馈。

根据轧机轧制方程可知，带钢出口厚度为：

$$h = S + \frac{P}{K} \tag{6-29}$$

则带钢出口厚度波动值为：

$$\Delta h = \Delta S + \frac{\Delta P}{K} \tag{6-30}$$

为了消除 $\Delta h$ 的厚度偏差，液压缸位移调整量为：

$$\Delta S_{GM} = \frac{K + M}{K}\Delta h \tag{6-31}$$

综上所述，S2～S5 轧机厚度计式厚度控制系统的动力学模型如图 6-5 所示。

### 6.2.2　传动系统机电耦合模型建立

轧机传动系统动力学模型包括主传动机械系统动力学模型和电机速度控制系统模型两部分。

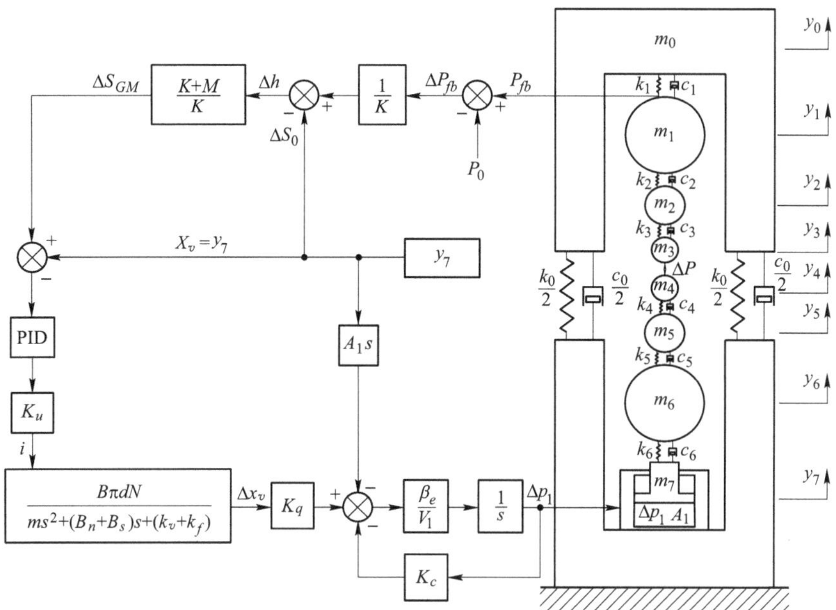


图 6-5 S2~S5 轧机厚度控制模式下的液机耦合动力学模型

### 6.2.2.1 轧机传动机械系统动力学模型

某 1450 冷连轧机组 S1~S5 轧机传动系统结构分别如图 6-6 和图 6-7 所示。

图 6-6 S1~S4 轧机机械传动系统机械结构图

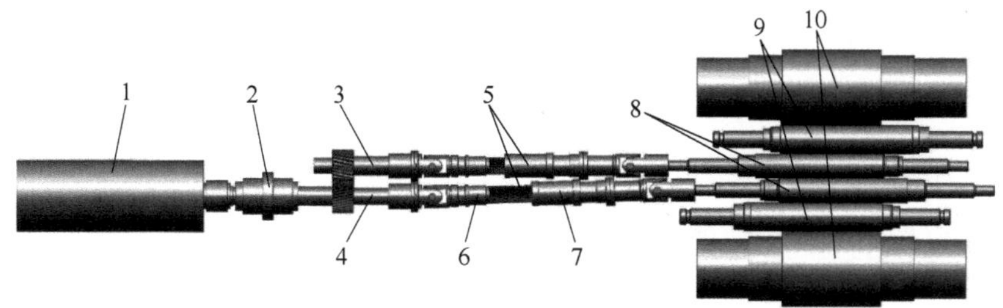


图 6-7 S5 轧机机械传动系统机械结构图

1—主电机；2—弧形齿接手；3—上齿轮轴；4—下齿轮轴；5—十字万向接轴；6—十字轴内轴；7—十字轴外轴；8—工作辊；9—中间辊；10—支承辊

S1～S4 轧机的齿轮箱比 S5 轧机增加了一对减速齿轮，其余部分结构都相同。以 S5 轧机传动机械系统为例，电机转子轴与齿轮座下轴通过弧形齿接手相连，弧形齿接手上装有安全销，齿轮轴下轴与上轴通过齿数相同的斜齿轮啮合传动，齿轮箱上下轴与上下工作辊通过上下两根十字万向接轴连接，万向接轴的中间由带有滑动花键的内轴和外轴构成，如图 6-8 所示。工作辊、中间辊和支承辊依靠轧辊表面摩擦传动。工作时，上下工作辊反向旋转咬入带钢进行轧制。

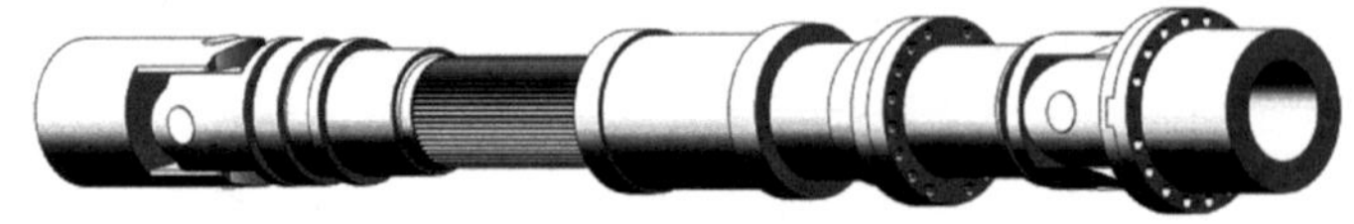

图 6-8　十字万向接轴三维模型

根据实际的轧机传动系统机械结构建立动力学模型，需要将传动系统中转动惯量和扭转刚度较大的零部件简化为集中惯量体；转动惯量和扭转刚度较小的零部件简化为扭转弹簧，转动惯量平均分配到弹簧两侧的集中惯量体上。

将十字轴的滑动花键位置简化为弹簧、阻尼结构，内轴和外轴通过花键连接在一起，外轴与工作辊铰接在一起，忽略弯矩影响。

按照此简化方法，将 S1～S4 轧机主传动系统简化为六惯量动力学模型，S5 轧机主传动系统简化为五惯量动力学模型，如图 6-9 和图 6-10 所示。

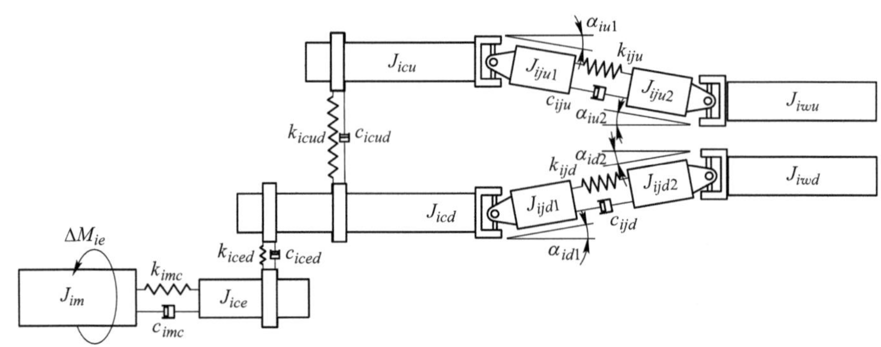


图 6-9　S1～S4 轧机传动系统扭振动力学模型

（$i$ 为轧机序号，$i=1\sim4$）

十字万向接轴的内轴角速度和齿轮轴角速度的关系为：

$$\begin{cases}\dot{\varphi}_{iju1}=\dfrac{\cos\alpha_{iu1}}{1-\sin^2\alpha_{iu1}\cos^2\varphi_{icu}}\dot{\varphi}_{icu}\\[2ex]\dot{\varphi}_{ijd1}=\dfrac{\cos\alpha_{id1}}{1-\sin^2\alpha_{id1}\cos^2\varphi_{icd}}\dot{\varphi}_{icd}\end{cases}\tag{6-32}$$

式中　$\dot{\varphi}_{iju1}$——上万向接轴内轴的角速度，rad/s；

$\dot{\varphi}_{ijd1}$——下万向接轴内轴的角速度，rad/s；

$\dot{\varphi}_{icu}$——上齿轮轴的角速度，rad/s；

$\dot{\varphi}_{icd}$——下齿轮轴的角速度，rad/s。

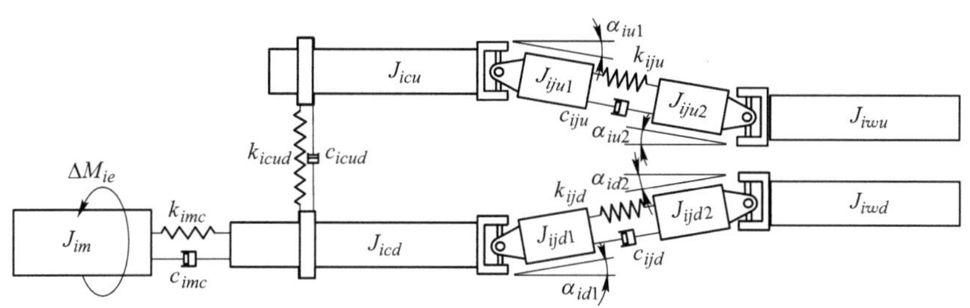


图 6-10　S5 轧机传动系统扭振动力学模型

（$i$ 为轧机序号，$i=5$）

$J_{im}$—主电机转子等效转动惯量，kg · m²；$J_{ice}$—齿轮箱输入齿轮轴等效转动惯量，kg · m²；
$J_{icu}$—齿轮箱上齿轮轴转动惯量，kg · m²；$J_{icd}$—齿轮箱下齿轮轴转动惯量，kg · m²；
$J_{ijd1}$—下万向接轴的内花键轴转动惯量，kg · m²；$J_{ijd2}$—下万向接轴的外花键轴转动惯量，kg · m²；
$J_{iju1}$—上万向接轴的内花键轴转动惯量，kg · m²；$J_{iju2}$—上万向接轴的外花键轴转动惯量，kg · m²；
$J_{iwu}$—轧机上辊转动惯量，kg · m²；$J_{iwd}$—轧机下辊转动惯量，kg · m²；
$k_{imc}$和 $c_{imc}$—弧形齿接手的刚度和阻尼，N · m/rad 和 N · m · s/rad；
$k_{iced}$和 $c_{iced}$—齿轮箱减速齿轮的啮合刚度和阻尼，N · m/rad 和 N · m · s/rad；
$k_{icud}$和 $c_{icud}$—齿轮箱分速齿轮的啮合刚度和阻尼，N · m/rad 和 N · m · s/rad；
$k_{ijd}$和 $c_{ijd}$—下万向接轴滑动花键的刚度和阻尼，N · m/rad 和 N · m · s/rad；
$k_{iju}$和 $c_{iju}$—上万向接轴滑动花键的刚度和阻尼，N · m/rad 和 N · m · s/rad；
$\alpha_{id1}$—下万向接轴与齿轮箱下轴的夹角，(°)；$\alpha_{id2}$—下万向接轴与下工作辊的夹角，(°)；
$\alpha_{iu1}$—上万向接轴与齿轮箱上轴的夹角，(°)；$\alpha_{iu2}$—上万向接轴与上工作辊的夹角，(°)

同理，得到万向接轴外轴角速度与工作辊角速度的关系：

$$\begin{cases}\dot{\varphi}_{iju2}=\dfrac{\cos\alpha_{iu2}}{1-\sin^2\alpha_{iu2}\cos^2\varphi_{iwu}}\dot{\varphi}_{iwu}\\[2ex]\dot{\varphi}_{ijd2}=\dfrac{\cos\alpha_{id2}}{1-\sin^2\alpha_{id2}\cos^2\varphi_{iwd}}\dot{\varphi}_{iwd}\end{cases}\tag{6-33}$$

式中　$\dot{\varphi}_{iju2}$——上万向接轴外轴的角速度，rad/s；

$\dot{\varphi}_{ijd2}$——下万向接轴外轴的角速度，rad/s；

$\dot{\varphi}_{iwu}$——上工作辊的角速度，rad/s；

$\dot{\varphi}_{iwd}$——下工作辊的角速度，rad/s。

设 $\varphi_{iju}$、$\dot{\varphi}_{iju}$ 分别为上万向接轴内轴和外轴的相对扭转角度和角速度；$\varphi_{ijd}$、$\dot{\varphi}_{ijd}$ 分别为下万向接轴内轴和外轴的相对扭转角度和角速度。则有：

$$\begin{cases}\dot{\varphi}_{iju} = \dot{\varphi}_{iju1} - \dot{\varphi}_{iju2} = \dfrac{\cos\alpha_{iu1}}{1 - \sin^2\alpha_{iu1}\cos^2\varphi_{icu}}\dot{\varphi}_{icu} - \dfrac{\cos\alpha_{iu2}}{1 - \sin^2\alpha_{iu2}\cos^2\varphi_{iwu}}\dot{\varphi}_{iwu} \\ \dot{\varphi}_{ijd} = \dot{\varphi}_{ijd1} - \dot{\varphi}_{ijd2} = \dfrac{\cos\alpha_{id1}}{1 - \sin^2\alpha_{id1}\cos^2\varphi_{icd}}\dot{\varphi}_{icd} - \dfrac{\cos\alpha_{id2}}{1 - \sin^2\alpha_{id2}\cos^2\varphi_{iwd}}\dot{\varphi}_{iwd}\end{cases} \tag{6-34}$$

上、下万向接轴内外轴之间的扭矩为：

$$\begin{cases}T_{ijd} = c_{ijd}\dot{\varphi}_{ijd} + k_{ijd}\varphi_{ijd} \\ T_{iju} = c_{iju}\dot{\varphi}_{iju} + k_{iju}\varphi_{iju}\end{cases} \tag{6-35}$$

根据十字万向接轴传动分析，齿轮箱上轴在接轴端沿自身轴线输出的扭矩为：

$$T_{icu} = \frac{\cos\alpha_{iu1}}{1 - \sin^2\alpha_{iu1}\cos^2\varphi_{icu}}T_{iju} \tag{6-36}$$

上工作辊受到的扭矩为：

$$T_{iwu} = \frac{\cos\alpha_{iu2}}{1 - \sin^2\alpha_{iu2}\cos^2\varphi_{iwu}}T_{iju} \tag{6-37}$$

齿轮箱下轴输出的扭矩为：

$$T_{icd} = \frac{\cos\alpha_{id1}}{1 - \sin^2\alpha_{id1}\cos^2\varphi_{icd}}T_{ijd} \tag{6-38}$$

下工作辊受到的扭矩为：

$$T_{iwd} = \frac{\cos\alpha_{id2}}{1 - \sin^2\alpha_{id2}\cos^2\varphi_{iwd}}T_{ijd} \tag{6-39}$$

另一方面上万向接轴内轴的转动动能为：

$$E_{iju1} = \frac{1}{2}J_{iju1}\dot{\varphi}_{iju1}^2 = \frac{1}{2}J_{iju1}\left(\frac{\cos\alpha_{iu1}}{1 - \sin^2\alpha_{iu1}\cos^2\varphi_{icu}}\right)^2\dot{\varphi}_{icu}^2 = \frac{1}{2}J'_{iju1}\dot{\varphi}_{icu}^2 \tag{6-40}$$

则上万向接轴内轴的转动惯量折算到齿轮轴上轴的等效转动惯量为：

$$J'_{iju1} = J_{iju1}\left(\frac{\cos\alpha_{iu1}}{1 - \sin^2\alpha_{iu1}\cos^2\varphi_{icu}}\right)^2 \tag{6-41}$$

同理，上万向接轴外轴的转动惯量折算到上工作辊的等效转动惯量为：

$$J'_{iju2} = J_{iju2}\left(\frac{\cos\alpha_{iu2}}{1 - \sin^2\alpha_{iu2}\cos^2\varphi_{icu}}\right)^2 \tag{6-42}$$

下万向接轴内轴的转动惯量折算到齿轮轴下轴的等效转动惯量为：

$$J'_{ijd1} = J_{ijd1}\left(\frac{\cos\alpha_{id1}}{1 - \sin^2\alpha_{id1}\cos^2\varphi_{icd}}\right)^2 \tag{6-43}$$

下万向接轴外轴的转动惯量折算到下工作辊的等效转动惯量为：

$$J'_{ijd2}=J_{ijd2}\left(\frac{\cos\alpha_{id2}}{1-\sin^2\alpha_{id2}\cos^2\varphi_{icd}}\right)^2 \tag{6-44}$$

根据以上关系，S5 轧机（$i=5$）主传动机械系统的微分方程组为：

$$\begin{cases}
J_{im}\ddot{\varphi}_{im}+c_{imc}(\dot{\varphi}_{im}-\dot{\varphi}_{icd})+k_{imc}(\varphi_{im}-\varphi_{icd})=\Delta M_{ie} \\
\left[J_{icd}+J_{ijd1}\left(\frac{\cos\alpha_{id1}}{1-\sin^2\alpha_{id1}\cos^2\varphi_{icd}}\right)^2\right]\ddot{\varphi}_{icd}+c_{icud}(\dot{\varphi}_{icd}-\dot{\varphi}_{icu})+ \\
\quad \frac{\cos\alpha_{id1}}{1-\sin^2\alpha_{id1}\cos^2\varphi_{icd}}c_{ijd}\left(\frac{\cos\alpha_{id1}}{1-\sin^2\alpha_{id1}\cos^2\varphi_{icd}}\dot{\varphi}_{icd}-\frac{\cos\alpha_{id2}}{1-\sin^2\alpha_{id2}\cos^2\varphi_{iwd}}\dot{\varphi}_{iwd}\right)- \\
\quad c_{imc}(\dot{\varphi}_{im}-\dot{\varphi}_{icd})+k_{icud}(\varphi_{icd}-\varphi_{icu})+\frac{\cos\alpha_{id1}}{1-\sin^2\alpha_{id1}\cos^2\varphi_{icd}}k_{ijd}\varphi_{ijd}-k_{imc}(\varphi_{im}-\varphi_{icd})=0 \\
\left[J_{icu}+J_{iju1}\left(\frac{\cos\alpha_{iu1}}{1-\sin^2\alpha_{iu1}\cos^2\varphi_{icu}}\right)^2\right]\ddot{\varphi}_{icu}+ \\
\quad \frac{\cos\alpha_{iu1}}{1-\sin^2\alpha_{iu1}\cos^2\varphi_{icu}}c_{iju}\left(\frac{\cos\alpha_{iu1}}{1-\sin^2\alpha_{iu1}\cos^2\varphi_{icu}}\dot{\varphi}_{icu}-\frac{\cos\alpha_{iu2}}{1-\sin^2\alpha_{iu2}\cos^2\varphi_{iwu}}\dot{\varphi}_{iwu}\right)- \\
\quad c_{icud}(\dot{\varphi}_{icd}-\dot{\varphi}_{icu})+\frac{\cos\alpha_{iu1}}{1-\sin^2\alpha_{iu1}\cos^2\varphi_{icu}}k_{iju}\varphi_{iju}-k_{icud}(\varphi_{icd}-\varphi_{icu})=0 \\
\left[J_{iwd}+J_{ijd2}\left(\frac{\cos\alpha_{id2}}{1-\sin^2\alpha_{id2}\cos^2\varphi_{iwd}}\right)^2\right]\ddot{\varphi}_{iwd}- \\
\quad \frac{\cos\alpha_{id2}}{1-\sin^2\alpha_{id2}\cos^2\varphi_{iwd}}c_{ijd}\left(\frac{\cos\alpha_{id1}}{1-\sin^2\alpha_{id1}\cos^2\varphi_{icd}}\dot{\varphi}_{icd}-\frac{\cos\alpha_{id2}}{1-\sin^2\alpha_{id2}\cos^2\varphi_{iwd}}\dot{\varphi}_{iwd}\right)- \\
\quad \frac{\cos\alpha_{id2}}{1-\sin^2\alpha_{id2}\cos^2\varphi_{iwd}}k_{ijd}\varphi_{ijd}=0 \\
\left[J_{iwu}+J_{iju2}\left(\frac{\cos\alpha_{iu2}}{1-\sin^2\alpha_{iu2}\cos^2\varphi_{iwu}}\right)^2\right]\ddot{\varphi}_{iwu}- \\
\quad \frac{\cos\alpha_{iu2}}{1-\sin^2\alpha_{iu2}\cos^2\varphi_{iwu}}c_{iju}\left(\frac{\cos\alpha_{iu1}}{1-\sin^2\alpha_{iu1}\cos^2\varphi_{icu}}\dot{\varphi}_{icu}-\frac{\cos\alpha_{iu2}}{1-\sin^2\alpha_{iu2}\cos^2\varphi_{iwu}}\dot{\varphi}_{iwu}\right)- \\
\quad \frac{\cos\alpha_{iu2}}{1-\sin^2\alpha_{iu2}\cos^2\varphi_{iwu}}k_{iju}\varphi_{iju}=0
\end{cases} \tag{6-45}$$

式中 $\Delta M_{ie}$ ——电机输出动态扭矩；

$\varphi_{im}$，$\dot{\varphi}_{im}$，$\ddot{\varphi}_{im}$ ——电机转子轴的角位移、角速度和角加速度；

$\varphi_{icd}$，$\dot{\varphi}_{icd}$，$\ddot{\varphi}_{icd}$ ——齿轮箱下齿轮轴的角位移、角速度和角加速度；

$\varphi_{icu}$，$\dot{\varphi}_{icu}$，$\ddot{\varphi}_{icu}$ ——齿轮座上齿轮轴的角位移、角速度和角加速度；

$\varphi_{iwd}$，$\dot{\varphi}_{iwd}$，$\ddot{\varphi}_{iwd}$ ——下工作辊的角位移、角速度和角加速度；

$\varphi_{iwu}$，$\dot{\varphi}_{iwu}$，$\ddot{\varphi}_{iwu}$ ——上工作辊的角位移、角速度和角加速度。

另外，为了表达方便，S1～S4 轧机的电机转子、齿轮箱输入轴和下齿轮轴的扭振微分方程见式（6-46），其余部分与 S5 轧机相同。

$$\begin{cases} J_{ice}\ddot{\varphi}_{ice}-c_{imc}(\dot{\varphi}_{im}-\dot{\varphi}_{ice})+c_{iced}(\dot{\varphi}_{ice}-\dot{\varphi}_{icd})-k_{imc}(\varphi_{im}-\varphi_{ice})+k_{iced}(\varphi_{ice}-\varphi_{icd})=0 \\ \left[J_{icd}+J_{ijd1}\left(\dfrac{\cos\alpha_{id1}}{1-\sin^2\alpha_{id1}\cos^2\varphi_{icd}}\right)^2\right]\ddot{\varphi}_{icd}+c_{icud}(\dot{\varphi}_{icd}-\dot{\varphi}_{icu})+ \\ \dfrac{\cos\alpha_{id1}}{1-\sin^2\alpha_{id1}\cos^2\varphi_{icd}}c_{ijd}\left(\dfrac{\cos\alpha_{id1}}{1-\sin^2\alpha_{id1}\cos^2\varphi_{icd}}\dot{\varphi}_{icd}-\dfrac{\cos\alpha_{id2}}{1-\sin^2\alpha_{id2}\cos^2\varphi_{iwd}}\dot{\varphi}_{iwd}\right)- \\ c_{iced}(\dot{\varphi}_{ice}-\dot{\varphi}_{icd})+k_{icud}(\varphi_{icd}-\varphi_{icu})+\dfrac{\cos\alpha_{id1}}{1-\sin^2\alpha_{id1}\cos^2\varphi_{icd}}k_{ijd}\varphi_{ijd}-k_{iced}(\varphi_{iced}-\varphi_{icd})=0 \end{cases} \tag{6-46}$$

式中　$\varphi_{ice}$，$\dot{\varphi}_{ice}$，$\ddot{\varphi}_{ice}$ ——齿轮箱输入齿轮轴的角位移、角速度和角加速度。

根据某 1450 轧机图纸及得到模型参数见表 6-7，结构阻尼比设置为 0.01。

**表 6-7　轧机传动系统动力学模型等效参数**

| 轧机 | S1 | S2 | S3 | S4 | S5 |
|---|---|---|---|---|---|
| 传动比 | 1/3.15 | 1/2.526 | 1/1.77 | 1/1.316 | 1/1 |
| $J_{im}$ | 10460.5 | 10130.26 | 4973.5 | 2749.88 | 1587.6 |
| $J_{ice}$ | 485.8 | 312.7 | 153.5 | 84.8 | — |
| $J_{icd}$ | 39.4 | 37.2 | 36.3 | 35.7 | 36.5 |
| $J_{icu}$ | 31.9 | 31.9 | 31.9 | 32.6 | 31.9 |
| $J_{ijd1}$ | 21 | 21 | 21 | 21 | 21 |
| $J_{ijd2}$ | 31.5 | 31.5 | 31.5 | 31.5 | 31.5 |
| $J_{iju1}$ | 21 | 21 | 21 | 21 | 21 |
| $J_{iju2}$ | 31.5 | 31.5 | 31.5 | 31.5 | 31.5 |
| $J_{iwu}$ | 477 | 477 | 477 | 477 | 477 |
| $J_{iwd}$ | 477 | 477 | 477 | 477 | 477 |
| $k_{imc}$ | 7690000 | 7690000 | 7690000 | 7690000 | 7690000 |
| $k_{iced}$ | 6716000 | 6780000 | 5160000 | 4077000 | — |
| $k_{icud}$ | 5170000 | 5170000 | 5170000 | 5365000 | 5170000 |
| $k_{ijd}$ | 3580000 | 3580000 | 3580000 | 3580000 | 3580000 |
| $k_{iju}$ | 3580000 | 3580000 | 3580000 | 3580000 | 3580000 |
| $c_{imc}$ | 1922.5 | 1922.5 | 1922.5 | 1922.5 | 1922.5 |

续表 6-7

| 轧机 | S1 | S2 | S3 | S4 | S5 |
| --- | --- | --- | --- | --- | --- |
| $c_{iced}$ | 1679 | 1695 | 1290 | 1019 | — |
| $c_{icud}$ | 1292.5 | 1292.5 | 1292.5 | 1341 | 1292.5 |
| $c_{ijd}$ | 895 | 895 | 895 | 895 | 895 |
| $c_{iju}$ | 895 | 895 | 895 | 895 | 895 |

注：转动惯量 $J$ 单位：kg · m$^2$；刚度 $k$ 单位：N · m/rad；阻尼 $c$ 单位：N · m · s/rad。

#### 6.2.2.2 带钢厚度控制系统模型

该冷连轧机主传动系统采用交流电动机拖动，电机由三电平双 PWM 变频器驱动，采用转子磁场定向的矢量控制技术，使轧机传动系统具有优良的调速性能。电机的控制系统原理如图 6-11 所示。

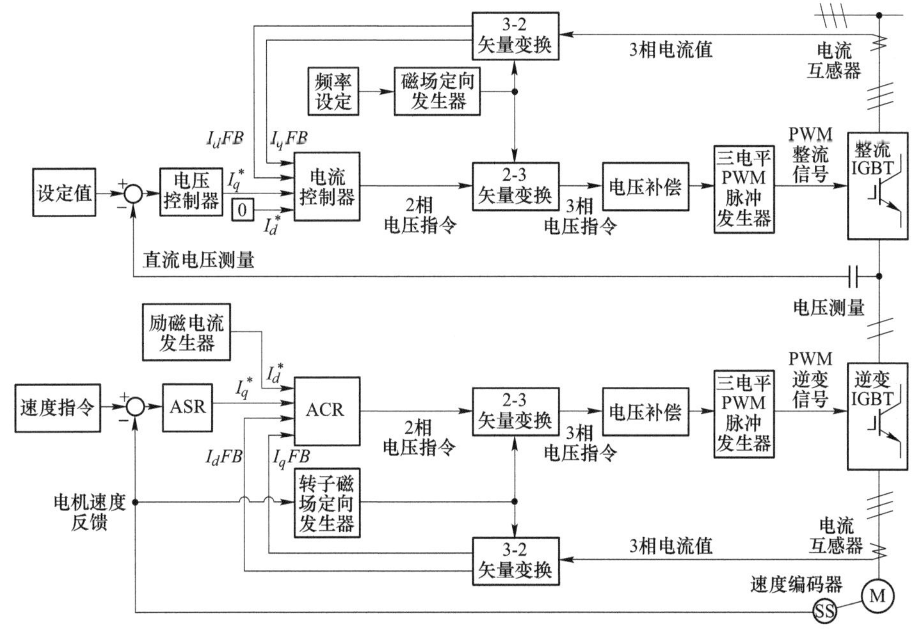


图 6-11 冷轧机主电机矢量控制原理框图

电机速度控制系统是由速度环和转矩电流环组成的双闭环控制模式，速度环控制器 ASR 采用比例积分控制模式，电流环控制器 ACR 采用比例控制模式。根据轧机传动机械系统的动力学模型和主电机的电气控制系统模型，利用 MATLAB/Simulink 建立了 S1～S5 轧机主传动机电耦合扭振 MATLAB/Simulink 仿真模型如图 6-12 所示。

其中，根据式（6-45）所建立的 S5 轧机的传动机械系统动力学模型如图 6-13 所示。

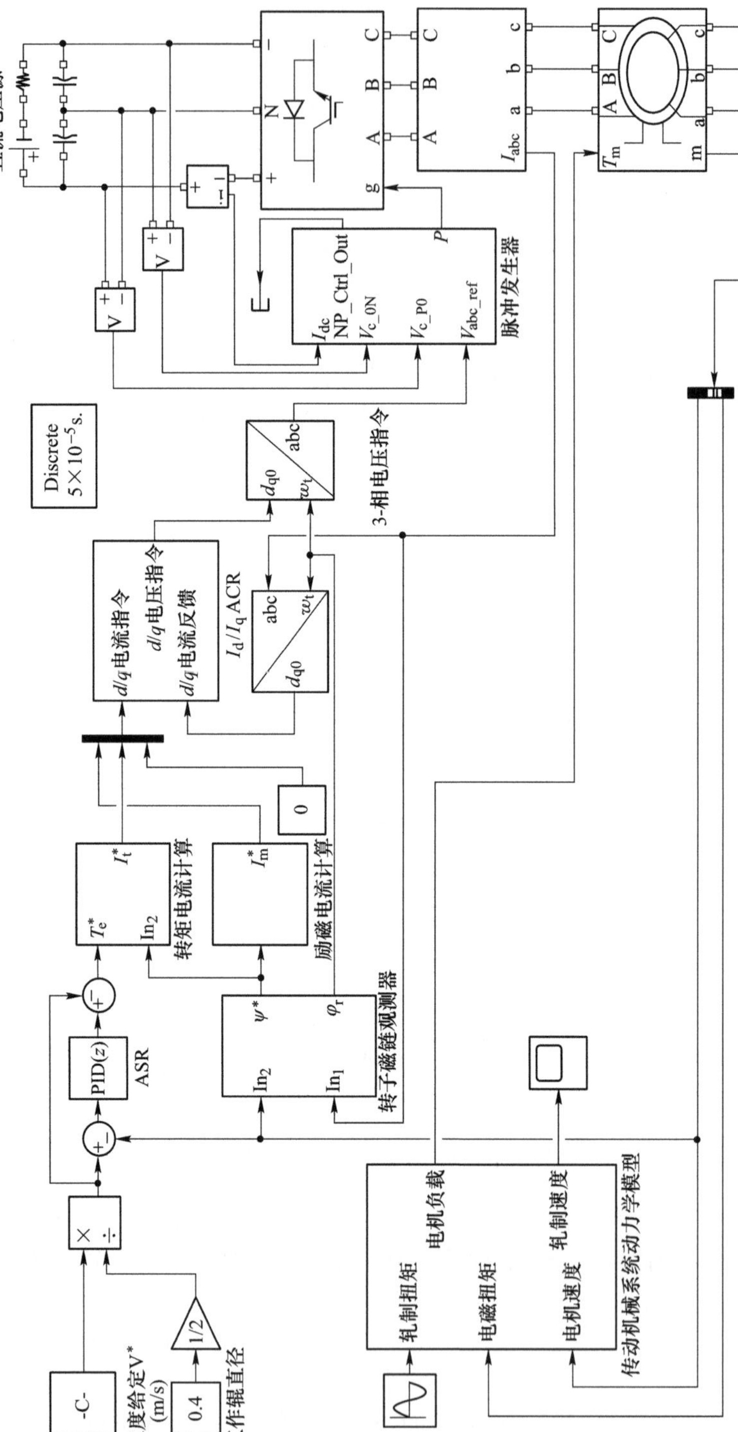


图 6-12　冷轧机传动系统耦合仿真模型

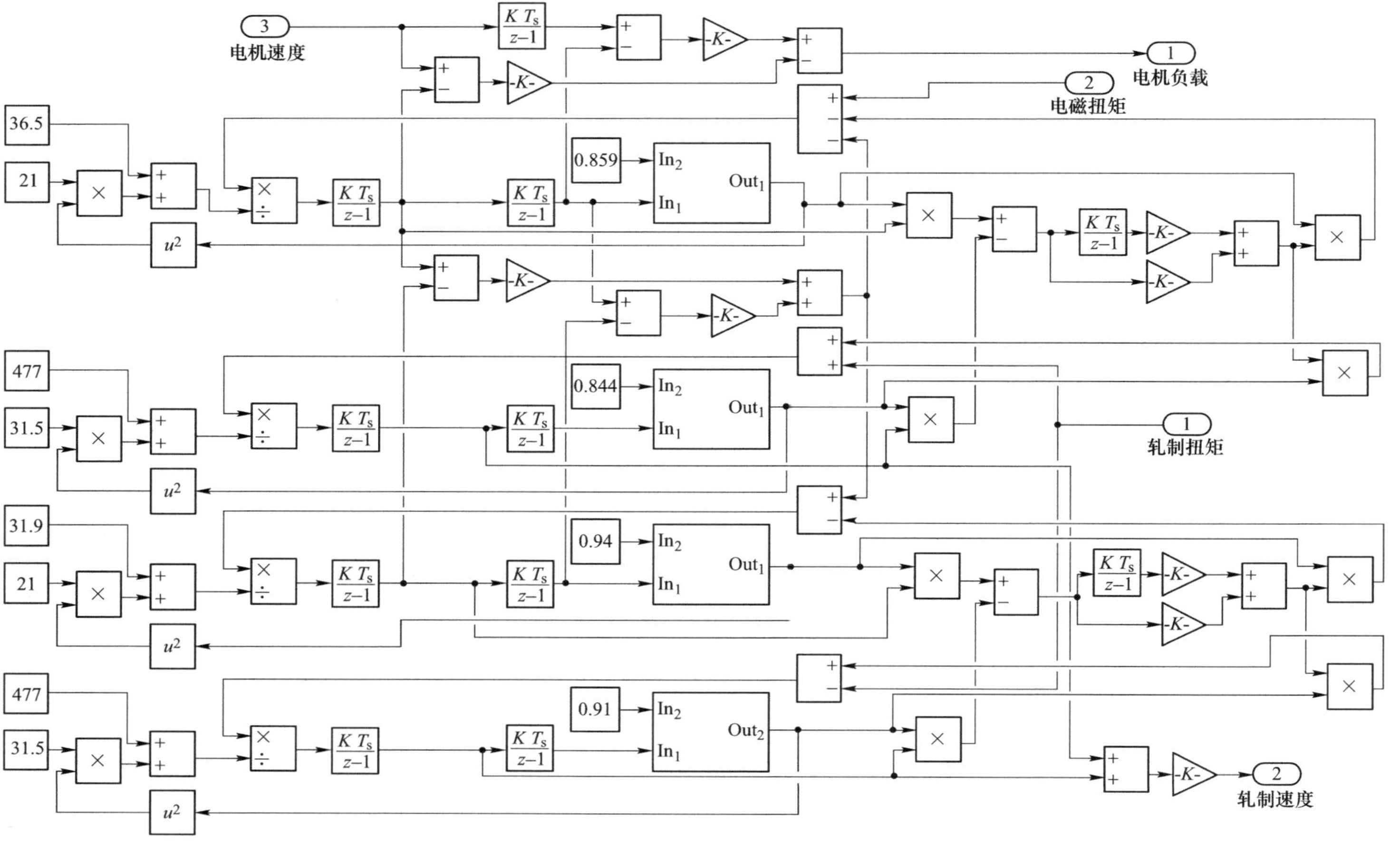


图 6-13 S5 轧机机械传动系统仿真模型

各轧机的电机控制系统参数与主电机参数分别见表 6-8 和表 6-9。

**表 6-8　各轧机的电机控制器参数**

| 轧　机 | S1 | S2 | S3 | S4 | S5 |
|---|---|---|---|---|---|
| ASR 比例系数 | 30 | 25 | 20 | 15 | 10 |
| ASR 积分系数 | 0. 1 | 0. 1 | 0. 1 | 0. 1 | 0. 1 |
| ACR 比例系数 | 10 | 10 | 10 | 10 | 10 |

**表 6-9　各轧机的电机参数**

| 名　称 | S1、S5 | S2、S3、S4 |
|---|---|---|
| 额定功率/kW | 3300 | 4400 |
| 额定电压/V | 1850/1892 | 1850/1970 |
| 额定电流/A | 1216 | 1588 |
| 额定转速/(r · $min^{-1}$) | 500/1000 | 550/1200 |
| 额定频率/Hz | 25/50 | 27. 5/60 |
| 极数 | 6 | 6 |
| 励磁电流/A | 442/221 | 383/174 |
| 定子电阻/Ω | 0. 0066 | 0. 0066 |
| 转子电阻/Ω | 0. 0067 | 0. 0067 |
| 定子电感/mH | 0. 446 | 0. 446 |
| 转子电感/mH | 0. 314 | 0. 314 |
| 励磁电感/mH | 14. 6/15. 3 | 15. 1/15. 2 |
| $GD^2$/(kg · $m^2$) | 5138 | 5138 |

利用图 6-13 中模型，在 S5 轧机传动系统的速度给定处施加 1 mm/s 的阶跃激励，电机速度反馈的阶跃响应如图 6-14 所示。

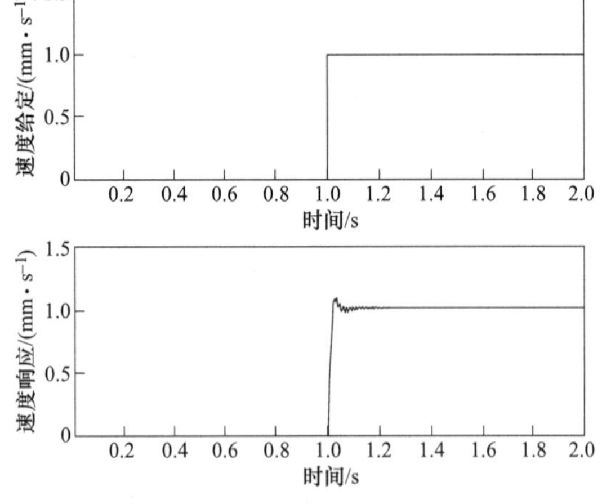


图 6-14　S5 轧机传动系统速度阶跃响应曲线

可见S5轧机传统系统在速度阶跃信号给定下，经过0.2 s到达稳态，达到了速度调节响应性能要求。

### 6.2.3 动态轧制过程模型建立

6.2.3.1 动态轧制力模型

冷连轧机采用大张力轧制，除了摩擦系数、出入口厚度外，前后张力对轧制力也有很大的影响。轧制力为：

$$P = Bl'_c p_m = Bl'_c Q_p K_T K_B \tag{6-47}$$

其中：

$$l'_c = \sqrt{R\Delta h}$$

$$Q_p = 1.08 + 1.79\mu\varepsilon\sqrt{1-\varepsilon}\sqrt{\frac{R'}{h}} - 1.02\varepsilon$$

$$R' \approx D$$

$$\varepsilon = \frac{\Delta h}{H} = \frac{H-h}{H}$$

$$K_T = 1 - \frac{0.7\tau_b + 0.3\tau_f}{K_B}$$

式中 $B$——带钢宽度，mm；

$l'_c$——轧辊弹性压扁后的接触弧长，mm；

$p_m$——单位压力，Pa；

$D$——轧辊直径，mm；

$R'$——弹性压扁后轧辊半径，mm；

$Q_p$——应力状态系数；

$K_T$——张力影响系数；

$K_B$——考虑宽度影响系数后的变形阻力，取 $K_B = 1.15\sigma$；

$\mu$——摩擦系数；

$\varepsilon$——压下率；

$H$——入口厚度，mm；

$h$——出口厚度，mm；

$\tau_b$——带钢后张力，MPa；

$\tau_f$——带钢前张力，MPa。

联立后得：

$$P = B\sqrt{D(H-h)}\left[0.06 + 1.79\mu\left(1-\frac{h}{H}\right)\sqrt{\frac{D}{H}} + 1.02\frac{h}{H}\right](1.15\sigma - 0.7\tau_b - 0.3\tau_f) \tag{6-48}$$

式中　$\sigma$——变形抗力，MPa。

由式（6-48）可知，轧制力是关于带钢宽度、轧辊直径、带钢出入口厚度、摩擦因数、带钢变形抗力和前后张力的多变量函数，动态轧制力可以表示为：

$$\Delta P = \frac{\partial P}{\partial H}\Delta H + \frac{\partial P}{\partial h}\Delta h + \frac{\partial P}{\partial \tau_f}\Delta \tau_f + \frac{\partial P}{\partial \tau_b}\Delta \tau_b \tag{6-49}$$

其中：

$$\frac{\partial P}{\partial H} = B\sqrt{D}\left\{\sqrt{H-h}\left[1.79\mu\frac{h}{H^2}\sqrt{\frac{D}{H}} - \frac{1.79}{2}\frac{\mu}{H}\left(1-\frac{h}{H}\right)\sqrt{\frac{D}{H}} - 1.02\frac{h}{H^2}\right] + \frac{1}{2\sqrt{(H-h)}}\right.$$
$$\left.\left[0.06 + 1.79\mu\left(1-\frac{h}{H}\right)\sqrt{\frac{D}{H}} + 1.02\frac{h}{H}\right]\right\}(1.15\sigma - 0.7\tau_b - 0.3\tau_f)$$

$$\frac{\partial P}{\partial h} = B\sqrt{D}\left\{\sqrt{H-h}\left(-1.79\mu\frac{1}{H}\sqrt{\frac{D}{H}} + \frac{1.02}{H}\right) - \frac{1}{2\sqrt{H-h}}\right.$$
$$\left.\left[0.06 + 1.79\mu\left(1-\frac{h}{H}\right)\sqrt{\frac{D}{H}} + 1.02\frac{h}{H}\right]\right\}(1.15\sigma - 0.7\tau_b - 0.3\tau_f)$$

$$\frac{\partial P}{\partial \tau_f} = -0.3Bl'_c\left[0.06 + 1.79\mu\left(1-\frac{h}{H}\right)\sqrt{\frac{D}{H}} + 1.02\frac{h}{H}\right]$$

$$\frac{\partial P}{\partial \tau_b} = -0.7B\sqrt{D(H-h)}\left[0.06 + 1.79\mu\left(1-\frac{h}{H}\right)\sqrt{\frac{D}{H_i}} + 1.02\frac{h}{H}\right]$$

现场连轧机组在轧制材质 S30Y、规格 0.5 mm×1050 mm 时的轧制工艺参数见表 6-10。并将表中现场工艺参数代入式（6-48）和式（6-49）中，得到轧制力关于各自变量的偏导系数见表 6-11。

**表 6-10　轧制 S30Y 钢种时的轧制工艺参数**

| 名称 | S1 | S2 | S3 | S4 | S5 |
|---|---|---|---|---|---|
| 轧制力/kN | 10680 | 9450 | 8460 | 7680 | 5595 |
| 轧制扭矩/(kN · m) | 93.5 | 92.9 | 69.1 | 57.8 | 35.3 |
| 摩擦系数 | 0.052547 | 0.041264 | 0.042175 | 0.034427 | 0.052457 |
| 变形抗力/MPa | 542.85 | 620.32 | 664.05 | 695.296 | 718.96 |
| 入口厚度/mm | 2.55 | 1.738 | 1.159 | 0.815 | 0.575 |
| 出口厚度/mm | 1.738 | 1.159 | 0.815 | 0.575 | 0.5 |
| 变形量/mm | 0.812 | 0.579 | 0.344 | 0.24 | 0.075 |
| 压下率 | 0.3184 | 0.33314 | 0.2968 | 0.2945 | 0.13 |
| 后张力/kN | 132 | 251 | 180 | 134 | 84 |

续表 6-10

| 名称 | S1 | S2 | S3 | S4 | S5 |
|---|---|---|---|---|---|
| 前张力/kN | 251 | 180 | 134 | 84 | 27.5 |
| 后张应力/MPa | 49.3 | 137.5 | 147.9 | 156.58 | 139.13 |
| 前张应力/MPa | 137.5 | 147.9 | 156.58 | 139.13 | 52.38 |
| 轧制速度/$(m \cdot min^{-1})$ | 343 | 520.3 | 736.4 | 1048.4 | 1200.0 |
| 入口速度/$(m \cdot min^{-1})$ | 237.3 | 348.1 | 522.0 | 742.3 | 1052.0 |
| 出口速度/$(m \cdot min^{-1})$ | 348.1 | 522.0 | 742.3 | 1052.0 | 1210.0 |

**表 6-11 计算轧制力与实际轧制力比较及关于各自变量的偏导数**

| 名称 | S1 | S2 | S3 | S4 | S5 |
|---|---|---|---|---|---|
| 计算轧制力/kN | 11731 | 10189 | 9014 | 7881 | 5213 |
| 实测轧制力/kN | 10680 | 9450 | 8460 | 7680 | 5595 |
| 误差/% | 9.84 | 7.82 | 6.54 | 2.61 | -6.83 |
| $\frac{\partial P}{\partial H}/(kN \cdot mm^{-1})$ | 6899 | 8171 | 13497 | 16766 | 42640 |
| $\frac{\partial P}{\partial h}/(kN \cdot mm^{-1})$ | -7868 | -9330 | -15593 | -19243 | -45149 |
| $\frac{\partial P}{\partial \tau_f}/(kN \cdot MPa^{-1})$ | -6.417 | -5.338 | -4.410 | -3.647 | -2.191 |
| $\frac{\partial P}{\partial \tau_b}/(kN \cdot MPa^{-1})$ | -14.973 | -12.455 | -10.290 | -8.510 | -5.113 |

由表 6-11 中数据看出，5 架轧机计算轧制力和现场实测误差均在±10%以内，说明所建轧制力模型与现场情况比较接近。

考虑工作辊弹性压扁的情况，由几何关系可以得到上下工作辊振动位移差值与带钢出口厚度波动量之间的关系：

$$\Delta h = (y_3 - y_4) + \frac{\Delta P_h}{k_p} \tag{6-50}$$

由带钢出口厚度波动引起的轧制力波动量为：

$$\Delta P_h = \frac{\partial P}{\partial h}\Delta h = \frac{\partial P}{\partial h}(y_3 - y_4) + \frac{\partial P}{\partial h}\frac{\Delta P_h}{k_p} \tag{6-51}$$

将式（6-51）化简为：

$$\Delta P_h = \frac{k_p \partial P/\partial h}{k_p - \partial P/\partial h}(y_3 - y_4) \tag{6-52}$$

令 $M=-\dfrac{\partial P}{\partial h}$ 和 $K_p=-\dfrac{k_p\partial P/\partial h}{k_p-\partial P/\partial h}$，$M$ 表示带钢塑性刚度，$K_p$ 等效为考虑带钢影响后的辊缝刚度。

则辊缝动态轧制力表示为：

$$\Delta P_h=-K_p(y_3-y_4) \tag{6-53}$$

则上下工作辊的振动微分方程变为：

$$m_3\ddot{y}_3-c_3(\dot{y}_2-\dot{y}_3)-k_3(y_2-y_3)+K_p(y_3-y_4)=0 \tag{6-54}$$

$$m_4\ddot{y}_4+c_4(\dot{y}_4-\dot{y}_5)+k_4(y_4-y_5)-K_p(y_3-y_4)=0 \tag{6-55}$$

将现场轧制参数代入 $K_p$ 公式中，得到各轧机的辊缝刚度值见表 6-12。

**表 6-12　冷连轧机考虑带钢后的辊缝等效刚度**

| 轧机 | S1 | S2 | S3 | S4 | S5 |
|---|---|---|---|---|---|
| $K_p/(\mathrm{kN\cdot mm^{-1}})$ | 6768 | 7823 | 11795 | 13770 | 23364 |

此时各架轧机的固有频率就变为表 6-13。

**表 6-13　考虑带钢影响后各架轧机固有频率**　　(Hz)

| 阶数 | 1 | 2 | 3 | 4 | 5 | 6 | 7 | 8 |
|---|---|---|---|---|---|---|---|---|
| S1 | 78. 3 | 111. 6 | 162 | 217. 8 | 373. 6 | 421. 3 | 775 | 791 |
| S2 | 78. 4 | 113. 7 | 163 | 219 | 373. 6 | 428. 5 | 775 | 793 |
| S3 | 78. 8 | 119. 4 | 166 | 221 | 373. 6 | 454. 7 | 775 | 801 |
| S4 | 78. 9 | 121. 3 | 167 | 222 | 373. 6 | 467. 3 | 775 | 805 |
| S5 | 79 | 126. 4 | 171. 9 | 225. 5 | 373. 6 | 524. 7 | 775 | 821 |

考虑带钢影响后，主要是降低了各轧机的辊缝刚度，除了第 1、5 和 7 阶固有频率基本不变外，其余各阶固有频率都普遍降低，主要是第 2、6 和 8 阶固有频率发生了较大变化。

#### 6. 2. 3. 2　动态轧制扭矩

为了分析方便，对轧制变形区内状态做如下假设：

(1) 轧制变形区内，上下工作辊与带钢的摩擦系数相等且为常数；

(2) 轧制变形区内，上下工作辊与带钢的单位正压力均匀分布并指向轴心；

(3) 摩擦力与正压力符合库伦摩擦定律；

(4) 带钢无展宽。

轧制界面带钢受到轧辊的摩擦力，后滑区轧辊速度高于带钢速度，轧辊驱动带钢向前运动；前滑区轧辊速度低于带钢速度，轧辊对带钢的运动起阻碍作用。在轧制过程中轧制扭矩为：

$$M = D(T_b - T_f)/2 \tag{6-56}$$

其中

$$T_b = \mu\bar{p}BD(\alpha - \gamma)/2$$

$$T_f = \mu\bar{p}BD\gamma/2$$

$$\alpha \approx \sqrt{\frac{2(H-h)}{D}}$$

$$\gamma = \sqrt{\frac{2hf_f}{D}}$$

式中 $T_b$——后滑区摩擦力；

$T_f$——前滑区摩擦力；

$\mu$——工作辊与带钢的摩擦系数；

$\bar{p}$——变形区带钢表面的平均单位正压力，$\bar{p}=\sigma$；

$\sigma$——考虑加工硬化的材料变形抗力，MPa；

$B$——带钢宽度，mm；

$D$——工作辊直径，mm；

$\alpha$——带钢咬入角；

$H$——带钢入口厚度，mm；

$h$——带钢出口厚度，mm；

$\gamma$——变形区中性角；

$f_f$——前滑率。

根据前滑率的定义，得到辊缝中的前滑率为：

$$f_f = \frac{V_D - V_0}{V_0} \tag{6-57}$$

式中 $V_0$——轧制速度；

$V_D$——变形区出口带钢速度。

联立式（6-56）和式（6-57），轧制扭矩可以表示为：

$$\begin{aligned} M &= \frac{\mu\bar{p}BD^2}{4}(\alpha - 2\gamma) = \frac{\sqrt{2}\mu\bar{p}BD^{\frac{3}{2}}}{4}(\sqrt{H-h} - 2\sqrt{hf_f}) \\ &= \frac{\sqrt{2}\mu\bar{p}BD^{\frac{3}{2}}}{4}\left(\sqrt{H-h} - 2\sqrt{h}\sqrt{\frac{V_D}{V_0} - 1}\right) \end{aligned} \tag{6-58}$$

由式（6-58）可知，轧制力矩是关于带钢宽度、轧辊直径、带钢出入口厚度、摩擦因数、带钢变形抗力和轧制速度等多变量函数，动态轧制扭矩可以表示为：

$$\begin{aligned}\Delta M &= \frac{\partial M}{\partial H}\Delta H + \frac{\partial M}{\partial h}\Delta h + \frac{\partial M}{\partial V_0}\Delta V_0 \\ &= \frac{\mu\bar{p}BD^{\frac{3}{2}}}{4\sqrt{2}\sqrt{H-h}}\Delta H + \frac{\mu\bar{p}BD^{\frac{3}{2}}}{2\sqrt{2}}\left(\frac{1}{2\sqrt{H-h}} - \frac{1}{\sqrt{h}}\sqrt{\frac{V_D}{V_0}-1}\right)\Delta h + \\ &\quad \frac{\sqrt{2}\mu\bar{p}BD^{\frac{3}{2}}}{4}\frac{V_D\sqrt{h}}{V_0\sqrt{V_0V_D - V_0^2}}\Delta V_0\end{aligned} \tag{6-59}$$

令：

$$C_w = \frac{\sqrt{2}\mu\bar{p}BD^{\frac{5}{2}}}{4}\frac{V_D\sqrt{h}}{V_0\sqrt{V_0V_D - V_0^2}}$$

$$K_H = \frac{\mu\bar{p}BD^{\frac{3}{2}}}{4\sqrt{2}\sqrt{H-h}}$$

$$K_h = \frac{\mu\bar{p}BD^{\frac{3}{2}}}{2\sqrt{2}}\left(\frac{1}{2\sqrt{H-h}} - \frac{1}{\sqrt{h}}\sqrt{\frac{V_D}{V_0}-1}\right)$$

又由于 $\Delta V_0 = \frac{D}{2}\Delta\dot{\varphi}_{wu} = \frac{D}{2}\Delta\dot{\varphi}_{wd}$，则动态轧制扭矩分别为：

$$\Delta M_u = C_w\Delta\dot{\varphi}_{wu} + K_H\Delta H + K_h\Delta h \tag{6-60}$$

$$\Delta M_d = C_w\Delta\dot{\varphi}_{wd} + K_H\Delta H + K_h\Delta h \tag{6-61}$$

式中　$C_w$——工作辊与带钢之间的等效阻尼。

由公式（6-60）和式（6-61）可以看出，上下工作辊承受的轧制扭矩主要由3项组成：第1项与工作辊转速波动有关，当上工作辊转速波动增大时，轧制扭矩波动增加；第2项与带钢入口厚度波动有关，当带钢入口厚度波动增加时，轧制扭矩波动增加；第3项与带钢出口厚度波动有关，当带钢出口厚度波动增加时，轧制扭矩波动增加。

带钢的出入口厚度波动同时影响着动态轧制力，同时也影响动态轧制扭矩。单架轧机的垂直系统和传动系统通过轧制变形区耦合在一起，当垂直系统的振动导致带钢出口厚度波动时，就会引起轧制扭矩波动，从而引起传动系统的扭振。

将表6-10中轧制参数代入式（6-59）中得到上下工作辊总轧制扭矩和轧制阻尼等，见表6-14。

表 6-14 轧制力矩和轧制阻尼参数

| 轧机 | S1 | S2 | S3 | S4 | S5 |
|---|---|---|---|---|---|
| 实测扭矩/(kN·m) | 93.5 | 92.9 | 69.1 | 57.8 | 35.3 |
| 计算扭矩/(kN·m) | 98.90 | 96.88 | 70.79 | 57.08 | 33.01 |
| 误差/% | 5.8 | 4.3 | 2.4 | -1.2 | -6.6 |
| $K_H$/kN | 47006 | 49952 | 70906 | 72555 | 204490 |
| $K_h$/kN | 54842 | 53988 | 79152 | 78049 | 218955 |
| $C_w$/(N·m·s·rad$^{-1}$) | 32520 | 33129 | 13779 | 10565 | 8748 |

由表 6-14 中数据可以看出，轧制扭矩的理论值和实际值的误差均在 10%以内，保证了模型的精确性。

### 6.2.4 液机耦合系统模型验证

根据前面所建立的垂直系统液机耦合动力学模型和动态轧制力模型，轧机垂直系统仿真模型如图 6-15 所示。

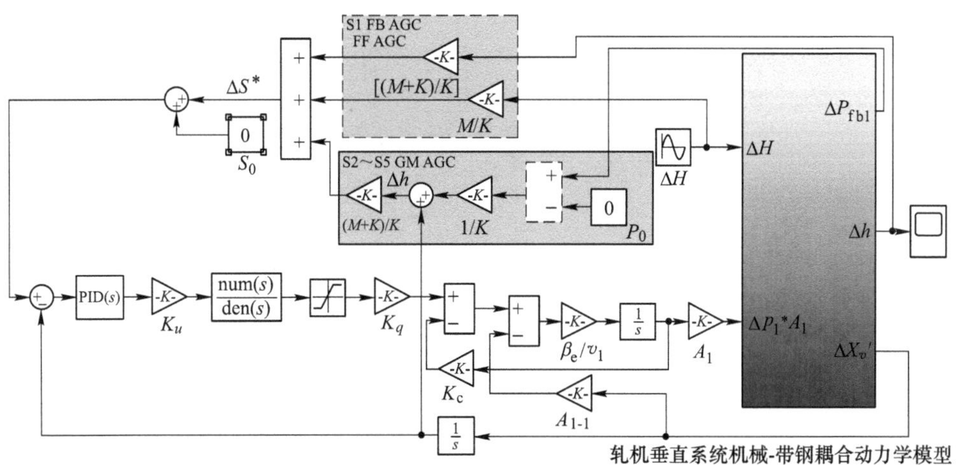


图 6-15 S1～S5 轧机不同厚控模式下的仿真模型

其中垂直系统机械-带钢耦合动力学模型如图 6-16 所示。

为了验证所建模型的准确性，首先验证液压系统的动态响应。现场试验中将辊缝中带钢去掉，同时分别给两侧液压缸 20 μm 的位置阶跃信号；在仿真模型中，先去掉厚度控制系统的外环控制模块，保留内环的液压伺服位置控制，在液压缸位置给定处 $\Delta S^*$ 施加 20 μm 的阶跃信号，现场测试信号和仿真信号如图 6-17 所示。

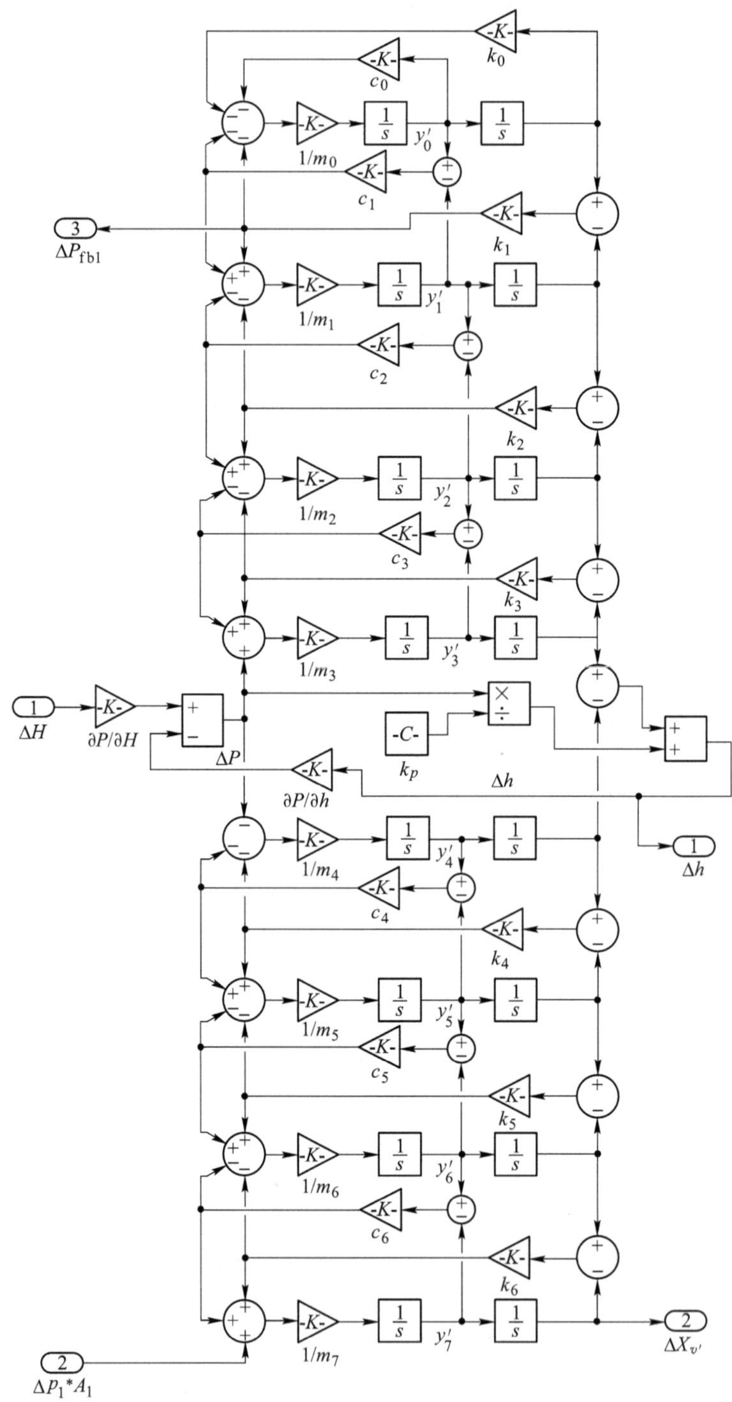


图 6-16　轧机垂直系统机械-带钢耦合仿真模型

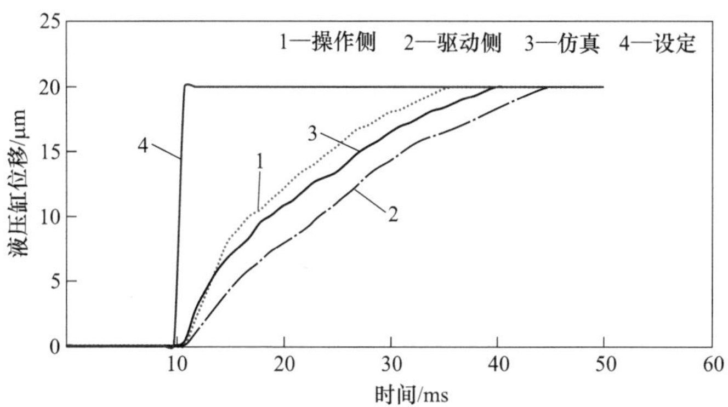


图 6-17 液压压上系统阶跃响应试验与仿真曲线

由图 6-17 看出，现场轧机两侧液压缸的响应速度并不一致，操作侧响应速度明显快于驱动侧。仿真系统响应速度介于操作侧和驱动侧之间，基本等于两侧的平均速度，说明厚度控制内环系统与实际响应性能保持一致，保证了模型的准确性。

利用仿真模型分析不同模式厚度控制系统的厚差控制阶跃响应。在图 6-14 的模型中，S1 轧机有前馈式和反馈式厚差控制系统，在辊缝施加幅值为 10 μm 的入口带钢阶跃厚差，出口带钢的厚差控制效果如图 6-18 和图 6-19 所示。

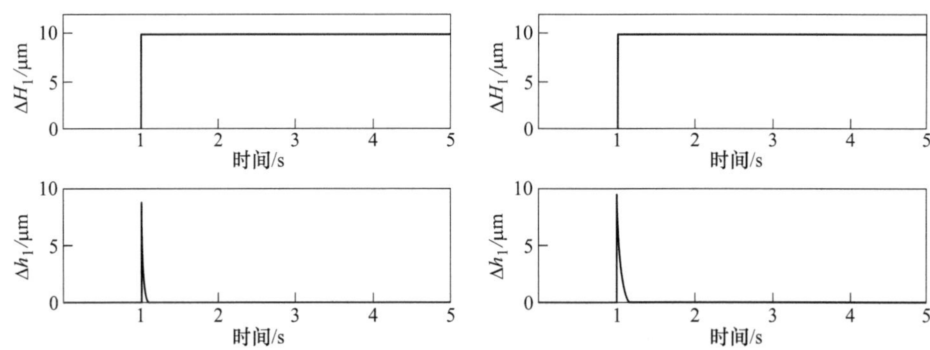


图 6-18 S1 轧机的前馈式厚差控制阶跃响应　　图 6-19 S1 轧机的反馈式厚差控制阶跃响应

可见，当带钢出现阶跃厚差时，在前馈式或反馈式厚差控制系统的作用下，出口带钢厚差分别在 0.1 s 和 0.15 s 的时间内完全消除，达到了与现场轧机基本一致的厚差控制性能。

在同样的模型中，为具有代表性，对 S3 轧机进行验证。只保留反馈式厚差控制系统，在同样的入口厚度阶跃激励下，S3 轧机的阶跃响应曲线如图 6-20 所示。

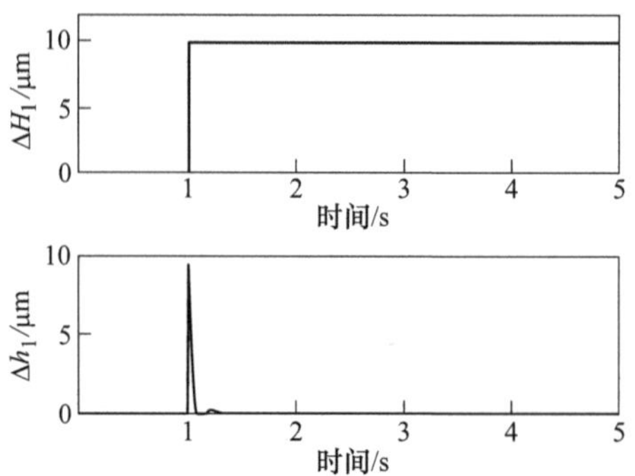


图 6-20 S3 轧机的厚度计式厚差控制阶跃响应

可见，S3 轧机的厚度计式厚差控制系统可以在 0.1 s 的时间内将带钢厚差完全消除，也具有良好的响应速度以及较高的控制精度，达到了仿真所要求的性能。

## 6.3 冷连轧机组机械系统幅频特性

轧机的幅频特性能够很好地反应轧机在不同激励频率下的振动响应，清晰地揭示轧机振动的固有特性。通过研究各因素对轧机幅频特性的影响，进而得到对轧机振动抑制的措施。利用建立的垂直和传动系统模型以及动态轧制过程模型，分别研究轧机的垂直和传动系统的幅频特性。

### 6.3.1 垂直机械系统幅频特性

轧机垂直系统在运行过程中会受到各种振动激励，比如带钢的入口厚度和变形抗力波动、轧辊轴承的故障频率激励以及轧辊振痕再生的激励等，最后都转化为动态轧制力激励。为了统一将多种激励均通过轧制力等效的方法折算为轧机入口带钢厚度波动激励，模拟轧制速度变化时轧机振动的扫频现象，对轧机施加幅值不变而频率连续变化的正弦激励。

由于所关心的各架轧机的固有频率均低于 900 Hz，利用图 6-15 模型，选取 S3 轧机为研究对象，在 $\Delta H$ 处施加振幅为 10 μm、频率为 1～900 Hz 的带钢入口厚度波动激励，简称为厚差激励。后续研究中辊缝激励均统一采用此激励，仿真得到轧机垂直系统的牌坊振动和带钢出口厚差的响应如图 6-21 所示。为了分析方便，将各参数的振动响应幅值做了归一化处理，即纵坐标为带钢出口厚差幅值与入口厚度波动幅值的比值及牌坊振动速度幅值与入口厚度波动幅值的比值。

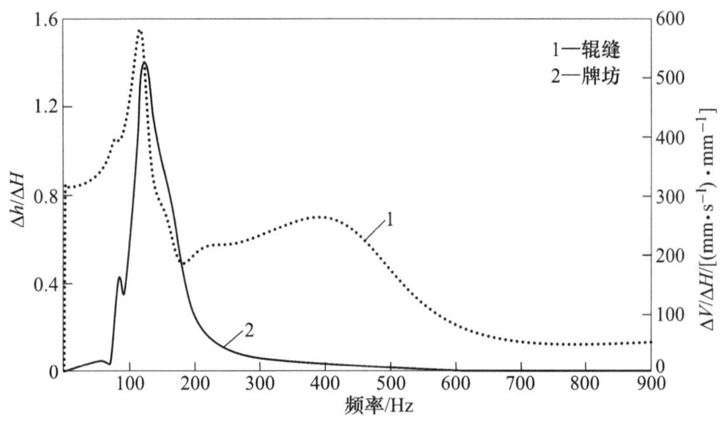


图 6-21　S3 轧机牌坊和带钢出口厚差的幅频特性趋势对比

从图 6-21 中看出，轧机在带钢厚差的激励下，牌坊振动速度和带钢出口厚差的响应曲线虽然不完全一致，但是两条曲线在峰值点的频率十分接近。另外，带钢出口厚差和牌坊的振动响应趋势在 200 Hz 以内也基本一致，因此可以认为牌坊的振动速度响应在 200 Hz 以内能够真实反映带钢出口厚差的情况。

该冷连轧机强烈振动频率为 109 Hz，所以后续对轧机振动的研究对象以 1～200 Hz 以内的带钢出口厚差为主，并将带钢出口厚差与入口厚差幅值的比值随着激励频率变化的曲线作为轧机垂直系统振动幅频特性曲线。当比值小于 1 时，说明轧机工作正常，能够起到降低带钢厚差的作用；当比值大于 1 时，说明轧机振动比较剧烈。

对其他轧机辊缝分别施加同样幅值的厚度激励，频率为 1～200 Hz，5 架轧机在带钢厚差激励下的振动幅频特性曲线如图 6-22 所示。

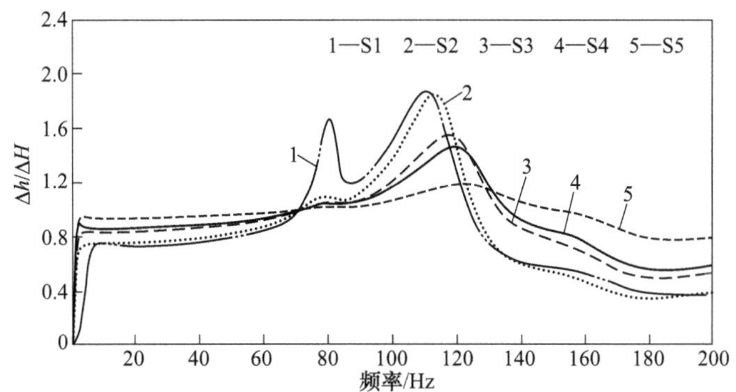


图 6-22　S1～S5 轧机在入口带钢厚差激励下的幅频特性

由图 6-22 可以看出，各轧机在 70~130 Hz 内的振动响应幅值均大于 1，说明各架轧机在该频段内的带钢出口厚差大于入口厚差，而且现场轧机在 1200 m/min 轧制速度下发生的 109 Hz 的振动频率更加接近共振频率。其中在 109 Hz 处，S1 轧机的振动响应幅值最大，下游轧机依次减小，S5 轧机的振动响应幅值最小。

### 6.3.2　机械传动系统幅频特性

由图 6-13 可以看出，轧机传动系统会受到轧制扰动和速度给定两种激励。一般轧机传动系统发生振动的频率均低于垂直系统，为了和垂直系统保持一致，在 S5 轧机的传动系统机电耦合模型中，对上下工作辊分别施加方向相反幅值为 100 N · m 频率为 1~200 Hz 的扭矩激励。为了后续研究的统一，均采用与此相同的轧制扭矩激励，电机输出轴扭矩波动量与轧制速度波动量的振动幅频特性曲线如图 6-23 所示。为了分析方便，将各参数的振动响应幅值同样做了归一化处理，即纵坐标为振动速度响应幅值与扭矩激励幅值 $\Delta T$ 的比值。

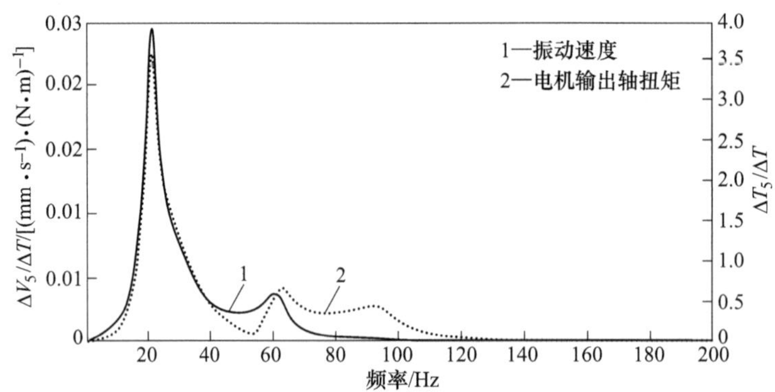


图 6-23　S5 轧机电机输出轴扭矩和振动速度的幅频特性对比

由图 6-23 可见，电机轴输出扭矩和振动速度响应曲线轮廓基本相同，振动速度幅值较大的频率点完全重合，说明电机输出的扭矩波动完全代表了振动速度的波动情况。

对 S1~S4 轧机的上下工作辊上分别施加同 S5 轧机一样的扭矩激励，5 架轧机的振动速度振动幅频特性曲线如图 6-24 所示。

由图 6-24 可以看出，各轧机振动速度的响应峰值主要为 10~70 Hz，当激励频率超过 70 Hz 后，振动速度的响应很微弱。S1~S4 轧机的第一阶固有频率为 16 Hz 左右，S5 轧机的第一阶固有频率为 21 Hz，而现场在 200 m/min 轧制速度下发生的 18 Hz 的扭振频率与各架轧机传动系统的第一阶固有频率均比较接近。

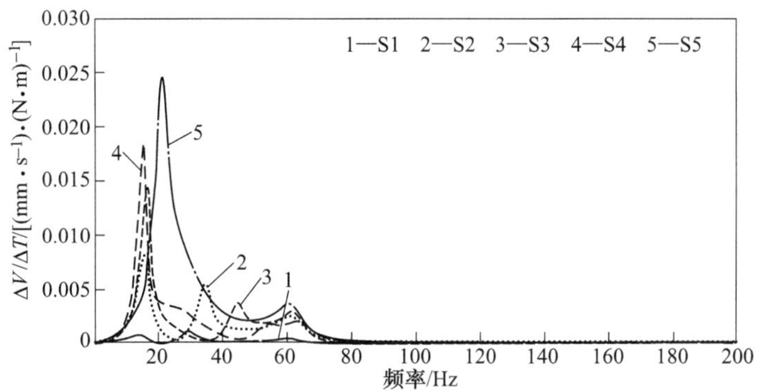


图 6-24 S1～S5 轧机传动系统在扭矩激励下的幅频特性

轧机传动系统除了受到轧辊端的轧制扭矩激励外，还有电机端控制系统速度给定的激励。对各轧机传动系统速度给定处施加幅值为 100 mm/s 频率为 1～200 Hz 的正弦速度给定激励，后续研究当中均采用与此相同的速度给定激励，轧制速度的振动幅频特性曲线如图 6-25 所示，横坐标为激励频率，纵坐标为速度波动与给定的速度幅值之比。

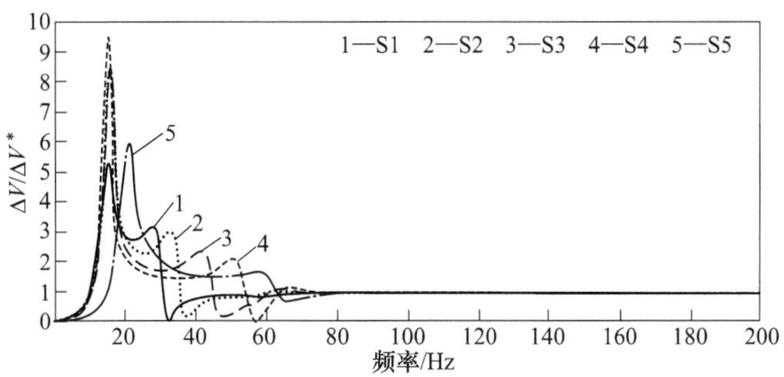


图 6-25 S1～S5 轧机传动系统在速度给定激励下的幅频特性

S1～S5 轧机传动系统在速度给定激励下的振动频率与在轧制扭矩激励下的振动频率完全相同，只是响应幅值不同，S5 轧机的第一阶频率也为 21 Hz，其他轧机的第一阶频率均为 16 Hz。当激励频率大于 70 Hz 时的振动速度响应幅值为 1，表示轧辊端的轧制速度能很好地跟随电机端的速度给定。

## 6.4 厚度控制对轧机垂直系统幅频特性影响

在生产现场分别关闭 S4 和 S5 轧机 AGC 厚度控制系统后，S4 轧机和 S5 轧机的振动速度幅值响应均发生变化，下面从理论上做进一步分析。

### 6.4.1　前馈式厚度控制对轧机幅频特性影响

某 1450 冷连轧机组中，仅有 S1 轧机配置了前馈式厚度控制系统，下面研究前馈式厚度控制系统对 S1 轧机垂直振动的影响。利用图 6-15 的仿真模型，去掉 FB AGC 和 GM AGC，只保留 FF AGC。对 S1 轧机辊缝 $\Delta H$ 处施加幅值为 10 μm 频率为 1~200 Hz 的入口带钢厚度波动激励，S1 轧机在打开和关闭 FF AGC 状态下的振动响应如图 6-26 所示。

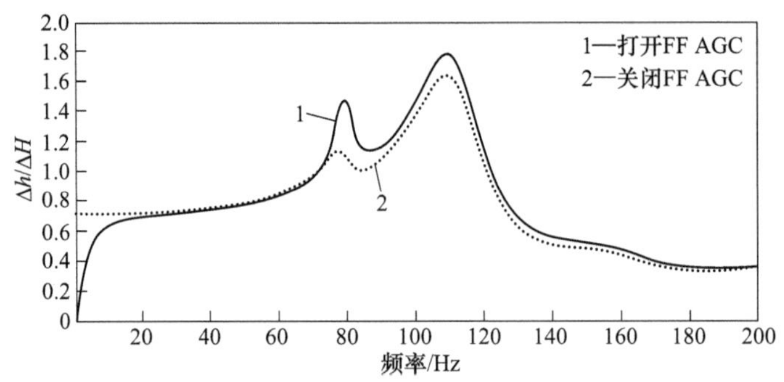


图 6-26　前馈式厚差控制对 S1 轧机幅频特性的影响

由图 6-26 可见，关闭 FF AGC 后，S1 轧机低频段的带钢厚差增大，但是高频段的振动响应幅值均降低，在 109 Hz 处，振动幅值降低了 10%左右。

由式（6-50）可知，带钢出口厚差由上下工作辊的振动位移和动态轧制力决定，为了探究 FF AGC 对 S1 轧机带钢出口厚差的影响，继续研究开关 FF AGC 前后，上下工作辊的振动位移和辊缝动态轧制力的变化情况。在相同的辊缝激励下，各参数的振动响应分别如图 6-27~图 6-29 所示。

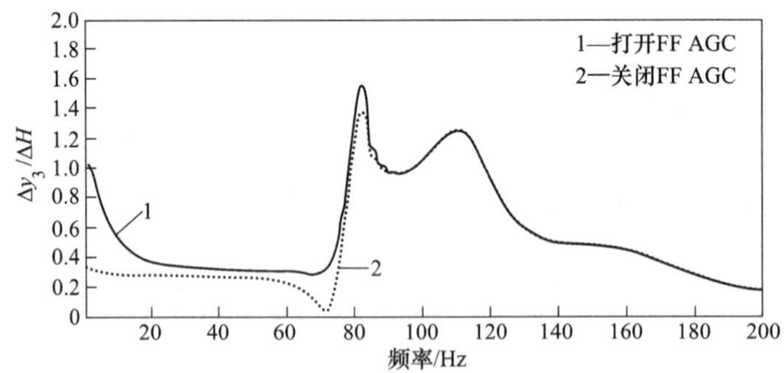


图 6-27　前馈式厚差控制对 S1 轧机上工作辊位移的影响

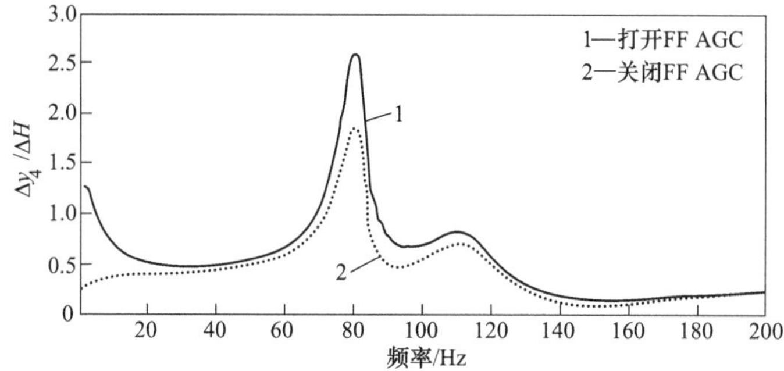


图 6-28 前馈式厚差控制对 S1 轧机下工作辊位移的影响

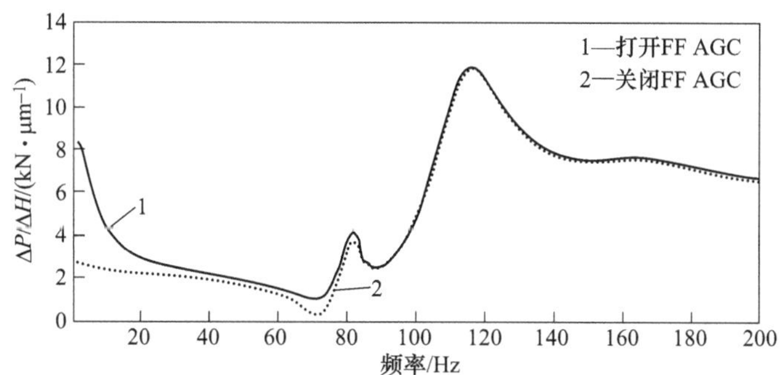


图 6-29 前馈式厚差控制对 S1 轧机动态轧制力的影响

由图 6-27~图 6-29 可以看出，当振动激励频率超过 80 Hz 以后，上工作辊的振动和动态轧制力在关闭 FF AGC 前后几乎没有变化，只有下工作辊的振动在关闭 FF AGC 后降低。由此可见，FF AGC 在轧机 80 Hz 以上的振动中通过影响下工作辊的振动位移来影响带钢的出口厚差。

### 6.4.2 反馈式厚差控制对轧机幅频特性影响

反馈式厚差控制系统同样在 S1 轧机单独配置，下面研究 FB AGC 对 S1 轧机垂直振动的影响。同样在图 6-15 中的仿真模型中只保留 FB AGC，对 S1 轧机辊缝施加相同的振动激励，S1 轧机在打开和关闭 FB AGC 状态下的振动响应如图 6-30 所示。

同样 S1 轧机在关闭反馈式厚差控制系统后，低频段的厚差变大，70~120 Hz 内的带钢出口厚差幅值降低。

S1 轧机下工作辊在关闭 FB AGC 前后的振动位移如图 6-31 所示。

可见，下工作辊 70~120 Hz 内的振动在关闭 FB AGC 后同样降低。总之，S1 轧机的 FF AGC 和 FB AGC 在共振区内，都通过增大下工作辊的振动位移使带钢出口厚差增大。

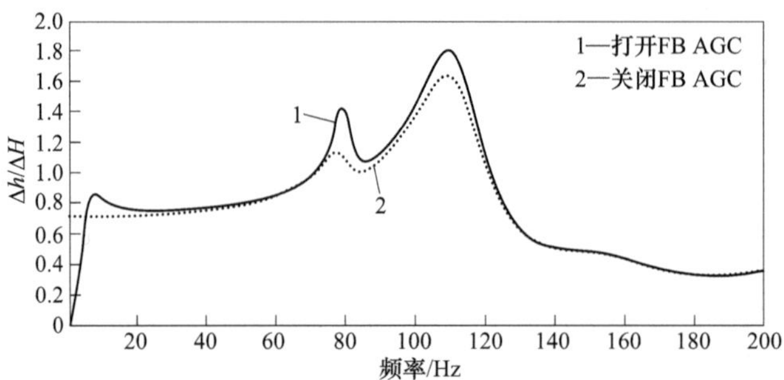


图 6-30　反馈式厚差控制对 S1 轧机幅频特性的影响

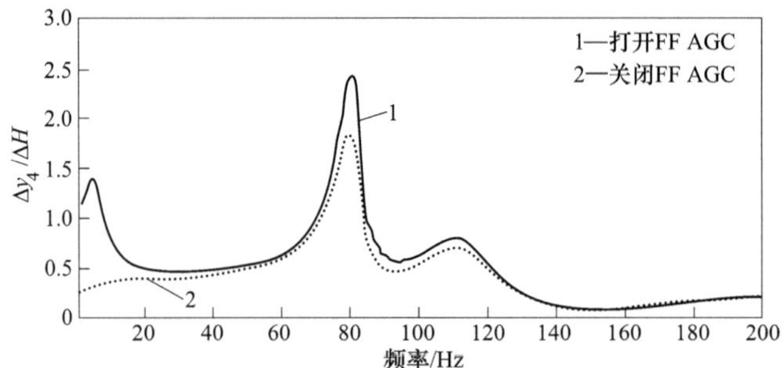


图 6-31　反馈式厚差控制对 S1 轧机下工作辊振动位移的影响

现场生产中，S1 轧机的 FF AGC 和 FB AGC 同时处于开启状态，此时两种 AGC 一起使用和单独使用一种 AGC 时的振动特性如图 6-32 所示。

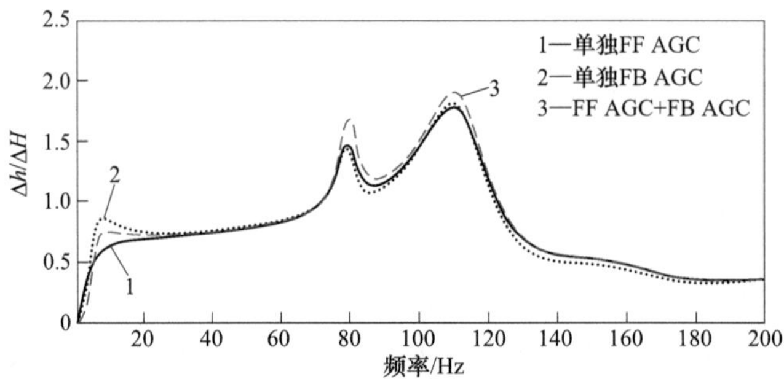


图 6-32　S1 轧机在不同厚差控制模式下的幅频特性

可见，S1 轧机在两种厚差控制模式同时影响下，带钢出口厚差在共振区的幅值进一步增大。

### 6.4.3　厚差计式控制对轧机幅频特性影响

由前面可知，S1 轧机在 FF AGC 和 FB AGC 的影响下，使其在 109 Hz 处的振动幅值增大。由于 S2～S5 轧机均配置了相同的厚差计式厚差控制系统，下面研究 GM AGC 对 S2～S5 轧机振动的影响规律。

利用图 6-15 中模型，分别关闭 S2～S5 轧机的 GM AGC 后，在辊缝 $\Delta H$ 处施加幅值为 10 μm 频率为 1～200 Hz 的入口带钢厚差波动激励，各轧机的带钢出口厚差响应曲线如图 6-33 所示。

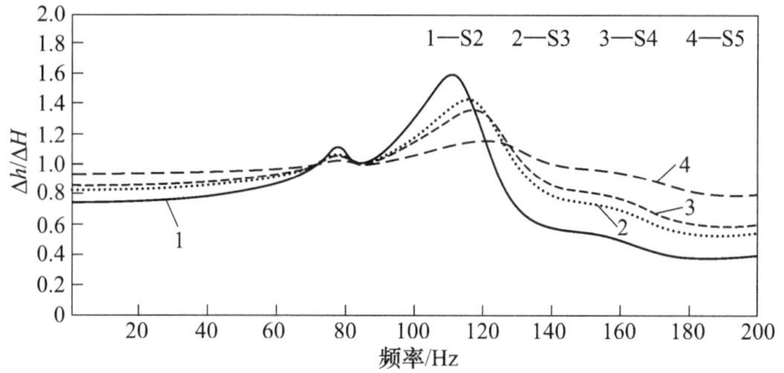


图 6-33 S2～S5 轧机在关闭 GM AGC 后的幅频特性曲线

厚度计式控制系统对各轧机振动特性的影响规律与前两种厚控系统基本一致，都增大了轧机垂直系统在 70～120 Hz 范围内的振动幅值。

为了进一步探究 GM AGC 对轧机带钢出口厚差的影响，在 S3 轧机辊缝 $\Delta H$ 处施加相同的带钢入口厚差波动激励，上下工作辊的振动位移和动态轧制力在开关 GM AGC 前后分别如图 6-34～图 6-36 所示。

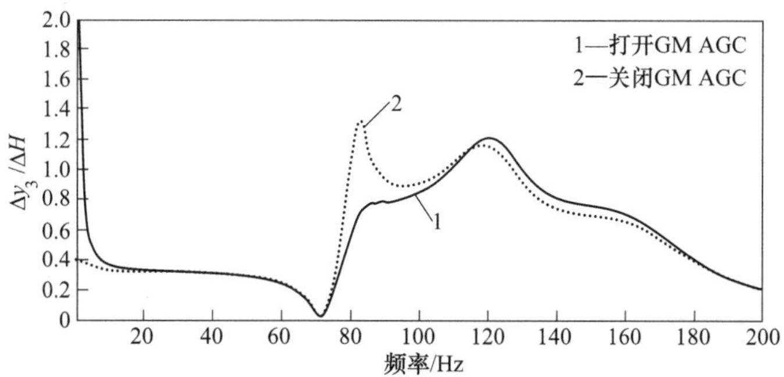


图 6-34 GM AGC 对 S3 轧机上工作辊振动位移的影响

由图 6-34～图 6-36 可以看出，当关闭 GM AGC 后，S3 轧机的上下工作辊的振动位移和动态轧制力在各频段内的变化规律并不相同，对比 FF AGC 对 S1 轧机振动的影响，GM AGC 对 S3 轧机的影响更为复杂。但是在 109 Hz 处，上工作辊的振动位移和动态轧制力的幅值基本不变，下工作辊的振动位移幅值在关闭 GM AGC 后降低了 20%。

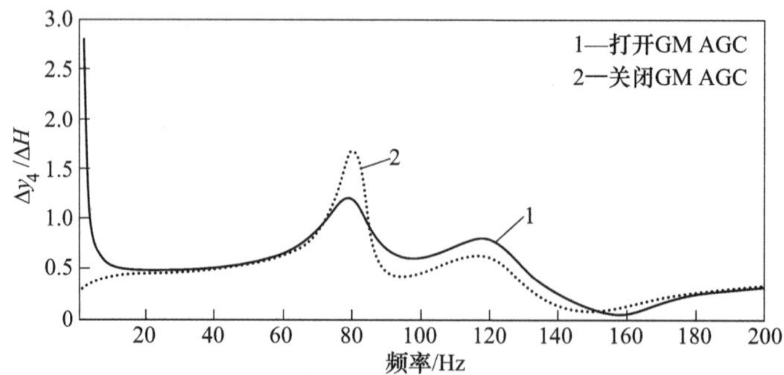


图 6-35　GM AGC 对 S3 轧机下工作辊振动位移的影响

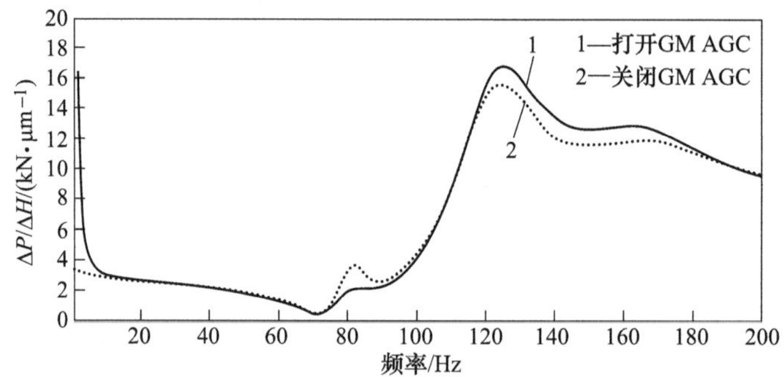


图 6-36　GM AGC 对 S3 轧机动态轧制力的影响

综上所述，基于 3 种模式下厚差控制系统在开关 AGC 时，在频率较高部分的幅频特性变化较大，说明 AGC 控制系统对轧机振动有较大影响。这给了我们启示，轧机振动是处于耦合状态下生成的，因此，可以通过改变 AGC 参数来抑制轧机振动，即轧机振动与 AGC 关系密切，改变 AGC 控制状态及模式对缓解轧机振动十分有利。

## 6.5　电机速度控制系统对幅频特性影响

前面介绍了厚差控制系统对垂直振动的影响，本节研究电机速度控制系统对传动系统扭振幅频特性的影响，再研究电机速度控制系统和机械系统的耦合状态。

不考虑电机速度控制系统的影响时，由式（6-45）所建立的 S5 轧机传动机械系统的仿真模型如图 6-37 所示。

利用模型在上下工作辊处施加同样的方向相反幅值为 100 N · m、频率为 1～200 Hz 的轧制扭矩激励，S5 轧机传动系统的机械系统幅频特性和机电耦合系统在轧制速度波动时幅频特性如图 6-38 所示，横坐标为激励频率，纵坐标为轧制速度波动幅值与激励扭矩波动的幅值之比。

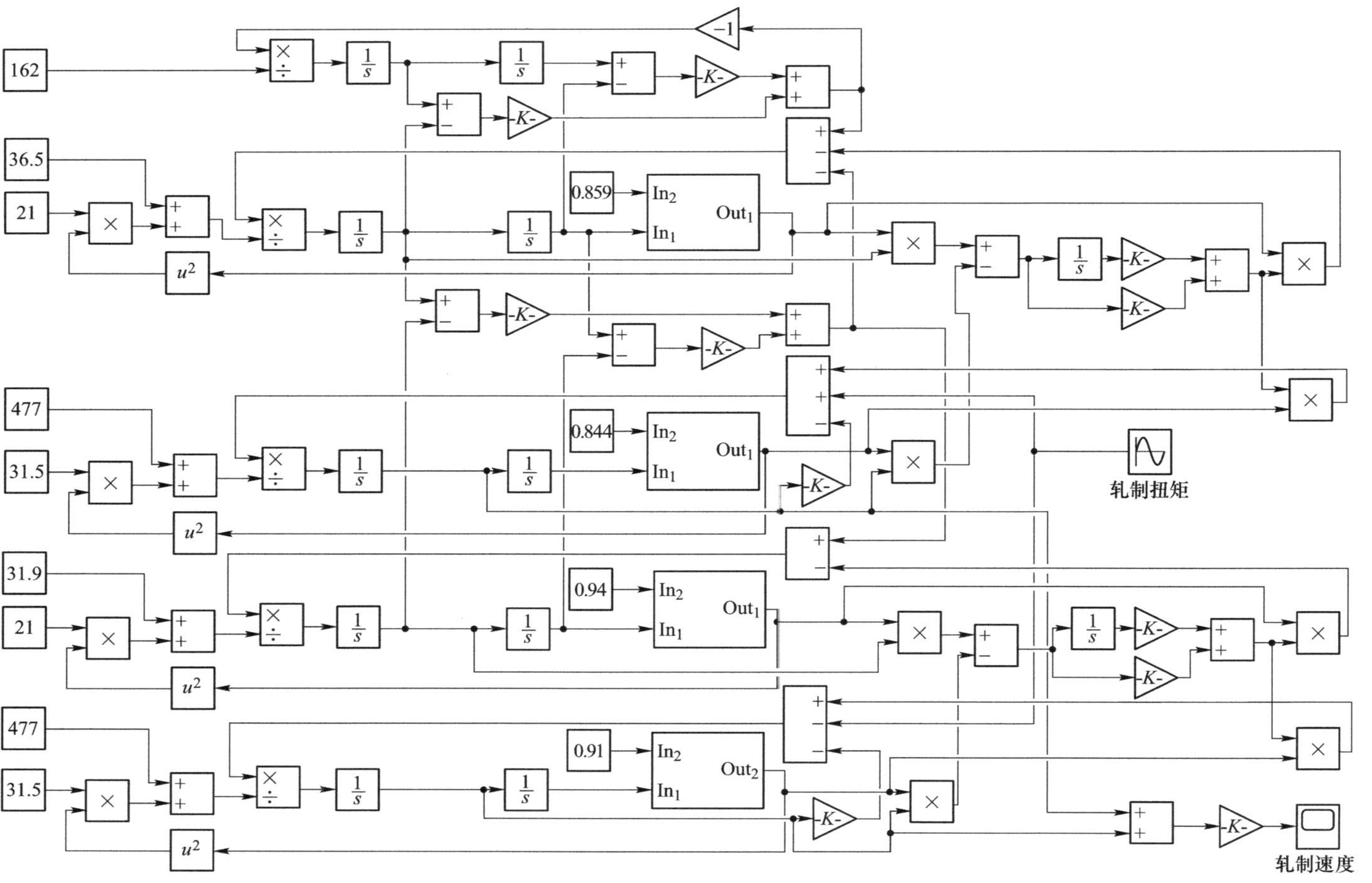


图 6-37 S5 轧机传动机械系统仿真模型

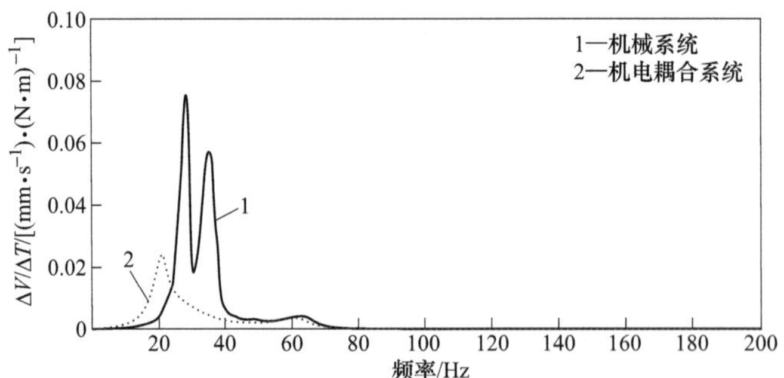


图 6-38　S5 轧机传动系统在两种模式下的扭振幅频特性曲线

由图 6-38 可见，电机速度控制系统对传动系统 10~35 Hz 内的扭振幅频特性具有很大的影响。电机速度控制系统使传动系统的扭振频率从 28 Hz 变为 21 Hz，而且共振幅值也明显降低，使 35 Hz 频率消失。

同样不考虑 S1 ~ S4 轧机的电机速度控制系统时，其中由式（6-45）和式（6-46）所建立的 S1 轧机机械传动系统的仿真模型如图 6-39 所示。

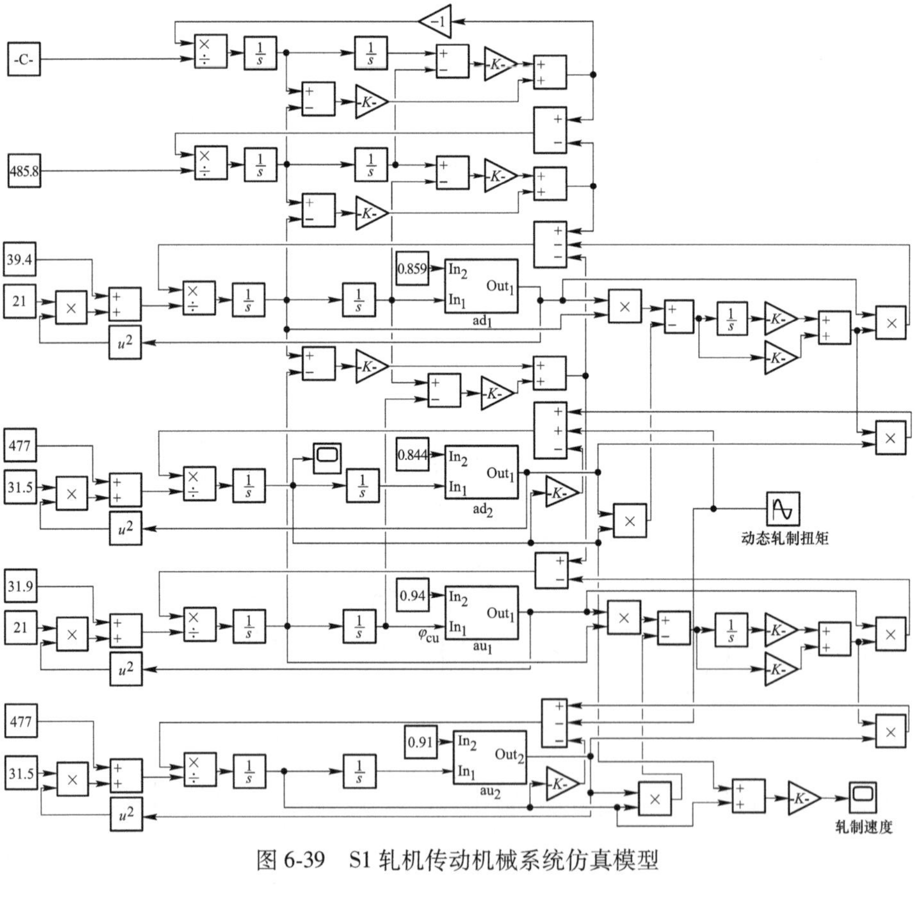

图 6-39　S1 轧机传动机械系统仿真模型

在 S1~S4 轧机辊缝施加轧制扭振激励，各轧机的幅频特性曲线如图 6-40 所示。

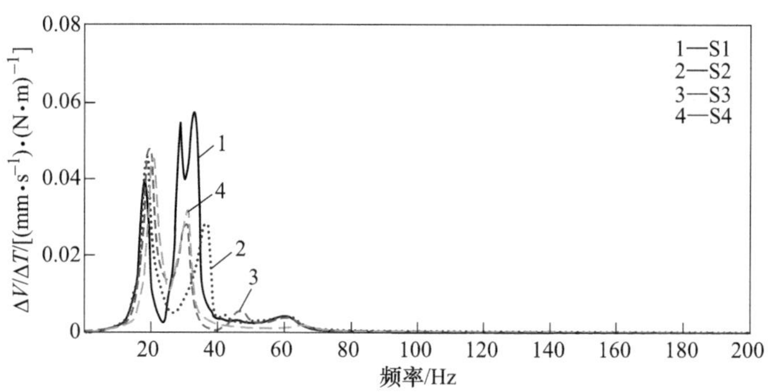


图 6-40 S1~S4 轧机传动系统在两种模式下的幅频特性曲线

从图 6-40 可以看出，在电机控制系统的影响下，各轧机传动系统在机电耦合模式下的幅频特性曲线均已不同于原机械系统。各个振动频率的位置均发生了改变，S1~S4 轧机的第一个共振频率均从 20 Hz 变为 15 Hz。在第二个共振频率处的响应幅值均降低一半，其他的共振频率均发生了相似的变化。

## 6.6 本 章 小 结

本章研究了冷连轧机组的机电液耦合幅频特性及其影响因素。首先建立了单机架冷轧机的多模式整体模型，并进行了验证；其次分别研究了冷连轧机组的垂直和传动系统的幅频特性，得到以下结论。

（1）某 1450 冷连轧机组在 1200 m/min 轧制速度下发生的 109 Hz 振动是由于激励频率与轧机垂直系统的固有频率重合或接近所诱发的；在 200 m/min 轧制速度下发生的 18 Hz 扭振，是由于激励频率与轧机传动系统的共振频率吻合或接近所诱发。

（2）不同模式的厚差控制系统提高了轧机的动态刚度，在低频段有良好的抑振效果，但在共振区都会增大垂直振动，使带钢出口厚差增大。

（3）电机速度控制系统会影响传动系统的振动频率，在不同的控制模式和不同的控制参数下，对振动频率的影响程度均不相同。

综上所述，厚度控制系统对轧机振动有较大影响。因此，为了降低轧机振动需要在厚控系统中嵌入抑振器，达到消减轧机振动目的。

# 7 冷连轧机组振动遗传及协同振动机制

## 7.1 铸-轧全流程振动遗传简介

冷轧带钢是连铸机利用结晶器将液态钢水铸成连铸坯后经过热连轧机轧制到一定厚度送到冷连轧机组进行轧制的产品。

连铸坯的硬度波动和厚度波动是激励热连轧机的振动基因，经过热连轧和冷连轧带钢厚度波动得到改善，但硬度波动不但没有降低，反而会加大，进而激励轧机，使得轧机振动变得更大和更加复杂。

冷连轧来料振动基因按照一定规律激发冷连轧机组振动，表现出轧制力和扭矩出现微振，当经过轧机放大后此振动频率与轧机的幅频特性的某个共振频率吻合或接近时，将冷连轧机组振动进一步放大。当振动能量达到一定门槛值时可听到强烈振动声音，导致轧辊和带钢表面出现振痕。因此，来料的状态是诱发轧机振动的最主要根源之一，应予以足够重视。

## 7.2 不同来料激励对轧机垂振的影响

对于冷连轧机组来说，来料带钢厚差波动和硬度波动的产生原因可以追溯到连铸和热连轧等生产工序，诸多原因单独或综合作用下，都会导致冷连轧机组的来料带钢产生厚度波动和硬度波动。来料带钢厚度波动和硬度波动是诱发轧机产生机电液耦合振动的一个重要激励源，并且当激励频率或倍频与轧机某固有频率吻合时，就会诱发轧机的剧烈共振。

### 7.2.1 来料厚差波动对轧机垂振影响

来料的厚度偏差在带钢表面具有空间的波谱，当带钢进入冷连轧机组开始轧制时，由于轧制速度不同，这个厚度偏差的空间波长会表现出不同的激励频率，即带钢的厚度偏差空间波形和轧制速度共同作用决定了带钢进入轧机的厚差激励频率。

如果来料厚度存在偏差，轧制时将使辊缝变化发生弹跳现象，弹跳的大小与轧制力大小和轧机自然刚度有关，来料性能波动大，导致轧制力波动大，辊缝波动也大，如图 7-1 所示。图中斜线为轧机刚度，曲线为带钢塑性。带钢来料厚度

为 $H_1$，此时轧制力为 $P_1$，轧出厚度 $h_1$；当来料厚度增加变为 $H_2$，轧制力增加为 $P_2$，轧出厚度增加到 $h_2$；同理，可分析出当来料厚度减小时，轧制力也减小的过程。因此，来料厚差为 $\Delta H = H_2 - H_1$ 的带钢经过轧机轧制后其厚差减小到 $\Delta h = h_2 - h_1$，轧制力波动为 $\Delta P = P_2 - P_1$，轧机的弹跳量为：

$$\Delta h = \frac{\Delta P}{K} \tag{7-1}$$

式中 $K$——轧机自然刚度。

由式（7-1）可知，若希望轧机出口带钢厚差 $\Delta h$ 为零，就要提高轧机自然刚度至无穷，也就是不管来料厚度如何变化，出口带钢厚度始终保持恒定，此时轧制力变为 $P_3$，轧制力的波动变大为 $P_3-P_1$，也就是说要想消除轧机出口带钢厚差，就要提高轧机自然刚度或者提高轧制力的波动值。而提高自然刚度至无穷，显然是实现不了的，只有改变轧制力的波动大小才能实现带钢出口厚差的控制。轧制力波动的大小取决于来料的厚差波动和自然刚度，来料厚差波动越大，轧制力波动也越大，对轧机的激励也越大，导致轧机振动变大。

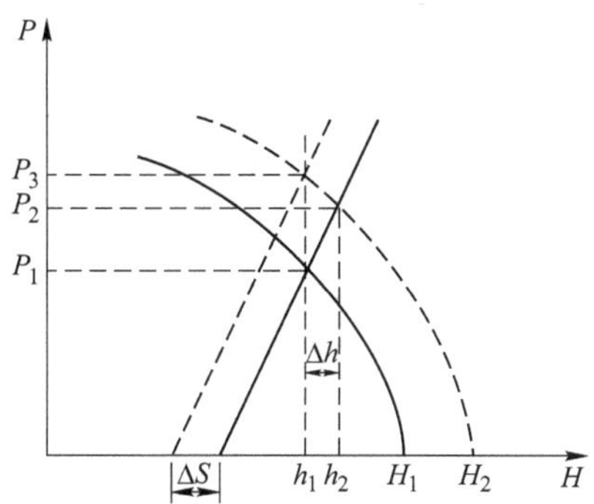


图 7-1 带钢厚差对轧制力波动的影响

### 7.2.2 来料厚度波动频率对轧机垂振影响

来料的厚度偏差和轧制速度共同决定了带钢激励轧机的暂态频率。快速的来料厚度波动，即更短的空间波长或更高的轧制速度的激励都可能会超过执行机构的动态响应，从而不能完全补偿带钢厚度偏差。

实际上，来料的厚度偏差在带钢表面的空间波谱情况是十分复杂的，它可以看成由多个不同幅值、不同波长的空间波谱组合叠加而成的一种复杂厚度偏差。其最基本的情况是单波长的正弦来料厚度偏差，如图 7-2 所示，因为来料厚度偏差纯粹是空间上的波长，所以带钢的轧制速度决定这个空间波长在轧机轧制时的暂态激励频率。根据质量守恒定律，冷连轧机组轧制过程形成了一个单波长厚度偏差幅值逐渐衰减、空间波长逐渐延长的变化规律，且空间波长的延长程度与压下量大小成正比。基于轧制过程质量流相等，使得轧机出口侧带钢厚度偏差的暂态频率与入口侧一致。入口和出口侧带钢厚度偏差变化情况如图 7-2（a）所示。来料带钢和出口带钢的厚度偏差具有空间波长频谱，经过轧制后，该空间波长 $\lambda$ 频谱的振幅和波长会发生相应的变化。

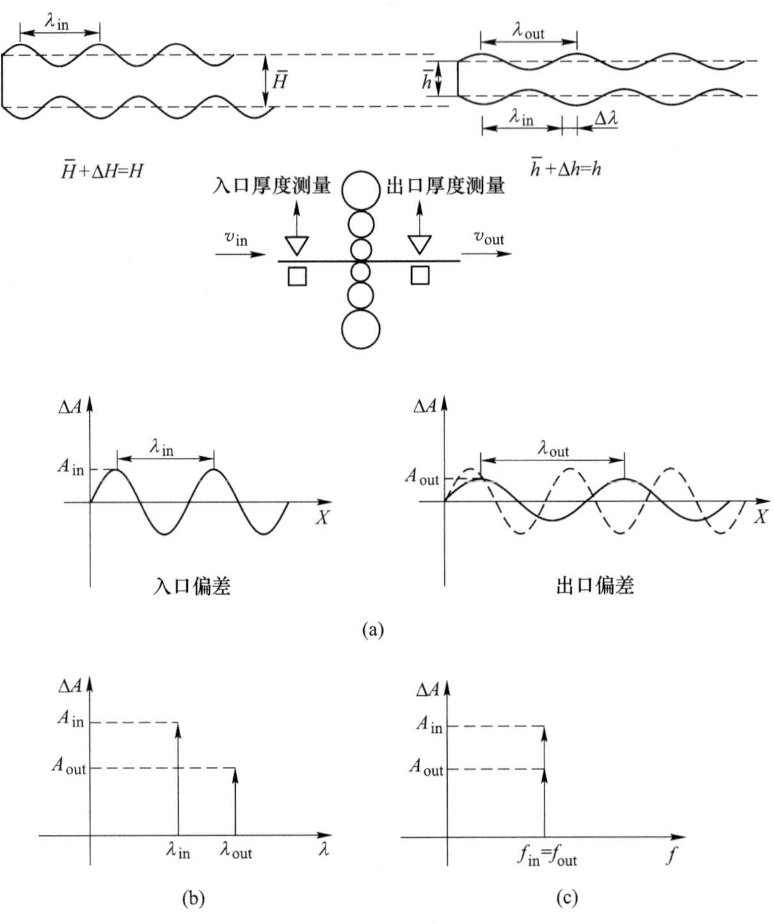


图 7-2　单道次轧制时正弦波长来料厚度偏差的空间波长与时间、频率变化情况

（a）轧制过程厚度偏差变化情况；（b）空间波长谱；（c）时间频率谱

从图 7-2（b）可以看出，轧制过程对于厚度偏差空间波长具有延伸的效果。图 7-2（c）可以看出，轧制入口和出口带钢厚度偏差的暂态频率是不变的。在轧制过程中，轧辊的线速度和带钢的速度在轧制界面是不一样的（除中性点外），带钢和轧辊在轧制时存在相对滑动。在轧机入口处，带钢的入口速度比轧辊的线速度低，称为后滑，在轧机出口处，带钢的出口速度比轧辊的线速度高，称为前滑。带钢的出口速度和入口速度分别为：

$$v_{out} = (1 + S) v_R$$
$$v_{in} = (1 - R) v_R \tag{7-2}$$

式中 $v_R$——轧制速度（轧辊线速度）；

$S$——前滑值；

$R$——后滑值。

随着带有空间波长的带钢厚度偏差进入轧机开始轧制，其轧机入口和出口的带钢厚度偏差波动频率为：

$$f_{in} = \frac{v_{in}}{\lambda_{in}}$$
$$f_{out} = \frac{v_{out}}{\lambda_{out}} \tag{7-3}$$

式中 $\lambda_{in}$，$\lambda_{out}$——分别为轧制带钢的入口和出口波长；

$v_{in}$，$v_{out}$——分别为轧制带钢的入口和出口速度。

将式（7-2）代入式（7-3），依据秒流量守恒，则

$$f_{out} = \frac{v_{out}}{\lambda_{out}} = \frac{v_{in} \times H/h}{\lambda_{in} \times H/h} = \frac{v_{in}}{\lambda_{in}} = f_{in} \tag{7-4}$$

由此证明，在轧制过程中机组每架轧机的入口和出口带钢厚度偏差幅值以相同的频率波动，与压下量无关。随着机组速度的提高，每个轧机也以相同的频率增加，因此可以得出经过 5 个轧机轧制前后带钢厚度偏差暂态激励频率不变的结论，即来料厚度偏差波长以相同的暂态频率通过每一架轧机，该频率仅与轧制速度有关，为后续来料厚差波动激励仿真奠定了理论基础。

### 7.2.3 带钢厚度正弦波动对轧机垂振影响

为了说明问题方便起见，以某 2050 连轧机组为例来说明带钢硬度和厚度波动对轧机振动的影响，其中 S1 和 S2 双机架轧机有限元动力学模型如图 7-3 所示，仿真过程对各轧机工作辊的振动速度进行监测。其中 S1 和 S2 轧制参数见表 7-1，当 S1 轧机入口厚度具有正弦形式的波动时，分别对只有 S1 轧制和 S1、S2 均在轧制时的两机架轧机振动进行分析，结果如图 7-4 所示。

**表 7-1 S1 和 S2 轧制过程仿真参数**

| 轧机 | 入口厚度/mm | 厚度波动/μm | 辊缝设定值/mm | 入口速度/$(m \cdot s^{-1})$ | 摩擦系数 |
|---|---|---|---|---|---|
| S1 | 4 | 10 | 2 | 0.5 | 0.25 |
| S2 | 2 | 10 | 1 | 1 | 0.25 |

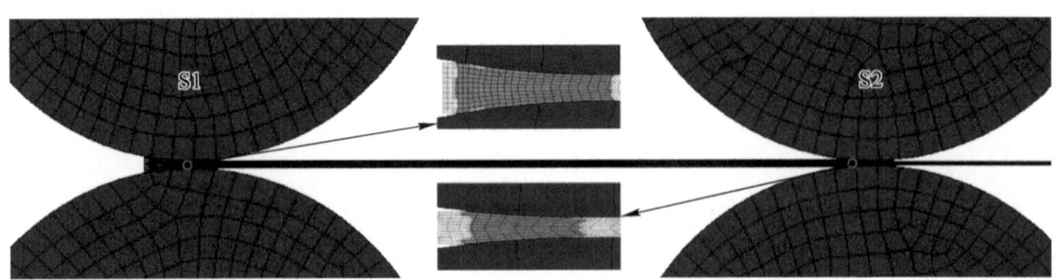


图 7-3　双机架连轧有限元模型

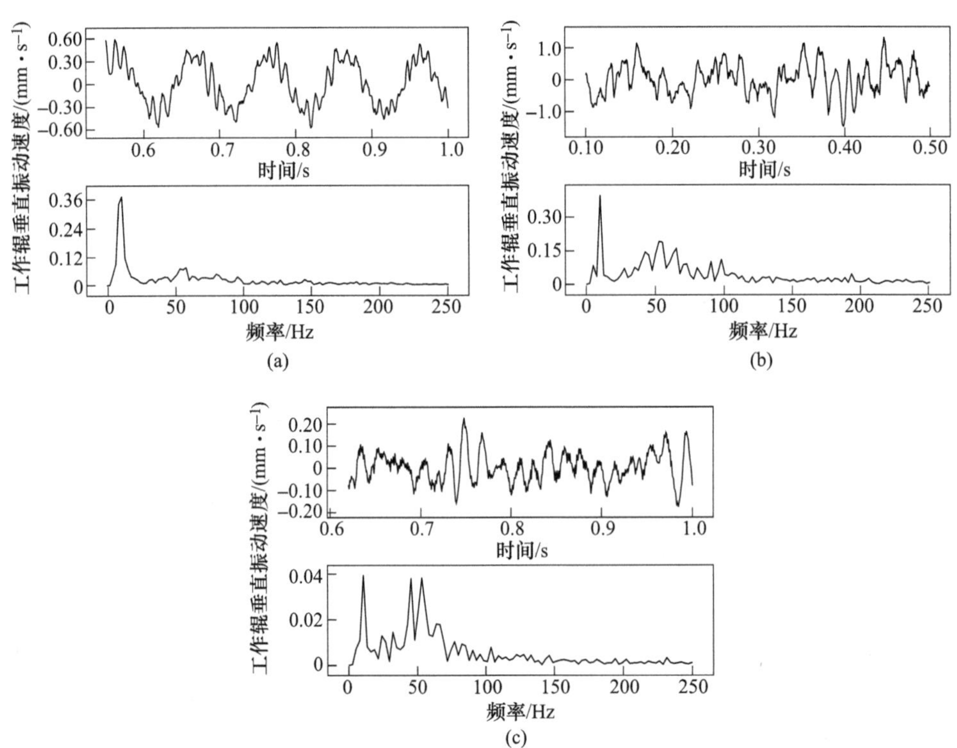


图 7-4　入口带钢厚度正弦波动 10 μm 计算结果

（a）S2 咬钢前 S1 轧机振动；（b）S2 咬钢后 S1 轧机振动；（c）S2 轧机振动

结果表明，只有 S1 轧机轧制时，其振动频率与带钢波动频率基本一致，为单一频率的正弦振动（波形毛刺为分割单元造成的），但在 50 Hz 附近存在很小的峰值。当 S2 轧机咬钢后，该轧机本身除 10 Hz 的厚度波动频率外，50 Hz 成分同样显著存在，同时，S1 轧机振动频谱中 50 Hz 成分增加，这是由于 S2 轧机 50 Hz 的振动通过轧机间带钢张力（11 t）的波动传递至 S1 轧机。

### 7.2.4 带钢厚度非正弦波动对轧机垂振影响

当S1入口带钢厚度波动为非正弦波动时，偏斜率为0.6，只有S1轧机轧钢时，其厚度波动使该轧机振动频谱中出现丰富的谐波成分，如图7-5所示。当S2轧机咬钢后，S2轧机存在与S1轧机相同的频率成分，并且在50 Hz附近的占比更高。同时，轧机间的张力（11 t）波动使得S1轧机中50 Hz成分占比增加。

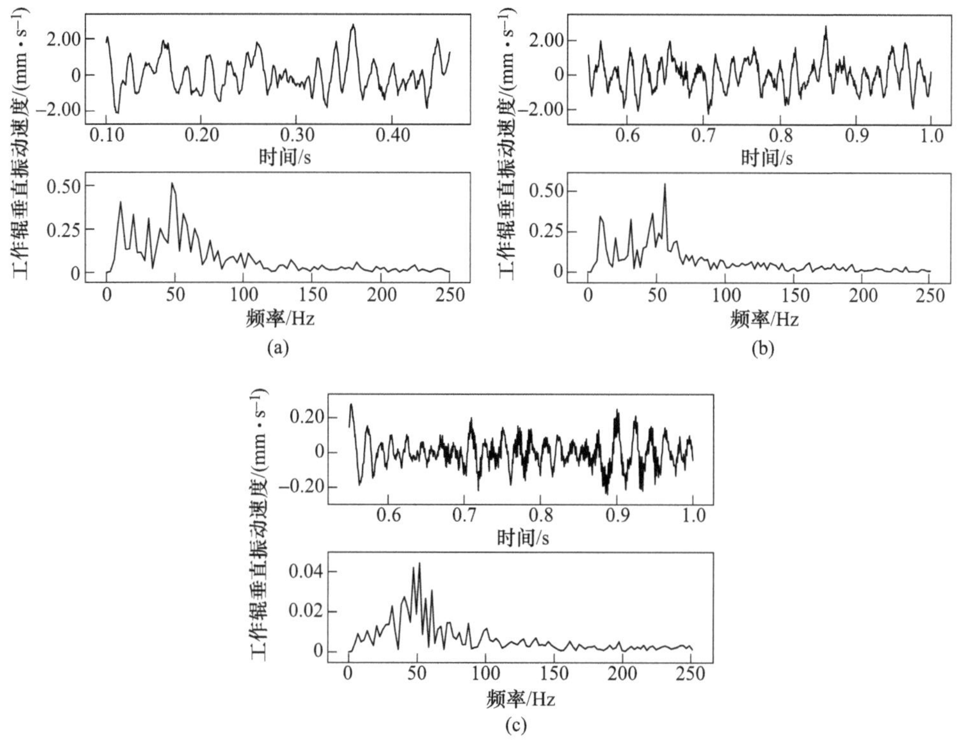


图7-5 入口带钢厚度非正弦波动计算结果

（a）S2咬钢前S1轧机振动；（b）S2咬钢后S1轧机振动；（c）S2轧机振动

### 7.2.5 工作辊存在振痕时对轧机垂振影响

当S1轧机工作辊出现10 μm深的周期性振痕，当只有S1轧机轧制，该轧机振动频率以50 Hz为主。当S2轧机咬钢后，虽然该轧机振动较小，但其振动同样集中在50 Hz附近，同时，S1振动频率趋于集中，如图7-6所示。

以上仿真结果表明，振动在轧机间传递具有遗传特性，前面轧机的振动会通过其出口厚度的波动激发后面轧机的振动。前3架轧机结构除传动减速比不同以外基本一致，当具有正弦厚度波动形式的带钢经过S1轧机的轧制后，频谱中出

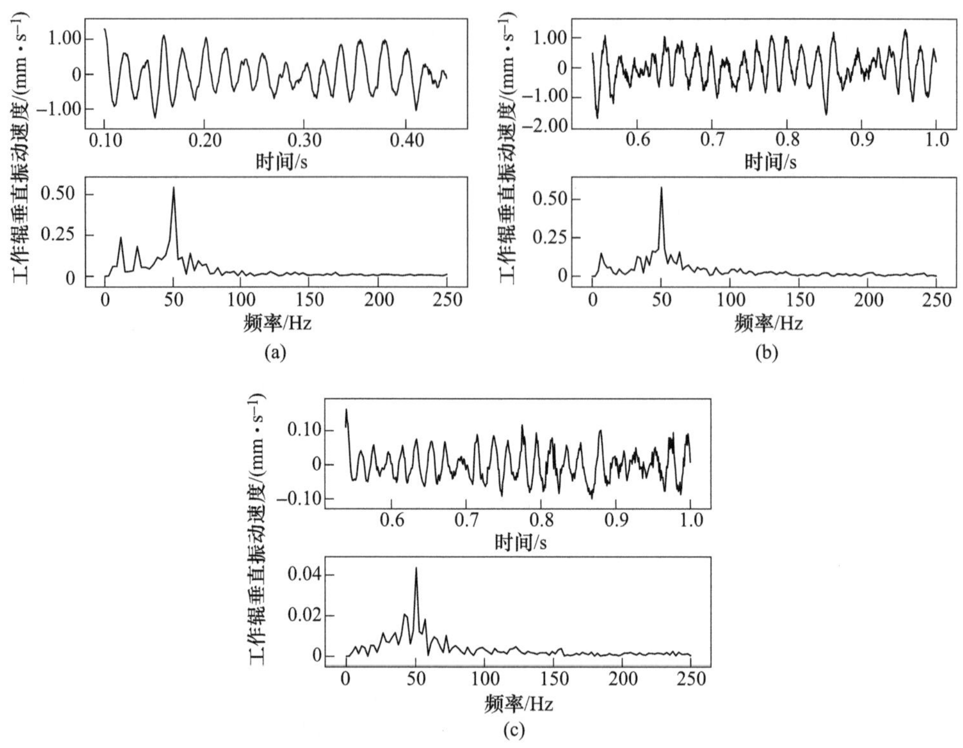


图 7-6　工作辊存在振痕计算结果

（a）S2 咬钢前 S1 轧机振动；（b）S2 咬钢后 S1 轧机振动；（c）S2 轧机振动

现较小峰值，这会直接体现在出口带钢厚度的波动，因此进入 S2 轧机后所激发的 S2 轧机振动频率附近的成分增加。非正弦形式厚度波动的带钢激发的 S1 轧机振动本身就包含丰富的谐波成分，因此进入 S2 轧机后该成分进一步增加。轧辊振痕的激励频率同样会遗传至后面轧机，当轧辊产生振痕后，各轧机振动频率集中在振痕所激发的频率附近。

## 7.2.6　来料硬度波动对轧机垂振影响

### 7.2.6.1　连铸坯取样硬度测试

为了研究连铸坯表面及内部的硬度变化，对其进行取样，取样位置如图 7-7

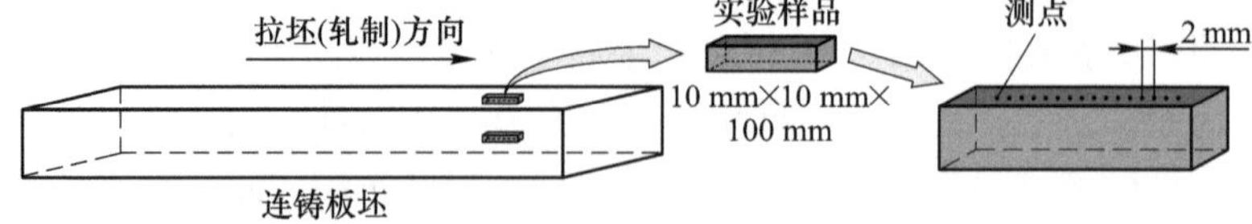


图 7-7　连铸坯取样示意图

所示，沿着拉坯的方向，在连铸坯宽度方向的中间位置、厚度 240 mm 的表面及中间部分别冷切割出 10 mm×10 mm×100 mm 规格的试样进行硬度测试。

试样选取轧制过程中易发生轧机振动的材质 QSTEM420，试样 1 和试样 2 对应的拉坯速度分别为 1.4 m/min 和 0.9 m/min，结晶器振动频率为 2.3 Hz，且偏斜率为 0.6 的非正弦模式。

首先对试样进行磨削，保证被测面的平整，后续选用洛氏硬度仪对试样的表面进行硬度测试，选用 1.5875 mm(1/16″) 的钢球压头，施加载荷为980 N，保持时间 3 s，恢复时间 1 s。由于此种压头较大，测试间隔选取 2 mm，测点数量为 30，测试结果如表 7-2 和图 7-8 所示。

**表 7-2　硬度（HRB）测试结果**

| 测点 | 1~30 | | | | | | | | | | |
|---|---|---|---|---|---|---|---|---|---|---|---|
| 试样 1 表面硬度 | 73.9 | 74.3 | 75.8 | 76.3 | 77.5 | 77.4 | 78.3 | 77.8 | 77.4 | 78.8 | 78.7 |
| | 78.6 | 78.6 | 79.0 | 81.1 | 81.0 | 80.6 | 80.2 | 80.5 | 80.8 | 81.7 | 83.0 |
| | 83.6 | 84.5 | 85.4 | 85.5 | 85.9 | 86.6 | 87.3 | 87 | | | |
| 试样 1 中间硬度 | 66.1 | 65.3 | 66.8 | 66.3 | 65.0 | 64.2 | 64.7 | 65.2 | 65.1 | 63.2 | 64.5 |
| | 65.8 | 64.1 | 64.5 | 66.8 | 64.7 | 65.8 | 67.7 | 67.0 | 66.7 | 68.7 | 67.5 |
| | 67.5 | 66.8 | 66.8 | 65.9 | 67.1 | 65.2 | 69.3 | 66.5 | | | |
| 试样 2 表面硬度 | 72.2 | 72.8 | 72.1 | 73.0 | 74.5 | 73.8 | 72.8 | 73.1 | 72.8 | 71.9 | 74.0 |
| | 74.0 | 74.2 | 72.1 | 73.5 | 75.3 | 75.0 | 75.6 | 75.6 | 75.2 | 74.8 | 74.5 |
| | 75.4 | 76.0 | 76.5 | 77.4 | 78.6 | 78.3 | 79.9 | 80 | | | |
| 试样 2 中间硬度 | 67.6 | 66.2 | 64.7 | 65.8 | 65.1 | 63.6 | 66.2 | 64.4 | 65.0 | 66.2 | 68.4 |
| | 67.4 | 65.0 | 68.9 | 67.0 | 66.3 | 69.8 | 68.1 | 67.4 | 68.0 | 69.0 | 69.1 |
| | 69.3 | 69.2 | 68.9 | 66.6 | 67.1 | 68.3 | 69.5 | 67.2 | | | |

测试结果表明，连铸坯表面的硬度比芯部硬度大，且二者均存在似乎有规律的变化，芯部比表层的硬度波动更具有周期性。相同长度范围内试样 2 的硬度变化起伏次数比试样 1 更多，这是由于二者结晶器振动频率相同，试样 2 的拉坯速度较低导致其性能变化间距较小。经测量试样 1 和试样 2 的振痕间距分别约为 10.1 mm和 6.5 mm，硬度变化的间距基本与此相对应。

为尽可能采集到更小间距的连铸坯表面硬度波动规律，采用显微维氏硬度仪进行测试。同样，对现场线切割试样的被测表面进行磨削，以连铸坯原始某一振痕为起点的连续 29 mm 范围，进行硬度测试，测点间隔减小至 1 mm，测点位置如图 7-9 所示，被测试样连铸过程的工艺参数见表 7-3。

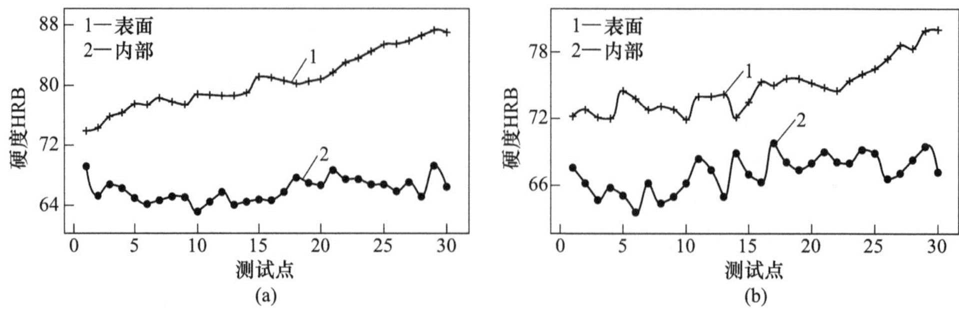


图 7-8　试样硬度测试结果

（a）试样 1；（b）试样 2

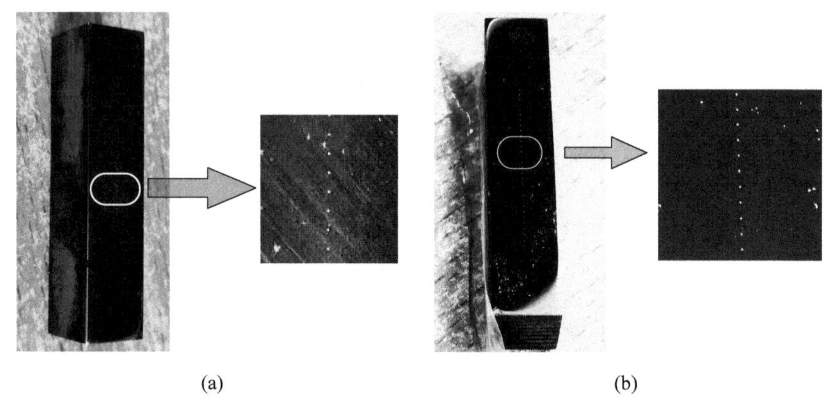

(a)　　(b)

图 7-9　试样及硬度测点

（a）试样 1；（b）试样 2

**表 7-3　连铸过程工艺参数**

| 试样号 | 1 号 | 2 号 |
| --- | --- | --- |
| 正弦/非正弦 | 正弦 | 非正弦 |
| 拉速/($m \cdot min^{-1}$) | 1.3 | |
| 结晶振动器频率/Hz | 2 | |
| 振痕间距/mm | 10.8 | |
| 钢种 | SPFH | |

测试结果如表 7-4 和图 7-10 所示，结晶器正弦与非正弦振动模式下生产的连铸坯其表层均存在硬度波动，且在一个结晶器振动周期内存在 2~4 个硬度波动测试结果表明在相同拉坯速度下连铸坯表面的硬度波动频率为结晶器振动频率的 2 倍或 4 倍，这与结晶器振动频率中的谐波成分有关；另外，试样 1 的硬度波动范围为 175.47~255.43HV0.1，试样 2 的硬度波动范围为 157.45~248.47HV0.1。

表 7-4 试样显微维氏硬度（HV0.1）值统计

| 测点 | 1~30 | | | | | | | |
|---|---|---|---|---|---|---|---|---|
| 试样 1<br>表面硬度 | 175.47 | 188.27 | 183.85 | 213.10 | 254.01 | 198.64 | 234.03 | 237.90 |
| | 202.60 | 186.48 | 219.75 | 179.59 | 189.17 | 192.91 | 237.90 | 209.89 |
| | 196.70 | 195.74 | 197.67 | 184.72 | 248.47 | 199.62 | 255.43 | 188.33 |
| | 189.17 | 199.62 | 186.48 | 184.72 | 205.64 | 185.60 | | |
| 试样 2<br>表面硬度 | 184.66 | 171.44 | 158.18 | 188.33 | 167.59 | 186.48 | 178.69 | 222.04 |
| | 182.07 | 203.67 | 239.18 | 236.54 | 157.45 | 177.04 | 173.01 | 162.38 |
| | 173.01 | 203.67 | 235.37 | 175.41 | 218.62 | 231.56 | 237.90 | 248.47 |
| | 188.33 | 184.72 | 251.22 | 200.60 | 206.74 | 241.78 | | |

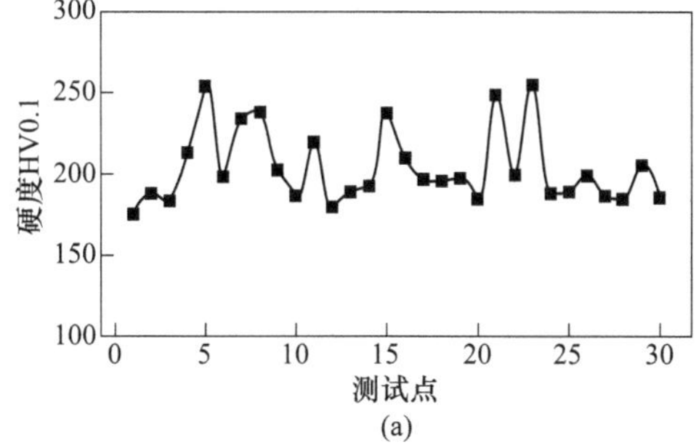


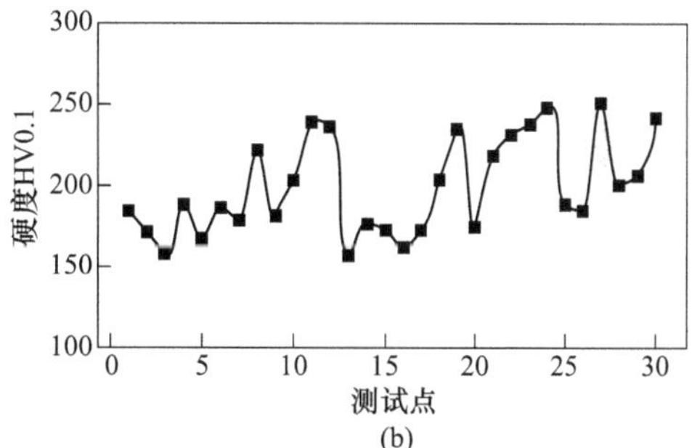


图 7-10 硬度测试结果

（a）试样 1；（b）试样 2

上述测试结果表明，沿着拉坯方向连铸坯表层硬度波动较大，一个结晶器振动周期内存在多次硬度波动。另外，结晶器振动频率、拉坯速度等工艺参数均对硬度波动规律造成影响，这种硬度波动进入轧机轧制时会成为诱发轧机振动的主要原因之一，后续将进行深入研究。

#### 7.2.6.2 来料硬度波动对轧机振动影响

带钢硬度波动对轧机振动的影响主要体现在轧制力的波动。因此，带钢硬度波动与轧制力波动之间存在密切关系。当带钢的硬度波动较大时，会导致轧制过程中轧制力波动，进而引起轧机的振动。

为了解决由带钢来料缺陷（硬度偏差）诱发的轧机振动问题，通过现场综合测试捕捉到了五机架轧机垂直振动特征，并通过理论分析和轧机振动仿真模型求解，揭示了带钢厚差和硬度偏差诱发轧机振动的机制。

因此，带钢硬度波动和厚度波动一样，对轧机振动的影响不容忽视，需要通过连铸机和轧机合理的工艺控制及调整来减少这种影响，以保证轧机的稳定运行和产品质量。

# 7.3　连轧机组振动遗传机制研究

为了研究轧机振动遗传特征及规律，以某 2050 连轧机组中 S1 和 S2 轧机为研究对象。前面分析单架轧机结构参数、控制参数对单一频率激励下轧机振动谐波产生的影响，下面以轧机间厚度和张力的传递为纽带，进一步建立两机架轧机及轧机间带钢耦合振动模型，分析振动特征在轧机间的遗传规律，进而分析轧机振动在不同轧机间的演进过程。

## 7.3.1　双机架轧机振动遗传模型建立

基于轧机动力学模型，建立 2050 连轧机组前两机架轧机的振动模型如图 7-11 所示。该模型建立分为 3 部分：第 1 部分是动态轧制力和动态轧制力矩模型。实际轧制过程中，S2 轧机与 S1 轧机具有相同的结构参数，不同的是辊缝

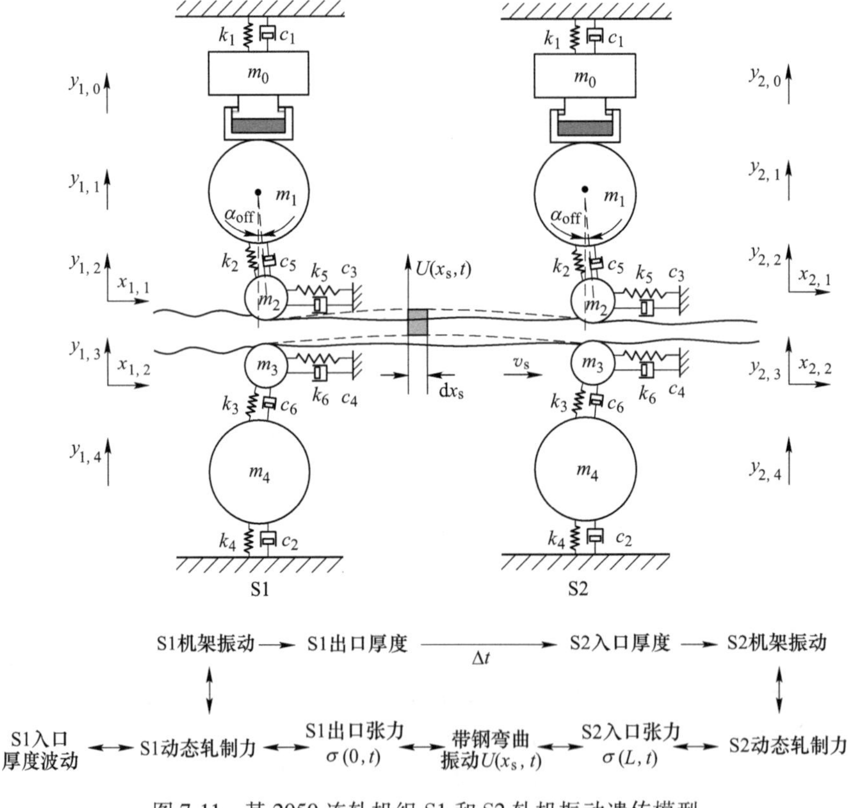


图 7-11　某 2050 连轧机组 S1 和 S2 轧机振动遗传模型

$U(x_s,t)$—轧机间带钢距离 S1 轧机出口 $x_s$处的垂直位移，mm；$y_{i,j}$—各轧机对应部件位移，其中，$i$ 表示轧机序号，$j$ 表示部件序号，mm

间带钢的出入口厚度、轧制速度等工艺参数和传动系统减速比；第 2 部分为两轧机间带钢的弯曲振动模型。轧机的振动会导致出入口速度的波动，进而导致轧机间张力的波动，而张力的波动会进一步造成轧机间带钢的弯曲振动，带钢的弯曲振动又会增加张力的波动，可以将其认为是具有水平方向运动的梁模型；第 3 部分为两机架轧机各自的振动模型，S1 和 S2 轧机除转动惯量外其余参数是一致的。最后，通过轧机间的厚度和张力传递，可以将上述 3 个模型进行耦合，进一步分析两轧机间的振动遗传规律。

根据实际轧制过程，考虑以下情况：

（1）考虑带钢变形的剪切力；

（2）假设轧机间带钢的张应力沿轧制方向相等；

（3）考虑张应力垂直分量对带钢弯曲振动的影响；

（4）带钢在轧机间的传递满足金属秒流量相等原则；

（5）S1 和 S2 轧机结构和控制参数一致，仅考虑二者变形区工艺参数和传动系统减速比的区别；

（6）带钢弯曲振动产生的夹角 $\theta_s$ 很小，即 $\sin\theta_s \approx \tan\theta_s \approx \theta_s$；

（7）不考虑 S1 轧机入口和 S2 轧机出口处张力，仅考虑 S1 和 S2 轧机间的张力及其波动；

（8）不考虑振动通过地基在各轧机之间的传递。

### 7.3.2　轧机间带钢弯曲振动模型建立

首先对轧机间带钢的弯曲振动进行建模，根据前面假设，取距离 S1 出口 $x_s$ 处的微元段 $dx_s$ 进行受力分析，如图 7-12 所示。带钢发生垂直方向的弯曲振动时，该微元段分别承受垂直方向的切力 $Q_s$、轴向力 $P_s$ 角度变化在垂直方向产生的分力、弯矩 $M_s$ 以及惯性力。

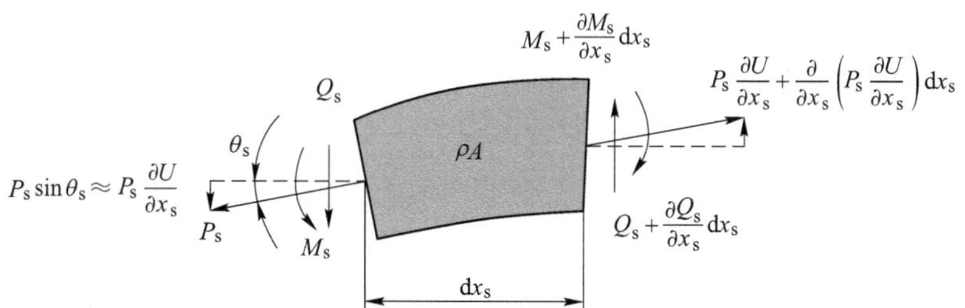


图 7-12　单元体受力状态及变形示意图

变形会导致产生夹角 $\theta_s$，根据几何关系，可得：

$$\theta_s \approx \sin\theta_s \approx \tan\theta_s = \frac{\frac{\partial U}{\partial x_s}dx_s}{dx_s} = \frac{\partial U}{\partial x_s} \tag{7-5}$$

因此张应力在垂直方向分量为 $P_s \frac{\partial U}{\partial x_s}$，带钢弯曲振动过程中，单元体 $dx_s$ 的垂直方向受力和力矩平衡方程为：

$$\frac{\partial Q_s}{\partial x_s} + \frac{\partial}{\partial x_s}\left(P_s \frac{\partial U}{\partial x_s}\right) = \rho A \frac{d^2 U}{dt^2}$$

$$Q_s - \frac{\partial M_s}{\partial x_s} = 0 \tag{7-6}$$

根据上式，可得带钢弯曲振动方程：

$$\frac{\partial^2 M_s}{\partial x_s^2} + \frac{\partial}{\partial x_s}\left(P_s \frac{\partial U}{\partial x_s}\right) = \rho A \frac{d^2 U}{dt^2} \tag{7-7}$$

其中，由于带钢存在持续进给，可以得到：

$$\frac{dU(x_s,t)}{dt} = \frac{\partial U}{\partial x_s}\frac{\partial x_s}{\partial t} + \frac{\partial U}{\partial t} = v_s \frac{\partial U}{\partial x_s} + \frac{\partial U}{\partial t}$$

$$\frac{d^2 U}{dt^2} = \frac{\partial^2 U}{\partial t^2} + 2v_s \frac{\partial^2 U}{\partial x_s \partial t} + \frac{dv}{dt}\frac{\partial U}{\partial x_s} + v_s^2 \frac{\partial^2 U}{\partial x_s^2} \tag{7-8}$$

将式（7-8）代入式（7-7），并将 $P_s$分为轧制过程产生的张力 $P_{s0}$和带钢波动产生的动态张应力 $\delta_{s1}$，可得：

$$\rho A\left(\frac{\partial^2 U}{\partial t^2} + 2v \frac{\partial^2 U}{\partial x_s \partial t}s + \frac{dv_s}{dt}\frac{\partial U}{\partial x_s} + v^2 \frac{\partial^2 U}{\partial x_s^2}\right) = \frac{\partial}{\partial x_s}\left[(P_{s0} + A\sigma_{s1})\frac{\partial U}{\partial x_s}\right] - \frac{\partial^2 M_s(x_s,t)}{\partial x_s^2} \tag{7-9}$$

$A$ 为 S1 出口侧带钢横截面积。

$$P_{s0} = \frac{EA}{L}\int_0^t (v_{i+1,0} - v_{i,1})\,dt$$

$$A = Bh_{1,1} \tag{7-10}$$

由材料力学可知，梁的本构关系满足以下模型：

$$\sigma_{s1}(x_s,t) = E\varepsilon_L(x_s,t) \tag{7-11}$$

其中，长度为 $dx_s$ 的单元体由于变形产生的应变，可根据图 7-13 计算，利用泰勒展开，忽略高阶项，得：

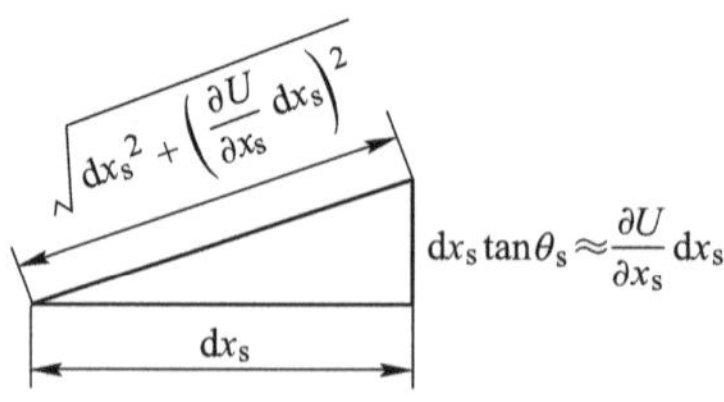


图 7-13　微元段变形示意图

$$\varepsilon_{\mathrm{L}}(x_{\mathrm{s}},t)=\frac{\sqrt{1+\left(\frac{\partial U(x_{\mathrm{s}},t)}{\partial x_{\mathrm{s}}}\right)^{2}}\mathrm{d}x_{\mathrm{s}}-\mathrm{d}x_{\mathrm{s}}}{\mathrm{d}x_{\mathrm{s}}}=\sqrt{1+\left(\frac{\partial U(x_{\mathrm{s}},t)}{\partial x_{\mathrm{s}}}\right)^{2}}-1$$
$$\approx 1+\frac{1}{2}\left(\frac{\partial U(x_{\mathrm{s}},t)}{\partial x_{\mathrm{s}}}\right)^{2}-1=\frac{1}{2}\left(\frac{\partial U(x_{\mathrm{s}},t)}{\partial x_{\mathrm{s}}}\right)^{2} \tag{7-12}$$

进给过程中带钢沿其长度方向的尺寸远大于其他两个方向，对于此种类型的梁，根据材料力学，其弯矩为：

$$M_{\mathrm{s}}=EI\frac{\partial^{2}U}{\partial x_{\mathrm{s}}^{2}} \tag{7-13}$$

式中 $E$——带钢弹性模量，GPa；

$I$——惯性矩，$\mathrm{m}^4$。

将式（7-11）~式（7-13）代入式（7-9）中动态张应力部分，可得：

$$\frac{\partial}{\partial x_{\mathrm{s}}}\left(A\sigma_{\mathrm{s1}}\frac{\partial U}{\partial x_{\mathrm{s}}}\right)=A\frac{\partial}{\partial x_{\mathrm{s}}}\left[(E\varepsilon_{\mathrm{L}}(x_{\mathrm{s}},\ t))\frac{\partial U}{\partial x_{\mathrm{s}}}\right]=\frac{1}{2}AE\frac{\partial}{\partial x_{\mathrm{s}}}\left(\frac{\partial U}{\partial x_{\mathrm{s}}}\right)^{3}=\frac{3}{2}AE\left(\frac{\partial U}{\partial x_{\mathrm{s}}}\right)^{2}\frac{\partial^{2}U}{\partial x_{\mathrm{s}}^{2}} \tag{7-14}$$

进一步将式（7-13）和式（7-14）代入式（7-9）中，可得：

$$\rho A\left(\frac{\partial^{2}U}{\partial t^{2}}+2v_{\mathrm{s}}\frac{\partial^{2}U}{\partial x_{\mathrm{s}}\partial t}+\frac{\mathrm{d}v_{\mathrm{s}}}{\mathrm{d}t}\frac{\partial U}{\partial x_{\mathrm{s}}}+v_{\mathrm{s}}^{2}\frac{\partial^{2}U}{\partial x_{\mathrm{s}}^{2}}\right)-P_{\mathrm{s0}}\frac{\partial^{2}U}{\partial x_{\mathrm{s}}^{2}}+EI\frac{\partial^{4}U}{\partial x_{\mathrm{s}}^{4}}=\frac{3}{2}AE\left(\frac{\partial U}{\partial x_{\mathrm{s}}}\right)^{2}\frac{\partial^{2}U}{\partial x_{\mathrm{s}}^{2}} \tag{7-15}$$

忽略带钢沿其轧制方向的加速度，得到：

$$\rho A\left(\frac{\partial^{2}U}{\partial t^{2}}+2v_{\mathrm{s}}\frac{\partial^{2}U}{\partial x_{\mathrm{s}}\partial t}+v_{\mathrm{s}}^{2}\frac{\partial^{2}U}{\partial x_{\mathrm{s}}^{2}}\right)-P_{\mathrm{s0}}\frac{\partial^{2}U}{\partial x_{\mathrm{s}}^{2}}+EI\frac{\partial^{4}U}{\partial x_{\mathrm{s}}^{4}}=\frac{3}{2}AE\left(\frac{\partial U}{\partial x_{\mathrm{s}}}\right)^{2}\frac{\partial^{2}U}{\partial x_{\mathrm{s}}^{2}} \tag{7-16}$$

显然，式（7-16）所表达的带钢垂直方向弯曲振动的数学模型是包含高次项的非线性偏微分方程，为了方便计算与分析，通过 Galerkin 截断的方式使其转化为非线性常微分方程组。由非线性振动理论和工程实践可知，非线性项往往对频率比振型具有更大的影响。因此对于包含非线性项的微分方程处理过程中，首先需要基于常系数线性微分方程的理论，对其线性部分进行分析，通过分离变量的方式将带钢的振动由同时包含时间与空间转换为只包含空间的常微分方程，然后以线性系统求解的振型作为非线性系统的振型，进一步通过 Galerkin 截断将非线性系统转化为只包含时间的常微分方程，进行带钢振动的求解。式（7-16）忽略非线性项后，变为：

$$\rho A\left(\frac{\partial^2 U}{\partial t^2} + 2v_s \frac{\partial^2 U}{\partial x_s \partial t} + v_s^2 \frac{\partial^2 U}{\partial x_s^2}\right) - P_{s0} \frac{\partial^2 U}{\partial x_s^2} + EI \frac{\partial^4 U}{\partial x_s^4} = 0 \tag{7-17}$$

化简为：

$$\frac{\partial^4 U}{\partial x_s^4} + \frac{\rho A}{EI}\left(\frac{\partial^2 U}{\partial t^2} + 2v_s \frac{\partial^2 U}{\partial x_s \partial t} + v_s^2 \frac{\partial^2 U}{\partial x_s^2}\right) - \frac{P_{s0}}{EI} \frac{\partial^2 U}{\partial x_s^2} = 0 \tag{7-18}$$

设 $U = \psi(x_s)e^{i\omega t}$，代入式（7-18），得：

$$\psi'''' + \frac{\rho A}{EI}(-\omega^2\psi + 2iwv_s\psi' + v_s^2\psi'') - \frac{P_{s0}}{EI}\psi'' = 0 \tag{7-19}$$

式中，$\psi' = \frac{d\psi}{dx_s}$。忽略阻尼项对频率的影响，得到：

$$-\frac{\rho A\omega^2}{EI}\psi - \frac{P_{s0} - \rho A v_s^2}{EI}\psi'' + \psi'''' = 0 \tag{7-20}$$

根据微分方程理论，设 $\psi(x_s) = C_1 e^{s_1 x_s} + C_2 e^{s_2 x_s} + C_3 e^{s_3 x_s} + C_4 e^{s_4 x_s}$，代入式（7-20），解得：

$$\begin{aligned} s_1,\ s_2 &= \pm\sqrt{\frac{P_{s0}}{EI} - \frac{Av_s^2\rho}{EI} - \frac{\sqrt{P_{s0}^2 - 2AP_{s0}v_s^2\rho + A^2v_s^4\rho^2 + 4AEI\rho w^2}}{EI}} \\ s_3,\ s_4 &= \pm\sqrt{\frac{1}{2}\left(\frac{P_{s0}}{EI} - \frac{Av_s^2\rho}{EI} + \frac{\sqrt{P_{s0}^2 - 2AP_{s0}v_s^2\rho + A^2v_s^4\rho^2 + 4AEI\rho w^2}}{EI}\right)} \end{aligned} \tag{7-21}$$

将带钢出入口均假设为简支条件，即：

$$\begin{aligned} \psi(0) &= \psi(L) = 0 \\ \psi''(0) &= \psi''(L) = 0 \end{aligned} \tag{7-22}$$

根据边界条件，得：

$$\begin{cases} C_1 + C_2 + C_3 + C_4 = 0 \\ C_1 e^{s_1 L} + C_2 e^{s_2 L} + C_3 e^{s_3 L} + C_4 e^{s_4 L} = 0 \\ C_1 s_1^2 + C_2 s_1^2 + C_3 s_1^2 + C_4 s_1^2 = 0 \\ C_1 s_1^2 e^{s_1 L} + C_2 s_1^2 e^{s_2 L} + C_3 s_1^2 e^{s_3 L} + C_4 s_1^2 e^{s_4 L} = 0 \end{cases} \tag{7-23}$$

为保证方程组有非零解，需要其系数行列式等于 0，即：

$$\begin{vmatrix} 1 & 1 & 1 & 1 \\ e^{s_1 L} & e^{s_2 L} & e^{s_3 L} & e^{s_4 L} \\ s_1^2 & s_2^2 & s_3^2 & s_4^2 \\ s_1^2 e^{s_1 L} & s_2^2 e^{s_2 L} & s_3^2 e^{s_3 L} & s_4^2 e^{s_4 L} \end{vmatrix} = 0 \tag{7-24}$$

解得：

$$\sin(s_2 L) = 0 \tag{7-25}$$

即：

$$s_2 = \frac{n\pi}{L} \quad (n = 0, 1, 2, \cdots) \tag{7-26}$$

根据式（7-21），求解带钢振动的各阶固有频率为：

$$\omega_n = \frac{\pi}{2L^2}\sqrt{\frac{EI}{\rho A}}\left(n^4 + \frac{n^2(P_{s0} - Av_s^2\rho)L^2}{\pi^2 EI}\right)^{1/2} \quad (n = 0, 1, 2, \cdots) \tag{7-27}$$

各阶振型函数为：

$$\sin\left(\frac{n\pi x_s}{L}\right) \quad (n = 0, 1, 2, \cdots) \tag{7-28}$$

据此可以对轧机间带钢振动的固有频率及影响因素进行初步分析，图 7-14 所示为轧制速度和轧机间张力对带钢前 4 阶固有频率的影响规律，随着轧制速度的增加，各阶固有频率均呈现下降趋势，随着轧机间张力的增加，各阶固有频率均呈现增加的趋势。

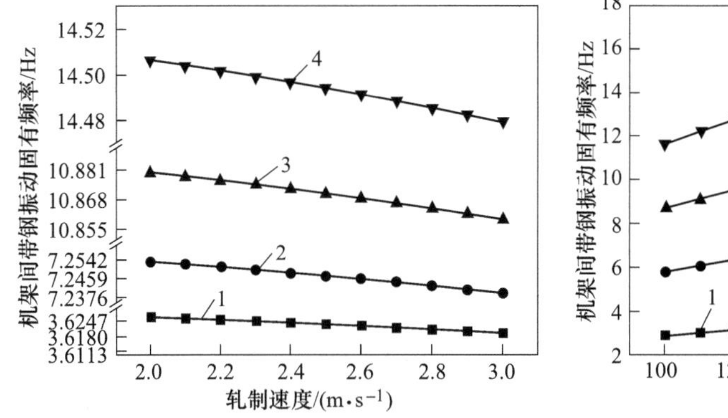


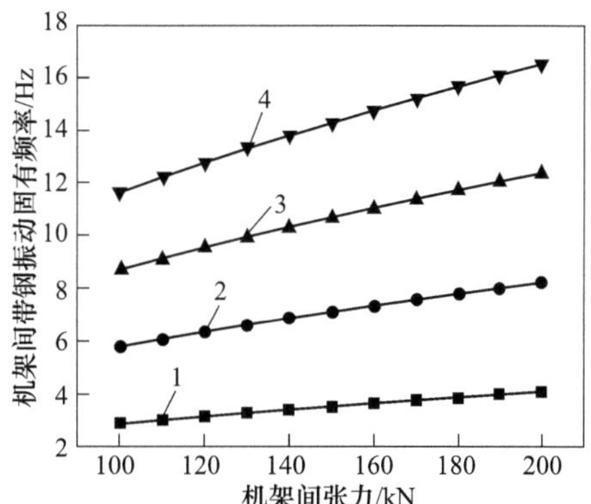


图 7-14 带钢固有频率影响规律

以此为基础，建立非线性系统的振动微分方程组。设：

$$U(x_s, t) = \sum_{n=1}^{N} \psi_n(t)\sin\left(\frac{n\pi}{L}x_s\right) \tag{7-29}$$

将其代入式（7-19），并通过 Galerkin 截断，得到：

$$\int_0^L R(U(x_s, t))\sin\left(\frac{i\pi x}{L}\right)\mathrm{d}x = 0 \quad (i = 1, 2, \cdots, N) \tag{7-30}$$

取 $N=4$，得：

$$\begin{cases} 8AL^4\rho\ddot{\psi}_1 + \pi^2[8EI\pi^2 + 8L^2(P_{s0} - Av_s^2\rho)]\psi_1 + 3AE\pi^4\psi_1^3 + 9AE\pi^4\psi_1^2\psi_3 + \\ \quad 36AE\pi^4\psi_2\psi_3(\psi_2 + 4\psi_4) + 6AE\pi^4(4\psi_2^2 + 9\psi_3^2 + 8\psi_2\psi_4 + 16\psi_4^2)\psi_1 = 0 \\ AL^4\rho\ddot{\psi}_2 + \pi^2[16EI\pi^2 + 4L^2(P_{s0} - Av_s^2\rho)]\psi_2 + 6AE\pi^4\psi_2^3 + \\ \quad 3AE\pi^4(\psi_1 + 3\psi_3)^2\psi_4 + 3AE\pi^4\psi_2(\psi_1^2 + 3\psi_1\psi_3 + 9\psi_3^2 + 16\psi_4^2) = 0 \\ 8AL^4\rho\ddot{\psi}_3 + \pi^2[648EI\pi^2 + 72L^2(P_{s0} - Av_s^2\rho)]\psi_3 + 3AE\pi^4\psi_1^3 + 54AE\pi^4\psi_1^2\psi_3 + \\ \quad 36AE\pi^4\psi_1\psi_2(\psi_2 + 4\psi_4) + 27AE\pi^4\psi_3[9\psi_3^2 + 8(\psi_2^2 + 2\psi_2\psi_4 + 4\psi_4^2)] = 0 \\ AL^4\rho\ddot{\psi}_4 + \pi^2[256EI\pi^2 + 16L^2(P_{s0} - Av_s^2\rho)]\psi_4 + 3AE\pi^4\psi_2(\psi_1 + 3\psi_3)^2 + \\ \quad 12AE\pi^4\psi_4(\psi_1^2 + 4\psi_2^2 + 9\psi_3^2) + 96AM\pi^4\psi_4^3 = 0 \end{cases} \tag{7-31}$$

其中，

$$\ddot{\psi} = \frac{d^2\psi}{dt^2} \tag{7-32}$$

式（7-32）可以进一步化简为：

$$\begin{cases} \ddot{\psi}_1 + \omega_1^2\psi_1 + [3AE\pi^4\psi_1^3 + 9AE\pi^4\psi_1^2\psi_3 + 36AE\pi^4\psi_2\psi_3(\psi_2 + 4\psi_4) + \\ \quad 6AE\pi^4(4\psi_2^2 + 9\psi_3^2 + 8\psi_2\psi_4 + 16\psi_4^2)\psi_1] = 0 \\ \ddot{\psi}_2 + \omega_2^2\psi_2 + [6AE\pi^4\psi_2^3 + 3AE\pi^4(\psi_1 + 3\psi_3)^2\psi_4 + 3AE\pi^4\psi_2(\psi_1^2 + 3\psi_1\psi_3 + \\ \quad 9\psi_3^2 + 16\psi_4^2)] = 0 \\ \ddot{\psi}_3 + \omega_3^2\psi_3 + \{3AE\pi^4\psi_1^3 + 54AE\pi^4\psi_1^2\psi_3 + 36AE\pi^4\psi_1\psi_2(\psi_2 + 4\psi_4) + 27AE\pi^4\psi_3 \\ \quad [9\psi_3^2 + 8(\psi_2^2 + 2\psi_2\psi_4 + 4\psi_4^2)]\} = 0 \\ \ddot{\psi}_4 + \omega_4^2\psi_4 + [3AE\pi^4\psi_2(\psi_1 + 3\psi_3)^2 + 12AE\pi^4\psi_4(\psi_1^2 + 4\psi_2^2 + 9\psi_3^2) + \\ \quad 96AM\pi^4\psi_4^3] = 0 \end{cases} \tag{7-33}$$

求解式（7-33）后，代入式（7-29）得到带钢任意位置和时间的振动状态：

$$U(x_s,t) = \sum_{n=1}^{4}\psi_n(t)\sin\left(\frac{n\pi}{L}x_s\right) \tag{7-34}$$

进一步根据式（7-11）和式（7-12）可以求得由于振动导致的带钢任意位置和时间的张力波动：

$$\sigma_{s1}(x_s,t) = E\varepsilon_L(x_s,t) \approx \frac{E}{2}\left(\frac{\partial U(x_s,\ t)}{\partial x_s}\right)^2 \tag{7-35}$$

$x_s$ 等于 0 和 $L$ 时，对应的张力波动分别为 S1 轧机出口侧和 S2 轧机入口侧由于带钢振动产生的附加张力波动。通过与轧机振动模型中张力边界条件耦合，将带钢振动与各轧机的动态轧制过程相耦合，进一步分析双机架轧机-带钢耦合振动特性。

### 7.3.3 双机架轧机-带钢耦合振动遗传模型建立

当S1轧机入口处的带钢存在厚度或者变形抗力波动时，对轧机的振动状态及影响因素已经在上面进行了讨论。轧机振动会直接导致带钢出口厚度的波动，当只考虑带钢厚度波动在轧机间的传递时，如图7-15所示，由于轧制过程满足单位时间流量相等的原则，即：

$$v_i h_{i,0} = v_{i+1} h_{i+1,0} \tag{7-36}$$

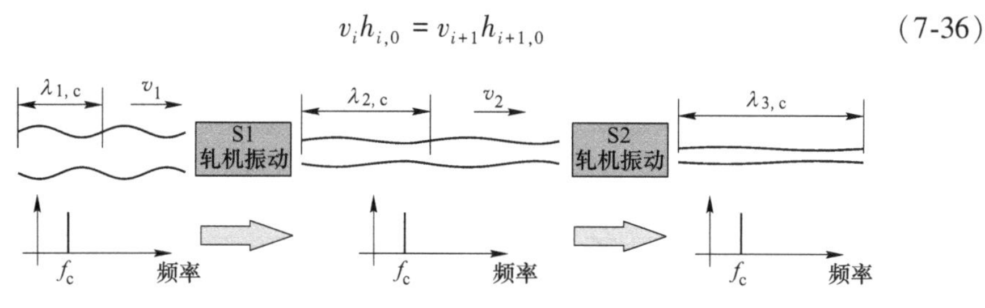


图7-15 振动频率在轧机间的传递规律示意图

波长为$\lambda_{1,c}$的厚度波动进入S1轧机，经过轧制后由于体积保持不变，则满足：

$$\lambda_{1,c} h_{1,0} = \lambda_{2,c} h_{2,0} \tag{7-37}$$

根据式（7-36）和式（7-37），可以得到轧制前厚度波动在速度$v_1$下对应的频率与轧制后在$v_2$速度下对应的频率存在以下关系：

$$f_{1,c} = \frac{v_1}{\lambda_{1,c}} = \frac{v_2}{\lambda_{2,c}} = f_{2,c} \tag{7-38}$$

同理

$$f_{2,c} = f_{3,c} = \cdots \tag{7-39}$$

即当轧机本身为线性系统，且只考虑厚度波动在轧机间的遗传时，S1轧机的入口速度和波长决定了带钢在各轧机相同的激励频率。

当同时考虑轧机振动对出口带钢性能波动和轧机间张力波动影响时如图7-16所示。此时，动态轧制过程中多参数、多系统的耦合作用会导致轧机振动与入口厚度波动的频谱表现形式并非完全一致。例如多种振动谐波的产生情形，而轧机的振动特性又会遗留在出口带钢的性能波动上，导致其保留入口波动特性的同时又与入口波动存在差异，例如振动的高次谐波会产生波长更短的厚度波动，这会遗传至下一轧机，进一步以倍频激励形式遗传给后面轧机。

因此，结合上面的单机架轧机振动模型、轧机间的带钢弯曲振动和张力波动模型，以两机架轧机间的张力和厚度波动为纽带，建立两机架轧机的耦合振动模

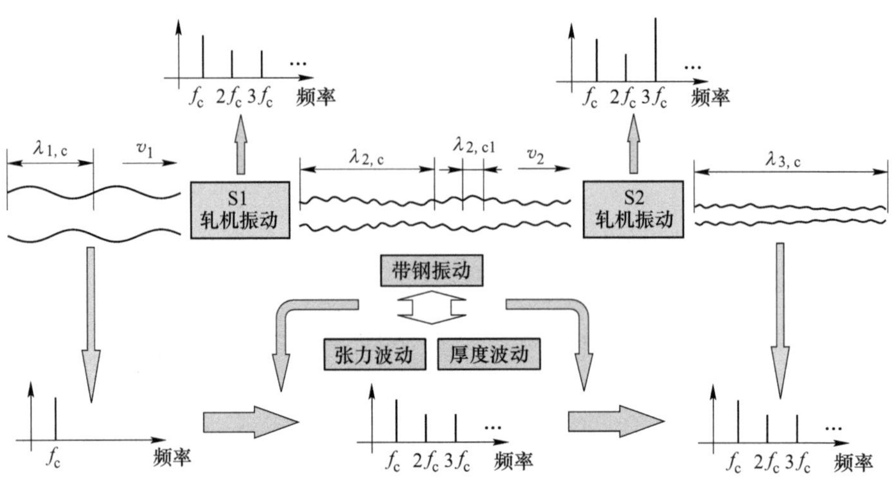


图 7-16　考虑轧机机组耦合振动后的振动传递规律

型，研究振动遗传经过不同轧机入口和出口处波动规律的相同和差异，进而分析轧机振动特性的遗传规律。S2 与 S1 除传动系统转动惯量不同外，其他结构参数一致。

依据图 7-11 建立双机架轧机耦合振动系统动力学模型：

$$
\left\{
\begin{array}{l}
m_0\ddot{y}_{1,0} + c_1\dot{y}_{1,0} + k_1 y_{1,0} = F_{1,\mathrm{h}} \\
m_1\ddot{y}_{1,1} + k_2[(y_{1,1} - y_{1,2})\cos\alpha_{\mathrm{off}} + x_{1,1}\sin\alpha_{\mathrm{off}}]\cos\alpha_{\mathrm{off}} + \\
\quad c_5[(\dot{y}_{1,1} - \dot{y}_{1,2})\cos\alpha_{\mathrm{off}} + \dot{x}_{1,1}\sin\alpha_{\mathrm{off}}]\cos\alpha_{\mathrm{off}} = -F_{1,\mathrm{h}} \\
m_2\ddot{y}_{1,2} - k_2[(y_{1,1} - y_{1,2})\cos\alpha_{\mathrm{off}} + x_{1,1}\sin\alpha_{\mathrm{off}}]\cos\alpha_{\mathrm{off}} - \\
\quad c_5[(\dot{y}_{1,1} - \dot{y}_{1,2})\cos\alpha_{\mathrm{off}} + \dot{x}_{1,1}\sin\alpha_{\mathrm{off}}]\cos\alpha_{\mathrm{off}} = f_{1,y} \\
m_3\ddot{y}_{1,3} + k_3[(y_{1,3} - y_{1,4})\cos\alpha_{\mathrm{off}} + x_{1,2}\sin\alpha_{\mathrm{off}}]\cos\alpha_{\mathrm{off}} + \\
\quad c_6[(\dot{y}_{1,3} - \dot{y}_{1,4})\cos\alpha_{\mathrm{off}} + \dot{x}_{1,2}\sin\alpha_{\mathrm{off}}]\cos\alpha_{\mathrm{off}} = -f_{1,y} \\
m_4\ddot{y}_{1,4} - k_{1,3}[(y_{1,3} - y_{1,4})\cos\alpha_{\mathrm{off}} + x_{1,2}\sin\alpha_{\mathrm{off}}]\cos\alpha_{\mathrm{off}} - \\
\quad c_6[(\dot{y}_{1,3} - \dot{y}_{1,4})\cos\alpha_{\mathrm{off}} + \dot{x}_{1,2}\sin\alpha_{\mathrm{off}}]\cos\alpha_{\mathrm{off}} + c_2\dot{y}_{1,4} + k_4 y_{1,4} = 0 \\
m_2\ddot{x}_{1,1} + k_2[(y_{1,1} - y_{1,2})\cos\alpha_{\mathrm{off}} + x_{1,1}\sin\alpha_{\mathrm{off}}]\sin\alpha_{\mathrm{off}} + \\
\quad c_5[(\dot{y}_{1,1} - \dot{y}_{1,2})\cos\alpha_{\mathrm{off}} + \dot{x}_{1,1}\sin\alpha_{\mathrm{off}}]\sin\alpha_{\mathrm{off}} + k_5\dot{x}_{1,1} + c_3 x_{1,1} = f_{1,x} \\
m_3\ddot{x}_{1,2} + k_3[(y_{1,3} - y_{1,4})\cos\alpha_{\mathrm{off}} + x_{1,2}\sin\alpha_{\mathrm{off}}]\sin\alpha_{\mathrm{off}} + \\
\quad c_6[(\dot{y}_{1,3} - \dot{y}_{1,4})\cos\alpha_{\mathrm{off}} + \dot{x}_{1,2}\sin\alpha_{\mathrm{off}}]\sin\alpha_{\mathrm{off}} + k_6\dot{x}_{1,2} + c_4 x_{1,2} = f_{1,x}
\end{array}
\right.
\tag{7-40}
$$

$$
\begin{cases}
m_0\ddot{y}_{2,0}+c_1\dot{y}_{2,0}+k_1y_{2,0}=F_{2,\mathrm{h}}\\
m_1\ddot{y}_{2,1}+k_2[(y_{2,1}-y_{2,2})\cos\alpha_{\mathrm{off}}+x_{2,1}\sin\alpha_{\mathrm{off}}]\cos\alpha_{\mathrm{off}}+\\
\quad c_5[(\dot{y}_{2,1}-\dot{y}_{2,2})\cos\alpha_{\mathrm{off}}+\dot{x}_{2,1}\sin\alpha_{\mathrm{off}}]\cos\alpha_{\mathrm{off}}=-F_{2,\mathrm{h}}\\
m_2\ddot{y}_{2,2}-k_2[(y_{2,1}-y_{2,2})\cos\alpha_{\mathrm{off}}+x_{2,1}\sin\alpha_{\mathrm{off}}]\cos\alpha_{\mathrm{off}}-\\
\quad c_5[(\dot{y}_{2,1}-\dot{y}_{2,2})\cos\alpha_{\mathrm{off}}+\dot{x}_{2,1}\sin\alpha_{\mathrm{off}}]\cos\alpha_{\mathrm{off}}=f_{2,y}\\
m_3\ddot{y}_{2,3}+k_3[(y_{2,3}-y_{2,4})\cos\alpha_{\mathrm{off}}+x_{2,2}\sin\alpha_{\mathrm{off}}]\cos\alpha_{\mathrm{off}}+\\
\quad c_6[(\dot{y}_{2,3}-\dot{y}_{2,4})\cos\alpha_{\mathrm{off}}+\dot{x}_{2,2}\sin\alpha_{\mathrm{off}}]\cos\alpha_{\mathrm{off}}=-f_{2,y}\\
m_4\ddot{y}_{2,4}-k_{2,3}[(y_{2,3}-y_{2,4})\cos\alpha_{\mathrm{off}}+x_{2,2}\sin\alpha_{\mathrm{off}}]\cos\alpha_{\mathrm{off}}-\\
\quad c_6[(\dot{y}_{2,3}-\dot{y}_{2,4})\cos\alpha_{\mathrm{off}}+\dot{x}_{2,2}\sin\alpha_{\mathrm{off}}]\cos\alpha_{\mathrm{off}}+c_2\dot{y}_{2,4}+k_4y_{2,4}=0\\
m_2\ddot{x}_{2,1}+k_2[(y_{2,1}-y_{2,2})\cos\alpha_{\mathrm{off}}+x_{2,1}\sin\alpha_{\mathrm{off}}]\sin\alpha_{\mathrm{off}}+\\
\quad c_5[(\dot{y}_{2,1}-\dot{y}_{2,2})\cos\alpha_{\mathrm{off}}+\dot{x}_{2,1}\sin\alpha_{\mathrm{off}}]\sin\alpha_{\mathrm{off}}+k_5\dot{x}_{2,1}+c_3x_{2,1}=f_{2,x}\\
m_3\ddot{x}_{2,2}+k_3[(y_{2,3}-y_{2,4})\cos\alpha_{\mathrm{off}}+x_{2,2}\sin\alpha_{\mathrm{off}}]\sin\alpha_{\mathrm{off}}+\\
\quad c_6[(\dot{y}_{2,3}-\dot{y}_{2,4})\cos\alpha_{\mathrm{off}}+\dot{x}_{2,2}\sin\alpha_{\mathrm{off}}]\sin\alpha_{\mathrm{off}}+k_6\dot{x}_{2,2}+c_4x_{2,2}=f_{2,x}
\end{cases}
$$

式中各变量的角标 $i$、$j$ 中，$i$ 表示轧机序号，$j$ 表示变量注释。在计算 S2 轧机的轧制力时，将 S1 轧机出口厚度作为 S2 轧机入口厚度：

$$h_{1,1}(t)=h_{2,0}(t+\Delta t) \tag{7-41}$$

由于 S1 和 S2 轧机间存在距离，因此带钢的传递需要一定的时间，认为延迟传递的时间等于轧机间距离除以轧机间带钢移动的平均速度：

$$\Delta t=\frac{L}{v_{\mathrm{ave}}} \tag{7-42}$$

基于两机架轧机的结构特性基本一致，两机架轧机的垂振共振频率及其对系统结构参数灵敏度的计算结果一致。

### 7.3.4 双机架轧机间振动遗传规律

基于上述模型，对带钢不同形式的入口性能波动造成的各轧机振动特性进行研究，分析振动频率在轧机间的遗传规律以及各轧机工作辊产生振痕前后不同阶段的振动状态。

#### 7.3.4.1 振动在轧机间的遗传规律

前面以单机架轧机为研究对象时，发现入口厚度及其波动形式会影响单机架轧机的振动状态，一定条件下，单一频率的厚度波动诱发的轧机振动也会产生丰富的谐波，而 S1 轧机振动谐波的产生会直接导致出口厚度波动性能的变化，进而影响后面轧机的振动状态。当 S1 轧机的入口厚度波动为 $h_0=2.2+0.02\sin(20\pi t)$ 的正弦形式时，各轧机振动状态以及出入口厚度波动形式如图 7-17 所示。

图 7-17（a）~（g）依次为 S1 入口厚度波动、S1 出口厚度波动、S2 出口厚度波动，S1 垂直振动、S1 水平振动、S2 垂直振动和 S2 水平振动。

上述计算结果表明，第一，当 S1 轧机的入口厚度波动为 $h_0 = 2.2 + 0.02\sin(20\pi t)$ 时，该轧机的振动状态与前面计算结果一致，振动频率单一且与入口厚度波动频率一致。工作辊的垂直振动将会导致出口厚度的周期变化，因此 $S_1$ 轧机出口厚度波动频率同样为单一频率，S1 轧机出口的厚度波动经过 S2 轧

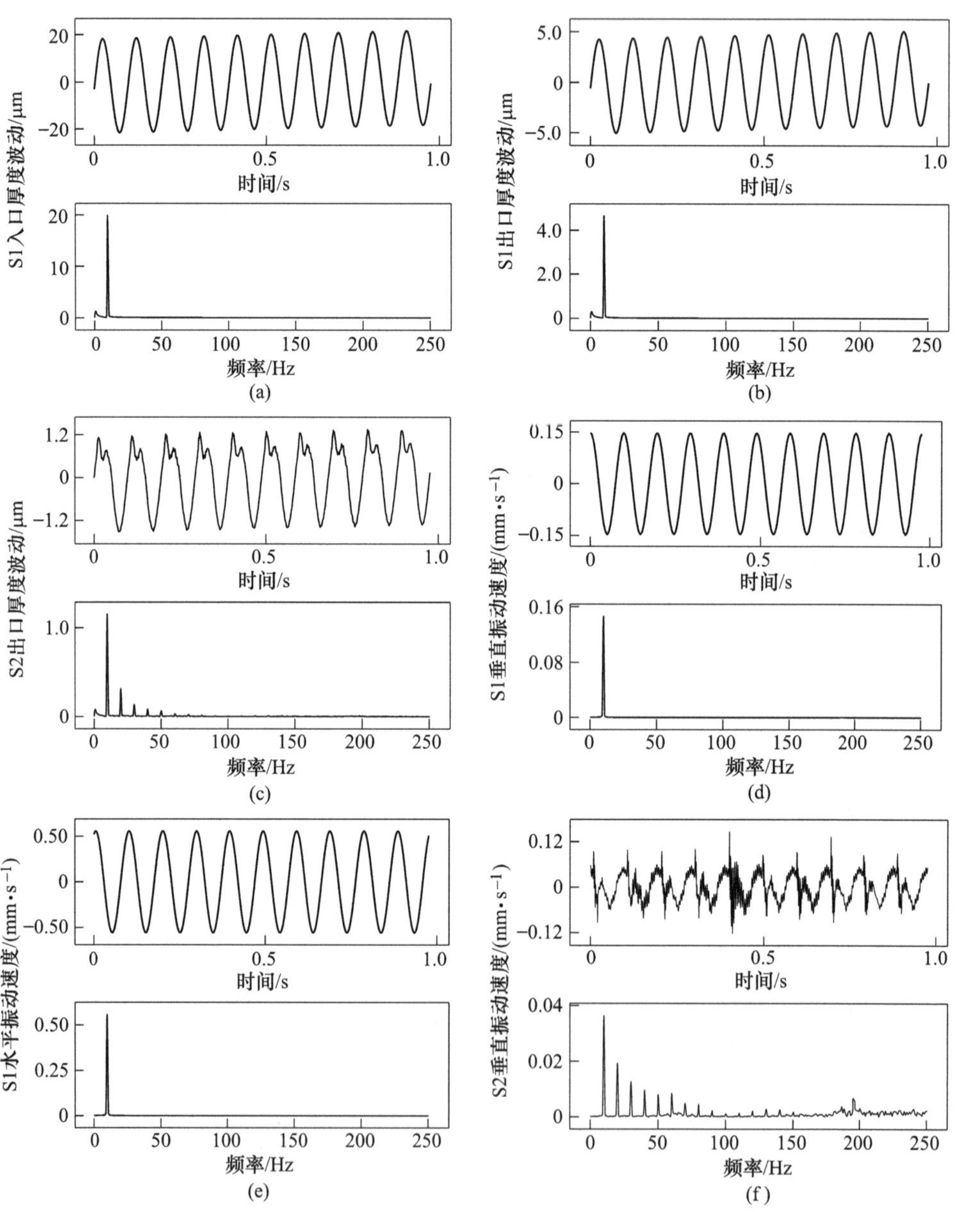

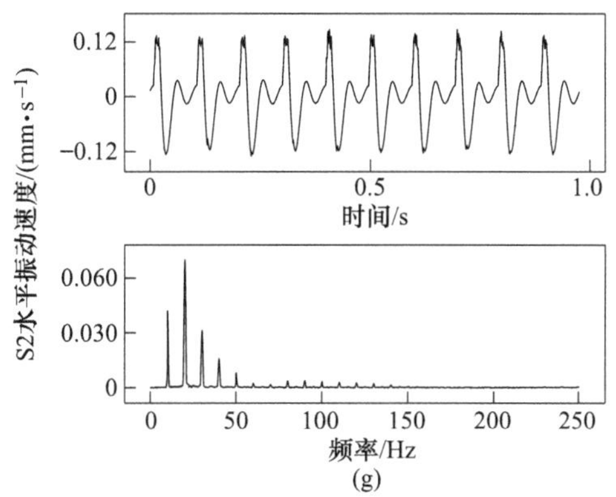

(g)

图 7-17 各轧机振动及出入口厚度波动形式

(a) S1 入口厚度波动；(b) S1 出口厚度波动；(c) S2 出口厚度波动；(d) S1 垂直振动；(e) S1 水平振动；(f) S2 垂直振动；(g) S2 水平振动

制后，由于压下量和轧制力波动，S2 轧机振动和出口厚度中均出现高次谐波成分，但幅值很小。第二，随着轧制厚度的不断减薄，各轧机的出口厚度波动也在减小，但由于固有动力学特性的影响，如果某轧机出口厚度中包含与下一轧机固有频率接近的谐波成分，即使较小的厚度波动同样会引发系统较大的振动。

前面针对单机架轧机的振动分析表明，当 S1 轧机入口厚度改为 $h_0=2.0+0.02\sin(20\pi t)$ 时，厚度波动使辊缝间的等效刚度波动大，导致系统非线性增强，并且在 S1 轧机振动中出现高次谐波。同样以该入口厚度作为输入，结果表明，双机架轧机模型中 S1 轧机振动计算结果与前面一致，由于 S1 轧机垂直振动中谐波的存在，其出口厚度同样出现谐波，导致其进入 S2 轧机后，使得 S2 轧机水平振动较大，如图 7-18 所示。

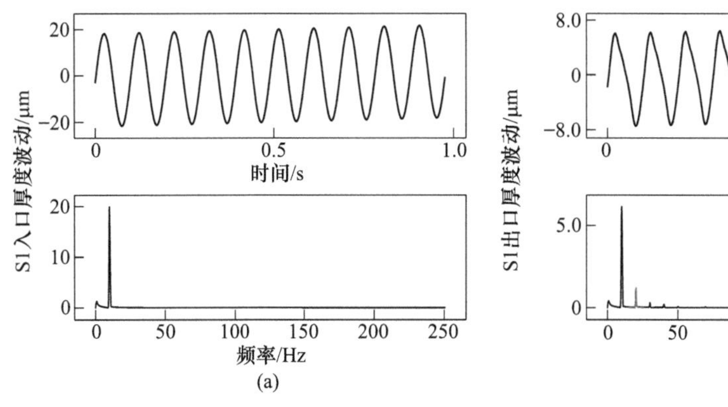

(a)

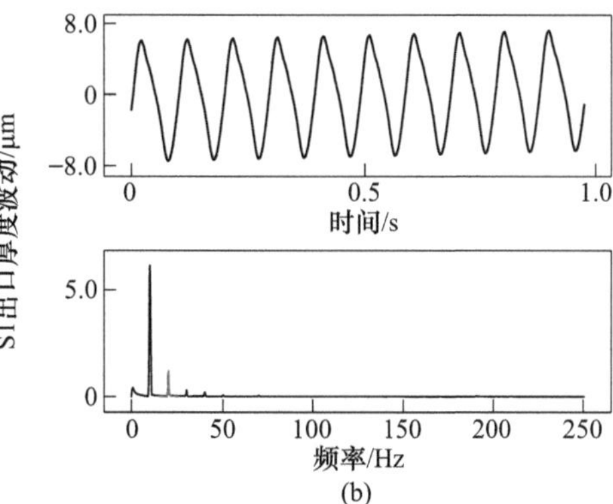

(b)

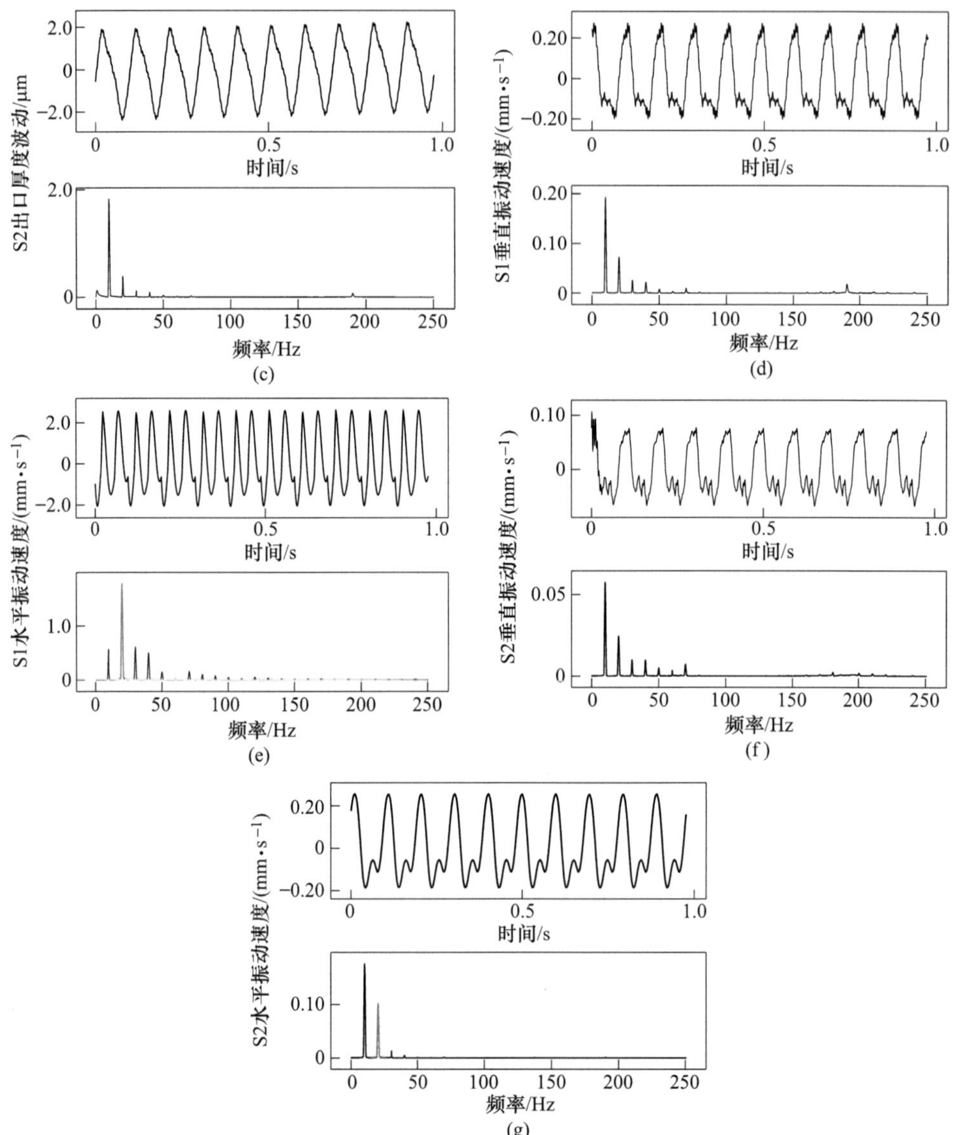


图 7-18　S1 和 S2 轧机振动及出入口厚度波动形式

(a) S1 入口厚度波动；(b) S1 出口厚度波动；(c) S2 出口厚度波动；(d) S1 垂直振动；(e) S1 水平振动；(f) S2 垂直振动；(g) S2 水平振动

当入口厚度波动呈现非正弦规律时，其波动频率成分中存在谐波，此种形式的厚度波动经过轧制后，结果如图 7-19 所示。第一，S1 轧机入口厚度非正弦的波动形式使 S1 轧机振动出现高次谐波，进而影响其出口厚度波动，最终影响 S2 轧机振动。随着轧制过程的进行，厚度波动幅值减小，但 20～60 Hz 成分的占比显著增加，且 S2 轧机振动明显增大，垂直振动时域中出现拍振现象。第二，此条件下的计算结果可以解释各轧机均存在相同的振动频率，但 S1 轧机的振动优势频率在基频附近，而随着轧制过程的进行，后面轧机的振动优势频率也逐渐向高次谐波演进，这表明，最初低频的厚度波动随着轧制的进行，由于轧机振动频率中高次谐波成分增加，其出口厚度波动的高次谐波成分占比不断增加，结合各轧机的垂直固有特性，进而导致后面轧机的振动频率向其垂振固有频率附近转

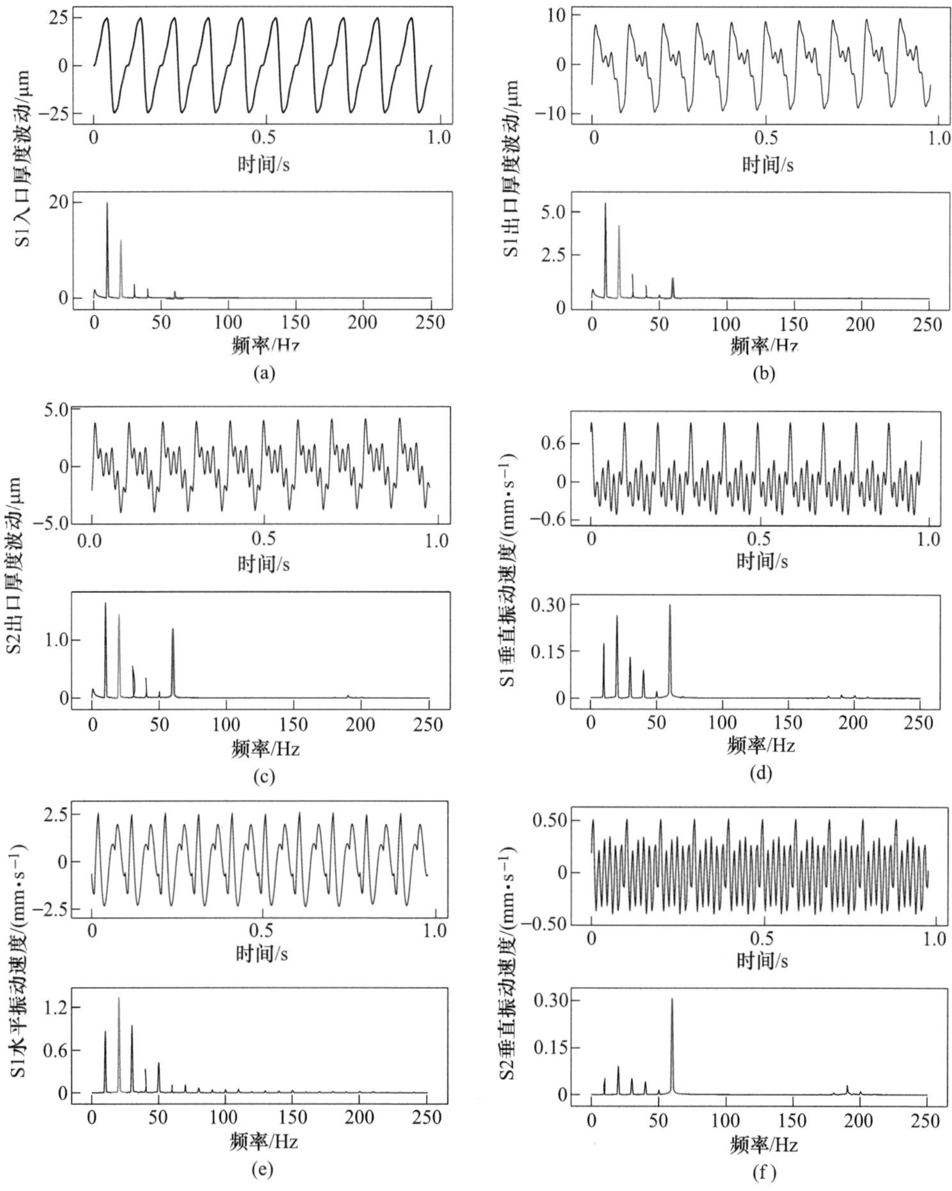

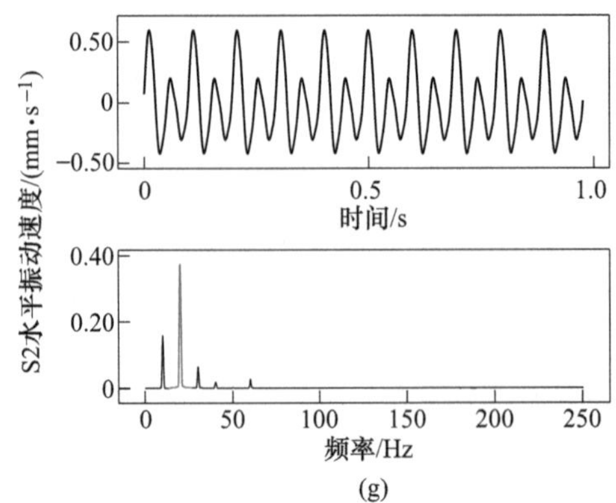

(g)

图 7-19　具有偏斜形式的厚度波动下各轧机振动及出入口厚度波动形式

(a) S1 入口厚度波动；(b) S1 出口厚度波动；(c) S2 出口厚度波动；(d) S1 垂直振动；(e) S1 水平振动；(f) S2 垂直振动；(g) S2 水平振动

移。以 S2 为例，一方面受轧机本身动力学特性中垂直方向 60 Hz 固有频率的影响，另一方面受轧制过程中非线性轧制力的作用，使得低频厚度波动的谐波同样激发了系统较高频率的振动。随着轧制里程的增加，振动会在工作辊表面产生周期性振痕，导致振动的进一步增大。

为了对比不同条件下的振动特性，通过 S1 与 S2 轧机各方向的振动速度有效值和对应轧机入口厚度波动有效值之比衡量二者之间的关系。该值越大，说明相同量级的入口厚度波动引发的轧机振动越大，统计结果见表 7-5 和图 7-20。

**表 7-5　不同条件下振动速度与入口厚度波动有效值之比**

| 厚度波动形式 | 轧机 | 垂直方向 | 水平方向 | 扭转方向 |
|---|---|---|---|---|
| 厚度波动形式 1 | S1 | 7.34 | 27.9 | 21.78 |
| | S2 | 11.30 | 19.31 | 33.60 |
| 厚度波动形式 2 | S1 | 10.54 | 102.49 | 36.41 |
| | S2 | 10.4 | 32.54 | 6.6 |

从上述统计结果可以看出，即具有非正弦厚度周期波动激励下，S1 和 S2 轧机的垂直方向振动大，且 S2 轧机振动相对更大，这是由于谐波激励下 S1 轧机的垂直振动使得其出口厚度波动中 60 Hz 的成分增加。而水平方向中，S1 轧机中在后两种激励形式下，系统的振动较大，但 S2 轧机仅在水平方向表现出此种规律，这是由于 S1 轧机的振动受来料带钢的影响，而 S2 轧机的振动则受 S1 轧机出口带钢的影响，工作辊相对的振动形式会直接导致厚度波动的遗传，而前面针对该模型的模态分析结果表明，60 Hz 附近的轧机振型符合此种形式，因此谐波激励中的 60 Hz 成分更易遗传至后面轧机。

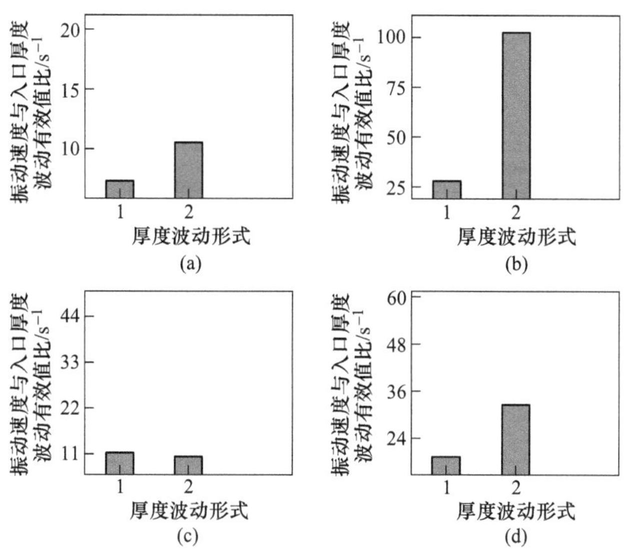


图 7-20 不同条件下振动速度与入口厚度波动有效值之比

(a) S1 垂直方向; (b) S1 水平方向;

(c) S2 垂直方向; (d) S2 水平方向

#### 7.3.4.2 轧辊振痕造成的振动遗传规律

轧机振动的发展过程中，除了在轧机间会发生振动频率的转移，在轧机内部同样有此种现象。随着轧制过程的进行，振动优势频率从基频逐渐演进至高次谐波成分，且垂直振动加大。结合试验中观察到的振动现象，前面针对单机架轧机的研究中已经初步对此进行了分析，认为轧制过程中，工作辊由于振动过程中的周期性磨损产生振痕后，其圆周直径产生周期性变化，成为轧制过程中新的周期激励源。当在一定的轧制速度下接近垂直系统固有频率时，会导致系统产生剧烈振动。此种振动同样会导致出口厚度的变化，进而将振动特性遗传至后面轧机。

当 S1 轧机工作辊产生 10 μm 深度的周期性振痕，假设振痕间距在该轧机轧制速度下的激励频率为 60 Hz，入口厚度仍满足前面的 $h_0 = 2.2+0.02\sin(20\pi t)$ 正弦波动规律，此时，各轧机振动状态及出口处的厚度波动如图 7-21 所示。

计算结果表明，在工作辊振痕的周期激励作用下，原本单一频率的正弦厚度波动激发的 S1 轧机振动中包含了丰富的谐波成分，说明工作辊振痕的产生会加强系统的非线性特征，这也与现场观察到的振痕产生后，振动由原本单一基频到逐渐产生高次谐波的现象相对应；S1 轧机工作辊振痕的产生使得本轧机振动加剧，振动速度有效值由原来的 0.104 mm/s 增加至 0.163 mm/s，增加了 36%，此计算结果同样与现场发现的现象相对应，一旦振痕产生，振动明显加剧，且只有

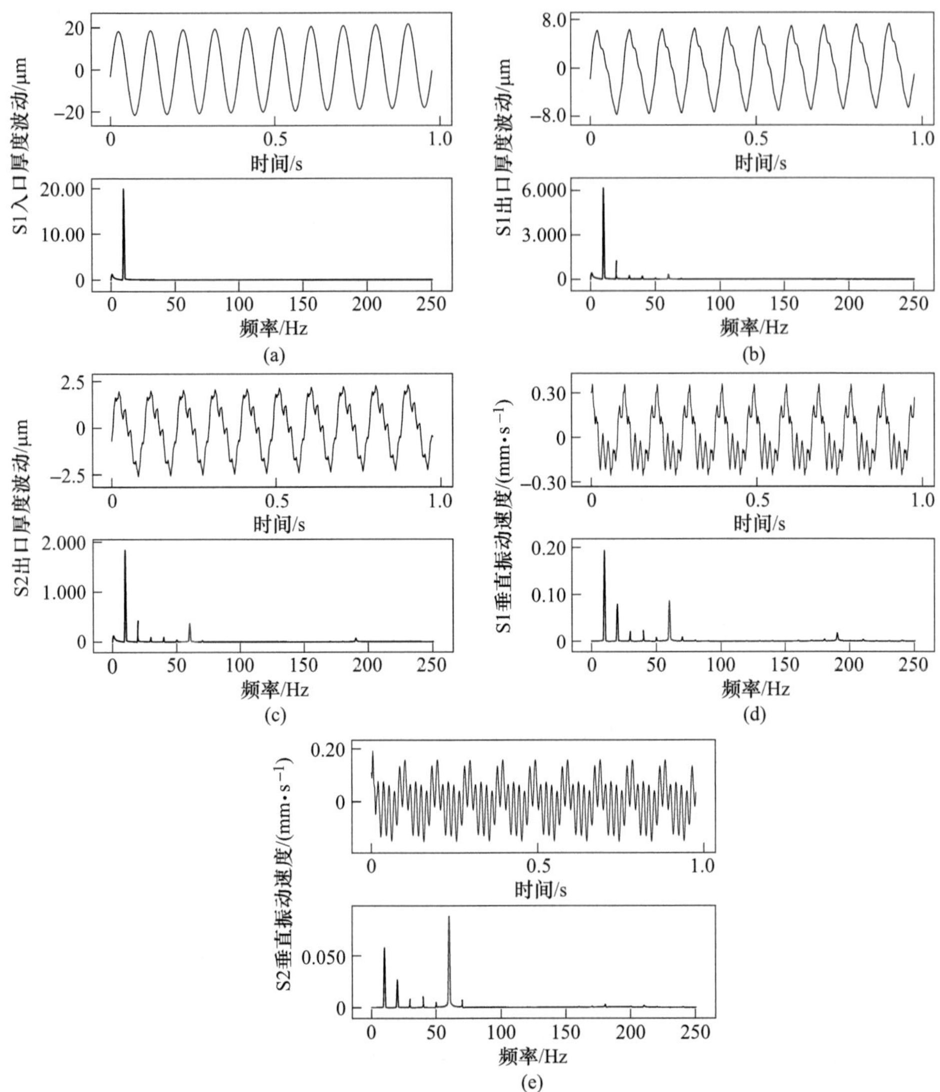


图 7-21　S1 轧机工作辊产生振痕后各轧机振动及出入口厚度波动形式

（a）S1 入口厚度波动；（b）S1 出口厚度波动；（c）S2 出口厚度波动；（d）S1 工作辊垂直振动；（e）S2 工作辊垂直振动

通过更换新工作辊才能有效降低振动；S1 轧机工作辊振痕的产生使得带钢厚度波动中 60 Hz 的成分增加，进而导致 S2 轧机振动增加，由 0. 04 mm/s 增加至 0. 078 mm/s，增加了近一倍。

随着 S2 轧机振动的增加和轧制里程的积累，其工作辊同样会产生周期性振痕，前面已经进行过推导，由于连轧过程中金属遵循秒流量相等的原则，S1 轧机振动的频率会通过带钢以相同的频率传递至 S2 轧机，也就是说，S1 轧机由于工作辊振痕产生的振动经过带钢传递至 S2 轧机后，仍会保持 60 Hz，同样，长时间的振动会在 S2 轧机工作辊产生 60 Hz 频率的振痕。当 S2 轧机工作辊产生振痕激励时，各轧机的垂直振动状态及出口厚度如图 7-22 所示。

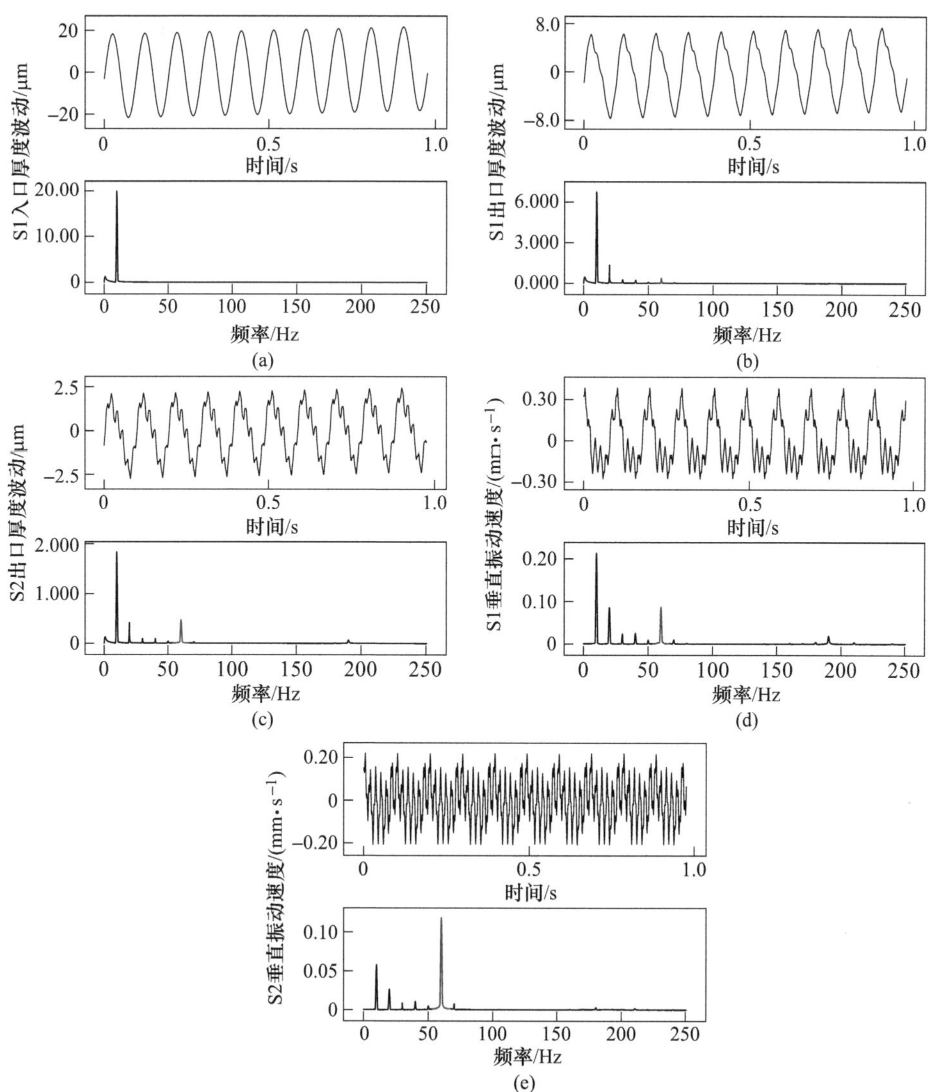


图 7-22　S1 和 S2 轧机工作辊产生振痕后各轧机振动及厚度波动形式

(a) S1 入口厚度波动；(b) S1 出口厚度波动；(c) S2 出口厚度波动；
(d) S1 工作辊垂直振动；(e) S2 工作辊垂直振动

计算结果表明，S2 轧机工作辊的振痕除了增加本轧机的振动之外，还会增加前面轧机的振动，其中 S2 轧机本身的振动速度有效值由 0.078 mm/s 增加至 0.102 mm/s，增加了 31%。其时域也明显出现“拍”现象，接近现场振动时的状态如图 7-22（e）所示。而 S1 轧机的振动速度有效值由 0.163 mm/s 增加至 0.176 mm/s，增加了 8%。计算不同振痕深度下的轧机工作辊振动速度有效值发现，随着振痕深度的增加，振动也会随之增加，工作辊振痕每加深 10 μm，本轧机的振动增加通常 30%左右，且振痕深度越深，轧机振动增加得越大，如图 7-23 所示。

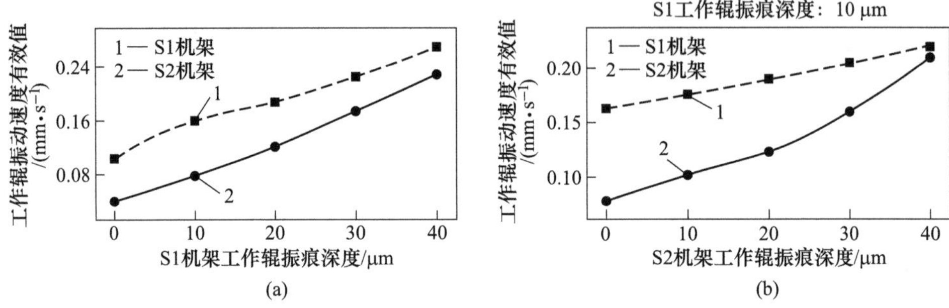


图 7-23　各轧机工作辊振痕深度对振动影响规律

（a）S1 工作辊振痕变化；（b）S2 工作辊振痕变化

此外，S1 轧机工作辊振痕的产生会对 S2 轧机的振动产生较大影响，反之，S2 对 S1 影响较小，这是由于前面轧机工作辊的振痕会引发本轧机的振动，通过出口厚度波动直接传递至后面轧机，而在不考虑振动在地基间的传递时，后面轧机由于振痕产生的振动仅能够通过轧机间的张力波动往回传递。

上述介绍是以连轧机为例，介绍了振动在机架间的传递与谐波生成的过程，当谐波频率与固有频率耦合时将产生较大的振动现象。

## 7.4　冷连轧机组协同振动机制

前面重点建立了冷连轧机垂直系统的动力学模型，并得到了轧机的动力学响应特性，揭示了轧机的振动过程。为了探究连轧机组的振动过程，需要在单架轧机的基础上建立冷连轧机组模型进行研究，冷连轧机组的整体结构如图 7-24 所示。

根据图 7-24 的冷连轧机的构成，分别建立基于带钢厚度遗传、轧机间张力和秒流量控制系统的冷连轧机组耦合动力学模型，研究机组在不同耦合模式下的振动传递路径和传递规律，揭示冷连轧机组协同振动的机制。最后根据机组的振动特征提出针对整个机组的抑振思想和具体措施，并进行仿真和现场验证。冷连轧机组整体动力学模型的耦合逻辑如图 7-25 所示。

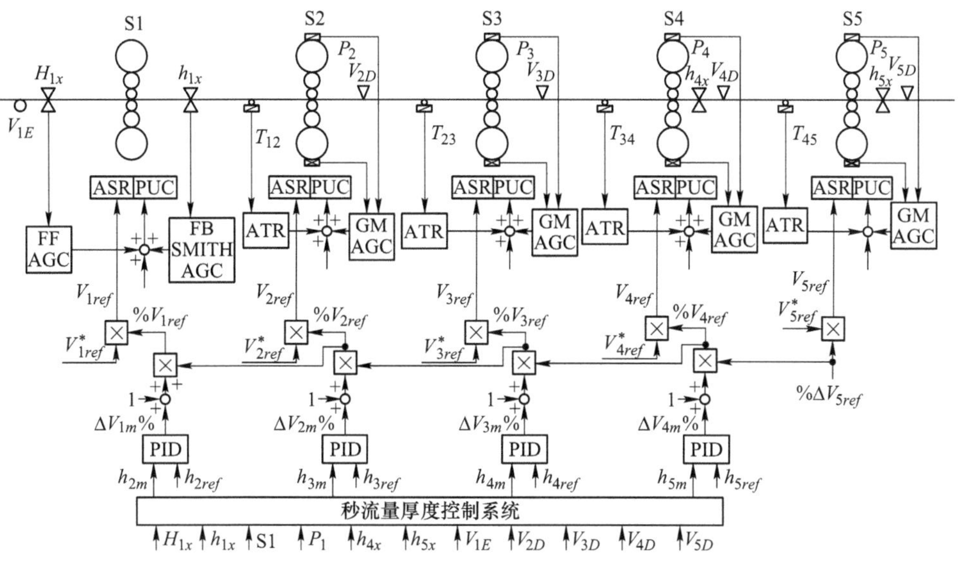


图 7-24 冷连轧机组整体结构

ASR—电机速度速度控制器；PUC—辊缝液压压上系统；ATR—自动张力控制器

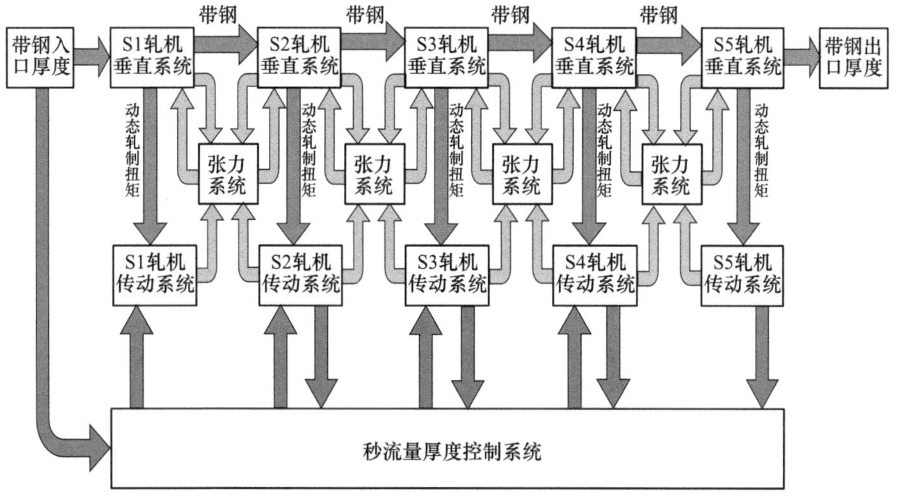


图 7-25 冷连轧机组整体耦合示意图

### 7.4.1 带钢质量遗传对冷连轧机组振动影响

对冷连轧机振动影响的因素之一是原料带钢厚度波动和硬度波动，厚度波动和硬度波动造成轧机在轧制过程轧制力和轧制扭矩的波动，从而激励冷轧机垂直和传动系统发生振动。

#### 7.4.1.1　带钢质量遗传概述

冷轧带钢原料表面厚度波动一般来源于连铸坯和热连轧机的振动及厚差控制等，当热连轧机轧制易振钢种时，发生强烈振动会使带钢表面产生振痕如图 7-26（a）所示。或者当热连轧机的轧辊产生振痕图 7-26（b）后，在轧制过程会将轧辊振痕复制到带钢表面。

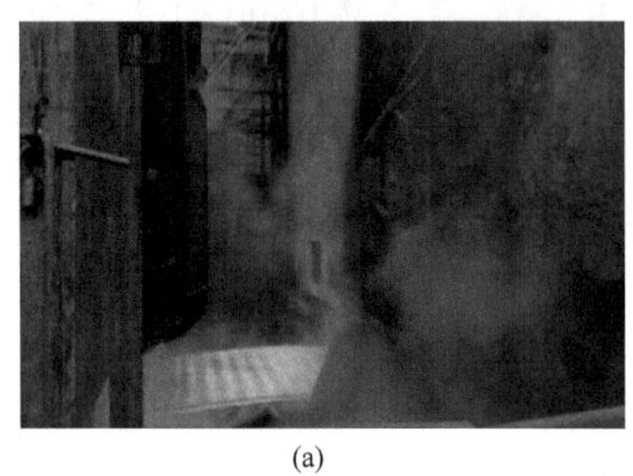
(a)

(b)

图 7-26　热连轧机现场振动现象
（a）热连轧机带钢振痕；（b）热连轧机轧辊振痕

冷轧带钢的硬度波动不仅来源于热连轧机振动厚差控制产生的不均匀变形，而且也来源于连铸坯的硬度波动，所以带钢的厚度波动和硬度波动同时激励轧机产生振动。带钢厚度波动在轧机厚差控制系统的作用下会被逐渐减小，硬度波动逐渐增加，即硬度波动并不会降低，而随着冷轧的加工硬化效应其硬度波动不断加大，形成对下游轧机更强的激励。由于带钢厚度波动和硬度波动对轧机振动的影响相同，而且带钢的厚度波动能更加直观地表示轧机间的振动传递，因此后续研究将带钢的振动遗传统一考虑为带钢的厚度波动。

#### 7.4.1.2　带钢厚差遗传对机组振动的影响

冷轧原料带钢对 S1 轧机的激励频率为：

$$f = \frac{V_{1E}}{\lambda} \tag{7-43}$$

式中　$V_{1E}$——S1 轧机的带钢入口速度；

$\lambda$——入口带钢厚度波动的波长。

带钢厚度波动对冷连轧机的激励频率和轧制速度是线性关系，随着轧制速度的升降呈现反复扫频现象。假设冷连轧机入口带钢厚度按照正弦波动的幅值为 $\Delta H_1$，则由带钢入口厚度波动引起的动态轧制力为：

$$\Delta P_{H1} = \frac{\partial P_1}{\partial H_1}\Delta H_1 \sin(2\pi f t) \tag{7-44}$$

S1 轧机垂直系统在辊缝动态轧制力 $\Delta P_{H1}$ 的激励下产生垂直振动，使得出口

带钢的波动厚度为 $\Delta h_1$。根据图 6-2，上下工作辊的振动微分方程为：

$$m_3\ddot{y}_3 - c_3(\dot{y}_2 - \dot{y}_3) - k_3(y_2 - y_3) = \Delta P_i$$
$$m_4\ddot{y}_4 + c_4(\dot{y}_4 - \dot{y}_5) + k_3(y_4 - y_5) = -\Delta P_i \tag{7-45}$$

同理，下游轧机也会依次受到同样的振动激励。上一架轧机出口带钢的厚度波动经过短段时间后成为下一轧机的入口带钢，即：

$$\Delta H_i = \Delta H_{i-1} \tag{7-46}$$

带钢连续通过各轧机的时间延时如图 7-27 所示，带钢在各轧机之间的时间延时经过计算见表 7-6。

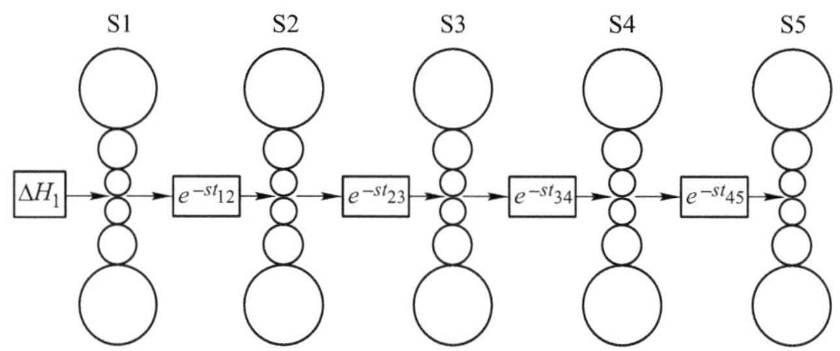


图 7-27　带钢连续通过各轧机示意图

**表 7-6　冷连轧机组的带钢传递时间延时参数**

| 名称 | $t_{12}$ | $t_{23}$ | $t_{34}$ | $t_{45}$ |
|---|---|---|---|---|
| 数值/s | 0.862 | 0.575 | 0.404 | 0.285 |

根据以上公式和单机架轧机模型，冷连轧机组在带钢耦合下的仿真模型如图 7-28 所示。

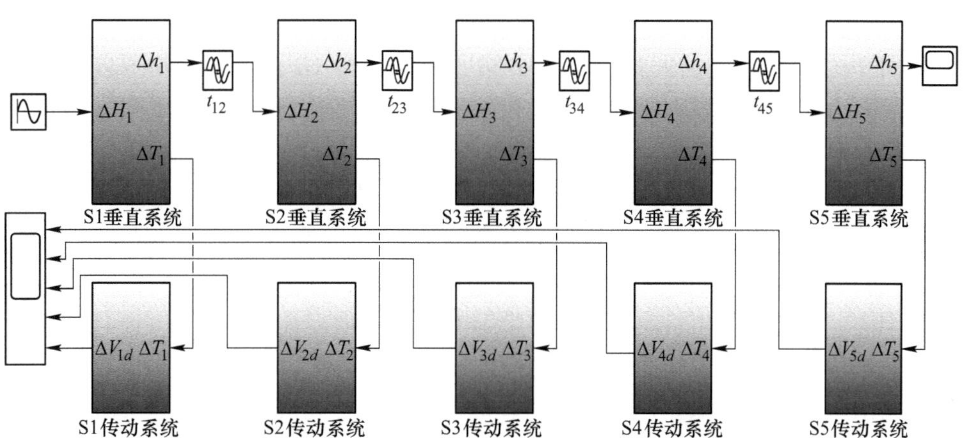


图 7-28　冷连轧机组在带钢耦合下的仿真模型

在图 7-28 模型中的 $\Delta H_1$ 处施加幅值为 10 μm、频率为 109 Hz 的入口带钢厚度波动激励，各轧机出口带钢厚度波动如图 7-29 所示。

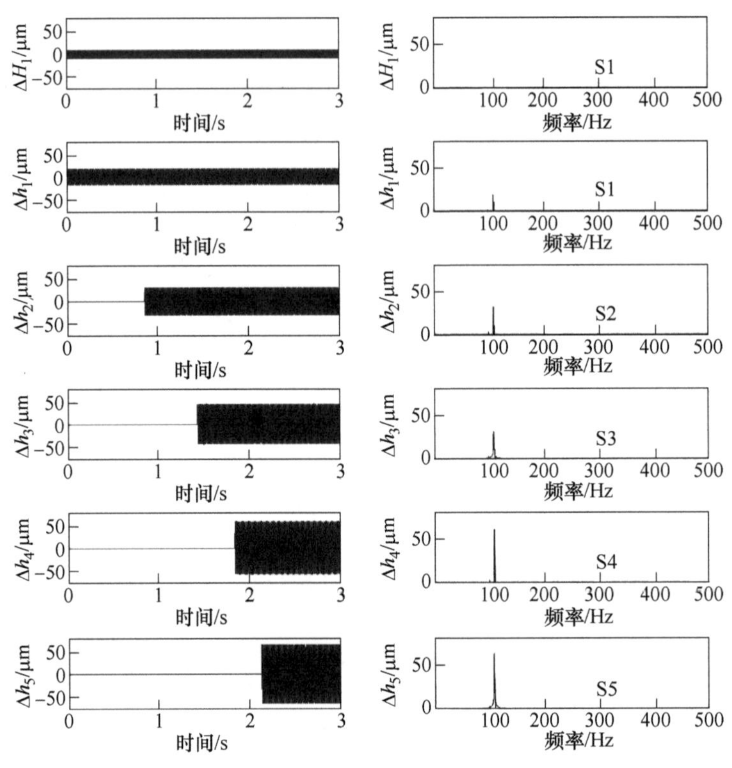


图 7-29　冷连轧机组中各轧机的振动响应时序图

由图 7-29 可以看出，各轧机在机组入口带钢厚度波动的激励下，依次发生振动，幅值逐渐增大，振动频率保持一致。

同样在 $\Delta H_1$ 处施加振幅为 10 μm 频率为 1～200 Hz 的带钢入口厚度波动激励，简称为原料带钢厚差激励，各轧机的带钢出口厚差响应曲线如图 7-30 所示，横坐标为激励频率，纵坐标为各轧机带钢出口厚差 $\Delta h$ 与入口厚差 $\Delta H_1$ 之比。

由图 7-30 可见，各轧机的带钢出口厚差响应曲线具有相同的趋势，随着激励频率的增加，出口厚差幅值也逐渐升高，在 113 Hz 处达到峰值后又逐渐下降，与现场轧制过程中的扫频试验的振动响应基本一致。在 1～72 Hz 和 131～200 Hz 的范围内，各轧机的出口厚差与原料带钢的厚差幅值之比均小于 1，而且越靠下游的轧机比值越小，说明在该频率范围内，各轧机均使带钢出口厚差降低，在连轧机组出口处降到最低。在 73～130 Hz 的范围内，各轧机带钢出口厚差比上一架轧机依次升高，导致成品带钢厚差幅值远大于原料厚差，使带钢厚差质量进一步恶化。在 73～130 Hz 范围内，该区域包含了五架轧机的两个共振区，每架轧机都

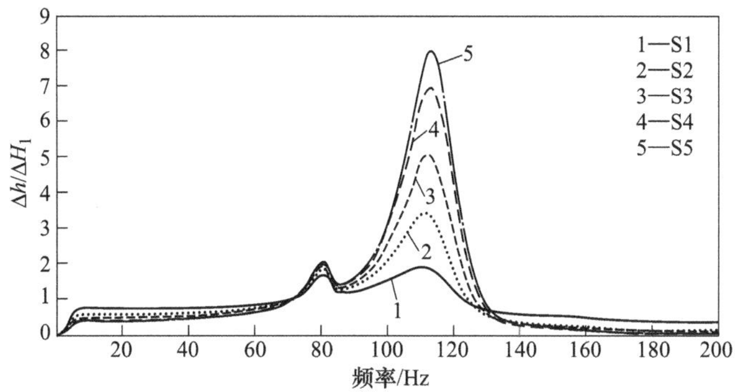


图 7-30　S1~S5 轧机垂直系统对原料带钢厚差激励的响应

会在该范围内发生振动，使带钢出口厚差增大。最终连轧机组的成品带钢厚差增大是五架轧机振动依次累积的结果。

在带钢入口厚度波动的激励下，各轧机传动系统会通过辊缝带钢受到动态轧制扭矩的激励，各轧机轧制速度的振动响应曲线如图 7-31 所示，横坐标为激励频率，纵坐标为传动系统轧制速度波动量 $\Delta V$ 与带钢入口厚度波动量 $\Delta H_1$ 的比值。

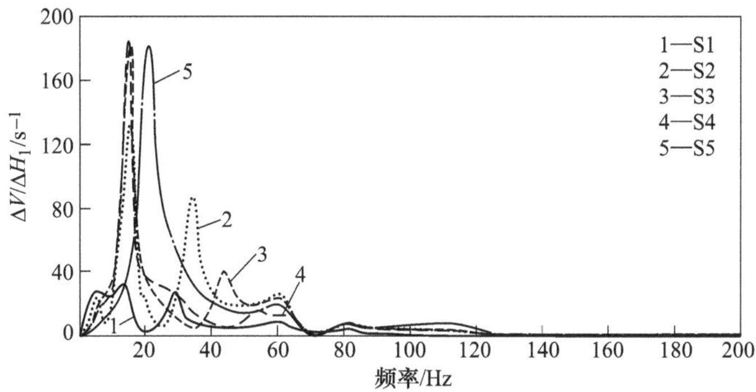


图 7-31　S1~S5 轧机传动系统对原料带钢厚差激励的扭振响应

从图 7-31 可见，各轧机传动系统对连轧机组入口带钢激励的扭振响应与单独对轧辊扭矩激励的振动响应基本相同，均在共振频率处发生了扭振。另外在垂直系统的共振区内，传动系统也有较小的扭振响应。所以从扭振激励源来看，传动系统的共振现象不仅来源于电机谐波扭转激励，也会来源于通过带钢耦合下的激励。

综上所述，现场 S5 轧机发生强烈的 109 Hz 振动，是由于 5 架轧机在连轧机组原料带钢的激励下发生共振，并且将厚度波动幅值逐级增加，使 S5 轧机受到的厚度波动激励最大，表现为 S5 轧机振动幅值最高。当轧制速度为 200 m/min

时，带钢对连轧机组的振动激励由 109 Hz 变为 18 Hz，与各架轧机传动系统固有频率接近诱发了各架轧机的扭振。

### 7.4.2　轧机间张力对冷连轧机组振动影响

冷连轧机采用大张力轧制工艺，可以大幅度地降低轧制力，也能获得良好的带钢板形；同时较大的轧机间张力也增加了前后轧机的耦合程度，成为振动传递的关键因素。轧机入口带钢的张力为本架轧机的后张力，同时又是上一架轧机的前张力，当此张力波动时，上下游轧机的轧制力都会产生波动，进而同时发生振动。由此可见，轧机间张力是实现稳定轧制的关键因素，也是影响连轧机组振动的重要一环。冷连轧机组的张力控制系统结构如图 7-32 所示。

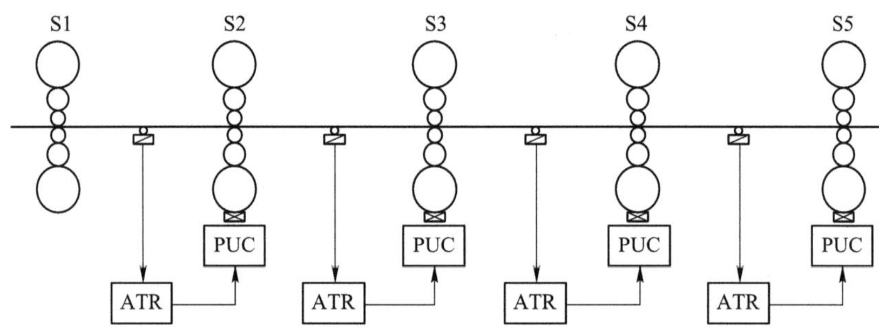


图 7-32　冷连轧机组的张力控制系统结构图

本节将根据冷连轧机组的张力控制系统结构，建立冷连轧机组在张力耦合下的动力学模型，并研究张力对单机架轧机和多机架轧机垂直系统的影响，还有张力对连轧机组垂直和传动系统之间的振动传递规律。

7.4.2.1　轧机间张力产生的过程及其控制

冷连轧机之间的张力由前后轧机的轧制速度差累积产生，张力为：

$$T_{(i-1)i} = \frac{H_i BE}{L}\int (V_{iE} - V_{(i-1)D})\,\mathrm{d}t \tag{7-47}$$

$$V_{(i-1)D} = V_{(i-1)0}(1 + f_{i-1}) \tag{7-48}$$

式中　$H_i$ —— $i$ 架轧机入口带钢厚度；

$L$ ——机架间距离；

$B$ ——带钢宽度；

$E$ ——带钢弹性模量；

$T_{(i-1)i}$ ——第 $i-1$ 架轧机和第 $i$ 架轧机之间的张力；

$V_{(i-1)D}$ ——第 $i-1$ 架轧机的出口速度；

$V_{(i-1)0}$ ——第 $i-1$ 架轧机的轧制速度；

$f_{i-1}$ ——第 $i-1$ 架轧机的前滑率；

$V_{iE}$ ——第 $i$ 架轧机的入口速度。

直到 $V_{(i-1)D}$ 与 $V_{iE}$ 相等后，轧机间张力保持稳定，当 $V_{(i-1)D}$ 与 $V_{iE}$ 的动态分量不相等时，轧机间张力会产生变化，波动为：

$$\Delta T_{(i-1)i} = \frac{H_i BE}{L}\int(\Delta V_{iE} - \Delta V_{(i-1)D})\mathrm{d}t \tag{7-49}$$

式中 $\Delta T_{(i-1)i}$ ——第 $i-1$ 架轧机和第 $i$ 架轧机之间张力波动值；

$\Delta V_{iE}$ —— $i$ 架轧机带钢入口速度波动量；

$\Delta V_{(i-1)D}$ —— $i-1$ 架轧机带钢出口速度波动量。

由于轧机辊缝中的带钢满足秒流量相等原则为：

$$V_{iE}H_i = V_{iD}h_i \tag{7-50}$$

考虑动态分量后，也时刻满足：

$$(V_{iE} + \Delta V_{iE})(H_i + \Delta H_i) = (V_{iD} + \Delta V_{iD})(h_i + \Delta h_i) \tag{7-51}$$

忽略高阶项后得到：

$$\Delta V_{iE} = \frac{\Delta V_{iD}h_i + \Delta h_i V_{iD} - \Delta H_i V_{iE}}{H_i} \tag{7-52}$$

将式（7-52）代入式（7-49）中后得到：

$$\begin{aligned}\Delta T_{(i-1)i} &= \frac{H_i BE}{L}\int\left(\frac{\Delta V_{iD}h_i + \Delta h_i V_{iD} - \Delta H_i V_{iE}}{H_i} - \Delta V_{(i-1)D}\right)\mathrm{d}t \\ &= \frac{BE}{L}\int(\Delta V_{iD}h_i + \Delta h_i V_{iD} - \Delta H_i V_{iE} - \Delta V_{(i-1)D}H_i)\mathrm{d}t\end{aligned} \tag{7-53}$$

垂直系统在振动过程中，满足：

$$\Delta h_i = \frac{k_p}{k_p + M_i}(y_{i3} - y_{i4}) \tag{7-54}$$

则入口厚度波动可以表示为：

$$\Delta H_i = \frac{k_p}{k_p + M_{i-1}}[y_{(i-1)3}(t - t_{(i-1)i}) - y_{(i-1)4}(t - t_{(i-1)i})] \tag{7-55}$$

将以上方程联立后得到轧机间张力的波动量为：

$$\begin{aligned}\Delta T_{(i-1)i} = {} & \frac{BE}{L}\int(\Delta V_{iD}h_i - \Delta V_{(i-1)D}H_i)\mathrm{d}t + \frac{BEV_{iD}k_p}{L(k_p + M_i)}\int(y_{i3} - y_{i4})\mathrm{d}t - \\ & \frac{BEV_{iE}k_p}{L(k_\mathrm{p} + M_{(i-1)})}\int y_{(i-1)3}(t - t_{(i-1)i}) - y_{(i-1)4}(t - t_{(i-1)i})\mathrm{d}t\end{aligned} \tag{7-56}$$

由式（7-56）可以看出，轧机间张力的波动量主要由 3 项组成，第 1 项由前后轧机的轧制速度波动决定，第 2 项由下一架轧机的辊缝振动决定，第 3 项由上一架轧机的辊缝振动决定。总之，轧机间张力除了受前后轧机轧制速度波动的影响外，还会受到轧机辊缝垂直振动的影响。

当轧机之间的张力计检测到带钢张力产生波动后，轧机会通过下一架轧机对后张力进行调节。调整量由张力偏差值通过张力比例积分控制器后得到：

$$\Delta S_{iT} = \mathrm{PI}(\Delta T_{(i-1)i}) \tag{7-57}$$

张力调整量与其他厚度控制系统得到的调节量叠加后一起作为控制系统的给定量，张力控制模式下的动力学模型如图 7-33 所示，各轧机的张力控制系统的比例积分控制器参数见表 7-7。

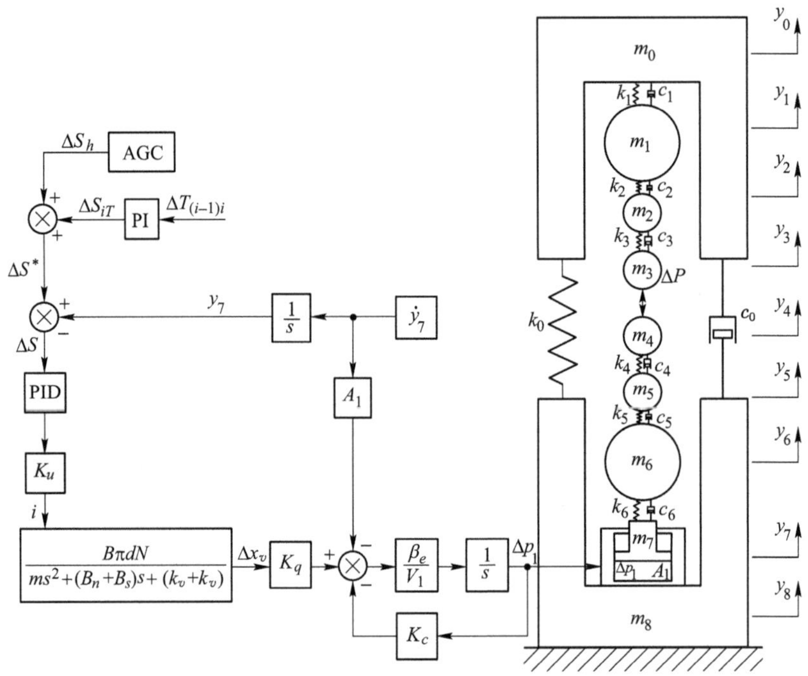


图 7-33　轧机垂直系统在张力控制模式下的动力学模型

**表 7-7　各轧机的辊缝张力控制系统的控制器参数**

| 轧机 | S2 | S3 | S4 | S5 |
| --- | --- | --- | --- | --- |
| P | 1 | 2 | 4 | 9 |
| I | 25 | 43 | 62 | 103 |

### 7.4.2.2　张力对单机架轧机垂直系统振动的影响

由式（7-56）可知，上下游轧机的振动均会对轧机间张力产生影响。首先研究本架轧机垂直系统的振动与前后张力的影响关系。

设 $y_{i3} - y_{i4} = A_{iw}\sin(2\pi f_i t)$，$A_{iw}$ 为上下工作辊的最大振动位移差，$f_i$ 为上下工作辊的振动频率，则有：

$$\int (y_{i3} - y_{i4})\mathrm{d}t = -\frac{A_{iw}}{2\pi f_i}\cos(2\pi f_i t) = -\frac{\dot{y}_{i3} - \dot{y}_{i4}}{(2\pi f_i)^2} \tag{7-58}$$

同理

$$\begin{aligned}\int [y_{(i-1)3}(t - t_{(i-1)i}) - y_{(i-1)4}(t - t_{(i-1)i})]\mathrm{d}t &= -\frac{A_{(i-1)w}}{2\pi f_{i-1}}\cos[2\pi f_{i-1}(t - t_{(i-1)i})] \\ &= -\frac{\dot{y}_{(i-1)3}(t - t_{(i-1)i}) - \dot{y}_{(i-1)4}(t - t_{(i-1)i})}{(2\pi f_{i-1})^2}\end{aligned} \tag{7-59}$$

将以上两式代入式（7-56）中得：

$$\begin{aligned}\Delta T_{(i-1)i} = \frac{BE}{L}\int(\Delta V_{iD}h_i - \Delta V_{(i-1)D}H_i)\mathrm{d}t - \frac{BEV_{iD}k_p}{L(k_p + M_i)}\frac{\dot{y}_{i3} - \dot{y}_{i4}}{(2\pi f_i)^2} + \\ \frac{BEV_{(i-1)D}k_p}{L(k_p + M_{i-1})}\frac{\dot{y}_{(i-1)3}(t - t_{(i-1)i}) - \dot{y}_{(i-1)4}(t - t_{(i-1)i})}{(2\pi f_{i-1})^2}\end{aligned} \tag{7-60}$$

令：
$$C_{ip} = \frac{EV_{iD}k_p}{L(k_p + M_i)(2\pi f_i)^2}$$

当不考虑轧制速度波动的影响时，由后张力引起的第 $i$ 架轧机的轧制力波动量为：

$$\begin{aligned}\Delta P_{i\tau b} &= \frac{\partial P_i}{\partial \tau_{ib}}\Delta\tau_{ib} = \frac{\partial P_i}{\partial \tau_{ib}}\frac{\Delta T_{(i-1)i}}{BH_i} \\ &= \frac{\partial P_i}{\partial \tau_{ib}}\frac{1}{H_i}\left\{\frac{EV_{(i-1)D}k_p[\dot{y}_{(i-1)3}(t - t_{(i-1)i}) - \dot{y}_{(i-1)4}(t - t_{(i-1)i})]}{L(k_p + M_{i-1})(2\pi f_{i-1})^2} - \frac{EV_{iD}k_p(\dot{y}_{i3} - \dot{y}_{i4})}{L(k_p + M_i)(2\pi f_i)^2}\right\} \\ &= \frac{\partial P_i}{\partial \tau_{ib}}\frac{1}{H_i}\{C_{(i-1)p}[\dot{y}_{(i-1)3}(t - t_{(i-1)i}) - \dot{y}_{(i-1)4}(t - t_{(i-1)i})] - C_{ip}(\dot{y}_{i3} - \dot{y}_{i4})\}\end{aligned} \tag{7-61}$$

由前张力引起的第 $i$ 架轧机的轧制力波动量为：

$$\begin{aligned}\Delta P_{i\tau f} &= \frac{\partial P_i}{\partial \tau_{if}}\Delta\tau_{if} = \frac{\partial P_i}{\partial \tau_{if}}\frac{\Delta T_{i(i+1)}}{BH_{i+1}} \\ &= \frac{\partial P_i}{\partial \tau_{if}}\frac{1}{H_{i+1}}\left[\frac{EV_{iD}k_p[\dot{y}_{i3}(t-t_{i(i+1)})-\dot{y}_{i4}(t-t_{i(i+1)})]}{L(k_p+M_i)(2\pi f_i)^2} - \frac{EV_{(i+1)D}k_p[\dot{y}_{(i+1)3}-\dot{y}_{(i+1)4}]}{L(k_p+M_{i+1})(2\pi f_{i+1})^2}\right] \\ &= \frac{\partial P_i}{\partial \tau_{if}}\frac{1}{H_{i+1}}[C_{ip}[\dot{y}_{i3}(t-t_{i(i+1)})-\dot{y}_{i4}(t-t_{i(i+1)})]-C_{(i+1)p}(\dot{y}_{(i+1)3}-\dot{y}_{(i+1)4})]\end{aligned} \tag{7-62}$$

同理，由前张力引起的第 $i-1$ 架轧机的轧制力波动量为：

$$\Delta P_{(i-1)\tau f} = \frac{\partial P_{i-1}}{\partial \tau_{i-1f}}\Delta\tau_{(i-1)f} = \frac{\partial P_{i-1}}{\partial \tau_{(i-1)f}}\frac{\Delta T_{(i-1)i}}{BH_i}$$

$$= \frac{\partial P_{i-1}}{\partial \tau_{(i-1)f}} \frac{1}{H_i} \left\{ \frac{EV_{iE}k_p[\dot{y}_{(i-1)3}(t-t_{(i-1)i}) - \dot{y}_{(i-1)4}(t-t_{i-1i})]}{L(k_p+M_{i-1})(2\pi f_{i-1})^2} - \frac{EV_{iD}k_p(\dot{y}_{i3}-\dot{y}_{i4})}{L(k_p+M_i)(2\pi f_i)^2} \right\}$$

$$= \frac{\partial P_{i-1}}{\partial \tau_{(i-1)f}} \frac{1}{H_i} \{ C_{(i-1)p}[\dot{y}_{(i-1)3}(t-t_{(i-1)i}) - \dot{y}_{(i-1)4}(t-t_{(i-1)i})] - C_{ip}(\dot{y}_{i3}-\dot{y}_{i4}) \} \tag{7-63}$$

此时，张力引起轧制力波动量可以表示为：

$$\begin{aligned} \Delta P_{i\tau} &= \Delta P_{i\tau b} + \Delta P_{i\tau f} \\ &= \frac{\partial P_i}{\partial \tau_{ib}} \frac{1}{H_i} \{ C_{(i-1)p}[(\dot{y}_{(i-1)3}(t - t_{(i-1)i}) - \dot{y}_{(i-1)4}(t - t_{(i-1)i})] - C_{ip}(\dot{y}_{i3} - \dot{y}_{i4}) + \\ &\quad \frac{\partial P_i}{\partial \tau_{if}} \frac{1}{H_{i+1}} [C_{ip}[(\dot{y}_{i3}(t - t_{i(i+1)}) - \dot{y}_{i4}(t - t_{i(i+1)})] - C_{(i+1)p}(\dot{y}_{(i+1)3} - \dot{y}_{(i+1)4}) \} \end{aligned} \tag{7-64}$$

由式（7-64）可以看出，由张力引起第 $i$ 架轧机的动态轧制力会同时受到第 $i-1$ 和 $i+1$ 架轧机辊缝振动的影响。

将式（7-64）代入式（6-1）为：

$$\begin{cases} m_0\ddot{y}_0 + c_0\dot{y}_0 + c_1(\dot{y}_0 - \dot{y}_1) + k_0y_0 + k_1(y_0 - y_1) = 0 \\ m_1\ddot{y}_1 - c_1(\dot{y}_0 - \dot{y}_1) + c_2(\dot{y}_1 - \dot{y}_2)_1 - k_1(y_0 - y_1) + k_2(y_1 - y_2) = 0 \\ m_2\ddot{y}_2 - c_2(\dot{y}_1 - \dot{y}_2) + c_3(\dot{y}_2 - \dot{y}_3) - k_2(y_1 - y_2) + k_3(y_2 - y_3) = 0 \\ m_3\ddot{y}_3 - c_3(\dot{y}_2 - \dot{y}_3) - k_3(y_2 - y_3) = \frac{\partial P_i}{\partial \tau_{ib}} \frac{1}{H_i} \{ C_{(i-1)p}[(\dot{y}_{(i-1)3}(t - t_{(i-1)i}) - \\ \quad \dot{y}_{(i-1)4}(t - t_{(i-1)i})] - C_{ip}(\dot{y}_{i3} - \dot{y}_{i4}) + \frac{\partial P_i}{\partial \tau_{if}} \frac{1}{H_{i+1}} [C_{ip}[(\dot{y}_{i3}(t - t_{i(i+1)}) - \\ \quad \dot{y}_{i4}(t - t_{i(i+1)})] - C_{(i+1)p}(\dot{y}_{(i+1)3} - \dot{y}_{(i+1)4}) \} \\ m_4\ddot{y}_4 + c_4(\dot{y}_4 - \dot{y}_5) + k_4(y_4 - y_5) = \frac{\partial P_i}{\partial \tau_{ib}} \frac{1}{H_i} \{ C_{(i-1)p}[(\dot{y}_{(i-1)3}(t - t_{(i-1)i}) - \\ \quad \dot{y}_{(i-1)4}(t - t_{(i-1)i})] - C_{ip}(\dot{y}_{i3} - \dot{y}_{i4}) + \frac{\partial P_i}{\partial \tau_{if}} \frac{1}{H_{i+1}} [C_{ip}[(\dot{y}_{i3}(t - t_{i(i+1)}) - \\ \quad \dot{y}_{i4}(t - t_{i(i+1)})] - C_{(i+1)p}(\dot{y}_{(i+1)3} - \dot{y}_{(i+1)4}) \} \\ m_5\ddot{y}_5 - c_4(\dot{y}_4 - \dot{y}_5) + c_5(\dot{y}_5 - \dot{y}_6) - k_4(y_4 - y_5) + k_5(y_5 - y_6) = 0 \\ m_6\ddot{y}_6 - c_5(\dot{y}_5 - \dot{y}_6) + c_6(\dot{y}_6 - \dot{y}_7) - k_5(y_5 - y_6) + k_6(y_6 - y_7) = 0 \\ m_7\ddot{y}_7 - c_6(\dot{y}_6 - \dot{y}_7) - k_6(y_6 - y_7) + K_hy_7 = 0 \end{cases} \tag{7-65}$$

由式（7-65）可知，后张力对辊缝垂直振动的影响具有负阻尼效应，增加了系统的不稳定性。当辊缝负阻尼较小时，垂直系统能保持稳定；当负阻尼增大到超过一定阈值时，垂直系统开始不稳定，甚至发生振动。

前张力对轧机垂直系统的影响具有延时效应，当具有厚度波动的出口带钢到达下一架轧机的辊缝时才会引起两架轧机之间的张力波动，进而反过来影响轧机垂振。冷连轧机组中 S4 轧机的前后张力最大，受张力的影响最为显著，为了更具代表性，以 S4 轧机为研究对象。对 S4 轧机辊缝施加短暂的入口带钢厚度激励，轧机出口带钢厚差响应如图 7-34 所示。

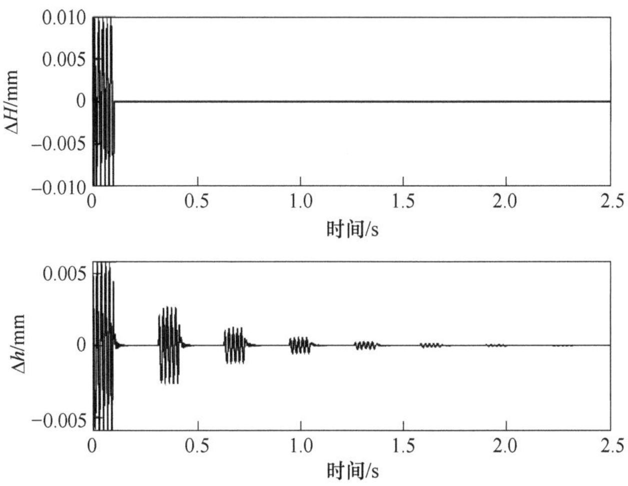


图 7-34　S4 轧机前张力对辊缝振动的影响

可见当轧机受到入口带钢厚差激励后，辊缝马上开始振动，而后又随着激励的消失出现衰减振动；经过 $t_{45}$ 的时间后，前张力又重新引起 S4 轧机辊缝振动，同样的振动循环经过若干次后随着振动速度幅值衰减而消失。延时环节不会改变作用力的幅值和频率只会改变相位，第 $i$ 架轧机的前张力的相位为 $2\pi f_i t_{i(i+1)}$。当 $2\pi f_i t_{i(i+1)} = 2\pi n$（$n$ 为整数）时，前张力对辊缝具有正阻尼效应增加了垂直系统的稳定性；当 $2\pi f_i t_{i(i+1)} = 2\pi n + \dfrac{\pi}{2}$（$n$ 为整数）时，前张力对辊缝具有正刚度效应，使轧机的固有频率升高；当 $2\pi f_i t_{i(i+1)} = 2\pi n + \pi$（$n$ 为整数）时，前张力对辊缝具有负阻尼效应；当 $2\pi f_i t_{i(i+1)} = 2\pi n + \dfrac{3\pi}{2}$（$n$ 为整数）时，前张力对辊缝具有负刚度效应。

对 S4 轧机施加幅值为 10 μm 频率为 1～200 Hz 的入口带钢厚度波动激励，记录有无张力影响时和前张力分别在 5 种动力学效应下的垂直振动幅频特性，振动特性响应曲线如图 7-35 所示。

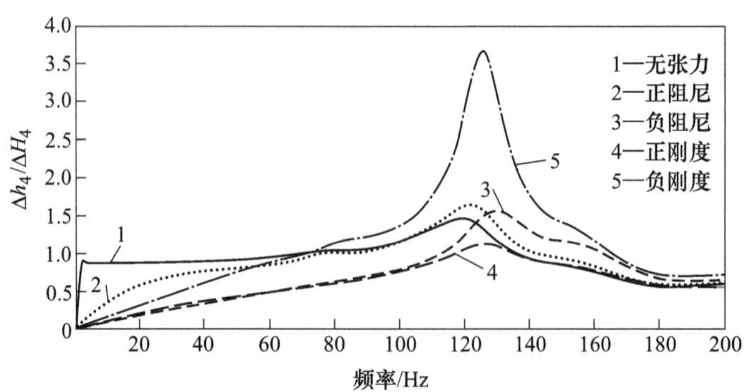


图 7-35　S4 轧机在张力影响下的幅频特性

在张力的影响下，轧机的幅频特性曲线在低频段发生了很大的变化，降低了带钢出口厚差波动，同时也降低了轧机的振动。在高频段，不同相位的前张力对轧机的振动幅频特性影响很大，当前张力具有正阻尼效应时，可以部分抵消掉后张力的负阻尼效应，使总体影响效果更接近于无张力时的特性；当前张力具有负阻尼效应时，辊缝的负阻尼进一步增大，使轧机的共振区间向后移动，并降低了低频段的振动，但是辊缝负阻尼超过一定阈值时将导致轧机失稳并发生自激振动；当前张力具有正刚度效应时，在全频段内都起到了良好的抑振效果；当前张力具有负刚度效应时，虽然降低了低频段的振动，但是使共振区间的振动幅值增加了两倍以上。综上所述，前张力的抑振效果在正刚度下最好，正阻尼下次之，所以在轧制过程中，可以通过微幅调节轧制速度影响前张力相位，尽可能保持在正刚度相位下，避免出现负阻尼和负刚度。

连轧机组在带钢耦合模式下，当各轧机的前张力均具有正刚度效应时，各轧机出口带钢厚度波动对机组带钢入口厚度激励的特性曲线如图 7-36 所示。

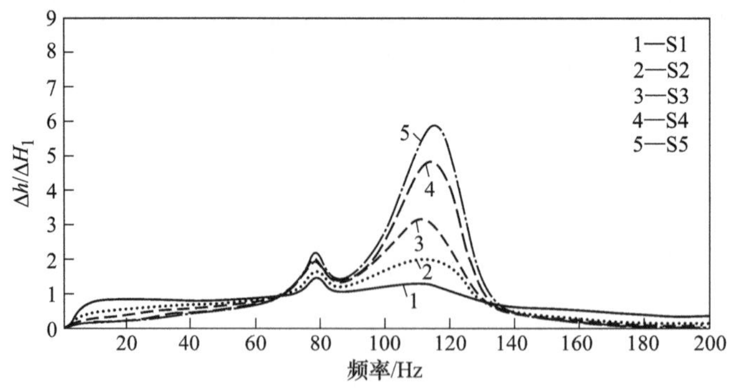


图 7-36　各轧机的前张力在正刚度效应下的振动响应

将图 7-36 与图 7-35 对比后可以明显看出，在前张力处于正刚度效应时，连轧机组的振动明显减弱。S5 轧机在 109 Hz 处的振动幅值降低了 26.5%。所以在稳定轧制条件下，通过改变各轧机前张力的振动相位，也能起到较好的抑振效果。

前张力每改变 π/2 相位需要的延时时间变化量为：

$$\Delta t_{i(i+1)} = \frac{1}{4f_i} \tag{7-66}$$

当轧机的振动频率与轧制速度无关时，需要调整的速度变化量为：

$$\Delta V_{iD} = \frac{L}{t_{i(i+1)} + 1/4f_i} - \frac{L}{t_{i(i+1)}} \tag{7-67}$$

当轧机的振动频率与轧制速度正相关时，需要调整的速度变化量为：

$$\Delta V_{iD} = \frac{-\lambda}{4L + \lambda} V_{iD} \tag{7-68}$$

#### 7.4.2.3 张力对冷连轧机组振动现象的影响

根据图 7-32 和式（7-60），建立冷连轧机组单独在张力耦合模式下的 MATLAB/Simulink 仿真模型如图 7-37 所示，仿真轧制过程参数采用表 6-11 中的现场轧机轧制过程参数。

轧机的前后张力不仅对轧机垂直系统的振动特性产生影响，而且是轧机间振动传递的重要因素。前面已经清楚由垂直振动所引起的后张力和前张力波动在时间上有差异，综合考虑张力对本架轧机和其他轧机的影响，当 S1 轧机在受到带钢厚度波动 $\Delta H_1$ 激励后，时间差异在轧机间振动传递的具体表现如图 7-38 所示。

可见当 S1 轧机受到激励，分别经过 $t_{12}$、$t_{23}$、$t_{34}$ 和 $t_{45}$ 的延时后，S2、S3、S4 和 S5 轧机相继发生振动。当下游轧机振动时，相对应的上游轧机会受到前张力的激励发生再次振动。从振动时序上看，轧机间的振动通过张力从上游轧机向下游轧机传递时，相邻轧机的振动会产生延时；当从下游轧机向上游轧机传递时，相邻轧机的振动没有延时，会同时发生。由此可见，张力对轧机间振动的传递机制比带钢厚度遗传要更为复杂，下面研究张力耦合对轧机间的振动传递率的影响。

利用图 7-28 模型，将前张力设置在正阻尼效应下，在 $\Delta H_1$ 处对 S1 轧机施加幅值为 10 μm 频率为 1~200 Hz 的带钢入口厚度激励，记录各轧机垂直系统的辊缝振动响应如图 7-39 所示，横坐标为激励频率，纵坐标为各轧机振动幅值与激励幅值之比。

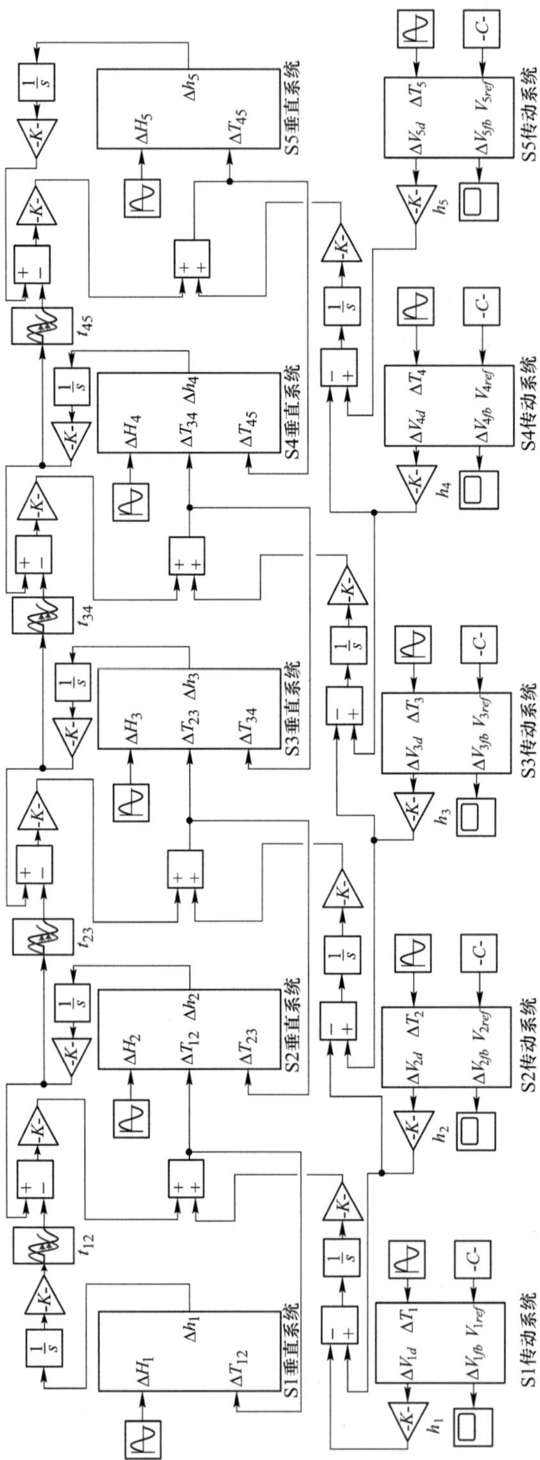


图 7-37　冷连轧机组在张力耦合下的仿真模型

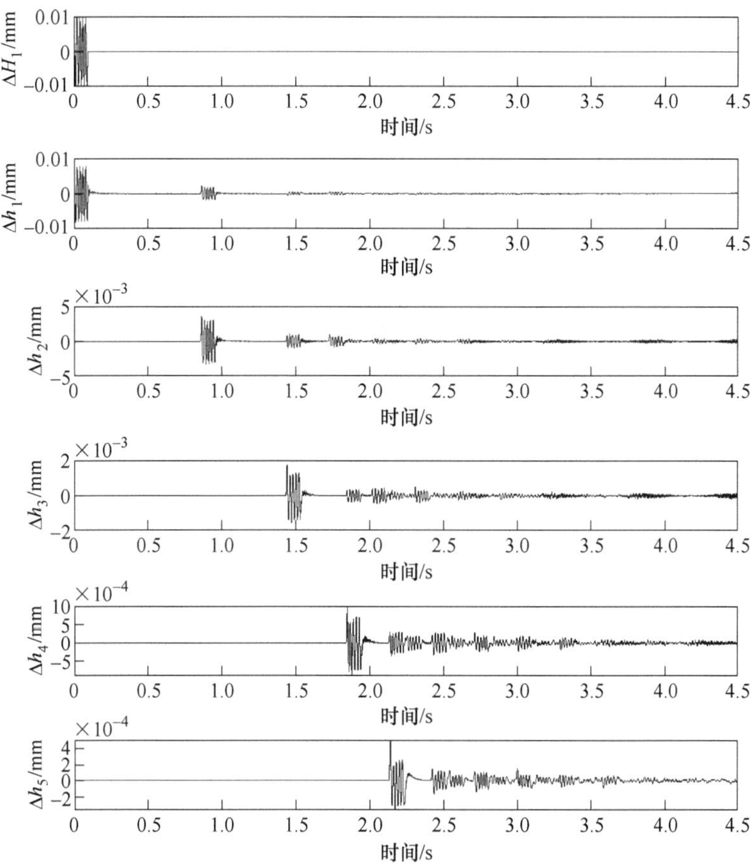


图 7-38 S1～S5 轧机在张力耦合下对短暂原料厚差激励的振动响应

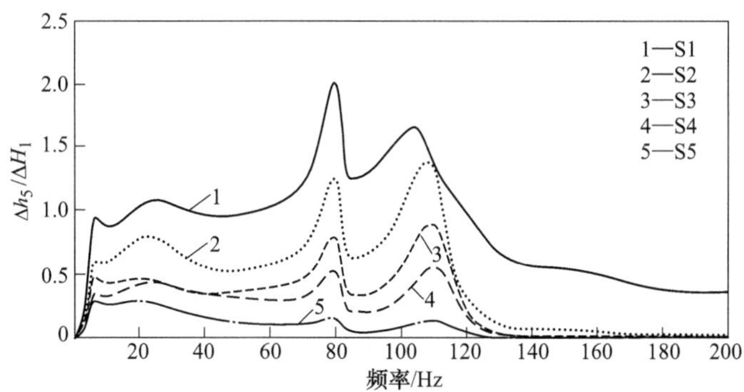


图 7-39 S1～S5 轧机在张力耦合下对原料厚差激励的振动响应

可见，当 S1 轧机发生振动时，单独通过张力耦合同样可以激励其他轧机发生振动，只是距离 S1 越远的轧机，振幅越小。将下游轧机的振幅除以相邻的上游轧机的振幅，就可以得到上游轧机通过前张力向下游轧机的振动传递率。选取各轧机在 109 Hz 的幅值进行计算，得到前张力的振动传递率如图 7-40 所示。

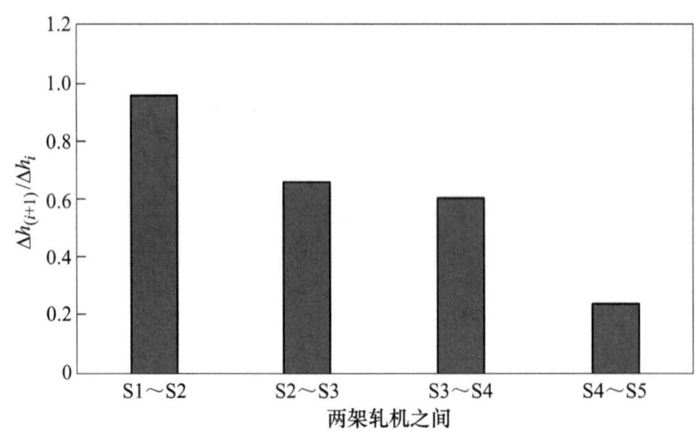


图 7-40　冷连轧机组前张力在 109 Hz 处的振动传递率

根据图 7-40 中的振动传递率和表 6-10 中轧制工艺参数对照可知，随着轧机间张力的降低，上游轧机通过前张力向下游轧机的振动传递率越来越弱。说明减小前张力可以降低轧机间由上游向下游的振动传递率。

前面介绍了冷连轧机组的振动由上游向下游的振动传递情况，接下来研究由下游向上游的振动传递。在图 7-28 中模型 $\Delta H_5$ 处对 S5 轧机施加相同的幅值为 10 μm频率为 1～200 Hz 的带钢入口厚度激励，各轧机的振动响应曲线如图 7-41 所示。

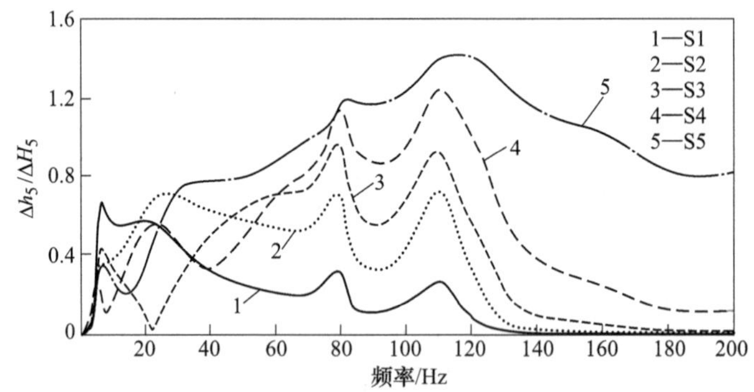


图 7-41　S1～S5 轧机在张力耦合下对 S5 轧机入口厚差激励的振动响应

可见冷连轧机的振动通过张力耦合在反向传递过程中，各轧机的振动特征除了在低频段比较复杂外，高频段的传递规律与正向传递时基本一致。将上游轧机的振幅除以相邻的下游轧机的振幅，就可以得到下游轧机通过后张力向上游轧机的振动传递率。同样选取各轧机在 109 Hz 的振幅进行计算，得到后张力的振动传递率如图 7-42 所示。

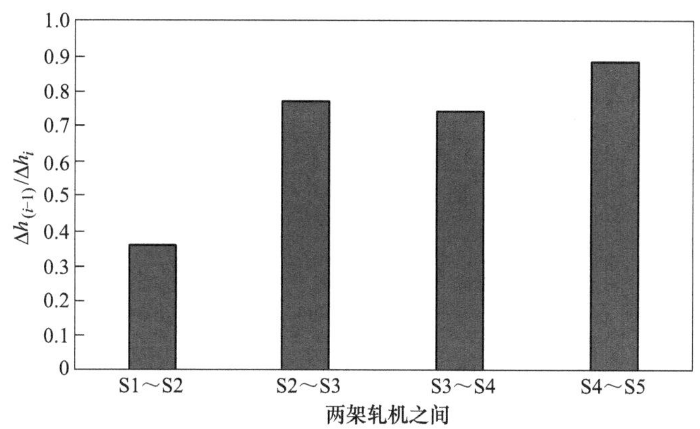


图 7-42　冷连轧机组后张力在 109 Hz 处的振动传递率

由图 7-42 可见，冷连轧机组通过后张力的振动传递率与轧机间张力没有很好的对应规律。

综上所述，张力对振动的传递作用不同于带钢厚度遗传，张力对冷连轧机组的振动是双向传递。冷连轧机组在 109 Hz 处的协同振动除了带钢厚度遗传的影响外，轧机间张力同样是重要的影响因素。各架轧机的垂振固有频率比较接近，当其中某一架轧机发生 109 Hz 的共振时，在张力耦合的作用下，其他轧机会以相同的频率同时发生共振。

由式（7-60）可知，影响张力的因素中，不仅包含前后轧机垂直振动形成的带钢厚度波动，而且也包括前后轧机传动系统扭振导致的轧制速度波动。为了研究冷连轧机组中垂直系统和传动系统在张力耦合下的振动影响机制，在图 7-37 模型中 $\Delta T_2$ 处施加幅值 100 N · m 频率为 1～200 Hz 的扭矩激励，S1、S2 和 S3 轧机垂直系统的振动响应如图 7-43 所示。图中横坐标为激励频率，纵坐标为辊缝振幅与激励扭矩幅值的比值，可以看作传动系统通过轧机间张力向垂直系统的振动传递率。

在 S2 轧机波动扭矩 $\Delta T_2$ 的激励下，前三架轧机垂直系统只在低频段内发生振动，振动响应曲线趋势也基本一致，均与 S2 轧机传动系统对轧制扭矩的振动响应曲线相似。从振幅上看，S2 轧机垂直系统受到的振动影响最大，S1 轧机次之，S3 轧机最弱。

以相同的方式在 $\Delta T_4$ 处施加相同的扭矩激励时，后三架轧机垂直系统的振动响应曲线如图 7-44 所示。

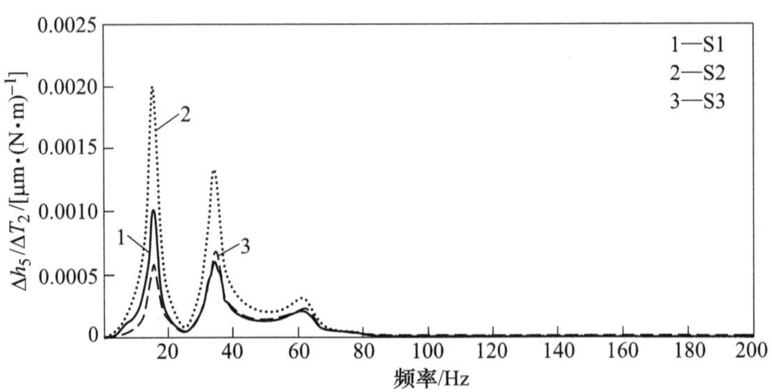


图 7-43　S1～S3 轧机垂直系统对 S2 轧机扭矩激励的响应曲线

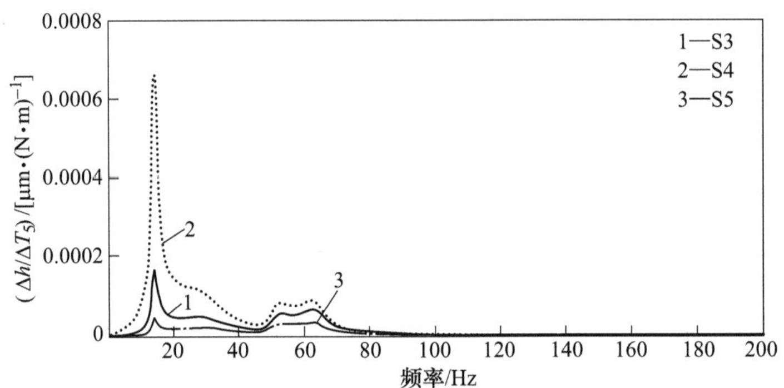


图 7-44　S3～S5 轧机垂直系统对 S4 轧机扭矩激励的响应曲线

与 $\Delta T_2$激励下的情况相似，各轧机垂直系统对 S4 轧机扭振激励的响应特征与 S4 轧机扭振特征曲线类似，且本架轧机垂直系统的振动响应最大，前一架轧机次之，后一架最弱，说明扭振对后张力的影响程度高于前张力，使上游轧机受到的扭振影响更大。

综上所述，传动激励通过张力耦合只能对垂直系统低频段的振动产生影响，而不能影响垂直系统共振频率处的振动。当某架轧机传动系统发生扭转共振时，相邻轧机的垂直系统也会发生同频率的振动，因此当 S1 轧机的传动系统发生 18 Hz 的扭振时，S1 与 S2 轧机在张力的作用下，也会产生 18 Hz 的垂振。

### 7.4.3　秒流量厚度控制系统对冷连轧机组振动影响

秒流量厚度控制系统由于其控制原理简单和控制精度高的特点，在冷连轧机上获得了大量的应用。根据轧机辊缝秒流量相等原理，即每一时刻每一架轧机的入口金属流量和出口金属流量相等。根据该原理在已知轧机入口带钢厚度和出入口钢带速度的情况下，可以计算出带钢出口厚度为：

$$h_{im} = \frac{V_{iE}}{V_{iD}} H_i \tag{7-69}$$

当计算出口厚度和设定厚度有偏差时，则通过调整第 $i$-1 架轧机的轧制速度来改变第 $i$ 架轧机的入口速度，进而实现带钢出口厚度偏差为零的目标。冷连轧机组在秒流量厚度控制模式耦合下的系统结构如图 7-45 所示。

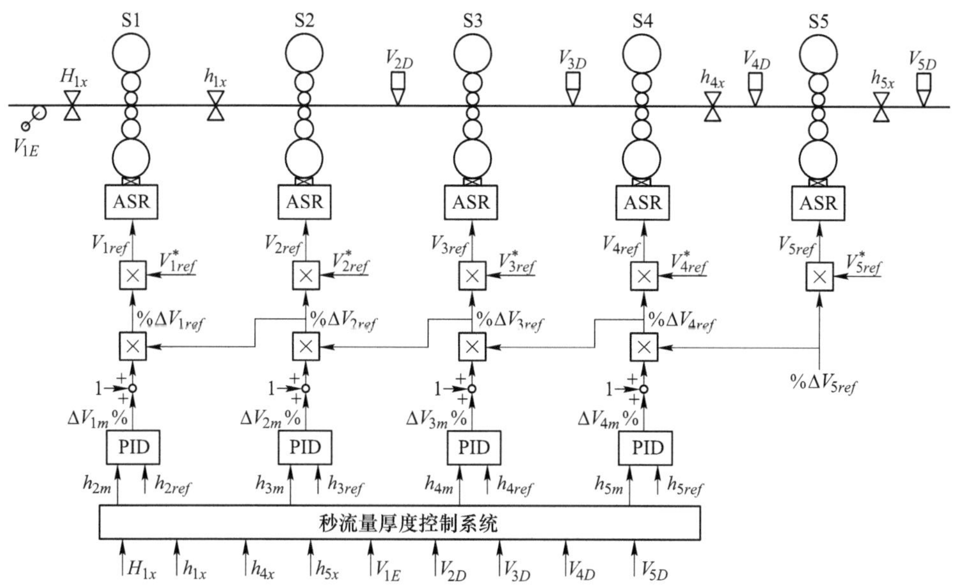


图 7-45 冷连轧机组在秒流量厚度控制模式耦合下的系统结构

$H_{ix}$ —第 $i$ 架轧机带钢入口厚度，mm；$h_{ix}$ —第 $i$ 架轧机测厚仪监测的带钢出口厚度，mm；

$V_{iref}^*$ —第 $i$ 架轧机轧制速度最高给定值，m/min；$V_{iref}$ —第 $i$ 架轧机实际轧制速度给定值，m/min；

$\%\Delta V_{iref}$ —第 $i$ 架轧机运行速度百分比；$\Delta V_{im}\%$ —第 $i$ 架轧机运行速度调节量百分比；

$h_{iref}$ —第 $i$ 架轧机带钢出口厚度设定值，mm

下面将介绍冷连轧机组在秒流量厚度控制模式耦合下，各轧机的垂直和传动系统之间的振动传递规律。

#### 7.4.3.1 秒流量厚度控制系统耦合模型建立

由图 7-45 可知，现场的冷连轧机组在 S2 轧机至 S5 轧机均配置了秒流量厚度控制系统，分别在 S1 和 S5 轧机的前后安装有 4 台 $x$ 射线测厚仪，测得的厚度分别为 $H_{1x}$、$h_{1x}$、$H_{4x}$ 和 $h_{5x}$； 在 S1 轧机前面、S3 轧机前后和 S5 轧机前后分别安装了 5 台带钢激光测速仪，测得的速度信号分别为 $V_{1E}$、$V_{2D}$、$V_{3D}$、$V_{4D}$ 和 $V_{5D}$。 S2~S5 轧机的秒流量出口厚度分别为：

$$h_{2m} = \frac{H_{2x}}{V_{2D}} V_{1D} \tag{7-70}$$

其中

$$V_{1D} = \frac{H_{1x}}{h_{1x}} V_{1E} \tag{7-71}$$

$$h_{3m} = \frac{h_{2m}}{V_{3D}} V_{2D} \tag{7-72}$$

$$h_{4m} = \frac{h_{3m}}{V_{4D}} V_{3D} \tag{7-73}$$

$$h_{5m} = \frac{H_{5x}}{V_{5D}} V_{4D} \tag{7-74}$$

由秒流量出口厚度和设定厚度计算得到第 $i$ 架轧机出口厚度偏差百分比，再经过 PI 控制器后得到第 $i-1$ 架轧机的轧制速度调节百分比，控制器参数见表 7-8，轧制速度百分比为：

$$\Delta V_{1m}\% = \text{PID}\left(\frac{h_{2ref} - h_{2m}}{h_{2ref}}\right) \tag{7-75}$$

$$\Delta V_{2m}\% = \text{PID}\left(\frac{h_{3ref} - h_{3m}}{h_{3ref}}\right) \tag{7-76}$$

$$\Delta V_{3m}\% = \text{PID}\left(\frac{h_{4ref} - h_{4m}}{h_{4ref}}\right) \tag{7-77}$$

$$\Delta V_{4m}\% = \text{PID}\left(\frac{h_{5ref} - h_{5m}}{h_{5ref}}\right) \tag{7-78}$$

**表 7-8　各轧机的秒流量控制系统的控制器参数表**

| 轧机 | S1 | S2 | S3 | S4 |
|---|---|---|---|---|
| P | 0. 002 | 0. 002 | 0. 002 | 0. 002 |
| I | 3 | 3 | 3 | 3 |

连轧机组在轧制过程中除了辊缝间的秒流量相等外，还要保持轧机间的秒流量相等。在不考虑各轧机带钢厚度变化的情况下，无论是稳定轧制还是升降速的过程中，各轧机的速度比例也要保持不变。为了满足各轧机传动系统恒定速度比，将 S5 轧机速度作为连轧机组整体的指令速度，其他轧机的指令速度通过一个转速链给定，即两架相邻轧机的速度保持一定比例不变，上游轧机速度跟随下

游轧机速度变化。转速链保持的速度比例不仅包括主令速度，还有调节产生的附加给定速度，转速链计算如下：

$$\begin{cases} V_{5ref}^{*} = REF \\ V_{4ref}^{*} = k_{45} \cdot V_{5ref}^{*} \\ V_{3ref}^{*} = k_{34} \cdot V_{4ref}^{*} \\ V_{2ref}^{*} = k_{23} \cdot V_{3ref}^{*} \\ V_{1ref}^{*} = k_{12} \cdot V_{2ref}^{*} \end{cases} \tag{7-79}$$

$$\begin{cases} \%V_{4ref} = (1 + \Delta V_{4m}\%) \cdot \%V_{5ref} \\ \%V_{3ref} = (1 + \Delta V_{3m}\%) \cdot \%V_{4ref} \\ \%V_{2ref} = (1 + \Delta V_{2m}\%) \cdot \%V_{3ref} \\ \%V_{1ref} = (1 + \Delta V_{1m}\%) \cdot \%V_{2ref} \end{cases} \tag{7-80}$$

式中 $REF$——连轧机组给定速度，m/min；

$k_{i(i+1)}$——第 $i$ 机架轧机和第 $i+1$ 机架轧机之间的秒流量系数，且 $k_{i(i+1)} = \dfrac{h_{i+1}}{h_i}$。

根据图 7-45 系统结构和以上公式，去掉各参数的稳态分量，建立的冷连轧机组在秒流量控制模式耦合下的 MATLAB/Simulink 仿真模型如图 7-46 所示。

其中秒流量厚度控制系统和转速链模块如图 7-47 所示。

#### 7.4.3.2 秒流量耦合对连轧机组振动现象的影响

在冷连轧机组模型图 7-47 中 $\Delta H_1$ 处施加幅值为 10 μm、频率为 1~200 Hz 的入口带钢厚度激励，首先激励 S1 轧机发生振动，S1 轧机前后测厚仪检测到 S1 轧机前后的带钢厚度波动量为 $\Delta H_{1x}$ 和 $\Delta h_{1x}$，秒流量控制系统根据以上波动信号对各轧机的传动系统进行调节。各轧机传动系统的轧制速度响应曲线如图 7-48 所示，横坐标为激励频率，纵坐标为轧制速度波动值与带钢入口厚度波动幅值之比。

可以看出，冷连轧机组的入口带钢厚度激励 S1~S4 轧机的传动系统在其共振频率产生较强的扭转振动，在高频段的幅值非常稳定；另外 S5 轧机传动系统不参与秒流量控制没有发生振动。将图 7-48 和图 7-31 比较发现，在同样的入口带钢厚度激励下，S1~S4 轧机的传动系统通过秒流量控制模式和带钢耦合具有不同的扭振响应。

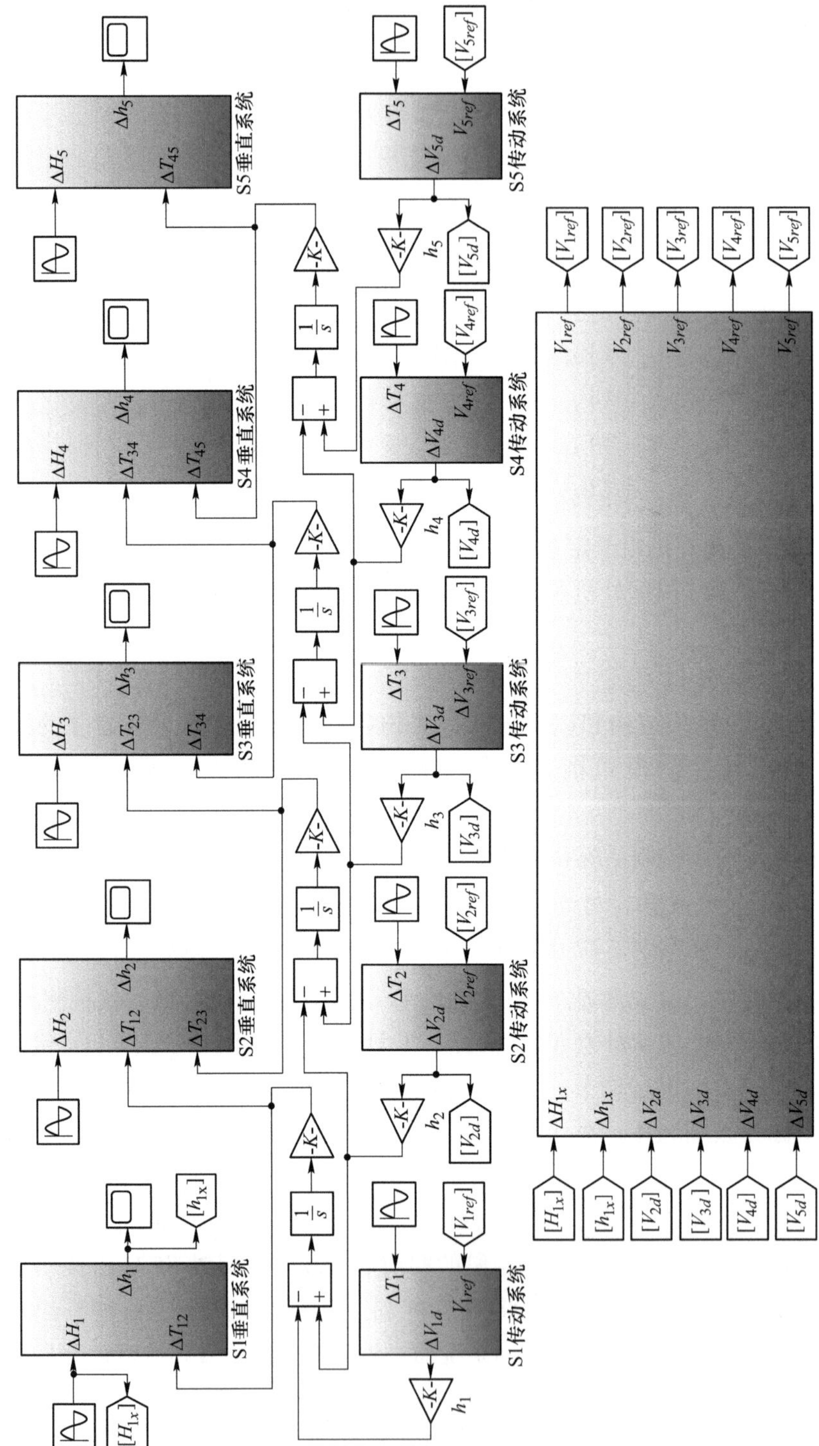


图 7-46　冷连轧机组在秒流量厚度控制耦合下的仿真模型

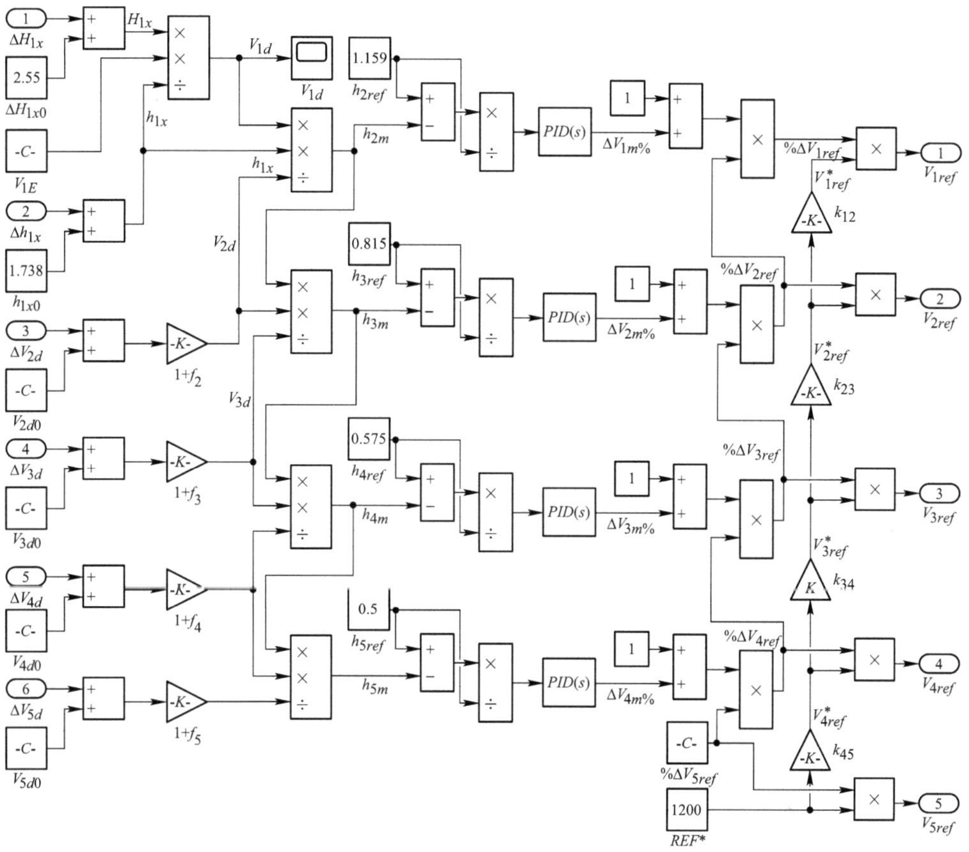

图 7-47 冷连轧机秒流量厚度控制系统仿真模型

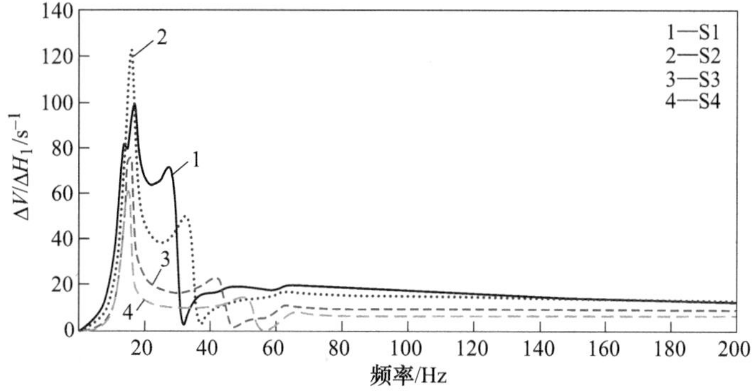


图 7-48 S1～S4 轧机在秒流量耦合下对原料厚差激励的扭振响应

以上研究了冷连轧机组在秒流量控制模式下，各轧机传动系统对垂直激励的振动响应，接下来继续研究各轧机传动系统对扭矩激励的振动响应。首先对 S3 轧机电机轴处施加幅值为 $\Delta T_3$ = 100N · m 频率为 1～200 Hz 的扭矩激励，S1、S2 和 S3 轧机传动系统的轧制速度响应如图 7-49 所示。

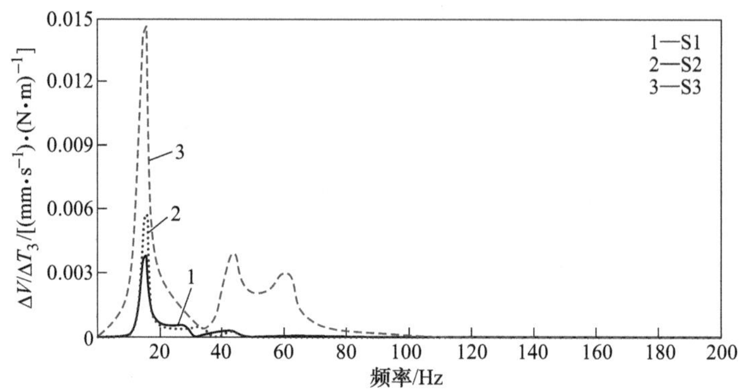


图 7-49　S1～S3 轧机传动系统对 S3 轧机扭矩激励的扭振响应

可以看出，连轧机组中，在 $\Delta T_3$ 的激励下不仅 S3 轧机传动系统发生了扭振，而且 S1 和 S2 轧机同样发生了扭振。从秒流量控制原理，当某一轧机传动系统受到扭矩激励时，该轧机的出口速度会产生波动；秒流量控制系统根据该架轧机的出口速度波动经过计算后通过速度给定回路来调节本架轧机，同时也会通过转速链使上游轧机的传动系统进行相同比例的速度调节，但不会影响到下游轧机，所以 S1 和 S2 轧机传动系统就会发生于 S3 轧机传动系统相同频率的扭振。

在上述控制模式下，当对 S5 轧机传动系统施加相同的激励时，各轧机传动系统的扭振响应如图 7-50 所示。

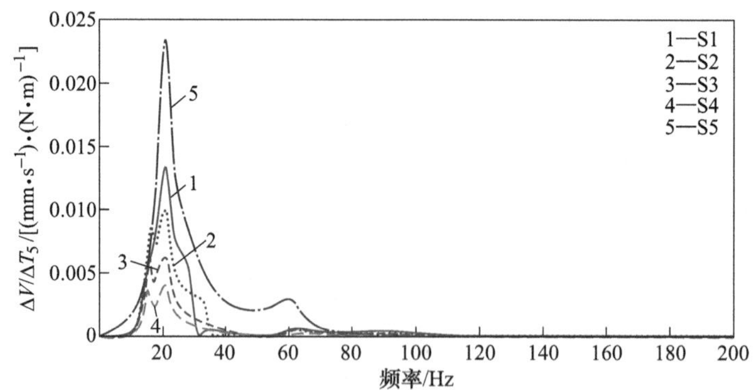


图 7-50　S1～S5 轧机传动系统对 S5 轧机扭矩激励的扭振响应

由图 7-50 可以看出，冷连轧机组中所有轧机的传动系统在 S5 轧机传动系统共振频率处发生了扭振峰值，S1～S4 轧机的扭振响应幅值跟随 S5 轧机的扭振幅值而变化。由此可以得到，当 S5 轧机在发生 18 Hz 扭振时，其他轧机在转速链的控制作用下，也同时发生了 18 Hz 的扭振。

综上所述，根据冷连轧机组在秒流量控制模式耦合下的振动传递过程，冷连轧机组传动系统在 200 m/min 轧制速度下发生的 18 Hz 的协同振动，一方面是由于 S1～S4 轧机在秒流量控制下发生 18 Hz 的振动，另一方面是在转速链的作用下将 S5 轧机的扭转共振传递给 S1～S4 轧机。

### 7.4.4 冷连轧机组协同振动机制

前面分别介绍了冷连轧机组在带钢耦合、张力耦合和秒流量控制模式耦合下的振动传递规律。下面将介绍冷连轧机组在全局耦合下的振动传递，揭示机组分别发生 18 Hz 和 109 Hz 的协同振动的机制。

#### 7.4.4.1 冷连轧机组协同振动过程概述

由前面介绍可知，带钢厚差遗传、轧机间张力和秒流量厚度控制系统均对冷连轧机组的振动产生重要影响，是轧机间振动重要的传递路径，总结整个冷连轧机组垂直系统和传动系统之间的振动传递路径如图 7-51 所示。

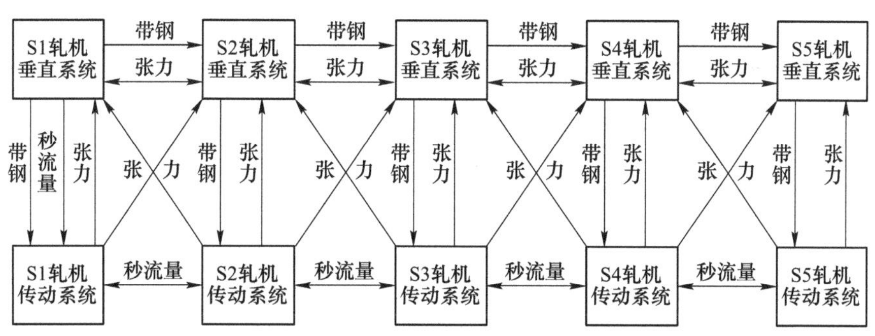


图 7-51 连轧机组整体的振动传递路径图

由图 7-51 可以看出，整个冷连轧机组主要有 3 条振动传递路径：首先是各轧机垂直系统之间通过带钢厚度遗传和轧机间张力进行振动传递，当某一架轧机发生垂直振动时，其他轧机也会发生同频率振动。由于带钢厚差的累积效应，使下游轧机的振幅比上游轧机更加强烈。其次是各架轧机传动系统通过秒流量控制系统和转速链进行振动传递，当某一架轧机传动系统发生扭振时，为了保持辊缝秒流量和轧机间秒流量相等，上游轧机传动系统均会进行同频率的速度调节。最后是相邻轧机的垂直系统和传动系统通过张力、带钢和秒流量进行振动传递，当轧机垂直系统发生振动时，会导致轧制扭矩发生波动，进而激励本架轧机传动系统发生扭振；当轧机传动系统发生扭振时，会导致本架轧机的前后张力产生波动，进而导致本架轧机以及相邻轧机发生垂直振动；当原料带钢激励 S1 轧机产生振动时，秒流量相等使 S1～S4 轧机进行同频率的速度调节。

由于垂直系统和传动系统的共振频段不同，不同的振动传递路径和传递的振动频率也不相同。在各轧机垂直系统之间对 1～200 Hz 内的振动均能有效传递，特别是对 70～120 Hz 的振动逐级放大。各轧机传动系统的共振频率均低于 70 Hz，所以各轧机传动系统之间、传动系统和垂直系统之间只能对 10～70 Hz 的振动进行传递。

根据以上冷连轧机组的振动传递路径，结合生产现场的振动测试现象，可以清晰地推测出冷连轧机组发生协同振动的传递规律。冷连轧机组分别在 1200 m/min和 200 m/min 轧制速度下发生的 109 Hz 和 18 Hz 的振动同属于同一激励源，激励频率随轧制速度线性变化，因此出现了升速试验中的扫频现象。

当在 1200 m/min 速度下轧制时，带钢以 109 Hz 的频率激励每一架轧机垂直系统发生共振，使带钢出口厚度波动量大于入口厚度波动量，使下游轧机的振动逐级增大。又通过轧机间张力的影响，使各架轧机的振动进一步增大，最终表现为 S5 轧机的振动最强烈，上游轧机振动依次减小。

当在 200 m/min 速度下轧制时，带钢以 18 Hz 的频率激励连轧机组，各轧机垂直系统对 18 Hz 的厚度波动具有抑制作用，使带钢经过每架轧机时，厚差幅值逐级降低。但是该频率与各架轧机传动系统的第一阶固有频率比较接近，在秒流量控制系统和转速链的作用下，使 S1～S5 轧机传动系统同样发生了 18 Hz 的扭振。由于各轧机传动系统的协同扭振，轧机间张力发生了波动，进而使各轧机垂直系统再次受到 18 Hz 的激励，最终发生了较低幅值的扭振。

#### 7.4.4.2　冷连轧机组协同振动过程

上面阐述了冷连轧机组分别发生 109 Hz 和 18 Hz 协同振动，本节将建立冷连轧机组全局模型，并对协同振动机制进行仿真验证。在考虑冷连轧机组所有耦合因素的条件下，根据冷连轧机组整体结构和各分系统的动力学模型，建立的冷连轧机组全局仿真模型如图 7-52 所示。

在该模型中，在 $\Delta H_1$ 处施加幅值为 10 μm 频率为 1～200 Hz 的入口带钢厚度波动激励，冷连轧机组的出口带钢厚度波动曲线如图 7-53 所示，可以看作冷连轧机组对入口带钢厚度激励的幅频特性曲线。

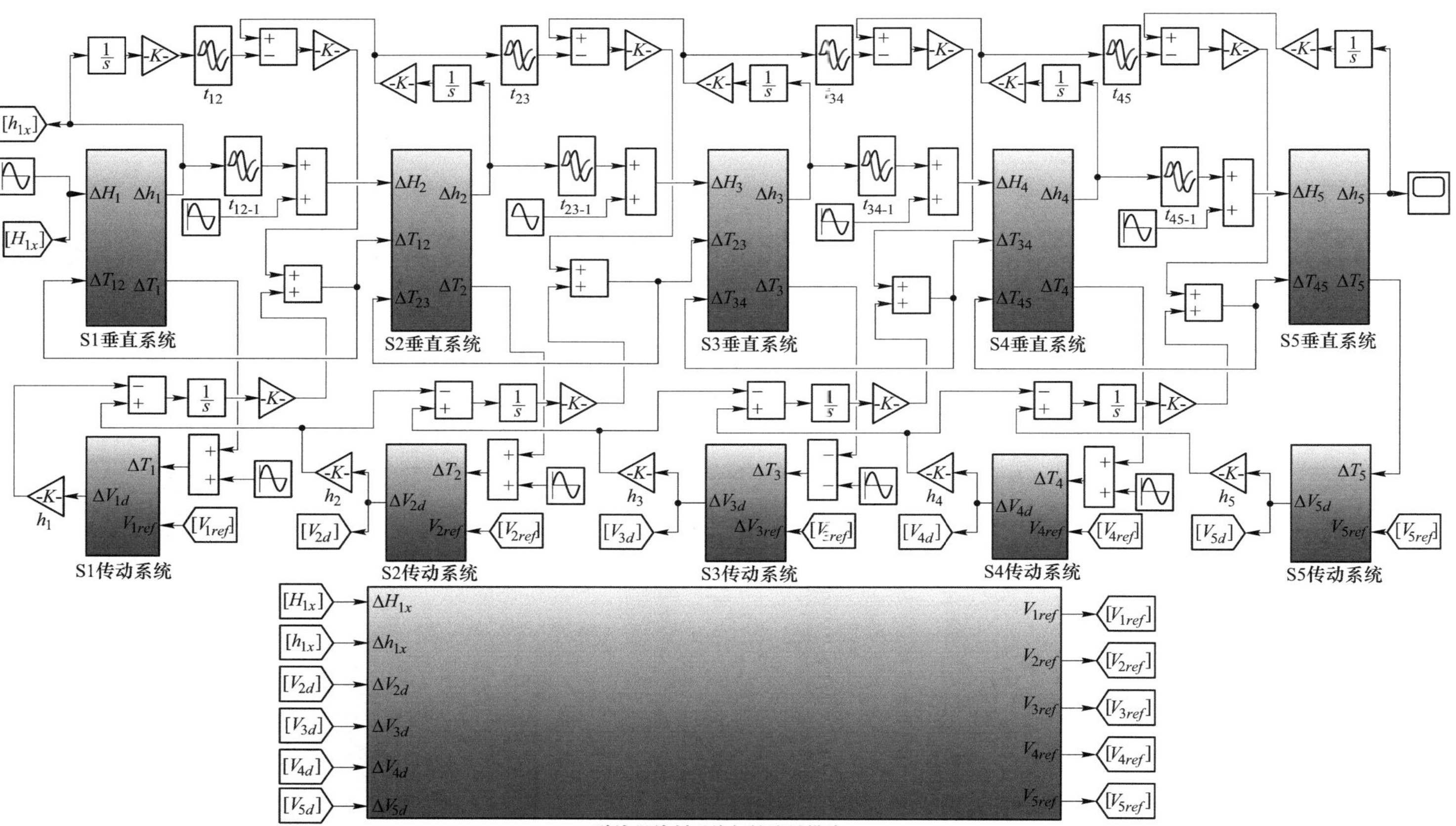


图 7-52 冷连轧机组全耦合模式下的整体仿真模型

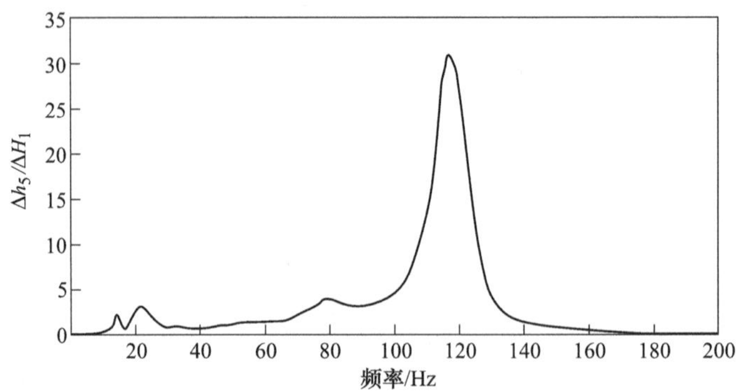


图 7-53　冷连轧机组出口厚差对原料厚差激励的振动响应

由图 7-53 可以看出，在入口带钢厚度波动的激励下，S5 轧机出口带钢厚度先后在 15 Hz、21 Hz、79 Hz 和 117 Hz 处出现峰值。

当 $\Delta H_1$ 的激励频率为 109 Hz 时，各轧机的带钢出口厚差如图 7-54 所示。

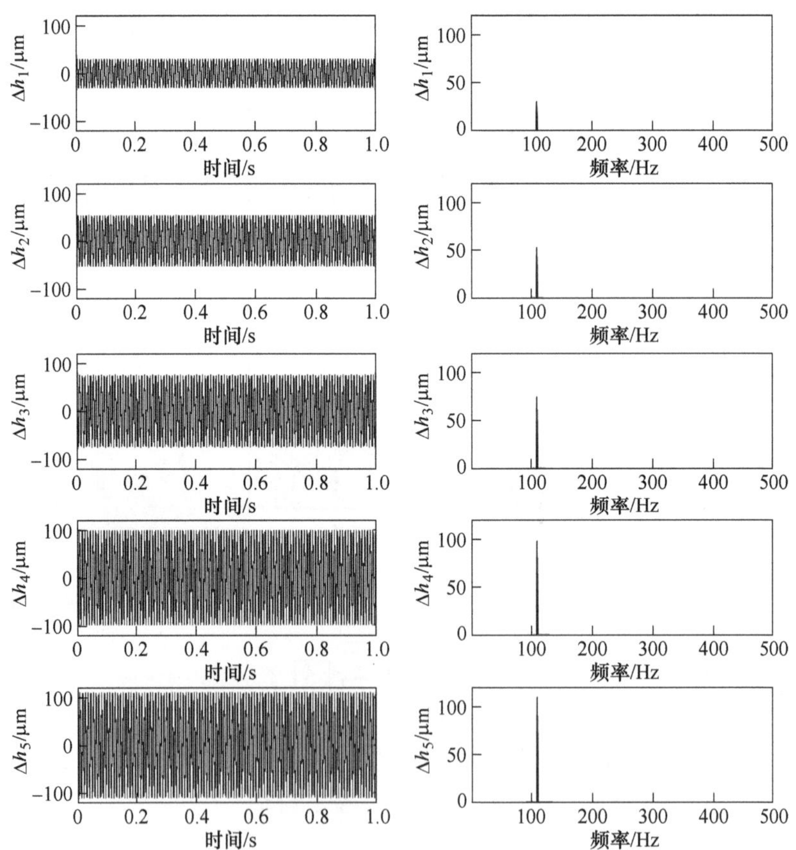


图 7-54　冷连轧机组在 109 Hz 原料厚差激励下的振动响应

可见各轧机的带钢出口厚差均大于原料带钢的入口厚差，而且成品带钢的厚差达到了 110 μm，是原料带钢的 11 倍。另外，从 S1～S5 轧机的带钢出口厚差逐渐增大，与现场连轧机组协同振动的相对幅值基本一致。

当 $\Delta H_1$ 的激励频率为 18 Hz 时，各轧机传动系统的轧制速度波动量和各轧机的带钢出口厚差分别如图 7-55 和图 7-56 所示。

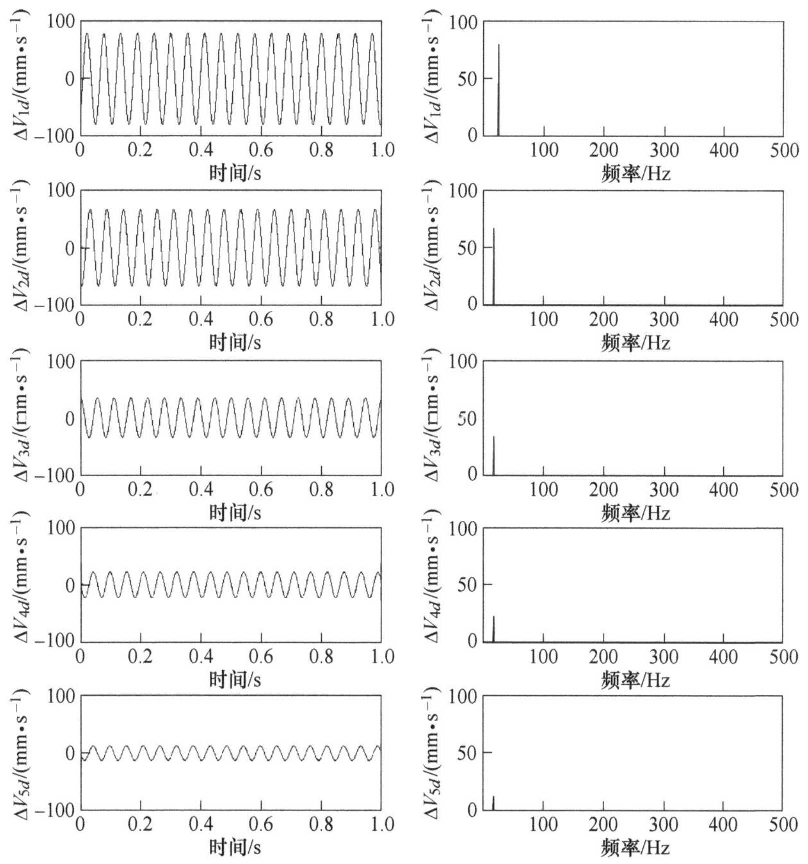


图 7-55　冷连轧机组在 18 Hz 原料厚差激励下的扭振响应

由图 7-55 可以看出，各轧机传动系统均发生了 18 Hz 的扭振，扭振幅值从 S1～S5 轧机依次降低，与现场各轧机扭振幅值相对大小保持一致。在图 7-56 中，各轧机垂直系统均发生了 18 Hz 的振动，但是只有 S2 轧机的出口厚差达到 23 μm，是入口厚差的 2 倍多。

综上所述，在冷连轧机组全局耦合模型中，当连轧机组分别受到 109 Hz 和 18 Hz 的入口带钢厚差激励时，连轧机组发生了与现场相对应的协同振动现象。

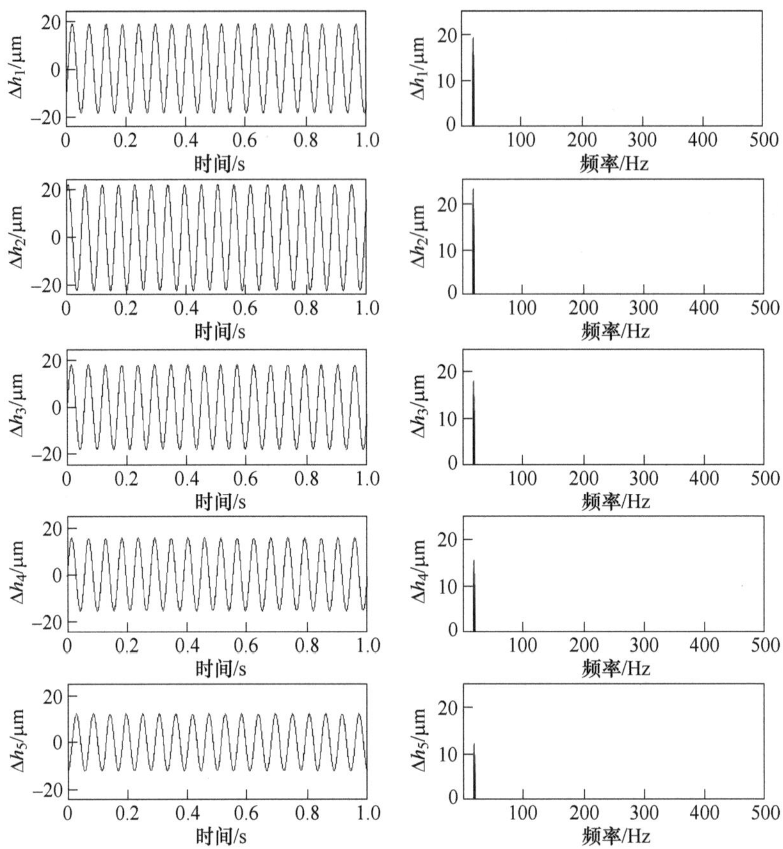


图 7-56　冷连轧机组在 18 Hz 原料厚差激励下的垂振厚差响应

# 7.5　本 章 小 结

(1) 将带钢厚度波动和硬度波动定义为轧机振动遗传基因，进而研究对轧机振动的激励及影响。依据现场实际情况，将带钢厚度波动简化成谐波函数来激励进行研究。带钢的硬度波动对轧机振动的影响也很大，随着硬度波动增加，轧机振动越强烈，因此降低带钢硬度波动也成为抑制轧机振动的主要措施之一。

来料硬度波动和厚度波动的振动基因，由前面工序传递给后面工序，对后续轧机造成激励，同时轧制过程 AGC 的作用，使带钢厚差减薄但硬度波动增加，对轧机形成了更大的激励，加之后面轧机轧制速度快，加工硬化作用使带钢的变形抗力增加，导致轧制力波动进一步变大，因此冷连轧后面机架轧机振动现象出现的概率更高。

(2) 双机架轧机连续轧制的动力学仿真结果表明，轧机振动具有遗传性。

前面轧机的振动通过其出口处带钢的厚度波动向后传递，成为诱发后面轧机振动的激励源。前面轧机的振动过程会改变带钢向后传递时的波动规律，后面轧机的振动会通过轧机间张力的波动影响前面轧机的振动。随着带钢在轧机间的传递，厚度减薄的同时，厚度波动也随之降低，但由于各轧机共振频率相近，导致共振频率附近的成分在各轧机带钢出口处不断积累，进而导致后面轧机共振频率附近的成分占比不断增加。一旦轧辊产生振痕后，振动能量会进一步集中在共振频率附近。随着轧制里程的增加，轧辊振痕加深，导致振动加剧。

（3）研究了连轧机组在全局耦合状态下的振动特征。先后建立了冷连轧机组在带钢耦合、张力耦合和秒流量控制耦合下的整体振动模型，分别研究了连轧机组在不同耦合方式下的振动传递规律，以及垂直系统和传动系统对不同振动激励的响应特征，得到以下结论：

1）冷连轧机组在带钢耦合状态下，由于带钢厚差遗传的影响，前一架轧机在 70~130 Hz 的振动会传递到下游轧机并逐级放大，使得最后一架轧机受到最大的振动激励，表现出最强的振动，严重影响到出口带钢的厚差。

2）冷连轧机组在张力耦合状态下，垂直系统的振动特性除了受后张力的负阻尼效应影响外，而且随着滞后时间和振动频率的变化，前张力会产生 5 种动力学效应，当前张力处于负刚度效应时，会大幅增加垂直系统的共振幅值，比后张力的影响更大。任何一架轧机发生垂直振动时，都会通过张力激励上下游轧机发生协同振动。当传动系统发生扭转共振时，会通过张力激励相邻轧机的垂直系统产生同频率振动。

3）冷连轧机组在秒流量控制耦合状态下，低频的入口带钢厚差激励会诱发各轧机传动系统产生扭转协同振动。

4）冷连轧机组系统中有多种振动传递路径，可以通过带钢厚差遗传、张力影响和秒流量控制使整个连轧机组发生协同振动。由于轧机之间相互影响，所以，使冷连轧机组发生振动的激励源可能并不在振动最强的轧机上。

# 8　冷连轧机组多源激励耦合振动

轧机振动是由来料的硬度和厚度波动诱发形成的轧制力波动和扭矩波动，当来料进入轧机后诸多因素起放大作用，例如，压下量、轧制速度、机械间隙、辊缝润滑和共振频率等，在液压压上液压缸和主传动电机提供振动能量使得振动得以继续放大，最终形成多源激励耦合振动。

## 8.1　冷连轧机组振动影响因素

轧机在轧制过程中的较大振动往往导致带钢出现振痕，影响振动大小的因素繁多，下面对一些主要影响因素进行归纳，以便对影响振动因素有一个全面的了解。

理论研究一般认为，影响轧机振动的主要因素如下：

（1）机械故障频率。轧机主传动减速机和齿轮座中齿轮啮合频率、各个轴承的故障频率在正常工作时其振动幅值都较低，一般不会引起轧机振动。但是，当齿轮或轴承出现较大故障时，会使轧机产生振动。

（2）机械共振频率。轧机机械系统幅频特性中的几个共振频率是导致轧机出现强烈振动放大的主要原因。轧机强烈振动的优势频率一般与某共振频率相等或在其附近。现场测试表明冷连轧机组振动具有多样性，有时强迫振动、共振、耦合振动及自激振动等几种振动并存。

（3）机械配合间隙。机械系统零部件配合间隙因为磨损而增加也是轧机振动放大的一个原因。例如轧辊轴承座与牌坊之间的间隙、减速机和齿轮座内的齿轮啮合间隙、万向接轴传动间隙及轧辊扁头与套筒之间的间隙和轴承的间隙等一般都具有振动放大作用。

（4）轧制工艺影响。轧制工艺参数直接影响着轧机振动的稳定性，例如，带钢材质、轧制规程和轧制速度等。当轧制工艺规程变化或选取不同规程时，也会导致轧制过程轧机失稳并加剧振动现象。

（5）轧辊磨辊影响。磨床砂轮在磨削轧辊过程中存在着振动现象，在某种工况下会导致轧辊表面形成多边形和椭圆，在轧制过程中轧辊的多边形和椭圆会通过轧辊带到轧机轧制过程中，形成对轧机振动的激励作用。

（6）辊缝润滑影响。轧制辊缝润滑影响轧制界面润滑状态和摩擦系数，乳化液润滑效果好，带钢与工作辊摩擦系数降低，轧制力会大幅降低，同时轧制力波动也降低，从而降低了轧机振动。但润滑太好，又会出现打滑振动现象，因此乳化液浓度需通过现场试验来确定最佳值，不同厂家和不同牌号乳化液效果不同。

（7）带钢张力影响。带钢张力控制对轧机振动的影响是通过前后轧机主传动电机转速的反馈等控制实现的，张力的波动会影响辊缝和轧制力的波动，甚至使辊缝出现强烈振动现象。

（8）转速反馈影响。轧机振动导致主传动电机电流和速度产生波动，经过主传动双闭环控制系统实时调节，使电机速度波动变小而输出扭矩波动变大，导致主传动系统扭振变大，轧机扭振变得剧烈。

（9）辊缝控制影响。冷轧来料带钢的硬度和厚度波动导致轧机在轧制过程中辊缝波动，使轧机出口带钢厚度产生波动。带钢厚度和硬度波动使轧制力也在波动，形成对轧机振动的激励作用。

（10）动刚度补偿影响。依据轧制力与辊缝波动值，液压辊缝控制系统计算和补偿轧机动刚度，以达到恒辊缝的目标，最终消除带钢的厚差，但这会引起轧制力波动变大，从而加剧了轧机振动现象。

## 8.2 冷连轧机组激励频率

轧机由多个旋转零部件组成，在轧制过程中始终存在旋转频率、故障频率或非故障频率及倍频等。

（1）轧辊旋转频率。轧辊的自动频率为：

$$f = \frac{n}{60} \tag{8-1}$$

式中 $n$——轧辊转速，r/min。

（2）齿轮啮合频率。减速机或齿轮座中齿轮的啮合频率为：

$$f = \frac{nz}{60} \tag{8-2}$$

式中 $z$——从动齿轮齿数。

某1550五机架冷连轧机组减速机和齿轮座中的齿轮齿数见表8-1，利用式（8-2）计算主传动减速机和齿轮座中齿轮啮合激励频率如图8-1所示。

**表8-1 某1550冷连轧机组主传动齿轮齿数一览表**

| 轧机 | S1 | S2 | S3 | S4 | S5 |
|---|---|---|---|---|---|
| 减速机齿轮齿数 | 19/51 | 24/46 | 29/41 | 31/34 | 32/34 |
| 齿轮座齿轮齿数 | 21/21 | 21/21 | 21/21 | 21/21 | 21/21 |

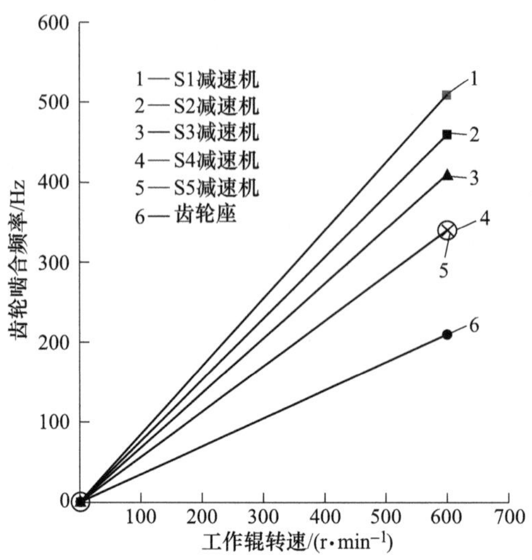


图 8-1　S1～S5 减速机和齿轮座啮合频率与转速关系

（3）轴承故障频率。轧机轴承主要包括减速机轴承、齿轮座轴承和轧辊轴承等。轴承故障频率可由理论公式计算得到：

1）外圈故障频率：

$$f_o = N\frac{n}{120}\left(1 - \frac{d}{D}\cos\alpha\right) \tag{8-3}$$

2）内圈故障频率：

$$f_i = N\frac{n}{120}\left(1 + \frac{d}{D}\cos\alpha\right) \tag{8-4}$$

3）滚动体故障频率：

$$f_e = \frac{n}{120}\frac{D}{d}\left[1 - \left(\frac{d}{D}\cos\alpha\right)^2\right] \tag{8-5}$$

4）保持架故障频率：

$$f_c = \frac{n}{120}\left(1 - \frac{d}{D}\cos\alpha\right) \tag{8-6}$$

式中　$\alpha$——接触角；

$d$——滚动体直径；

$D$——节圆直径；

$n$——转速；

$N$——滚动体个数。

支承辊、中间辊和工作辊轴承数据见表 8-2。

**表 8-2 辊系轴承参数**

| 轴承参数 | 节圆直径 $D$/m | 滚动体直径 $d$/m | 接触角 $\alpha$/(°) | 滚动体个数 $N$ |
|---|---|---|---|---|
| 工作辊轴承 | 0.336 | 0.025 | 15 | 34 |
| 中间辊轴承 | 0.336 | 0.025 | 15 | 33 |
| 支承辊轴承 | 1.000 | 0.065 | 0 | 41 |

依据表 8-2 数据，利用式（8-3）~式（8-6）求出各轴承的故障频率见表 8-3。

**表 8-3 辊系轴承故障频率与转速关系**

| 频率 | 外圈故障频率/Hz | 内圈故障频率/Hz | 滚动体故障频率/Hz | 保持架故障频率/Hz |
|---|---|---|---|---|
| 工作辊轴承 | $0.2630n$ | $0.3040n$ | $0.1114n$ | $0.0076n$ |
| 中间辊轴承 | $0.2553n_2$ | $0.2951n_2$ | $0.1081n_2$ | $0.0074n_2$ |
| 支承辊轴承 | $0.3202n_3$ | $0.3631n_3$ | $0.1277n_3$ | $0.0078n_3$ |

注：$n$—工作辊转速；$n_2$—中间辊转速；$n_3$—支承辊转速。

工作辊、中间辊和支承辊的辊径分别为 0.425 m、0.516 m 和 1.240 m，设工作辊转速为 $n$(r/min)，则得到辊系轴承故障频率与工作辊转速关系如表 8-4 和图 8-2 所示。

**表 8-4 辊系轴承故障频率与工作辊转速关系**

| 故障频率 | 外圈故障频率/Hz | 内圈故障频率/Hz | 滚动体故障频率/Hz | 保持架故障频率/Hz |
|---|---|---|---|---|
| 工作辊轴承 | $0.2630n$ | $0.3040n$ | $0.1114n$ | $0.0076n$ |
| 中间辊轴承 | $0.2104n$ | $0.2432n$ | $0.0891n$ | $0.0061n$ |
| 支承辊轴承 | $0.110n$ | $0.1245n$ | $0.0438n$ | $0.0027n$ |

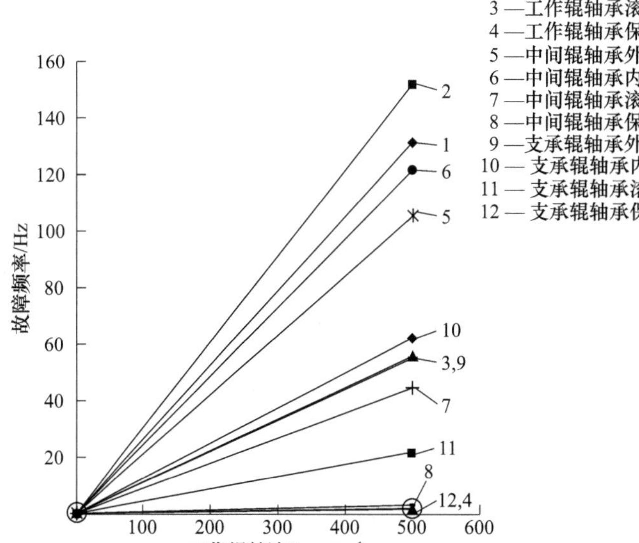


图 8-2 S1~S5 辊系轴承故障频率与转速关系

同理，可计算出减速机与齿轮座内轴承的故障频率。

（4）电机变频器输出频率与转速关系。目前大型轧机的电机驱动系统均采用变频控制。依据某冷连轧机组 S1 ~ S5 电机铭牌得到变频器输出基频频率与电机转速关系如图 8-3 所示。此外，变频器还输出 2 倍频和 3 倍频等谐波，这些频率使得轧机主传动电机轴输出产生谐波扭矩，进而激励轧机主传动机械系统。

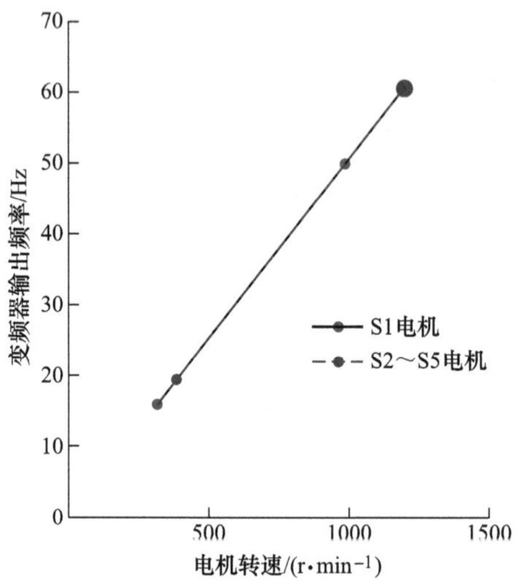


图 8-3　变频器输出频率与电机转速关系

## 8.3　带钢振痕间距分析

假如轴承故障频率和齿轮啮合频率在轧辊和带钢上形成振痕，其间距为：

$$B = \frac{1000v}{60f} \tag{8-7}$$

式中　$v$——轧辊线速度，m/min；

$f$——振动频率，Hz。

按照工作辊直径 $d=425$ mm，将式（8-2）~式（8-6）代入式（8-7）可以求出各个激励频率下轧辊或带钢表面出现振痕间距，见表 8-5。齿轮啮合故障基频造成带钢或轧辊振痕间距见表 8-6。

**表 8-5　轴承故障频率形成带钢振痕间距计算结果一览表**　　（mm）

| 轴承零件名称 | 外圈 | 内圈 | 滚动体 | 保持架 |
|---|---|---|---|---|
| 工作辊轴承故障造成带钢振痕间距 | 85 | 73 | 200 | 2926 |
| 中间辊轴承故障造成带钢振痕间距 | 106 | 91 | 250 | 3646 |
| 支承辊轴承故障造成带钢振痕间距 | 202 | 179 | 508 | 8237 |

表 8-6 齿轮啮合故障基频造成带钢或轧辊振痕间距 (mm)

| 轧机顺序名称 | S1 | S2 | S3 | S4 | S5 | 齿轮座 |
|---|---|---|---|---|---|---|
| 齿轮啮合故障频率造成带钢振痕间距 | 26 | 29 | 33 | 39 | 39 | 64 |

故障频率的 2 倍频会使得振痕间距降一半，因此表 8-5 可以衍生出表 8-7。齿轮啮合故障 2 倍频造成带钢或轧辊振痕间距见表 8-8。

表 8-7 轴承故障 2 倍频形成带钢振痕间距计算结果一览表 (mm)

| 轴承零件名称 | 外圈 | 内圈 | 滚动体 | 保持架 |
|---|---|---|---|---|
| 工作辊轴承故障造成带钢振痕间距 | 42.5 | 36.5 | 100 | 1463 |
| 中间辊轴承故障造成带钢振痕间距 | 53 | 45.5 | 125 | 1823 |
| 支承辊轴承故障造成带钢振痕间距 | 101 | 89.5 | 254 | 4118.5 |

表 8-8 齿轮啮合故障 2 倍频造成带钢或轧辊振痕间距 (mm)

| 名称 | S1 | S2 | S3 | S4 | S5 | 齿轮座 |
|---|---|---|---|---|---|---|
| 齿轮啮合故障频率造成带钢振痕间距 | 13 | 14.5 | 16.5 | 19.5 | 19.5 | 32 |

从以上分析结果可以用于判定由齿轮啮合故障频率或轧辊轴承故障频率及倍频造成的振痕，需要更换对应的新零件再观察轧机振动现象来最终确定故障点。有时测得的频率与轴承或齿轮啮合频率比较吻合，认为就是某零部件激励频率造成的。现场多年的实践表明，有时尽管轧机振动频率与某个零部件的故障频率十分吻合，但其振源却不是这个零部件故障频率引起的，后续还有更深入的研究。

## 8.4 乳化液对轧机振动影响

轧制时，将乳化液喷到带钢和轧辊之间形成极薄厚度的油膜，目的是冲刷和冷却轧辊、提高带钢的表面质量、增加轧辊在线使用寿命和降低轧制力节能等效果。乳化液由原油、乳化剂、添加剂和水构成，每个厂家的配方也不一样，至今没有统一标准。由于乳化液对轧机振动的影响比较复杂，只能依靠现场试验的方法来决定采用哪个厂家哪个牌号的乳化液对抑制轧机振动有利。据此，前人做了大量的研究和现场试验工作，对抑制轧机振动起到了一定的效果，好的乳化液确实可以在一定范围提高轧机振动的临界转速，但依然不能满足高速轧制高品质薄带钢的要求。

在轧制过程变形区中所产生的流体楔形效应形成的辊缝油膜，这层吸附膜能有效地防止轧辊与带钢之间直接接触。乳化液的浓度对轧辊和带钢之间的摩擦系数和油膜强度有很大影响。同时摩擦系数的大小也取决于带钢和轧辊的表面状态、压下量和轧制速度等因素。依据许多研究人员积累的大量数据与分析，摩擦系数一般随乳化液浓度的增加呈下降趋势，从而使轧制过程轧制力下降，最多在20%左右，轧制力波动也随之降低，从而使轧机振动得到缓解。但是摩擦系数太低又会导致轧辊打滑出现振动，影响正常轧制。因此，摩擦系数的选取要依据现场实际来决定，实现既不打滑、轧制力波动又小的轧制状态，达到降低轧机振动目的。

在轧制过程中轧辊与带钢之间摩擦生成少量铁粉进入乳化液，现场发现乳化液中的铁粉微粒增加了辊缝内的油膜强度而摩擦系数基本不变，这些微粒分散在辊缝油膜厚度之间，增加了油膜的抗破断能力，油膜强度是反映润滑油承载能力的一个重要指标，这对于改善轧制润滑有一定的好处。另外，现场试验表明，随着乳化液浓度的提高，油膜强度也会增加，当增加到一定浓度时，油膜强度基本保持稳定状态。但是过量的铁粉含量对乳化液的稳定性是不利的，而适量的铁粉在增大乳化液颗粒度时可以增强润滑效果，对稳定轧制是非常有利的。

## 8.5 液压缸伸长量与轧机振动关系

某 2050 冷连轧机组 S2 轧机在配置小辊径轧制时频繁出现振动现象。由现场试验可知，随着液压缸活塞杆伸出量的增加，轧机的振动变得越来越大，因此需要研究活塞杆伸出高度对轧机振动的影响。建立液压缸活塞杆伸出 200 mm 时 S2 轧机的三维实体模型如图 5-1 所示，同时也建立伸出 100 mm 和 50 mm 的模型。

利用前面建立的模型导入 ANSYS/Workbench 环境中进行网格划分与接触设置等。分别对 3 个模型进行液压油谐波激振下的谐响应分析，激振力频率为 0~250 Hz，选取下工作辊辊缝处垂直方向振动速度谐响应结果如图 8-4 所示。

由图 8-4 可知，液压缸活塞杆伸出 50 mm、100 mm 和 200 mm 时，出现了 147~142 Hz 和 236~200 Hz 的频率成分，在液压缸上升的过程中，147~142 Hz 的振动频率逐渐降低，如图 8-5 所示，其振幅也逐渐增加，如图 8-6 所示；同样 236~200 Hz 振动也有相同规律。这与现场空载上升液压缸的测试结果相吻合，也证明液压缸上升稳定性变差振幅增加的过程。因此，在高速轧制薄规格带钢时，配置大辊径可减小轧机振动现象，这一点已被现场实践所证实。另外多家单机架可逆冷连轧机组和冷连轧机组也出现类似振动现象。

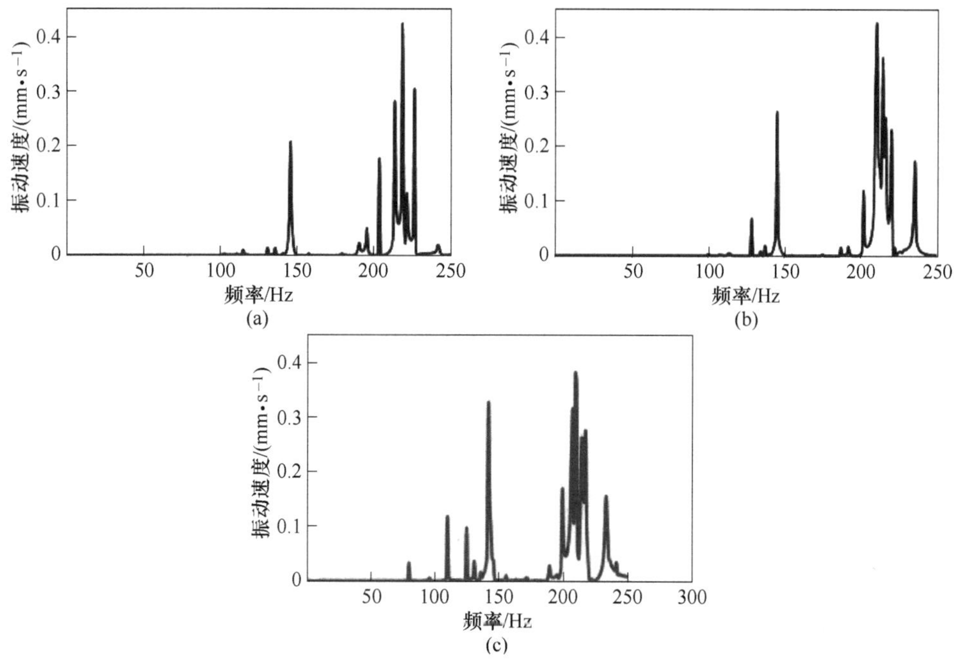


图 8-4 压上缸活塞不同伸长量时工作辊轴承座顶部振动速度幅频特性
（a）上升 50 m；（b）上升 100 mm；（c）上升 200 mm

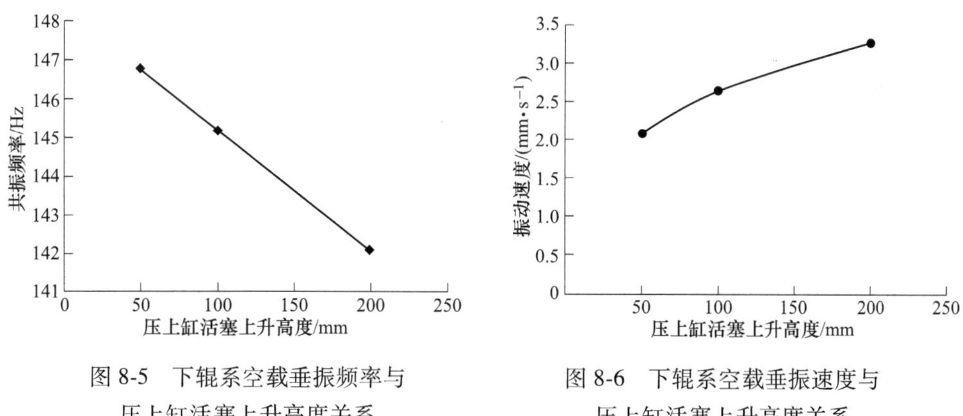


图 8-5 下辊系空载垂振频率与压上缸活塞上升高度关系

图 8-6 下辊系空载垂振速度与压上缸活塞上升高度关系

## 8.6 动刚度控制对轧机振动影响

厚度自动控制系统是对轧机出口带钢厚度进行实时控制，将实测值与设定值进行比较后，其差值通过辊缝控制器调节使带钢厚度误差控制在很小的范围之内。

AGC 的控制功能主要是厚差控制，其中轧机动刚度补偿控制是一种压力 AGC，它根据轧制力的波动量来对新的辊缝增量进行计算并对轧机弹跳量进行补偿，试图立即纠正轧机弹跳变化，实现带钢厚度恒定控制。

假设辊缝预调值为 $S_0$、轧机自然刚度为 $K$、来料厚度为 $h_1$ 和轧制力为 $P_1$，此时实际轧出带钢厚度为：

$$h_1 = S_0 + \frac{P_1}{K} \tag{8-8}$$

假设轧制力由于某种原因发生波动，由 $P_1$ 变为 $P_2$，这时轧出带钢厚度偏差 $\Delta h$ 等于轧制力波动造成的轧机弹跳量：

$$\Delta h = \frac{1}{K}(P_2 - P_1) \tag{8-9}$$

为了消除此项厚度偏差，压上辊缝控制系统根据轧制力反馈，经过计算输出一个补偿量参与辊缝调节，从而减小由于轧制力波动造成的带钢厚度变化。因此，液压缸需要修正的辊缝位置量随着轧制力波动造成的弹跳量增加而增加：

$$\Delta x = \alpha \frac{\Delta P}{K} \tag{8-10}$$

式中　$\alpha$——补偿系数；

$\Delta P$——轧制力波动量。

经过这个补偿后，轧机出口带钢的厚度变化为：

$$\Delta h' = \Delta h - \Delta x = (1 - \alpha)\frac{\Delta P}{K} \tag{8-11}$$

式（8-11）为轧机动态刚度补偿控制方程。由此可知：轧机动刚度补偿控制实质是通过改变补偿系数 $\alpha$ 即通过液压缸调节辊缝从而控制厚度偏差。例如，当 $\alpha = 1$ 时，$\Delta h' = 0$，相当于轧机垂直等效刚度无穷大，轧制力波动造成的轧机辊缝弹跳总能被液压缸辊缝调节所补偿，即不论来料厚差如何变化，轧制力如何波动，带钢的轧出厚度始终保持不变。实际应用中，为了使系统稳定该值一般取 $\alpha = 0.8 \sim 0.9$。

利用 AMESim 建立某 1450 冷连轧机组的动刚度补偿仿真模型如图 8-7 所示。在上下工作辊中间加入位移信号模拟来料厚度波动。

来料厚度偏差在空间波谱情况是十分复杂的，可以看成由多个不同幅值、不同波长的空间波谱叠加而成的，其中最理想来料厚度偏差是单波长正弦规律，此时轧制速度决定这个空间波长在轧制过程的暂态频率。出口侧带钢厚度偏差的暂态频率与入口侧一致。

在仿真模型中，设激励频率的变化范围为 0~200 Hz，以工作辊垂振速度为观察对象，得到的幅频特性如图 8-8 所示，其中 122 Hz 和 84 Hz 为轧机共振频率。

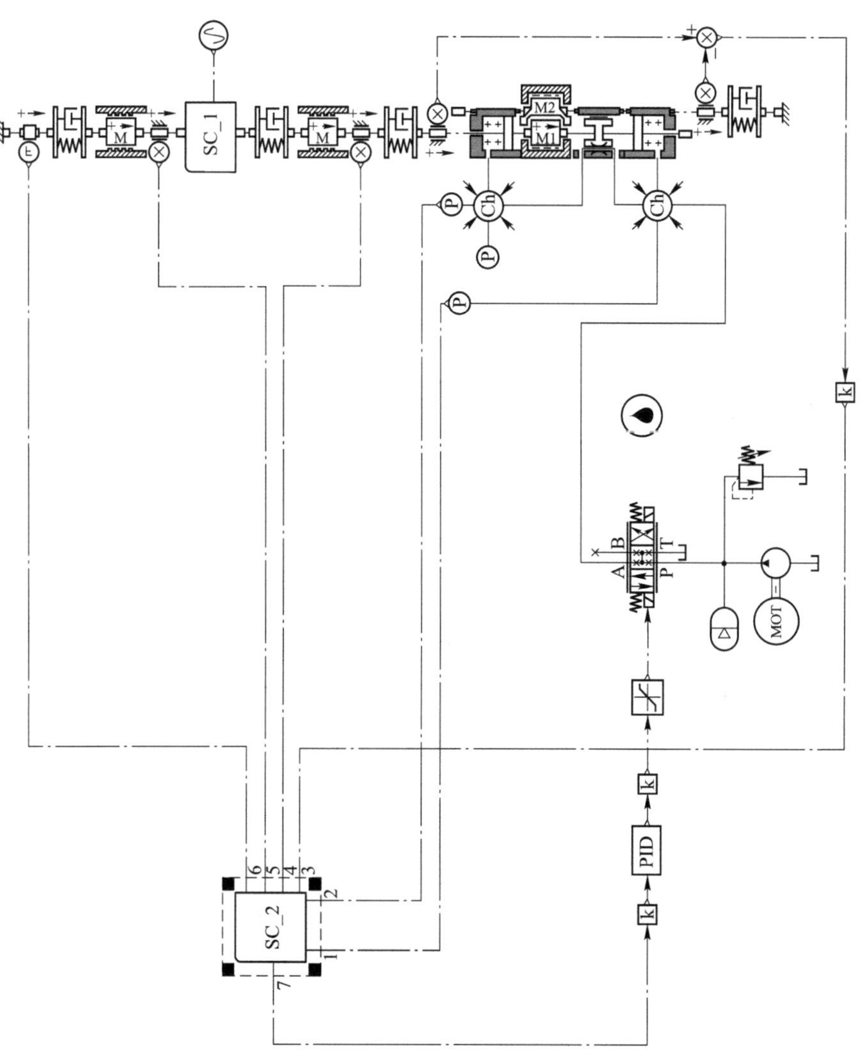


图 8-7　某 1450 冷连轧机组动刚度补偿仿真模型

SC_1—带钢；SC_2—控制系统模型；X—伺服阀；PID—控制器；k—比例系数；MOT—液压泵电机

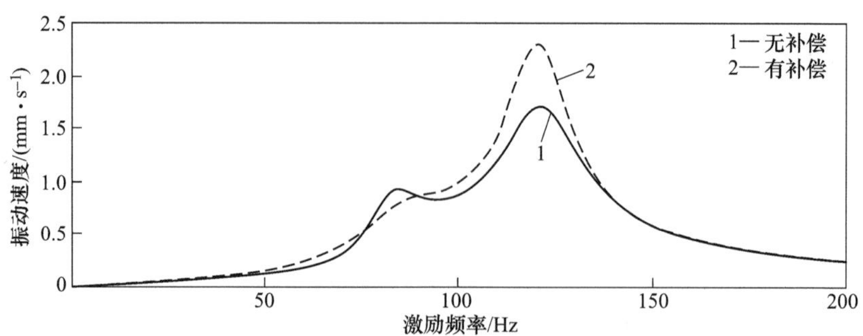


图 8-8　有无动刚度补偿时，工作辊垂振速度与激励频率关系

在投入动刚度补偿时，122 Hz 处工作辊振动速度比没有补偿情况下振动幅值更大。也就是说，对于厚差控制来说，动刚度补偿为负反馈，它能使轧机出口带钢厚差进一步减小。但对于轧机振动而言，却属于正反馈，动刚度补偿的加入会进一步增大轧制力波动，导致轧机振动变大。

在激励频率远离共振区间后，随着激励频率的升高，有无动刚度补偿引起的系统各种参数变化趋于一致，说明在较高频率激励下，动刚度补偿对振动影响已经很弱了。

不同刚度补偿系数，轧机工作辊振动速度与激励频率关系如图 8-9 所示。

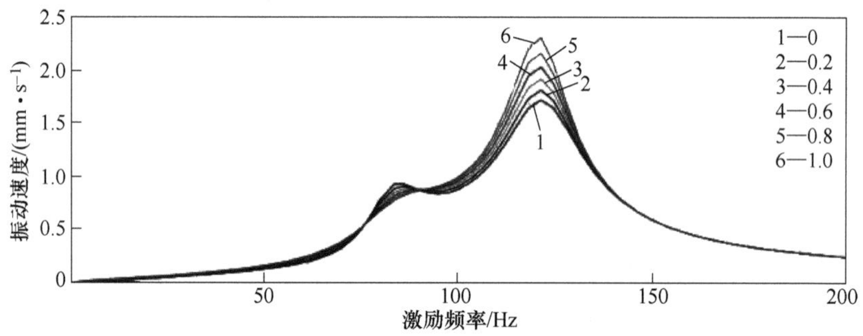


图 8-9　不同动刚度补偿系数工作辊垂振速度

可以看出，不同激励频率下动刚度补偿系数对轧机振动造成的影响是不同的，即动刚度补偿系数越大，轧机振动也越大。

另外，在动刚度控制算法中辊缝调整量为：

$$\Delta S = \frac{K + Q}{K}\Delta h_1 \tag{8-12}$$

式中　$Q$——带钢塑性刚度。

当存在同样的厚度偏差 $\Delta h_1$ 时，带钢塑性刚度越大，所需要的辊缝调整量就

越大，从而引起轧制力波动量增大，如图 8-10 所示，使轧机的振动增强。

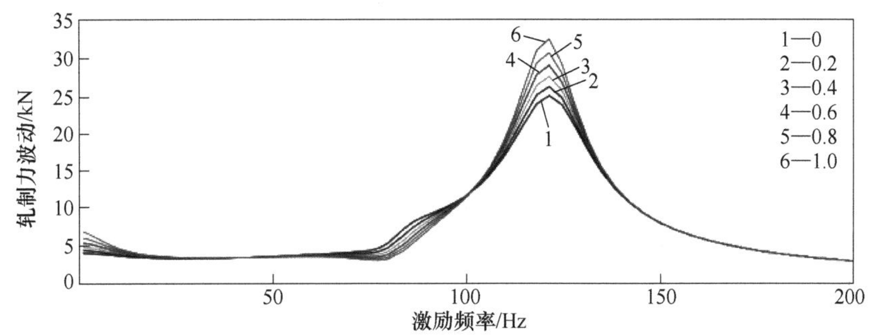


图 8-10 不同动刚度补偿系数轧制力波动量

# 8.7 力马达阀对轧机振动影响

## 8.7.1 力马达阀结构及工作原理

力马达阀作为液压辊缝调节系统的核心部件，对液压压上系统的响应速度、流量和压力输出、振动特性都起着重要作用。冷连轧机组大部分采用日立公司的力马达阀，近年也开始使用美国 MOOG 公司伺服阀。

轧机的传动侧和操作侧装都有单独的液压压上或压下控制系统，当给定辊缝位置目标值时，轧机两侧由两个力马达阀（FMV）分别驱动两个液压缸。力马达阀响应速度很快，能够充分满足轧制过程快速性的使用要求。

力马达阀主要由阀芯、阀体、力马达、永磁体、导磁体、线圈和阀芯位移检测装置等组成，如图 8-11 和图 8-12 所示。当线圈通入电流后，由于永久磁体通过导磁体产生的磁场作用会在线圈中产生安培力，使线圈带动阀芯运动。当电流所产生的安培力与控制阀芯位置的弹簧弹力平衡之后，阀芯位置便处于平衡状态。安培力的大小与电流成正比，因此在相同的负载条件下，通入的电流越大，力马达阀开口度越大，流量也越大。

## 8.7.2 轧机液压辊缝控制模型

液压辊缝控制系统是冷连轧机组的主要控制系统之一。以某 1450 冷连轧机组为例，液压辊缝控制主要是按照二级系统计算出来的轧制力或压上位置去控制液压压上系统，它有两种控制模式，分别是轧制力闭环控制和位置闭环控制，两种控制方式都是将设定值与实测值的偏差输入到控制器当中，通过功率放大器的信号转换与放大，送入到力马达阀中控制液压缸的移动来改变辊缝，其控制原理如图 8-13 所示。

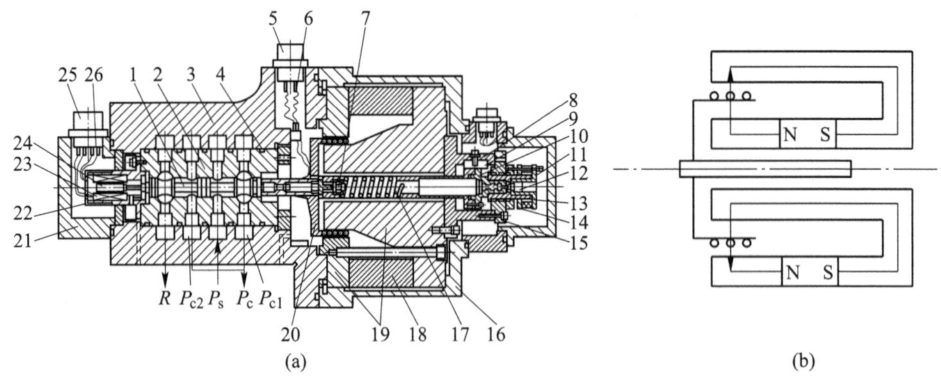


图 8-11　力马达阀结构图

（a）力马达阀结构示意图；（b）力马达结构示意图

1—阀芯；2—阀套；3—阀体；4—O 形密封圈；5—连接头；6—导线；7—螺栓；8—定位环；9—键；10—座环；11—锁紧环；12—锁紧螺栓；13—调整螺栓；14—锁紧螺母；15—中位调整座；16—盖子；17—弹簧；18—永磁体；19—导磁体；20—线圈；21—盖子；22—位移传感器防磁罩；23—差压变送器线圈；24—差压变送器芯轴；25—连接头；26—导线

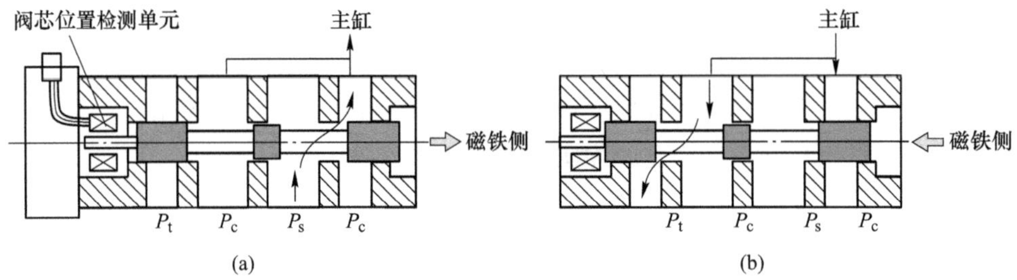


图 8-12　液压油流原理图

（a）阀芯右移；（b）阀芯左移

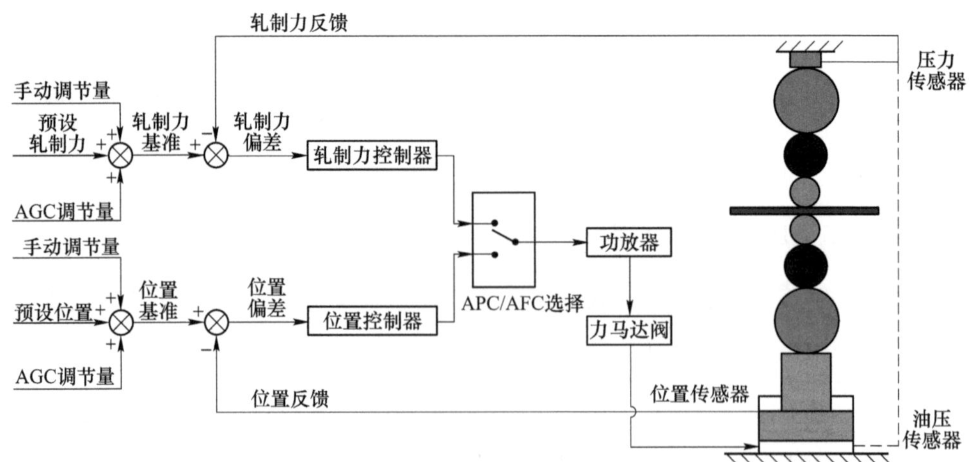


图 8-13　液压辊缝位置控制系统原理

轧机液压辊缝控制系统组成部件较多，结构复杂。首先对液压辊缝控制系统各个组成部件进行分析，然后建立 HGC 系统 AMESim 仿真模型。

结合实际工程系统，选择尽可能少的要素来建立尽可能详细的反映真实工程系统的仿真模型。在 AMESim 的液压库、机械库、电气库、HCD 库等中可以找到相应的图形化仿真元件来搭建轧机液压辊缝控制系统仿真模型。依据现场某 1450 冷连轧机组实际参数，建立的模型如图 8-14 所示。

液压压上控制系统响应速度很快，可以对干扰进行高速补偿，动刚度控制就是这样一个高速的内部回路，它试图立即纠正轧机弹跳变化。但是，液压缸作为执行机构，具有动态响应速度限制。

依据轧机资料可知：液压辊缝控制中包括两个反馈系统：一路是轧制力经过弹跳方程计算后实施轧机动态刚度补偿控制，即将采集到的轧制力波动信号经过模/数转换后转化为厚度波动，然后反馈至给定输入端，实现带钢的纵向厚差补偿控制；另一路是液压缸磁尺传感器输出的位移信号反馈至给定输入端，通过调节器的调节进行辊缝的控制，从而达到厚度控制的目的。

### 8.7.3 力马达阀参数对轧机振动影响

利用建立的液压辊缝控制系统模型进行仿真研究，由于力马达阀的非线性特点，例如当输入 40 Hz 激励时，导致力马达阀输出和液压缸出现 2 倍频 80 Hz 和 3 倍频 120 Hz 的油液压力波动，从而引起轧机的垂直振动，其工作辊垂直方向振动速度如图 8-15 所示。

为了抑制轧机振动，调节力马达阀内部阀芯弹簧刚度、阻尼和质量 3 个参数，改变力马达阀系统的截止频率。当轧机由于来料厚差和变形抗力波动等因素产生振动时，其轧制力、液压压力均发生小幅波动。此时，由于力马达阀本身调节频率与轧机共振频率错开，降低了其阀芯位移和输出流量的波动，最终消减轧机振动。

通过研究可知：

（1）当力马达阀系统的给定输入中包含小振幅干扰成分时，阀芯会发生振动放大现象。

（2）考虑其稳态液刚度随着负载发生周期性变化时，系统成为参变非线性系统，当刚度变化频率接近系统共振频率时，阀芯会发生共振现象，当刚度变化频率远离系统共振频率时，阀芯振动及输出流量波动较小，轧机振动很弱。

（3）当力马达阀系统的给定输入中包含谐波干扰成分时，会发生超谐或者次谐共振，导致力马达阀的输出流量产生波动，成为轧机振动的原因之一。

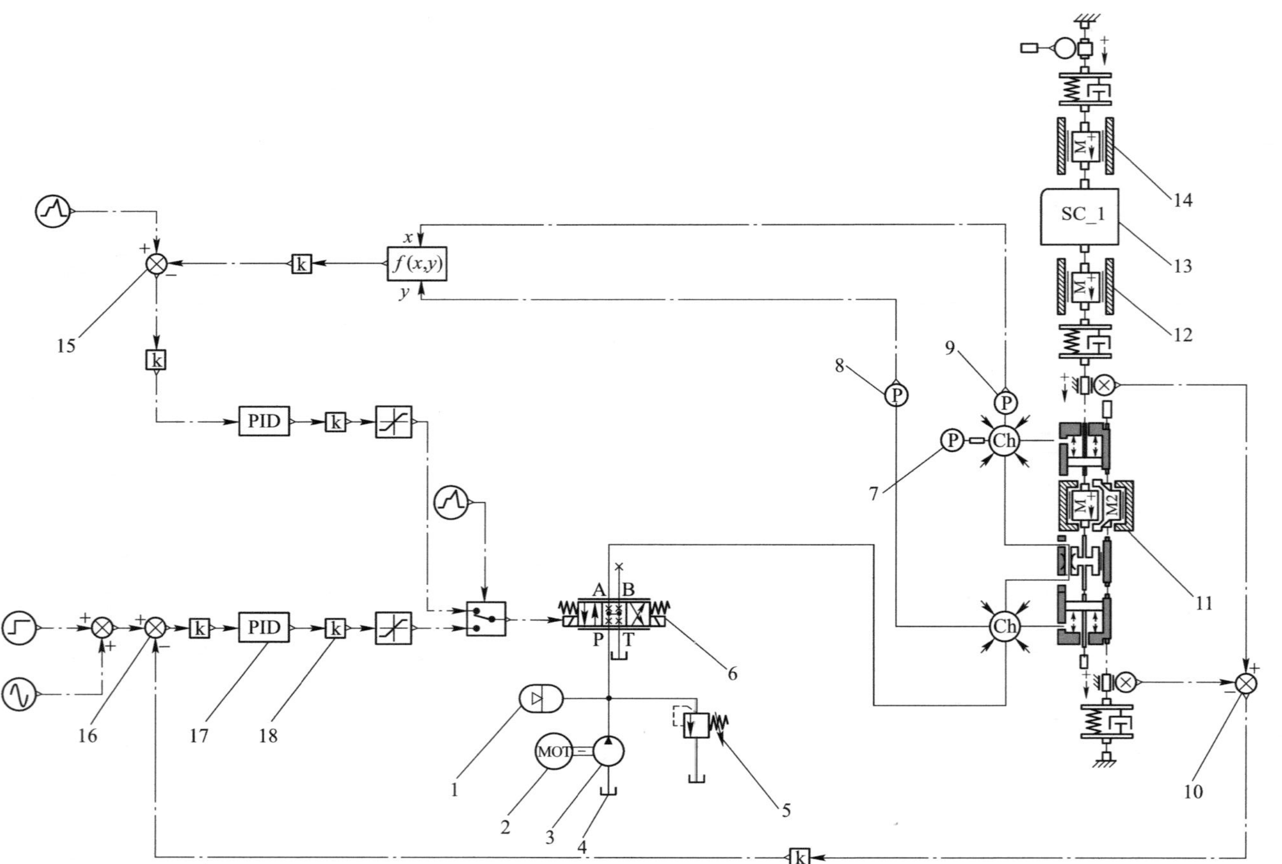


图 8-14　某 1450 冷连轧机组液压辊缝控制系统模型

1—储能器；2—电机；3—液压泵；4—油箱；5—溢流阀；6—力马达阀；7—背压腔恒压油源；8—无杆腔油压信号；9—有杆腔油压信号；10—磁尺信号；11—液压压上油缸；12—下辊系；13—带钢模型；14—上辊系；15—压力设定值；16—辊缝位置设定值；17—PID 控制器；18—伺服放大器

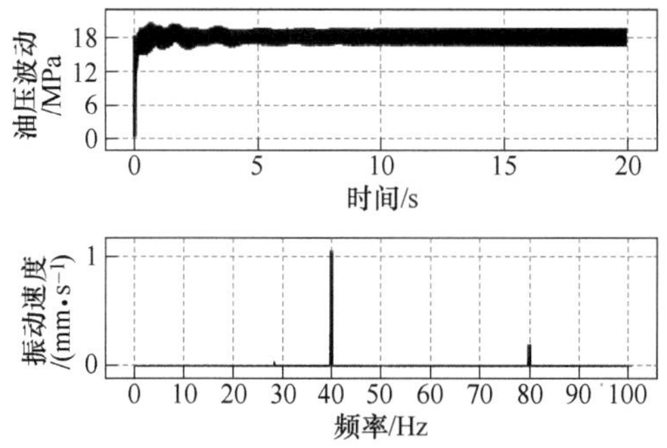


图 8-15 轧机工作辊垂直振动速度

## 8.8 动态轧制扭矩激励齿轮生成啮合振动

某 2130 连轧机 S3 轧机在低速轧制薄规格带钢时频繁发生强烈扭振现象，现场测试结果表明扭振频率与主传动齿轮座内齿轮啮合频率十分吻合。传统观点认为该扭振是由齿轮座齿轮啮合激励频率造成的。减速机内齿轮和齿轮座内齿轮啮合过程呈现刚度波动状态使轧制过程传动系统出现幅值很小的扭振波动频率，但激发轧机重量达几百吨需要很大的能量，推测仅仅由齿轮啮合激励很难激发起强烈扭振现象，一定还有其他因素共同作用才能产生这样大的扭振。

以 S3 轧机为研究对象，用 ADAMS 软件对该轧机模型进行动力学建模和仿真。传动系统存在两种齿轮激励频率，即齿轮座内齿轮啮合频率和减速机内齿轮啮合频率。仿真分析动态轧制扭矩激励频率等于这两个频率时的扭振幅值放大规律，同时探究动态轧制扭矩激励的幅值、相位等变化时对扭振的影响规律。

### 8.8.1 齿轮啮合单独激励下扭振响应

#### 8.8.1.1 主传动系统动力学模型建立

首先利用 SolidWorks 建立 S3 实体模型，如图 8-16 所示，然后导入 ADAMS 仿真软件对模型进行设置，最后对仿真模型进行求解和分析。

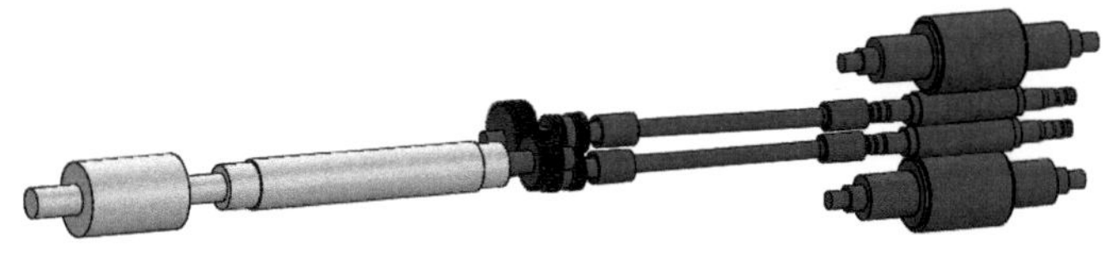

图 8-16 S3 轧机传动系统模型

模型设置包括参数录入、施加约束、齿轮接触力、施加匀速驱动等，然后在上下工作辊上施加负载扭矩 50 kN · m。

8. 8. 1. 2　仿真结果后处理分析

完成上述约束、参数、驱动和受力的设置后就可以进行动力学仿真，将测点选在上万向轴上来测量扭振，主电机转速设为 1 r/s 时获得扭振频谱如图 8-17 所示。

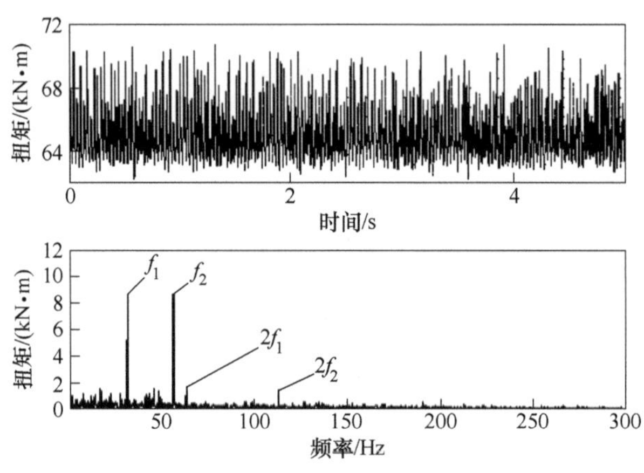


图 8-17　主电机输出轴扭振频谱图

从频谱图中可以看到该仿真结果主要包含了多种频率成分，经过计算齿轮座、减速机中的齿轮啮合频率相对应，分别为 $f_1 = 32$ Hz 和 $f_2 = 57$ Hz，同时出现了倍频现象，但比较弱。电机输出轴上的扭振频域最大幅值约为 8. 6 kN · m，说明仅齿轮啮合产生的扭振很小，不足以激发轧机主传动系统的剧烈扭振。

## 8. 8. 2　动态轧制扭矩和齿轮啮合共同激励下扭振响应

将上述上下轧辊端的稳态扭矩改为含有动态扭矩的形式，在软件设置中将载荷设置更改为：$T = T_0 + \Delta T\sin(2\pi f_v t + \varphi_v)$，式中的参数设置见表 8-9。通过改变动态轧制扭矩激励的频率，来探究不同激励频率下主传动电机输出轴的扭振响应。

**表 8-9　载荷参数设置**

| 符号 | 变量名称 | 单位 | 数值 |
|---|---|---|---|
| $T_0$ | 稳态扭矩 | kN · m | 200 |
| $\Delta T$ | 动态扭矩 | kN · m | 50 |
| $f_v$ | 扭振频率 | Hz | 25~70 |

主传动系统中有减速机内齿轮啮合频率和齿轮座内齿轮啮合频率。所以动态轧制扭矩激励的频率选在两种齿轮啮合频率分别为 32 Hz 和 57 Hz 动态轧制扭矩激励频率，观察上电机轴扭振的响应最大值，如图 8-18 和图 8-19 所示。动态轧制扭矩不同激振频率下电机输出轴的扭振响应统计如表 8-10 和图 8-20 所示。

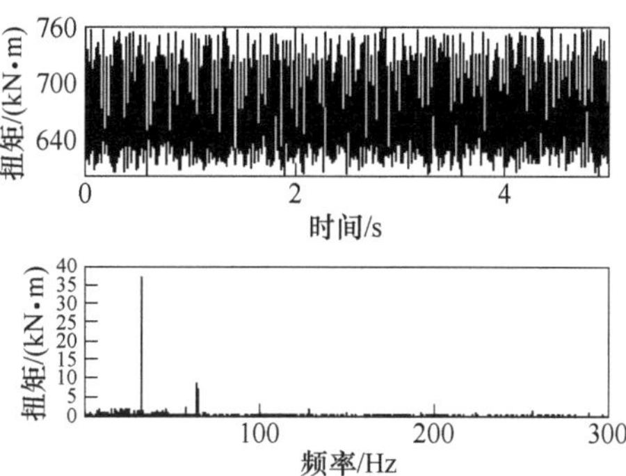


图 8-18 轧制扭矩激励频率为 32 Hz 电机输出轴扭振响应

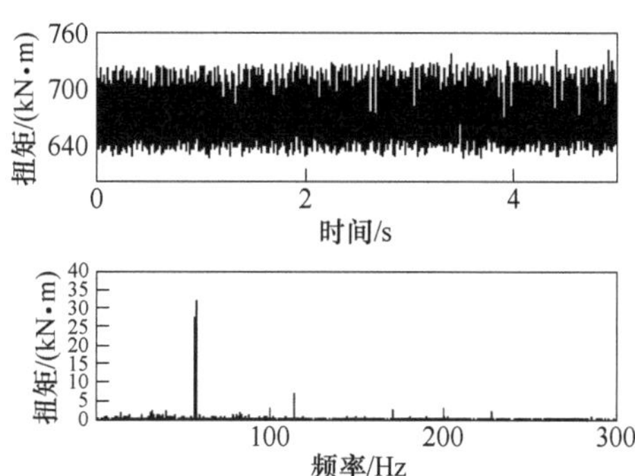


图 8-19 轧制扭矩激励频率为 57 Hz 电机输出轴扭振响应

经过分析图 8-20 中两个幅值大的频率正好与主传动齿轮座齿轮啮合频率和减速机齿轮啮合频率相吻合，换言之，当轧制扭矩激励频率与传动齿轮啮合频率相近或吻合时扭振将被放大。

**表 8-10 不同轧制扭矩频率激励下电机输出轴扭矩频域幅值统计**

| 激励频率/Hz | 扭振幅值/(kN · m) |
| --- | --- |
| 25 | 10. 6 |
| 27 | 13. 3 |
| 29 | 13. 8 |
| 30 | 19. 2 |

续表 8-10

| 激励频率/Hz | 扭振幅值/(kN · m) |
|---|---|
| 32 | 36. 9 |
| 33 | 19. 6 |
| 35 | 13. 8 |
| 49 | 11. 3 |
| 51 | 13. 5 |
| 54 | 14. 5 |
| 56 | 18. 9 |
| 57 | 32. 3 |
| 58 | 21. 2 |
| 60 | 14. 4 |
| 61 | 11. 8 |
| 62 | 11. 2 |
| 64 | 13. 0 |

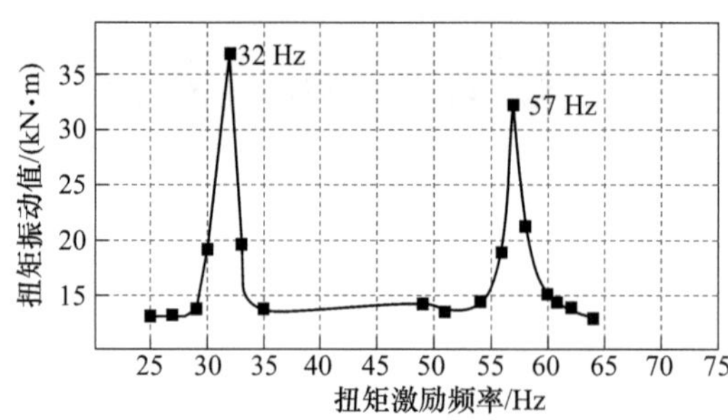


图 8-20　不同动态轧制扭矩激励频率下的扭振响应

为了描述由于轧制扭矩激励频率与齿轮啮合频率吻合时产生的放大效应，引入放大倍数概念，定义上电机轴测点在轧制扭矩激励下扭振的统计结果见表 8-11。

**表 8-11　主传动齿轮啮合扭振放大倍数**

| 序号 | 名称 | 主传动转速为 1 r/s 对应的啮合频率 /Hz | 轧制扭矩激励幅值 /(kN · m) | 电机输出轴扭振响应幅值 /(kN · m) | 扭振放大倍数 |
|---|---|---|---|---|---|
| 1 | 齿轮座齿轮 | 32 | 10 | 36. 9 | 3. 69 |
| 2 | 减速机低速齿轮 | 57 | | 32. 3 | 3. 23 |

从表 8-11 中看出，在轧制扭矩激励幅值 10 kN · m 作用下，若与齿轮座齿轮和减速机齿轮啮合频率吻合时，主传动电机输出轴扭振响应幅值放大倍数分别为 3.69 和 3.23。因此，可以得出结论，在齿轮正常啮合工作状态下，其啮合刚度的波动导致扭振幅值很小，不足以激起轧机扭振现象。但是在动态轧制扭矩激励下，激励频率与齿轮啮合频率吻合时具有放大效应，使轧机扭振变得强烈。

### 8.8.3　动态轧制扭矩与齿轮啮合激励存在相位差扭振响应

一般轧制过程中动态轧制扭矩激励与齿轮啮合激励相位不同，设定动态轧制扭矩激励频率为 32 Hz，施加谐波激励载荷同上，扫描频率为 0~300 Hz，仅改变动态轧制扭矩激励的相位 $\varphi_v$ 来探究不同相位下动态轧制扭矩激励对轧机扭振的影响。

在 ADAMS 中通过改变动态轧制扭矩激励的函数表达式来改变激励相位，分别取动态轧制扭矩激励相位为 30°、45°、60°、90°、120°、135°、150°、180°和 210°进行仿真分析，分别求得在不同相位下的扭矩时域图与频域图如图 8-21 所示，统计结果如图 8-22 所示。

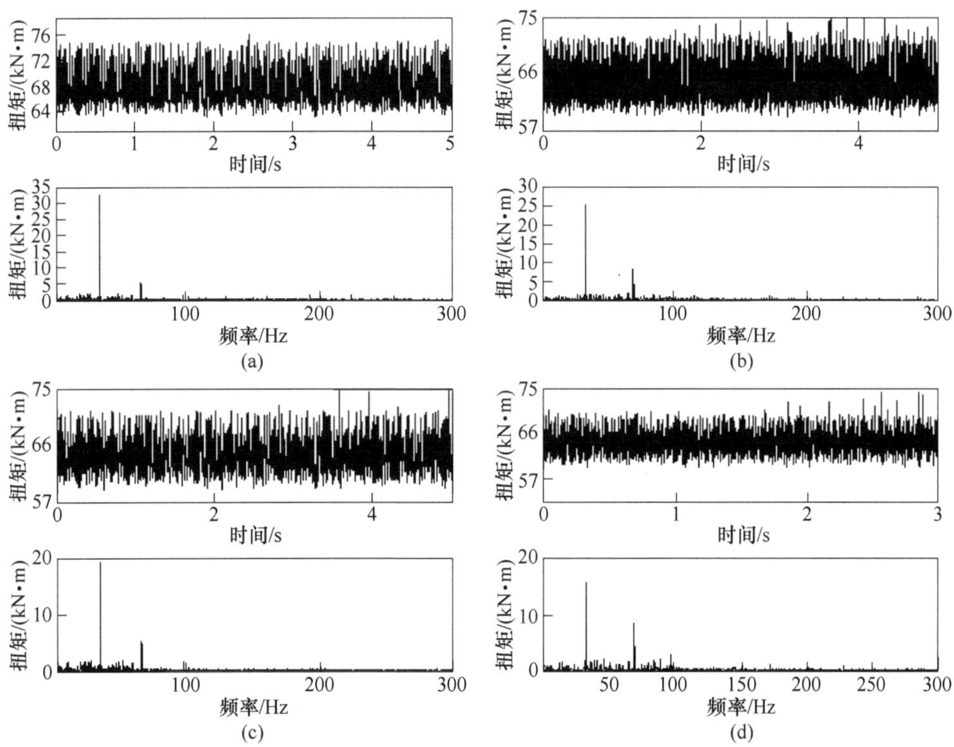

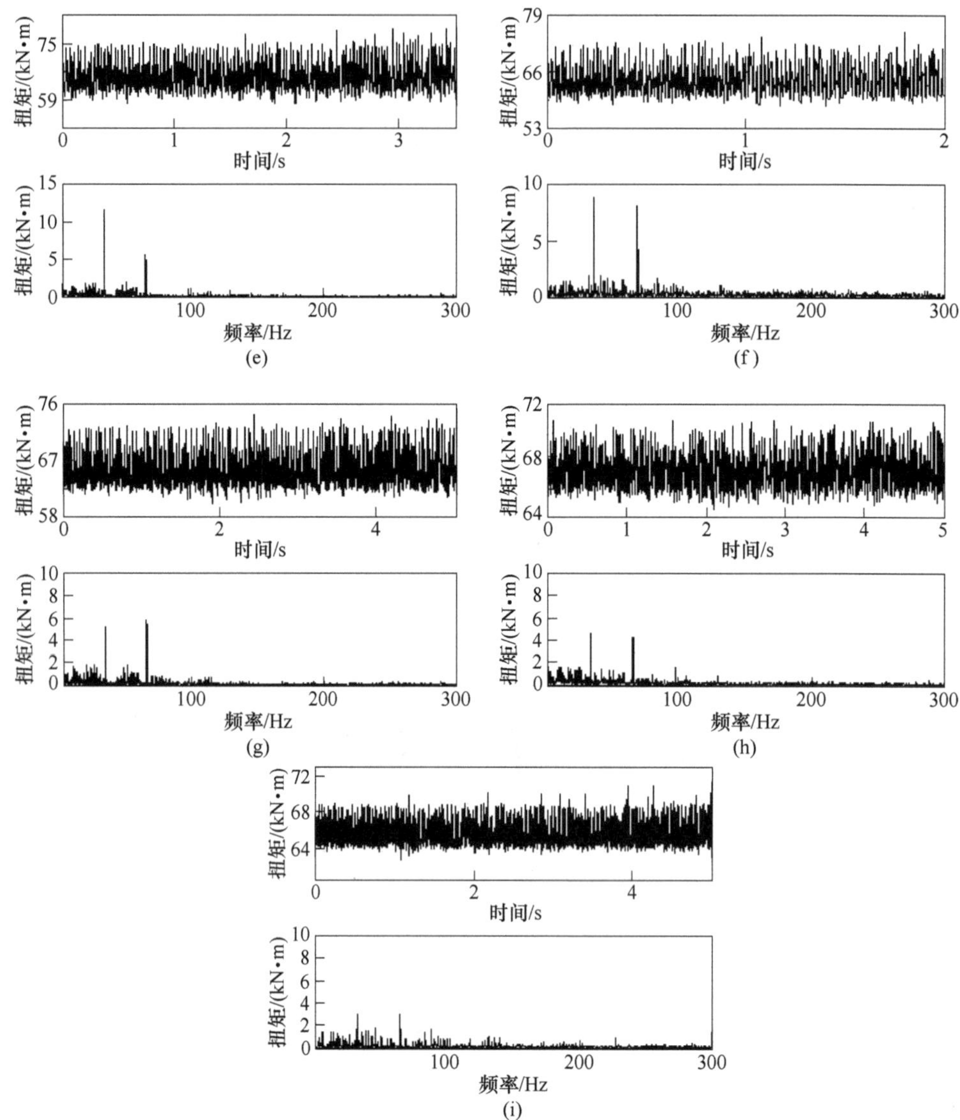


图 8-21　不同动态轧制扭矩激励相位下电机输出轴扭振响应

（a）相位角为 30°；（b）相位角为 45°；（c）相位角为 60°；（d）相位角为 90°；（e）相位角为 120°；（f）相位角为 135°；（g）相位角为 150°；（h）相位角为 180°；（i）相位角为 210°

仿真结果表明，动态轧制扭矩激励相位变化时，扭振响应幅值也不同，随着相位的变化，轧机上电机轴扭振响应值从大到小然后再变大，扭振幅值呈周期性变化。表明动态轧制扭矩激励相位的变化会改变扭振响应的幅值，因此，控制动态轧制扭矩激励的相位也成为抑制扭振的措施之一。

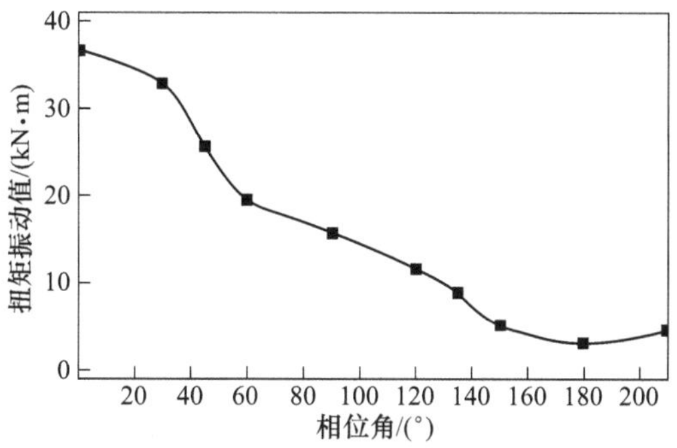


图 8-22　动态轧制扭矩激励载荷相位不同时的扭振变化规律

### 8.8.4　不同动态轧制扭矩幅值激励扭振响应

由于轧制过程中参数的变化会导致工作辊受到激励载荷幅值大小不同。为研究不同的动态轧制扭矩激励幅值的大小对轧机扭振的影响效果，以激励频率 32 Hz为例，改变动态轧制扭矩幅值 $\Delta T$ 来探究对轧机扭振的影响。

在 ADAMS 中通过改变动态轧制扭矩激励幅值，设定动态轧制扭矩激励幅值分别为 10 kN · m、20 kN · m、30 kN · m、40 kN · m、50 kN · m、60 kN · m、70 kN · m、80 kN · m 和 90 kN · m，分别求得电机输出轴扭振如图 8-23 所示。

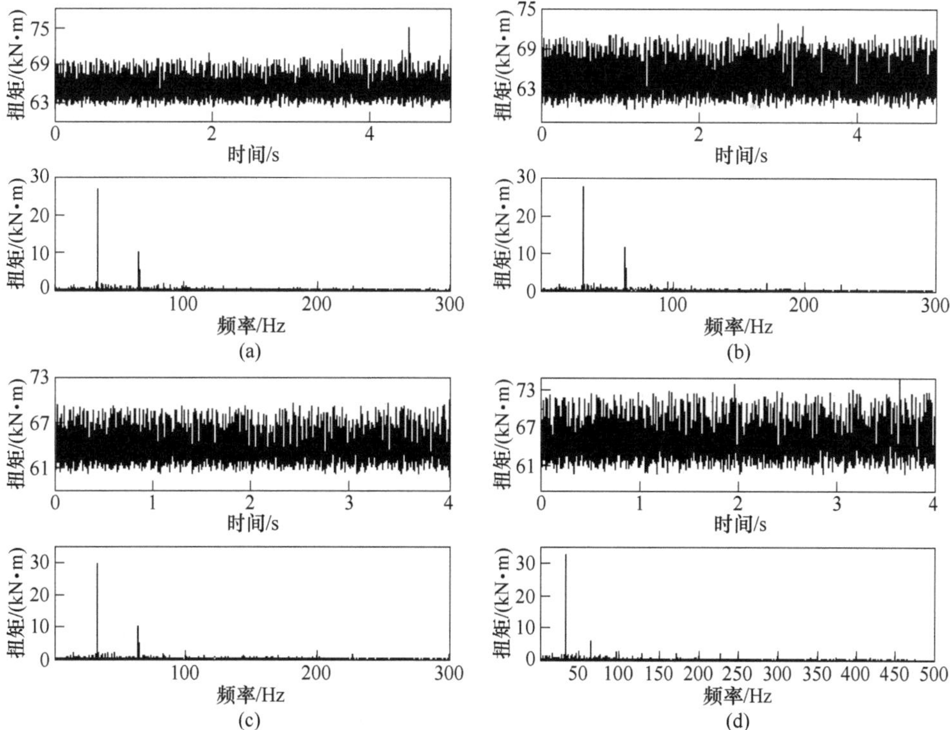

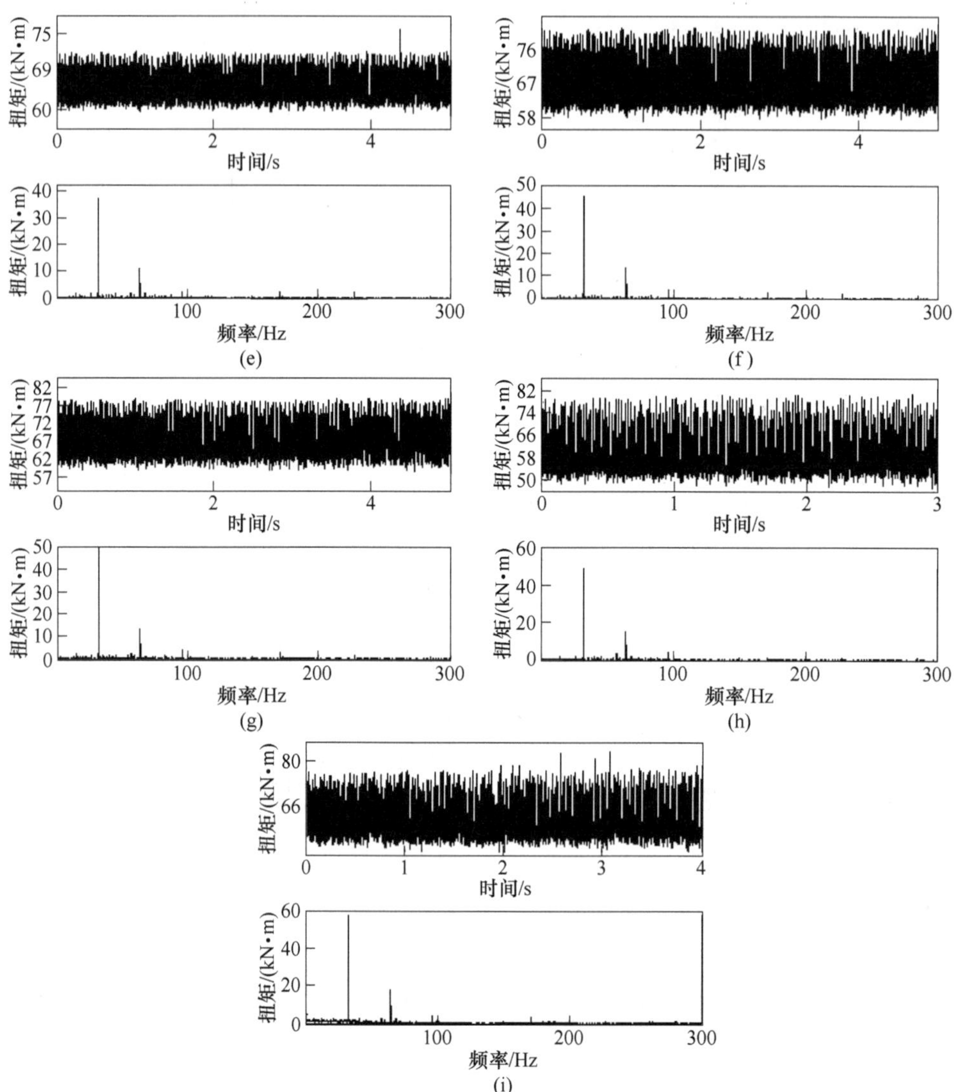


图 8-23　不同动态轧制扭矩激励幅值下电机接轴扭振

(a) 10 kN · m; (b) 20 kN · m; (c) 30 kN · m; (d) 40 kN · m; (e) 50 kN · m; (f) 60 kN · m; (g) 70 kN · m; (h) 80 kN · m; (i) 90 kN · m

将扭振频谱图中的幅值大小进行统计如图 8-24 所示。仿真分析统计结果表明，动态轧制扭矩激励幅值越大，接轴扭振也越大，因此在实际生产中，不论使用什么手段，竭力降低激励幅值，当幅值降到一定值时，轧机就振不起来了，轧制生产过程就变得顺畅稳定。

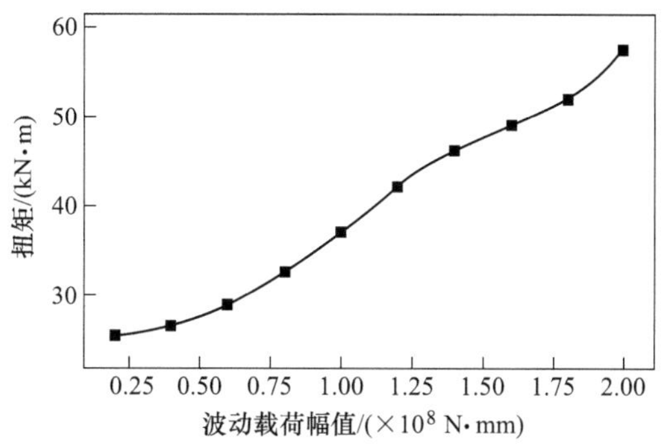


图 8-24 不同动态载荷下电机输出轴扭振幅值

综上所述，轧机主传动系统中由于齿轮啮合刚度的波动会使主传动系统产生很小的扭振，不足以造成轧机强烈扭振，除非齿轮出现了严重的故障。但由于来料厚度和硬度的波动使轧制过程的轧制扭矩出现具有一定频率的波动对主传动系统形成激励，当此激励频率与传动系统中齿轮啮合频率相近或吻合时将使扭振放大，因此应从动态轧制扭矩激励频率避开齿轮啮合频率、降低动态轧制扭矩幅值或改变动态轧制扭矩激励与齿轮啮合激励相位方面投入抑振措施来降低扭振现象。

## 8.9 动态轧制力激励支承辊轴承振动

当轴承出现故障特征频率时一般是由轴承本身引起的，例如轴承的滚道或者滚动体发生了疲劳磨损、点蚀和局部剥落等缺陷以及内外圈、保持架出现裂纹等原因造成的。

现场实测某 1450 连轧机在轧制薄规格带钢时频繁发生 83.2 Hz 强烈振动现象，通过进一步分析其振动频率与垂直系统支承辊轴承的外圈故障频率一致。传统理论观点认为该振动是由支承辊轴承故障频率激励造成的，但是在现场即使更换了支承辊轴承还会出现外圈故障特征频率，只是幅值稍微变小而已。轧机重量达几百吨，激发起该振动需要很大的振动能量。因此，推测仅仅由支承辊轴承激励很难产生起强烈振动，一定还有其他因素作用才会产生较大的振动现象，下面做进一步研究。

### 8.9.1 支承辊轴承垂直动刚度变化频率

冷连轧机组振动频率经常与支承辊轴承的外圈故障频率接近时产生较大振动现象。为了解释这一现象，以某 1450 冷连轧机组 S5 轧机为例来进行研究，轧辊配辊见表 8-12。

**表 8-12　S5 轧机配辊尺寸**　(mm)

| 序号 | 名　称 | 尺　寸 |
|---|---|---|
| 1 | 工作辊辊径 | 385～425 |
| 2 | 工作辊辊身长 | 1605 |
| 3 | 中间辊辊径 | 440～490 |
| 4 | 中间辊辊身长 | 1450 |
| 5 | 支承辊辊径 | 1150～1300 |
| 6 | 支承辊辊身长 | 1410 |

轧机支承辊轴承外观及主要参数如图 8-25 和表 8-13 所示。

图 8-25　四列圆柱滚子轴承实体模型

**表 8-13　四列圆柱滚子轴承主要结构参数**

| 序号 | 参　数 | 单位 | 数值 |
|---|---|---|---|
| 1 | 外圈直径 | mm | 1075 |
| 2 | 外圈宽度 | mm | 770 |
| 3 | 外圈滚道直径 | mm | 1003 |
| 4 | 外圈重量 | kg | 215 |
| 5 | 内圈直径 | mm | 770 |
| 6 | 内圈宽度 | mm | 770 |
| 7 | 内圈重量 | kg | 160 |
| 8 | 内圈滚道直径 | mm | 847 |
| 9 | 节圆直径 | mm | 925 |
| 10 | 滚动体直径 | mm | 78 |
| 11 | 滚动体数量 | 个 | 36×4 |
| 12 | 接触角 | (°) | 0 |

设下支承辊轴承受到竖直向下的轧制力 $P$，其受载区分布如图 8-26（a）所示，当滚动体旋转时，其受载区位置变化如图 8-26（b）所示。

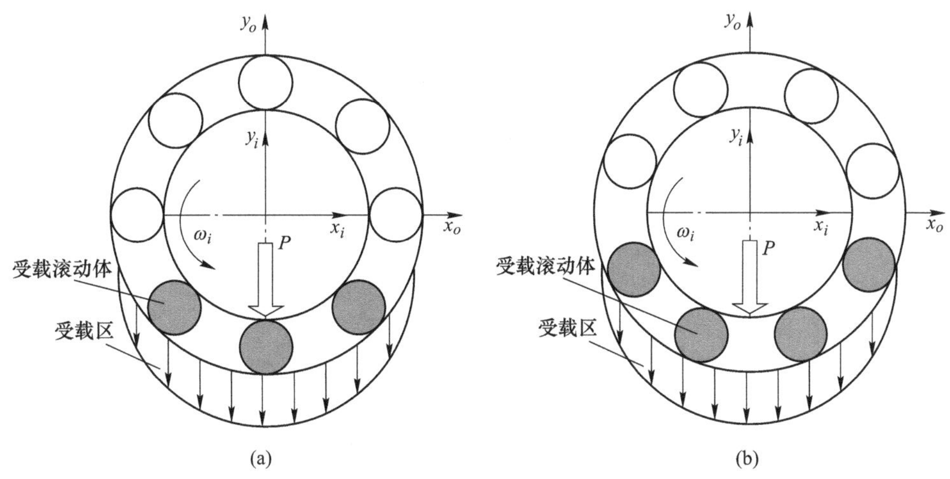


图 8-26　支承辊轴承滚动体受载示意
（a）受载区分布；（b）受载区位置变化

在不同时刻，当第 $j$-1 个滚动体从原位置运动到第 $j$ 个滚动体的位置时，支承辊轴承的垂直刚度完成了一个周期变化，则刚度变化的频率为：

$$f_k = Nf \tag{8-13}$$

式中　$N$——支承辊轴承滚动体个数；

$f$——支承辊轴承保持架转频，Hz。

其中支承辊轴承保持架转频为：

$$f = \frac{n}{120}\left(1 - \frac{d}{D}\cos\alpha\right) \tag{8-14}$$

式中　$d$——滚动体直径；

$D$——节圆直径；

$n$——支承辊转速；

$\alpha$——接触角。

将表 8-12 中参数代入式（8-14），得到保持架转频为：

$$f = 0.00763n \tag{8-15}$$

当轧制速度为 1200 m/min、支承辊直径为 1261 mm 时，则支承辊刚度变化频率为 83.2 Hz，恰好等于轴承外圈故障特征频率。换言之，冷连轧机组振动频率与支承辊轴承垂直刚度变化频率一致。因此，动刚度的变化会引起轴承的振动，而轴承内外圈间隙的增加和局部轻微缺陷的产生会加剧这种动刚度变化，从而加剧振动。

### 8.9.2　动态轧制力激励下支承辊轴承振动

根据以往的经验，轧机垂振主要来自于轧制过程中多种因素生成的动态轧制力，当动态轧制力激励频率接近支承辊轴承的外圈故障频率（动态刚度变化频率）时，轧机的振动变大，因此需要研究动态轧制力对支承辊轴承振动的影响。

#### 8.9.2.1　动态轧制力激励支承辊轴承振动

由于支承辊轴承装配需要存在间隙，使得轴承的外圈故障特征频率一直出现。但是仅因轴承的动刚度变化（外圈的故障频率）引起的振动并不明显，因此推测在动态轧制力激励下轴承振动可能被放大。由于支承辊轴承主要承受轧制时的轧制力，因此在仿真研究时在轴承处施加变化的动态轧制力激励，探究动态轧制力对轴承振动的影响。首先利用有限元建立支承辊轴承座仿真模型，为简化起见，给轴承添加一个正弦激励，设波动其大小为稳态轧制力的 1%，数值为 $3\times10^4$ N，测点为轴承座上部中心位置。然后改变激励频率范围为 78～88 Hz，仿真得到测点的振动速度与激励频率关系如图 8-27 所示。

从图中可以看出，在动态轧制力激励频率靠近支承辊外圈故障特征频率（动刚度频率）83.2 Hz 时，轴承振动幅值变大，激励频率远离时，轴承振动幅值迅速降低。

#### 8.9.2.2　动态轧制力激励相位对支承辊轴承振动影响

轧机在轧制过程中轧制力的激励频率除了受到诸多因素影响外，其激励相位与轴承动态刚度相位差也发生变化。经过仿真研究，在保持激励频率 83.2 Hz 不变的情况下改变其激励相位，其影响规律如图 8-28 所示。

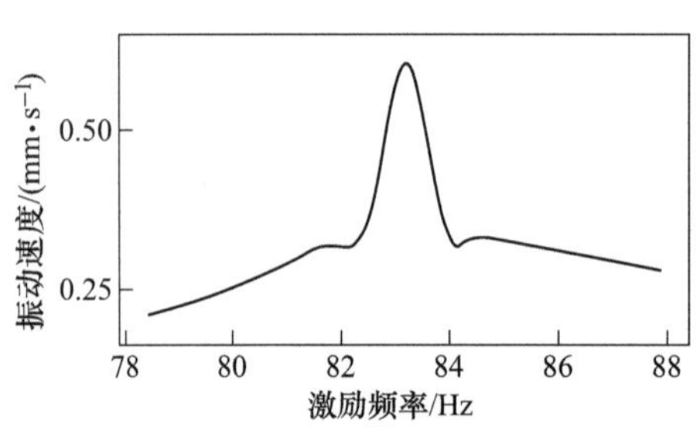


图 8-27　激励频率变化对轴承振动速度影响

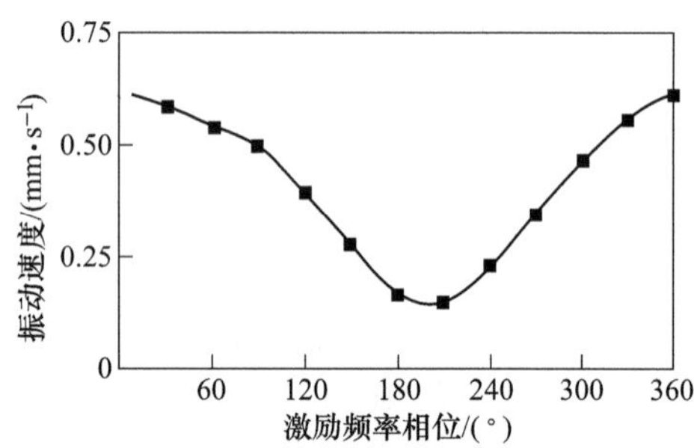


图 8-28　动态轧制力激励频率相位变化对轴承振动特性影响

从图 8-28 中可以看出，随着激励相位的变化，振动速度幅值也发生相应的变化，且其幅值变化规律近似正弦函数规律，在 $\varphi=0°$或 360°时幅值达到最大。

综上所述，动态轧制力激励频率接近支承辊轴承外圈故障特征频率（动刚度频率）时振动变大，远离时振动衰弱；动态轧制力激励频率与动刚度激励频率间相位变化对轴承振动也产生不同程度的影响。因此，减小轧机振动可以从改变动态轧制力的激励频率避开动刚度频率或改变相位来进行控制。

# 8.10 轧辊多边形激励轧机振动研究

在磨辊过程中，由于磨床和砂轮之间的相对振动可能导致轧辊生成多边形，或者轧机振动严重时轧辊也会出现多边形，成为轧机振动的一个再生振源。为了解释这种激励轧机状态，需要模拟轧辊多边形对轧机振动的影响。

## 8.10.1 轧制过程有限元模型建立

以某 2030 四辊冷连轧机组参数为例。轧制过程是旋转的轧辊依靠与带钢之间的摩擦力将带钢咬入辊缝中形成塑性变形，这是一个极其复杂的三维变形问题。

设上、下工作辊均为主动辊，上、下支承辊依靠与工作辊间的摩擦力被带动旋转。采用 SolidWorks 软件，依据轧机 CAD 图纸建立轧制实体模型如图 8-29 所示。

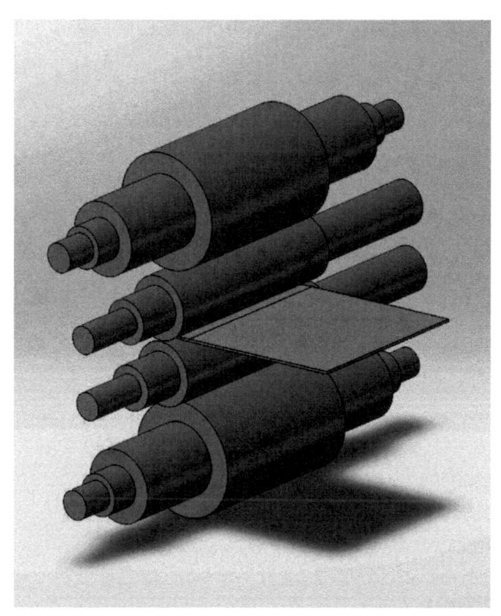

图 8-29 轧制过程三维实体模型

将实体模型导入 ANSYS 软件中，依据实际情况进行材料参数选择、网格单元划分、设置边界条件、给定摩擦系数和选择接触类型等，获得计算机仿真模型如图 8-30 所示。

定义轧辊和带钢材料，轧辊材质为高碳铬钢、带钢材质为 Q235B。

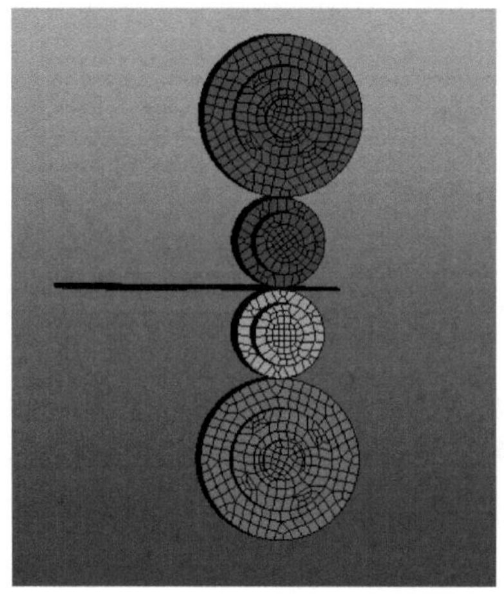
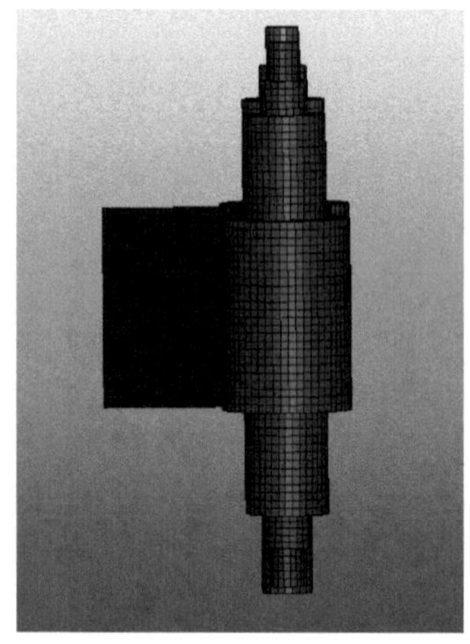

图 8-30　轧制过程仿真模型

## 8.10.2　不同轧辊多边形激励下轧制力响应

为了模拟轧辊多边形状态，使用 SolidWorks 创建了圆柱形（$\phi$660 mm）轧辊、22 边形轧辊和 40 边形轧辊，进行轧制过程（工作辊转速 1 r/s）仿真分析，探究在轧辊多边形的激励下轧机动态轧制力的响应。

### 8.10.2.1　理想圆柱形轧辊的轧制力响应

经过仿真，利用后处理得到轧制过程轧制力曲线如图 8-31 所示。由图可见，轧制过程分为两个阶段，咬钢过程和稳定轧制阶段。选择稳定轧制阶段的轧制力，其频谱图如图 8-32 所示。

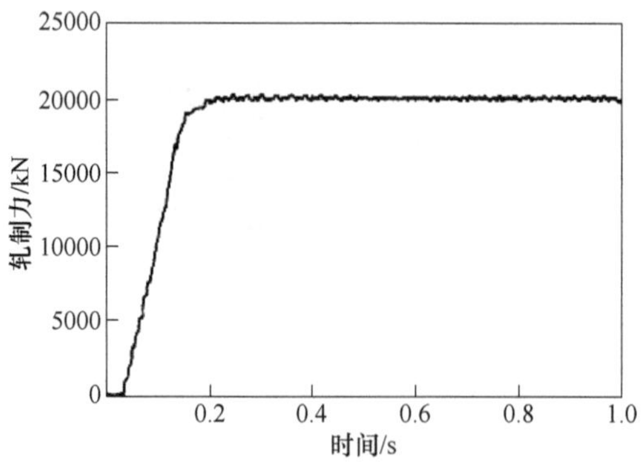


图 8-31　圆柱形轧辊轧制力

图中发现在稳定轧制过程中轧制力存在周期性的波动变化，其基频为 35 Hz，2 倍频 70 Hz 和 3 倍频 105 Hz。但仿真参数未添加非线性因素，因此经分析这是

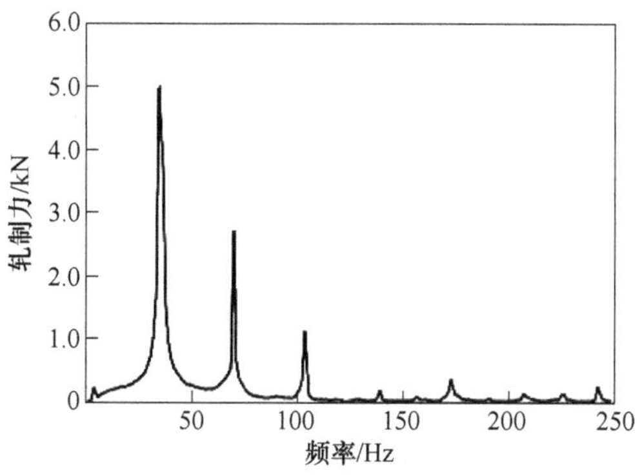


图 8-32 轧制力频谱图

由于有限元软件网格划分的局限造成的，从而导致轧制力波动，但其幅值很小，随着网格划分的细化，轧制力波动会趋于更小。

8.10.2.2 二十二边形轧辊的轧制力响应

在仿真设置中其他参数不变的前提下，仅改变工作辊辊身为二十二边形，如图 8-33 所示，轧制过程轧制力波形和频谱图如图 8-34 所示。

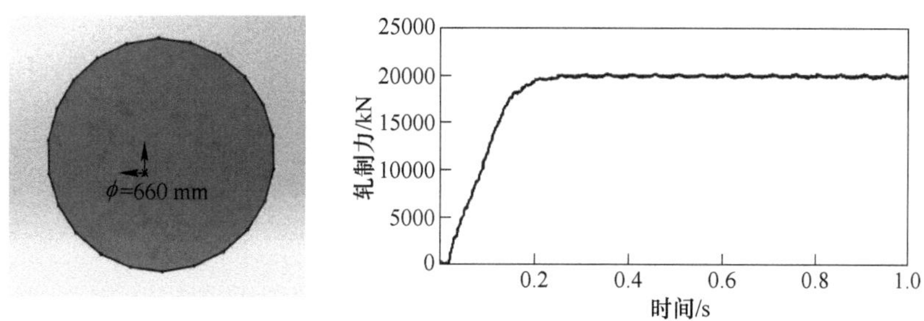


图 8-33 二十二边形工作辊截面和轧制力变化

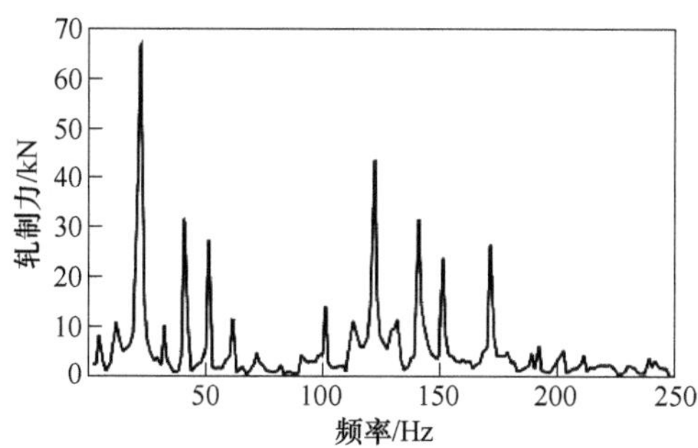


图 8-34 二十二边形轧制力频谱

比较二十二边形轧辊稳定轧制过程轧制力频谱图的幅值明显高于理想圆柱形轧辊频谱峰值十几倍，表明了轧辊多边形激励的引入使得轧机振动变得强烈且更加复杂，其中倍频的出现一定程度上反映了系统非线性的增强，验证了轧辊多边形会对轧机振动产生更大的不利影响。

#### 8.10.2.3　四十边形轧辊轧制力响应研究

同理，在不改变仿真过程其他参数的前提下，仅选择四十边形轧辊，如图 8-35 所示。仿真结果如图 8-35 和图 8-36 所示。

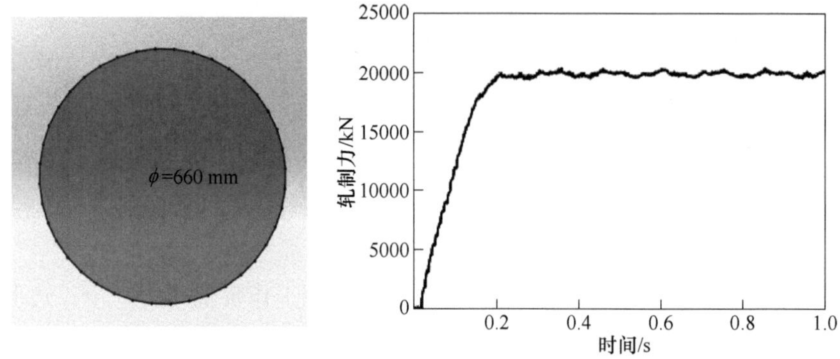


图 8-35　四十边形工作辊截面和轧制力变化

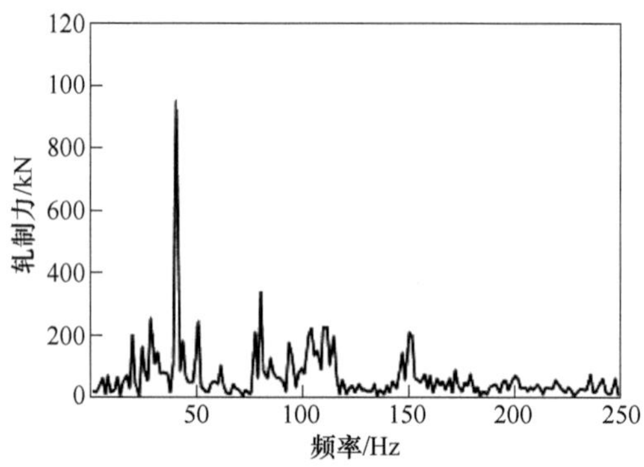


图 8-36　四十边形工作辊轧制力频谱

四十边形轧辊轧制过程中非线性因素的增加，轧机的振动会越来越大。

基于有限元软件 ANSYS 建立轧制模型，对轧辊多边形激励下的轧机轧制过程的轧制力进行了模拟分析，得到了以下结论：

（1）对理想圆柱形轧辊、二十二边形轧辊、四十边形轧辊进行轧制仿真，得到稳定轧制阶段轧制力平均值差别很小仅为 0.85%。

（2）从圆柱形轧辊到二十二边形轧辊或四十边形轧辊，得到的轧制力频谱图越来越复杂，出现倍频现象，轧制力的波动也越剧烈，进而使轧机振动非线性增强。

# 8.11 不同带钢状态轧制过程对轧机振动影响

利用 SolidWorks 建立某 1720 冷连轧机垂直系统模型，通过 ABAQUS 和有限元软件对轧制过程进行模拟，设定不同厚度波动的带钢来模拟求解轧制过程，通过仿真研究获得了轧机在带钢厚度波动的激励下轧机动态轧制力的响应特性，为减小轧机振动提供依据。

利用 ABAQUS 仿真轧制过程获得工作辊的动力学特性。首先依据轧机 CAD 图纸，使用 SolidWorks 软件进行三维实体建模，对影响较小的因素进行适当简化；然后将 SolidWorks 中的模型导入 ABAQUS 软件中进行适当的前处理；最后进行仿真研究，通过后处理获得轧制力和位移信号。

## 8.11.1 轧机机械实体模型建立

轧机垂直系统由工作辊、支承辊、轴承座、牌坊和液压缸等构成，其实体模型如图 8-37 所示。

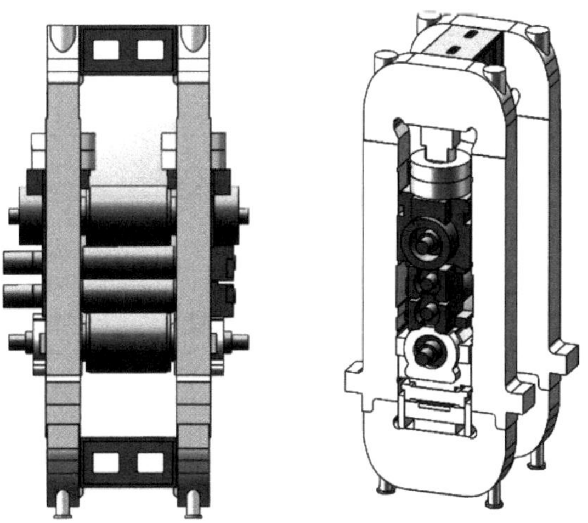

图 8-37 轧机实体模型

利用 ABQUS 探究轧机在带钢线性和非线性激励下的轧机动力学特性，经过网格划分、带钢和轧机材料属性、边界条件、载荷施加和接触设置等前处理获得辊系模型如图 8-38 所示。

## 8.11.2 带钢轧制过程激励轧机响应

轧机的振动是由许多因素共同作用引起的，最终反映在轧制力波动的大小。当轧制力波动增大时，轧机振动也会更加剧烈。

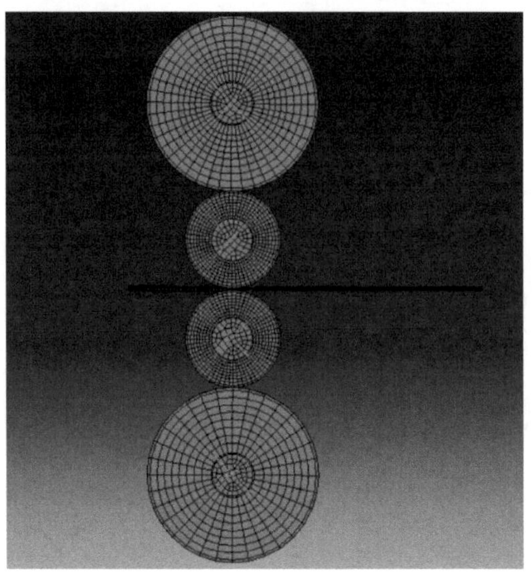

图 8-38　轧制过程仿真模型

影响轧机垂直振动的因素很多，下面介绍理想平带钢和厚度波动的带钢激励轧机时的响应。

轧制速度为 1.8 m/s，轧制理想平带钢过程仿真结果如图 8-39 所示。

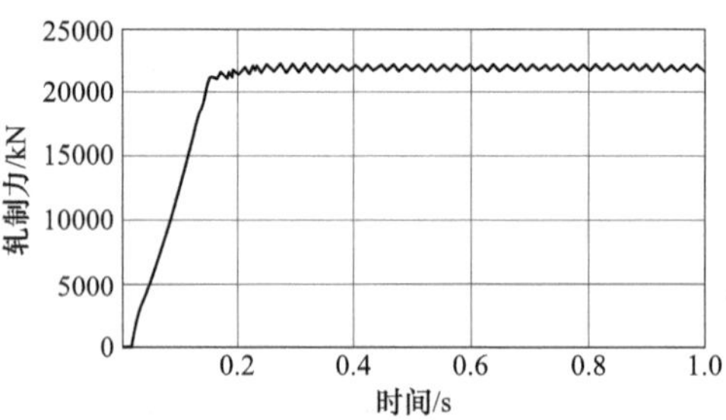


图 8-39　轧制理想平带钢轧制力

从图 8-39 中可以看出，轧制过程分为咬钢阶段和稳定轧制阶段。将稳定后的轧制力减去平均轧制力可得到轧制力随时间的波动，如图 8-40 所示。利用傅里叶变换得到轧制力的频谱，如图 8-41 所示。

从图 8-41 中可以看出，轧制力基本呈现周期性的波动，频谱显示其波动频率为 47 Hz 以及其倍频成分，但仿真过程中并未给定厚度波动，这是由于网格划分造成轧制力的波动。与后续计算过程中考虑带钢厚度波动造成的轧制力波动幅值相比，其幅值都很小，因此可忽略不计。

设带钢厚度波动周期为200 mm、幅值为 60 μm 的正弦波激励如图 8-42 所示，轧制力仿真结果如图 8-43所示。

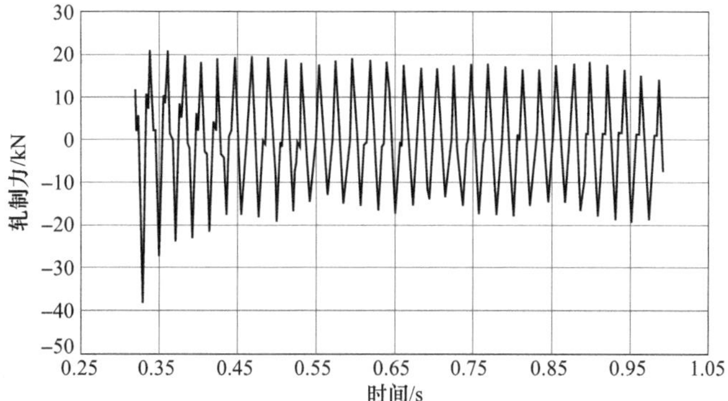


图 8-40 轧制平带钢轧制力波动

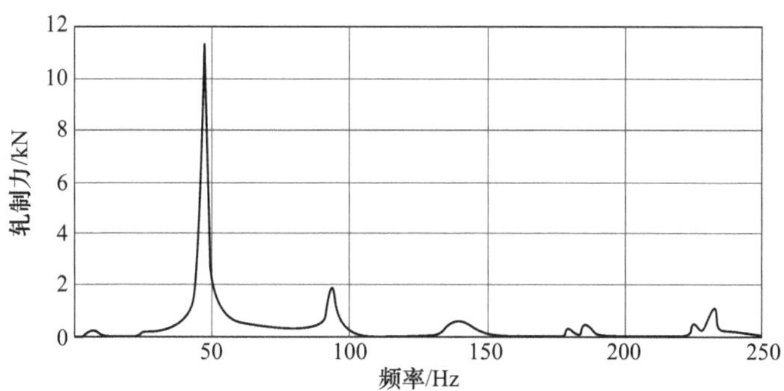


图 8-41 轧制平带钢轧制力波动频谱图

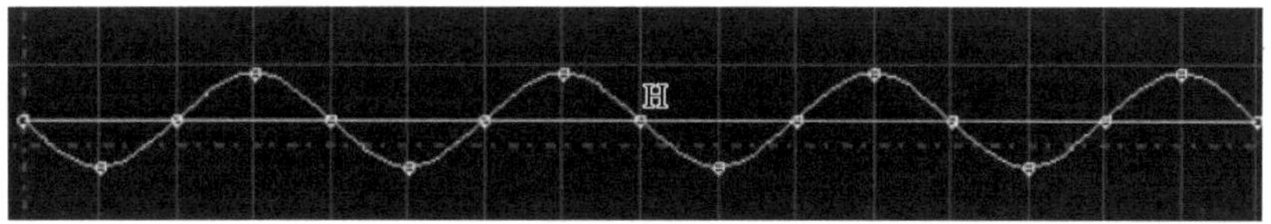

图 8-42 带钢正弦厚度波动

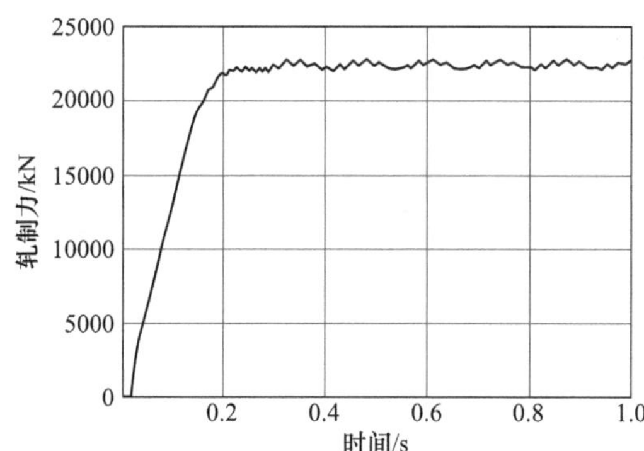


图 8-43 带钢正弦厚度波动激励下轧制力波形

将稳定后的轧制力减去平均轧制力可得到轧制力随时间的波动如图 8-44 所示。经过傅里叶变换得到轧制力的频谱。可以发现主频和厚度波动周期一致，如图 8-45 所示。

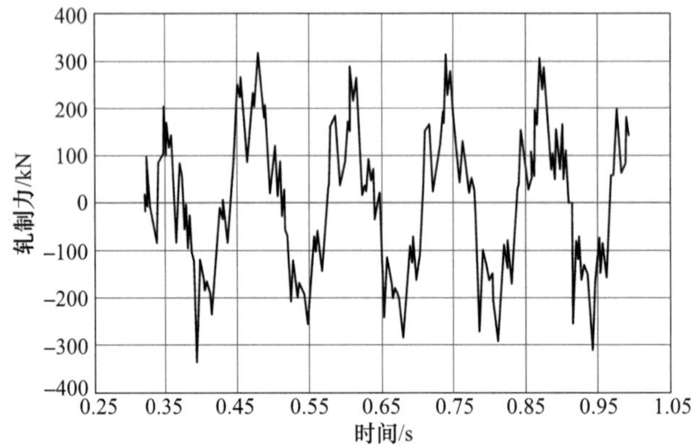


图 8-44　轧制力波动

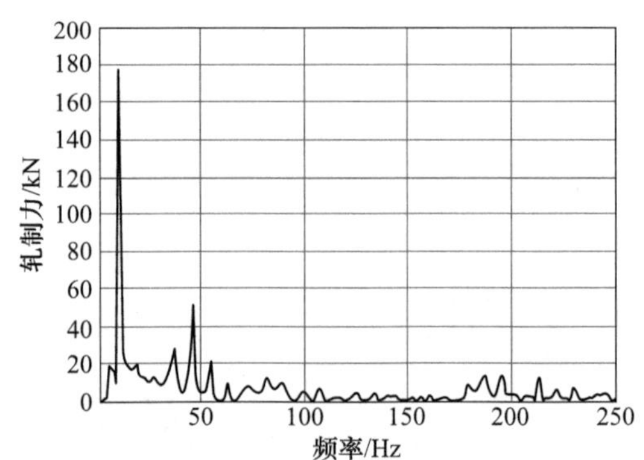


图 8-45　带钢正弦激励时轧制力频谱图

设带钢厚度波动周期为 200 mm、幅值为 60 μm 的非正弦波激励如图 8-46 所示。

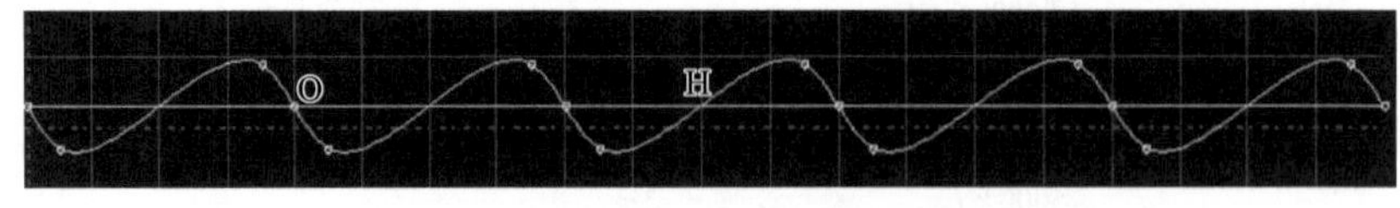

图 8-46　带钢非正弦厚度波动

当带钢厚度波动为非正弦（偏斜正弦）激励，轧制力如图 8-47 所示。将稳定后的轧制力减去平均轧制力可得到轧制力随时间的波动图，如图 8-48 所示。

对轧制力随时间的波动图进行傅里叶变换得到轧制力的频谱，频谱图如图 8-49 所示。

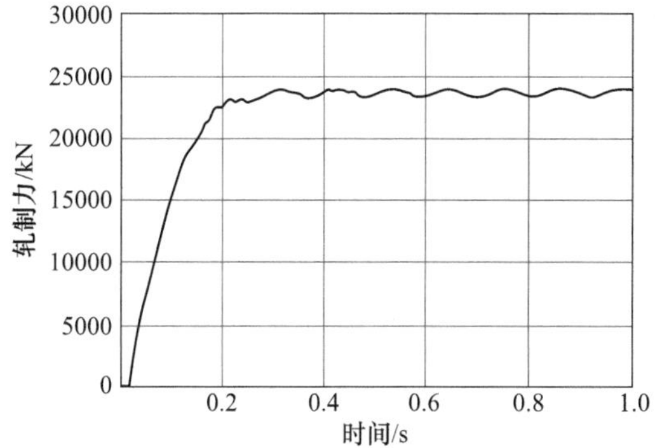


图 8-47　带钢非正弦（偏斜正弦）激励时轧制力波形

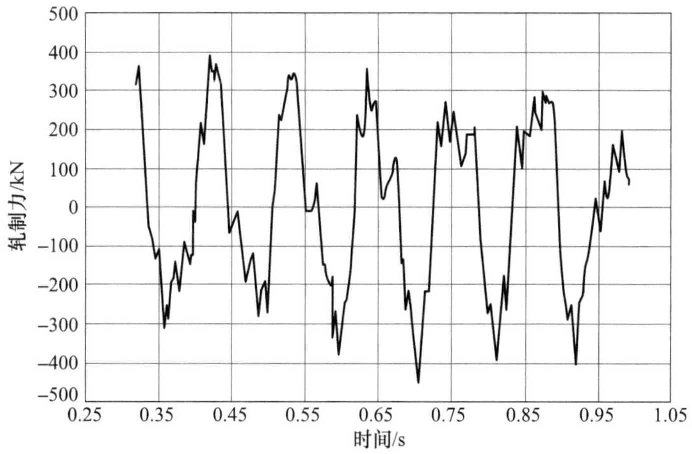


图 8-48　带钢非正弦激励下轧制力波动

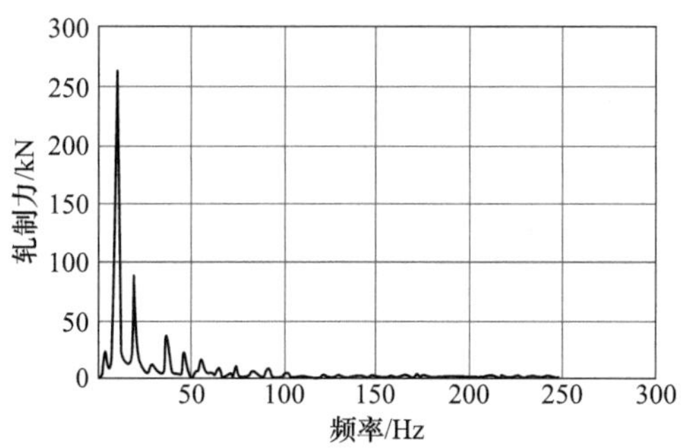


图 8-49　非正弦带钢厚度激励下轧制力频谱图

从图 8-49 中可以看出，振动频率和带钢厚度波动周期的频率基本一致，该图与带钢正弦厚度波动激励时动态轧制力的频谱图对比出现明显的倍频现象，在一定程度上说明了激励非线性的增强。

综上，可以得到：

（1）在仿真过程中，针对理想平带钢轧制过程轧制力仍会呈现周期性变化，网格画得更细致会让曲线更接近平滑曲线，周期性波动不可避免，但与后续计算过程中考虑带钢厚度波动造成的轧制力波动幅值相比，其幅值较小，因此对计算结果的影响很小。

（2）对比带有厚度波动的带钢轧制过程仿真，非正弦厚度波动带钢激励出现倍频且十分明显，倍频的出现从一定程度说明系统非线性的增强。

（3）轧制非正弦厚度波动的带钢时，动态轧制力的波动峰值大于轧制正弦厚度波动的带钢，这可以说明系统非线性的增强可能会导致轧制力的波动更大，会引起轧机更剧烈的振动。

总的来说，带钢的厚度波动对轧制过程中轧制力有较大的影响，当带钢厚度波动非线性增强时，轧制力在频域上的响应特性出现了明显的倍频现象，既非线性厚度波动激励可诱发轧机非线性振动。实际上带钢表面的状态要复杂得多，因此振动响应也变得更加复杂。

## 8.12　本章小结

在冷连轧机组的生产过程中，所遭遇的多源激励问题极为复杂且多变，涉及众多影响因素，这些因素大致可以划分为两大类。

一类与冷轧原料相关的因素，包括来料材质、厚度波动和硬度波动，这些波动会直接影响轧制过程的稳定性及最终产品的质量。例如，若来料厚度不均匀，可能导致轧制过程中出现厚度偏差，进而出现轧制力波动和扭矩波动。同样，若原料硬度波动较大，也会导致轧制力不稳定，同样使轧制力和扭矩波动，成为诱发轧机振动的主要根源。

另一类是轧机本身的因素，这些因素会使轧机振动被放大。具体而言，轧机的零部件间隙、乳化液的浓度、液压缸的行程、动刚度补偿、力马达阀特性、动态轧制力矩激励齿轮啮合、动态轧制力激励轴承以及带钢振痕等对轧机振动的影响，都是需要特别关注的因素。这些因素相互作用，共同决定了轧制力被放大的程度。例如，若轧机的零部件间隙过大，会导致轧制过程中振动加剧。若乳化液的浓度不当，会导致轧制过程中润滑不足或过度润滑，进而影响轧制力波动的大小。若液压缸的行程过大，会导致轧制过程出现不稳定现象。若动刚度补偿不合理，可能导致轧制过程中轧制力的波动，也会放大轧制力和轧制扭矩的波动大小。因此，在实际生产过程中必须对这些因素进行综合考虑和精细调控，以确保冷轧机能够稳定高速地运行。这不仅需要对原料的质量进行严格控制，还需要对轧机本身的各种参数进行精确调整。只有这样，才能确保冷连轧机在生产过程中能够应对各种复杂的多源激励问题，生产出高质量的产品。

# 9 冷连轧机组振动抑制措施

## 9.1 冷连轧机组振动生成机制及减振途径

现场大量跟踪测试表明，冷连轧机组振动同时存在自激振动、强迫振动、共振和自由衰减振动现象。由于带钢厚差控制和板形控制，使得轧机在轧制过程一直存在微小振动，所以可以把轧机看成是一个微振动机械，依靠微振动来保证产品厚差精度和良好的板形。

冷连轧机组耦合振动最主要的是轧机的初始振动经过液压辊缝控制调节系统和主传动速度控制调节系统反馈控制形成了由液压缸和主传动电机供给轧机振动能量形成的耦合振动现象。当提供的能量小于轧机所需振动能量时，振动呈衰减态势；当提供的能量大于振动所需要的能量时轧机振动呈现发散现象；当提供的振动能量与轧机振动需要的能量相等时，轧机处于等幅的振动状态。由于振动所需要的能量是变化的，所以平衡状态经常被打破。在提供振动能量下，共振区和亚共振区轧机振动出现严重振动现象，而远离共振区轧机振动得到消减。由此，给我们启示，抑制轧机振动可从以下几个方面入手来解决：一是避开可产生很大振动的共振区，例如轧机降速或升速运行措施；二是在共振区消减双动力源提供的振动能量，从而使振幅下降；三是改变轧机机械本身的共振频率，也可避开在某一速度下的严重振动，但改变机械固有特性需要改变零部件质量和刚度，对于已经投产的轧机进行改造困难很大，虽然通过改造机械系统提高了幅频特性中的共振振动频率，轧机临界轧制速度可提高，但改进也是有限的，并不是最佳的方案；四是增加阻尼来抑振，例如增加液压缸阻尼和增加牌坊与轴承座之间的阻尼等都可以起到减小轧机振动；五是改变激励源的状态，可以消减轧机振动状态，激励源分为轧机自身的激励和带钢来料的激励，前者一般出现在零部件故障或磨损等状态，后者与前面工序的热连轧机和连铸机有关。由于冷轧、热轧和连铸一般不在一个分厂，因此解决轧机振动是铸-轧全流程相互协同的技术问题和管理问题。

## 9.2 冷连轧机组振动激励源和抑振思路

轧机振动需要激励源，激励源可分成两大类。第一大类是轧机本身的激励，大部分可以通过模拟轧钢状态的动压靠来识别，分析振动信号频率与哪些因素有关，此种状态与带钢来料无关。若动压靠出现轧机振动现象，一定是轧机本身的问题，可借助轧机振动在线监测系统进行信号分析来判断，一般从以下几方面寻找振源：一是轧机垂直系统液压动力源的激励，例如液压站液压泵与电机不对中和柱塞泵活塞交替式工作形成的激励，使得轧机辊缝控制的力马达阀液压油输入存在波动和谐波；二是控制元器件问题，例如力马达阀的非线性特性生成液压油输出的谐波激励及辊缝控制器产生的调节频率；三是机械零部件故障，例如垂直系统轴承出现某些故障产生的激励频率，主传动齿轮磨损和故障产生的啮合频率及谐波的激励；四是轧机主传动电机变频控制产生的谐波激励或转子磁场电流谐波激励及主传动控制器产生的调节频率；五是轧辊质量问题，轧辊磨削时由于砂轮和磨床的振动在轧辊上形成的多边形或缺陷，上机后对轧机的激励；六是辊缝各种补偿的激励，如刚度补偿、速度补偿、弯辊补偿和轧辊椭圆补偿等；七是轧制润滑不稳定导致的激励，不同厂家的乳化液对动态轧制力的变化影响有一定差别。第二大类是来料带钢对轧机的激励，带钢长度方向存在厚差和硬度波动，轧制过程表现出辊缝和轧制力的波动，造成动态轧制力对轧机的激励，这一影响因素十分复杂，除了与前道工序热连轧机振动和厚差控制影响外，还与热轧原料的连铸坯质量密切相关，而连铸坯质量与连铸结晶器中钢水液面波动幅值及频率等有关。连铸坯质量状态受到诸多因素耦合在一起形成十分复杂的状态，轧制时当出现集中频率和谐波时，经过液压辊缝和主传动速度动态反馈控制，加剧了振动现象，再加上遇到轧机幅频特性共振频率时，轧机将出现严重振动现象。振动机制如图 9-1 所示。

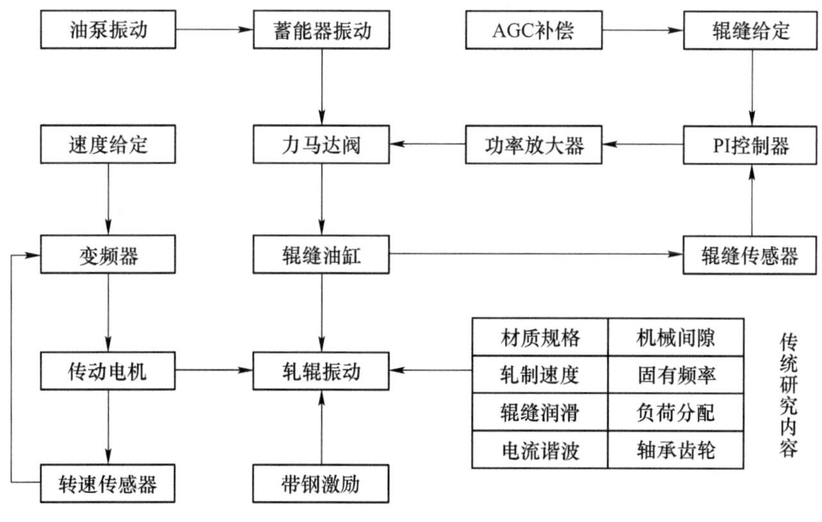


图 9-1 冷连轧机组振动机制

从图 9-1 中可以看出，冷连轧机组在如此复杂的机械、电气、液压和界面耦合机制下形成振动现象。透过现象看本质，实际上轧机振动综合表现出动态轧制力和动态扭矩的波动，这是激励轧机振动的重要参数，只要找到诱发轧制力波动或扭矩波动频率的主要因素就找到了轧机振动激励源。但是由于耦合振动和大量谐波的存在，使得寻找振源变得十分复杂和困难。因此，采用排除法和顺藤摸瓜的办法来确定轧机振源成为在现场十分好用的方法，找到了振源进而实施相应措施就可以降低对应的轧制力和扭矩波动幅值，从而抑制了轧机振动。但有时找到了振源却很难改变振源的状态，此时只能另辟蹊径。但却给了我们启示，只要降低轧制力或扭矩波动对应的幅值或改变振动频率都可以降低轧机振动，常规抑振措施如改善辊缝润滑、重新分配负荷以减小轧制力都可以降低对应的轧制力和扭矩波动幅值，如改变轧制速度或来料状态都可改变激励频率，从而降低轧机振动幅值。不管通过什么途径，只要改变对应的轧制力波动幅度及频率，都可降低轧机振动现象。当振动幅度低于某一门槛值时，轧机就振不起来了，此时对带钢表面质量影响就很小了，同时也降低了承受轧制力和扭矩零部件动载荷，从而提高了使用寿命。因此，抑制对应的轧制力和扭矩波动幅值或改变频率就成为抑制轧机振动的主要抓手。

轧机在轧制不同钢种和规格时，经常表现出不同的振动现象。对轧机而言，它自己并不知道是在轧制什么钢种。只要轧机在某一工况下振动频率与轧机幅频特性的共振频率相近或吻合时将产生强烈振动。大量实践表明传统的轧机振动抑振方法有时起到一定作用，但材质或规程改变时，轧机振动可能又表现出来，因此研究抑制轧机振动的通用措施成为重点攻关的难题。

从能量的角度来理解轧机振动，只要消减主传动电机和辊缝控制液压缸系统提供的振动能量，轧机振动就会消减，正是基于这一观点研究了轧机振动抑制措施，不管是轧机轧制什么钢种和规格，只要一出现初始振动频率，就消灭在萌芽状态，即出现振动马上消减提供的振动能量，成为一种通用且十分显著的抑振措施。

## 9.3　轧机主传动扭振抑制

轧机频繁出现两种振动状态，一种为载荷冲击形成的扭振，如图 9-2 所示；另一种是轧制过程出现的振动状态，也是本书研究的重点。首先分析第一种振动，主传动系统在冲击载荷下，其扭矩放大倍数最高可达 5～7 倍，轧机在冲击和过焊缝突变载荷作用下轧机主传动会出现扭振现象，可能会造成主传动零部件破坏。

为了消减该振动，1975 年，德国一位工程师发明了扭振抑制器，经过后人的不断改进，已成功应用于主传动扭振抑制，如图 9-3 所示。

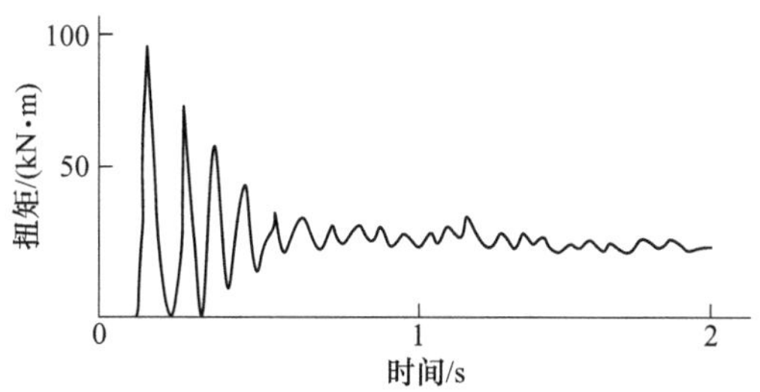


图 9-2　轧机咬钢过程主传动出现的扭振现象

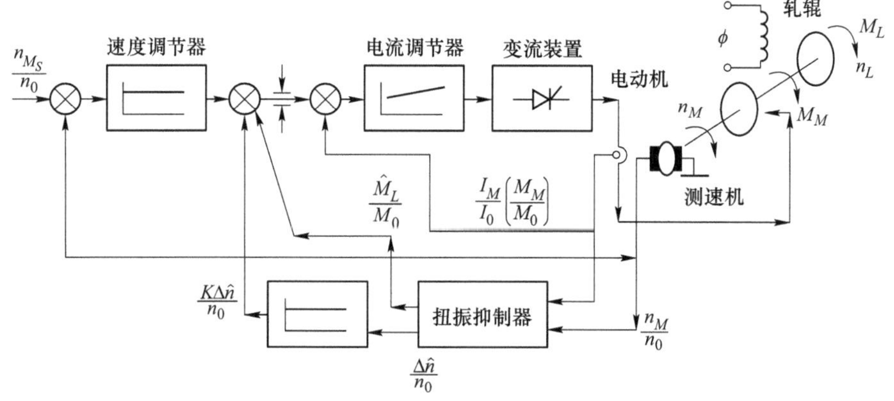


图 9-3　扭振抑制示意图

$n_{M_S}$ —轧制转速给定；$n_0$ —额定转速；$n_M$ —电机转速；$n_L$ —轧辊转速；$M_0$ —额定扭矩；

$M_M$ —电机扭矩；$M_L$ —轧辊扭矩；$I_M$ —电机电流；$I_0$ —电机额定电流

将扭振抑制器嵌入主传动控制系统中，由抑制器对电机的实际电流和电机转速进行观测。当系统产生负载扰动时，抑制器将由扰动量的作用产生与传动系统固有频率一致的振荡去抵消传动系统的扭振，从而实现稳定运行。此过程是通过抑制器输出的扭矩 $\hat{M}_L$ 和电动机与轧辊之间的瞬时速差 $\Delta\hat{n}$ 的重构信号对系统进行补偿来实现的。采用这种补偿的方式，其作用的快速性主要是由抑制器能产生与实际传动系统扭振频率相同、幅值相反的信号来直接参与调节控制，而一般双闭环控制靠反馈量与给定量的偏差对系统进行调节是无法完成的。

## 9.4　主传动调节器参数抑振

轧机振动的能量输入主要由主传动电机和液压压上（或压下）油缸，同时动态扭矩波动与动态轧制力波动是“孪生”关系，两者相互耦合和影响。虽然冷连轧机组主要表现的是垂振，但对主传动系统的抑振研究同样重要。为了研究不同的传动系统转速控制器增益对轧机振动特征、规律及振动中心频率的影响，通过生产过程中试验的方法进行增益 $P$ 值调节，依据测试振动数据来分析、观察抑振效果。

以某 1720 冷连轧机组 S2 为例来进行试验研究，测试材质 DC01-2、规格为 0.7 mm×1250 mm 的薄带钢，S1～S4 轧机工作辊配辊直径见表 9-1。

**表 9-1　S1～S4 辊径配置**　(mm)

| 辊　径 | 轧机号 | | | |
|---|---|---|---|---|
| | S1 | S2 | S3 | S4 |
| 上工作辊辊径 | 403.32 | 400.02 | 414.11 | 424.70 |
| 下工作辊辊径 | 403.33 | 400.01 | 414.13 | 424.68 |

主传动控制器原 $P$ 值为 2472，降低到 1371 后，S2 轧机轧制速度分别为 50 m/min、100 m/min、150 m/min、200 m/min、250 m/min 和 300 m/min 时牌坊垂振速度对比如图 9-4～图 9-9 所示。

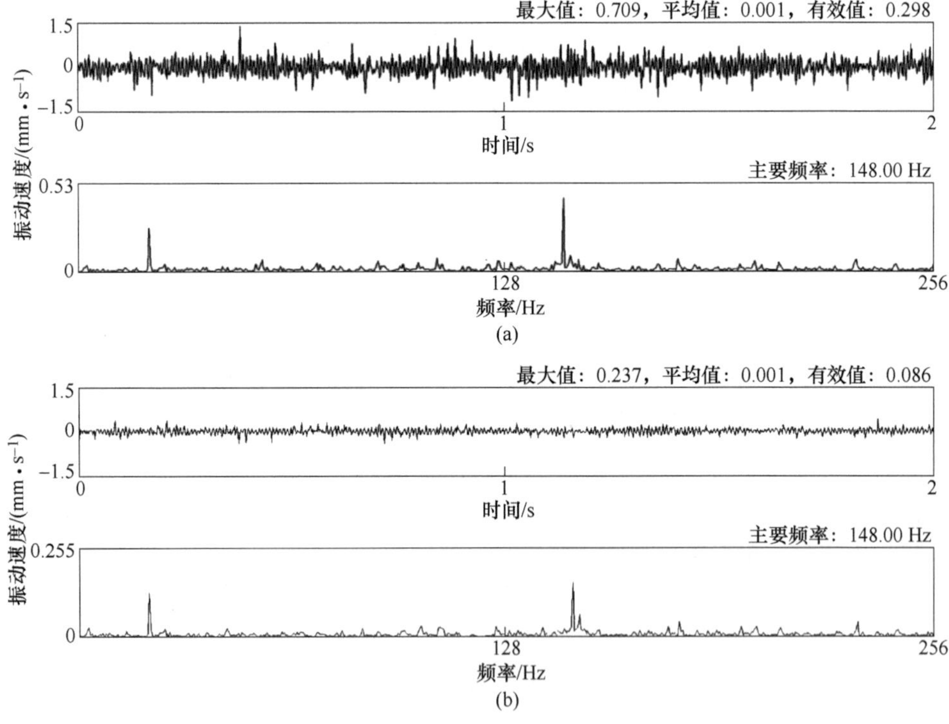


图 9-4　S2 轧机轧制速度为 50 m/min 时轧机牌坊垂振速度波形及频谱

(a) $P=2472$；(b) $P=1371$

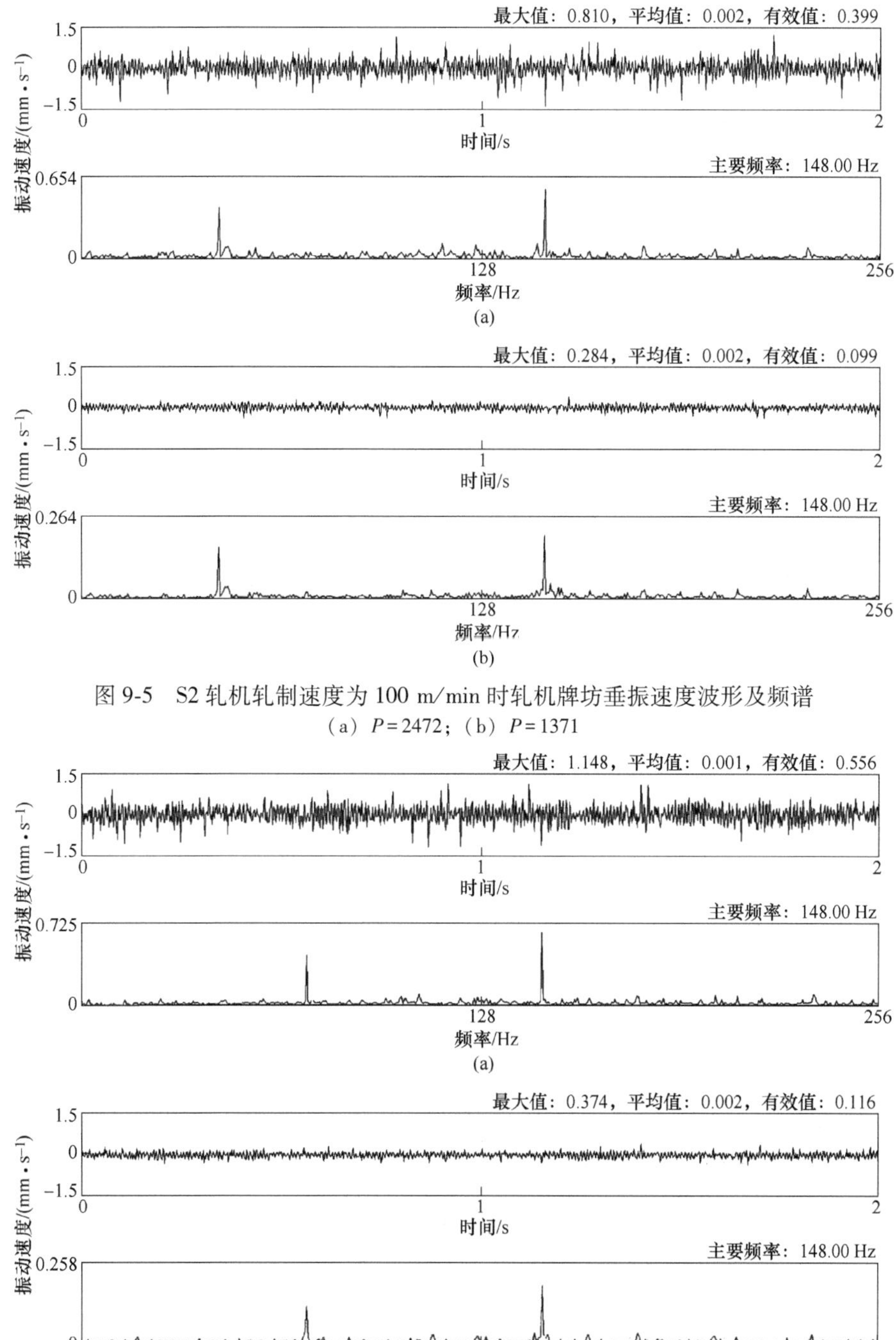


图 9-5　S2 轧机轧制速度为 100 m/min 时轧机牌坊垂振速度波形及频谱
（a）$P=2472$；（b）$P=1371$

图 9-6　S2 轧机轧制速度为 150 m/min 时轧机牌坊振动速度波形及频谱
（a）$P=2472$；（b）$P=1371$

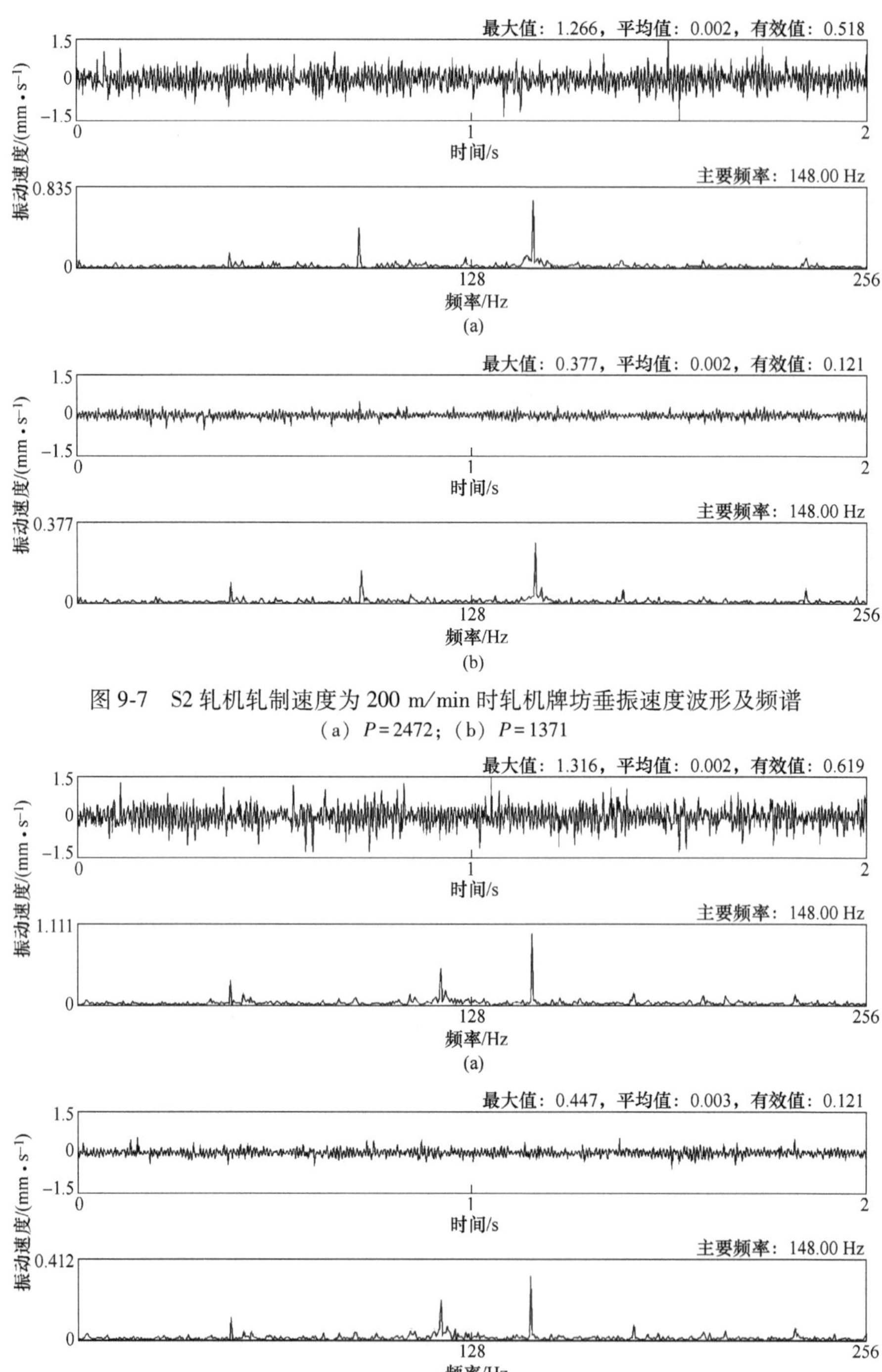


图 9-7　S2 轧机轧制速度为 200 m/min 时轧机牌坊垂振速度波形及频谱
（a）$P=2472$；（b）$P=1371$

图 9-8　S2 轧机轧制速度为 250 m/min 时轧机牌坊垂振速度波形及频谱
（a）$P=2472$；（b）$P=1371$

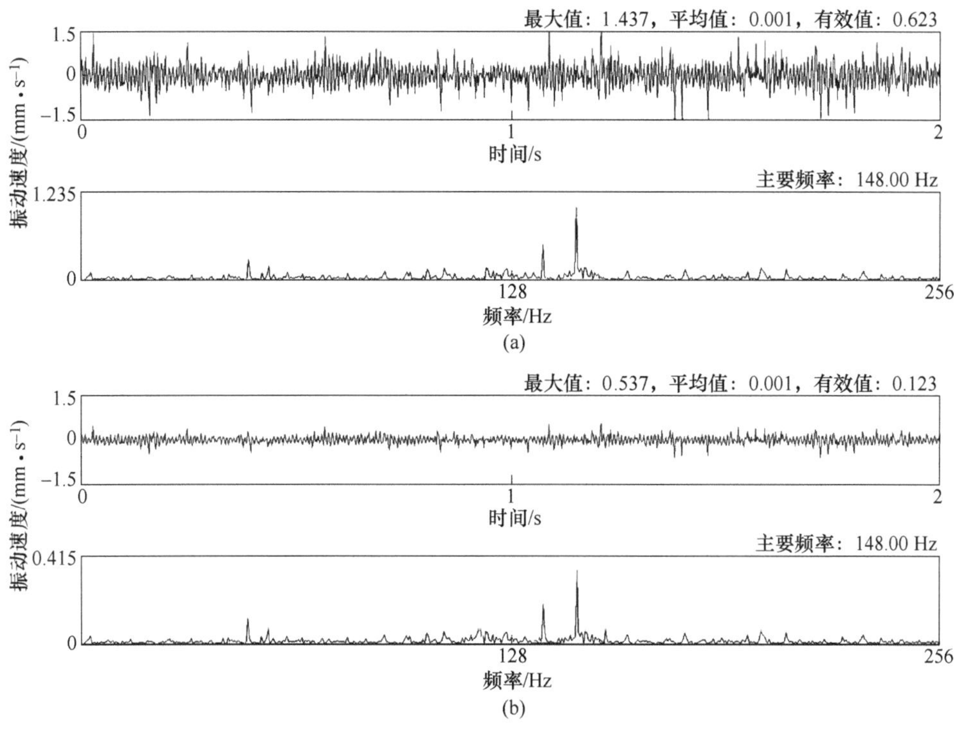


图 9-9 S2 轧机轧制速度为 300 m/min 时轧机牌坊垂振速度波形及频谱
（a）$P=2472$；（b）$P=1371$

不同轧制速度下两种 $P$ 值对应的牌坊垂振数据统计见表 9-2。

**表 9-2 AGC 油缸垂振速度有效值统计**

| 轧制速度/(m · min$^{-1}$) | 垂振速度有效值/(mm · s$^{-1}$) | | 垂振速度频谱峰值/(mm · s$^{-1}$) | |
|---|---|---|---|---|
| | 原 $P$ 值=2472 | 改 $P$ 值=1371 | 原 $P$ 值=2472 | 改 $P$ 值=1371 |
| 50 | 0.298 | 0.086 | 0.451 | 0.182 |
| 100 | 0.399 | 0.099 | 0.516 | 0.219 |
| 150 | 0.516 | 0.116 | 0.616 | 0.235 |
| 200 | 0.518 | 0.121 | 0.710 | 0.299 |
| 250 | 0.619 | 0.121 | 0.944 | 0.353 |
| 300 | 0.623 | 0.123 | 1.050 | 0.322 |

为了清晰起见，将表 9-2 制成图 9-10 和图 9-11 所示。

从图 9-10 和图 9-11 可以看出，通过调节轧机主传动增益 $P$ 值可以改变轧机的振动状态，当将 $P=2472$ 调整到 1371（降低 44.5%）时，轧机振动得到明显缓解。因此，调整控制器参数可作为抑制轧机振动的一个措施，但需要在现场试

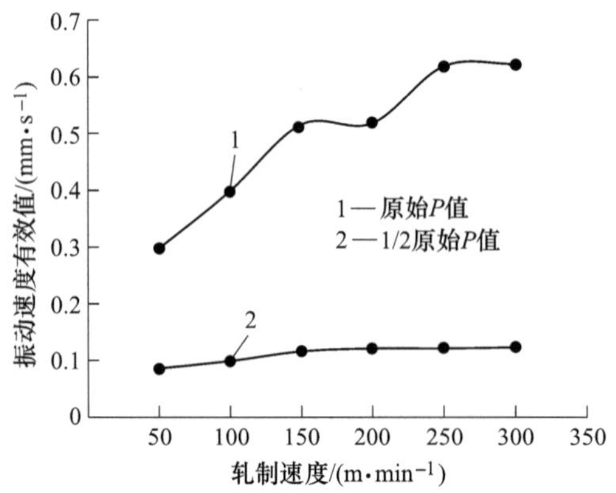


图 9-10　两种 $P$ 值在不同速度下牌坊垂振速度有效值

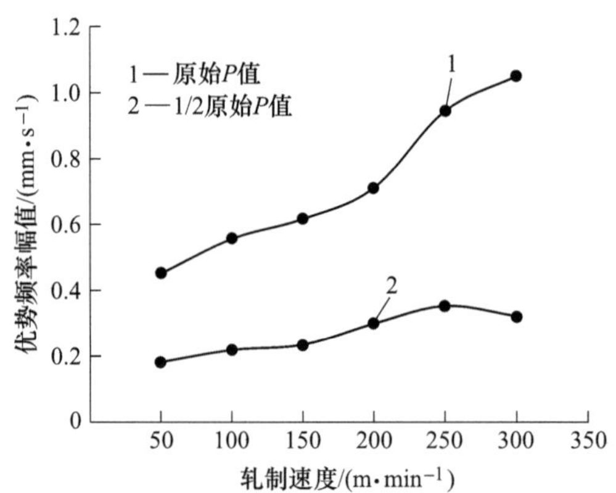


图 9-11　两种 $P$ 值在不同速度下牌坊垂振速度优势频率峰值

验后最终确定。同样的方法在别的机组上应用，效果不一定都非常理想，因此可在轧机振动严重时试一下效果，权衡利弊再决定最后参数。除了调整 $P$ 值外，有的调节器为 $PI$ 调节器，此时也可通过调节 $I$ 值来抑制轧机振动，同样也要通过试验后来决定最后参数值。

## 9.5　轧机垂直系统抑振器抑振

根据前面轧机模型，利用 MATLAB-Simulink 搭建包含扩张状态观测抑振器以及轧制力扰动模块的轧机液机耦合模型如图 9-12 所示，其中包括辊缝给定、PID 控制、功率放大器、力马达阀、液压缸模块、轧机机械系统、滤波模块以及扩张状态观测器。

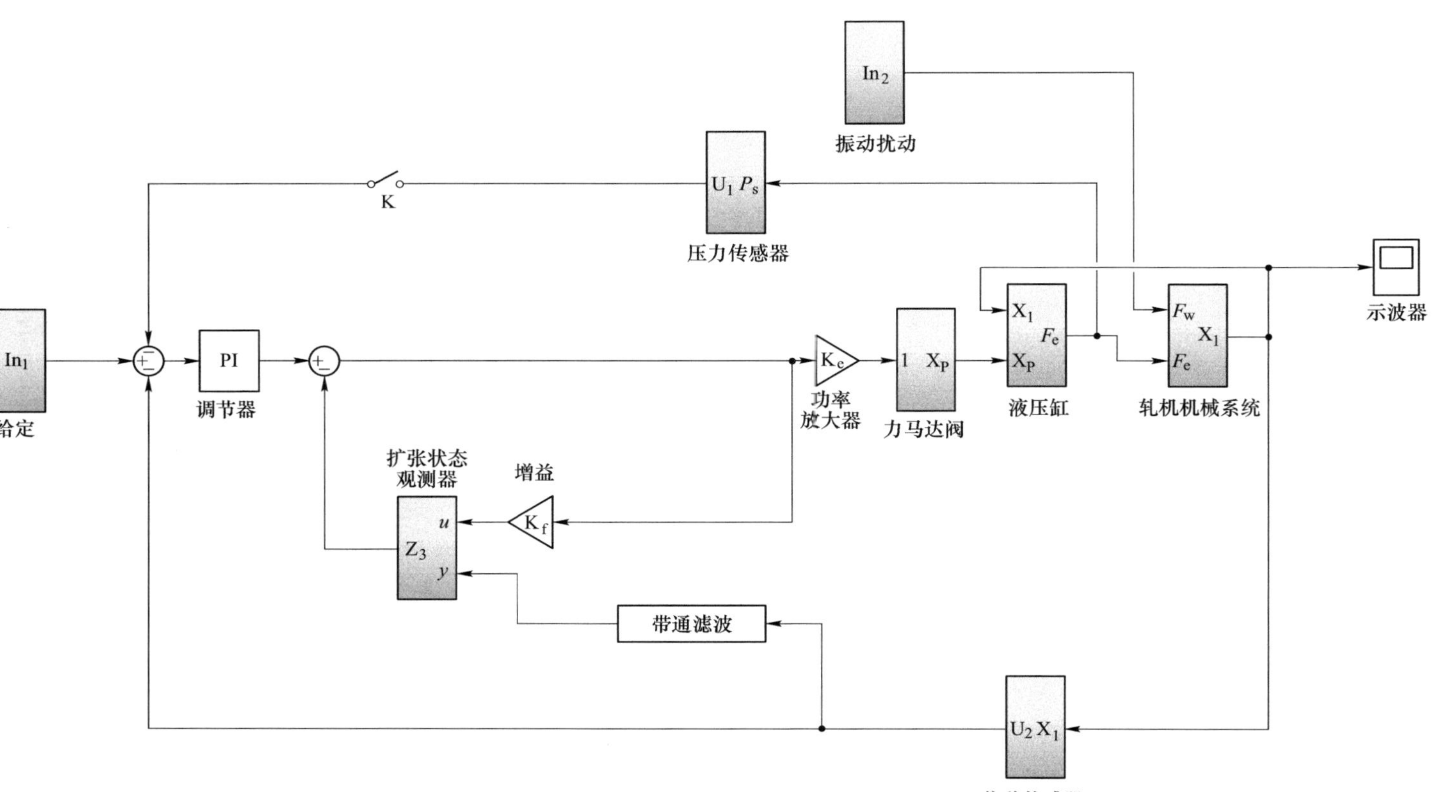


图 9-12 轧机液机耦合抑振控制原理

以 1450 冷连轧机为例，对前述液机耦合模型进行仿真，当给定 0. 5 mm 的阶跃信号输入时如图 9-13 所示，轧机辊缝位移响应如图 9-14 所示，0. 1 s 后给轧机辊系加入幅值为 400 kN、频率为 144 Hz 的动态轧制力。0. 3 s 后投入抑振器，辊缝位移响应如图 9-15 所示。

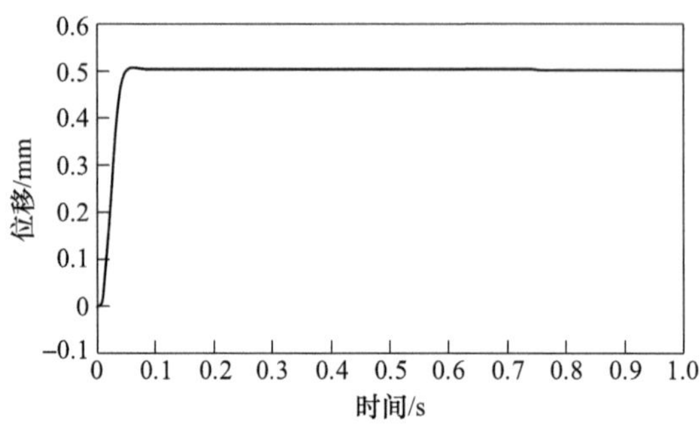


图 9-13　轧机辊缝位移阶跃响应图

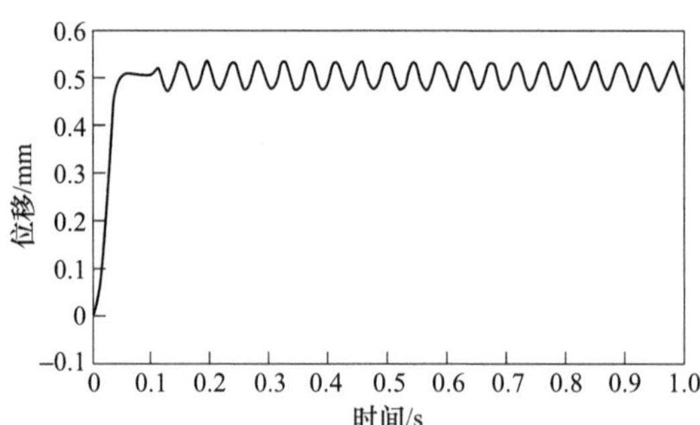


图 9-14　加入扰动后轧机辊缝位移响应

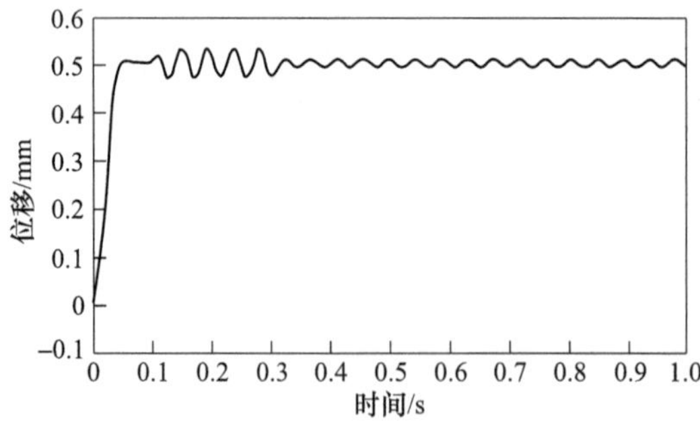


图 9-15　投入抑振器后轧机辊缝位移响应

由上述仿真结果可知，当给定一个 0. 5 mm 的阶跃响应后，74 ms 后系统达到稳态值，超调量为 3%；0. 1 s 后向轧辊施加动态轧制力激励，轧机辊缝明显出现扰动位移响应，响应幅值约为 0.05 mm；0.3 s 时投入抑振器，振幅值减小约 70%，取得了明显抑振效果，此种方法成为通用抑振措施，即轧机出现振动就实时抵消，成为现场抑制轧机振动效果最显著的通用措施。

## 9.6 轧制乳化液抑振

以 1220 冷连轧机组为例，依据对乳化液性能的研究，确定了乳化液的浓度和铁粉含量对轧机振动有一定影响。经过现场大量的试验，最终将乳化液的浓度由原来平均为 2.78%提高到 3.02%水平，如图 9-16～图 9-18 所示，铁粉含量由原来的 0.11%～0.165%降低到 0.07%～0.12%，如图 9-19 和图 9-20 所示。

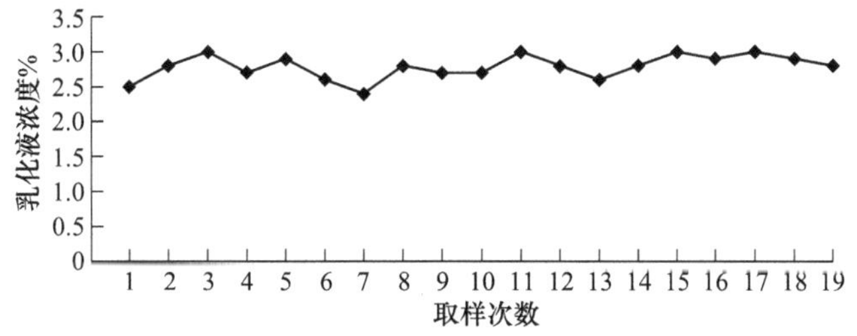


图 9-16 乳化液调整前浓度

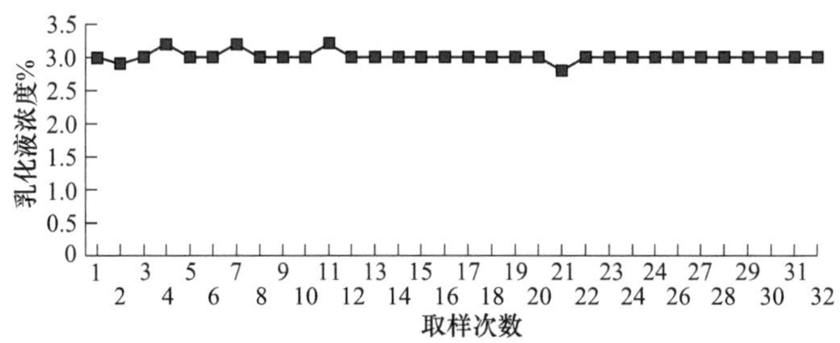


图 9-17 乳化液调整后浓度

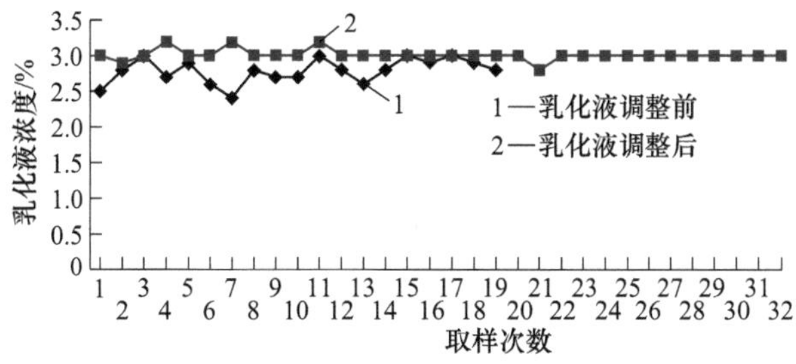


图 9-18 乳化液调整前、后浓度对比

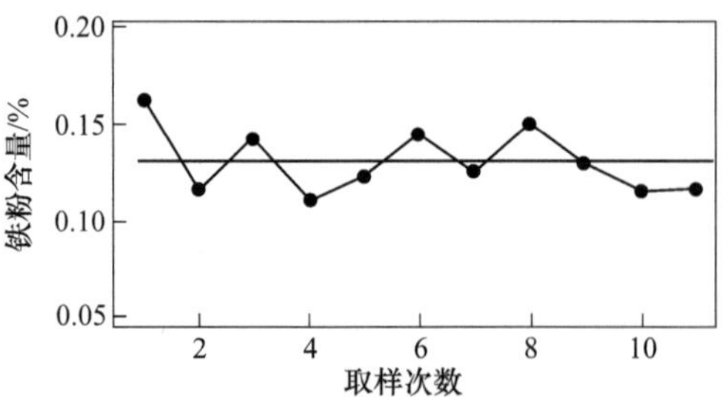


图 9-19　调整前铁粉含量

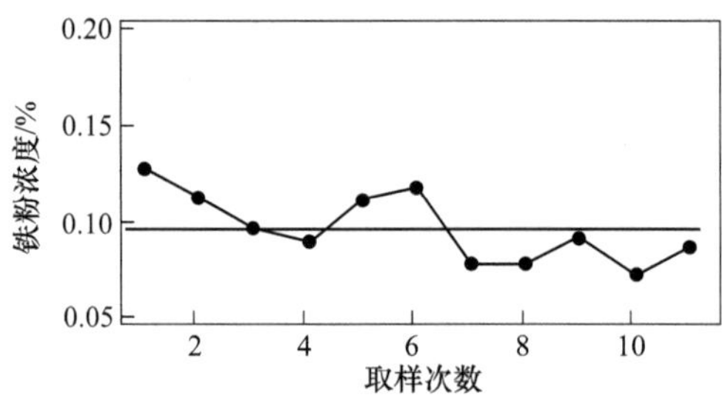


图 9-20　调整后铁粉含量

现场轧制各种钢的振动次数统计如图 9-21 所示。2010 年 4 月～2011 年 3 月的 12 个月期间，平均每月发生振动次数为 10.4 次；2011 年 4 月～2012 年 4 月 13 个月期间，平均每月发生振动次数为 4.1 次；2011 年 5 月～2012 年 11 月 7 个月期间，平均每个月发生振动次数为 1.7 次。

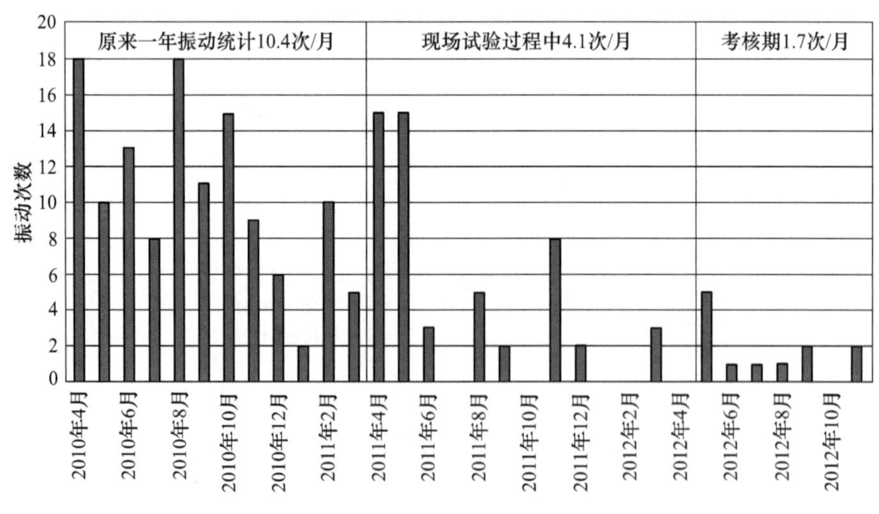


图 9-21　轧制各种钢振动次数综合统计

对轧制 T5 材质的振动次数进行了统计，如图 9-22 所示。2010 年 4 月～2011 年 3 月的 12 个月期间，平均每月发生振动次数为 4. 1 次；2011 年 4 月～2012 年 4 月 13 个月期间，平均每月发生振动次数为 0. 54 次；2011 年 5 月～2012 年 11 月 7 个月期间，平均每个月发生振动次数为 0. 14 次。

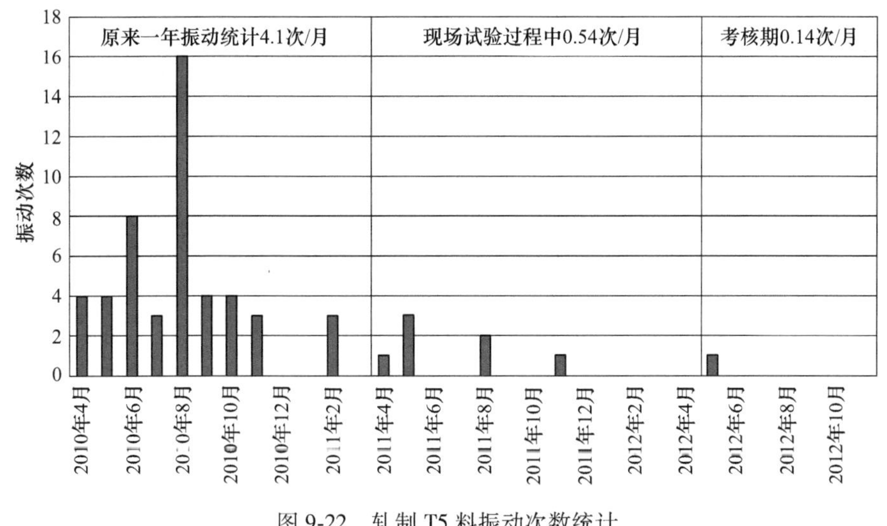


图 9-22 轧制 T5 料振动次数统计

从图中明显看出，通过适当提高乳化液浓度和降低铁粉含量，轧机振动次数显著下降。经过对几个机组的比较，不同厂家的乳化液成分配比有较大差别，润滑效果也不一样，导致抑振效果差别较大，因此需要在现场通过试验来确定乳化液浓度高低和控制铁粉含量。然而有时通过调节乳化液来抑振，其效果并不理想，因此只能作为抑振的一种常用辅助方法。

## 9.7 轧机动刚度补偿抑振

前面已研究过改变动刚度补偿系数的大小会影响轧机的振动状态，因此可以考虑从某一角度出发提出相应的抑振措施。但是轧机动刚度控制的提出主要是希望轧机刚度具有超硬特性来消除带钢厚差，或具有软特性来保证带钢良好板形，这是动刚度控制的主要任务。若减小动刚度补偿系数，可以降低轧机振动，但同时降低了轧机动刚度补偿效果，使带钢厚差变大，而投入抑振措施决不能影响原动刚度控制的效果。基于此种要求，提出一种在动刚度补偿反馈回路进行分段控制的新抑振方法。

对于激振频率和轧机共振频率接近引发轧机振动的问题，通常采用在控制回路中针对激振频率设置陷波滤波器来避免轧机强烈振动。轧机对来料厚差波动的调节频率通常以较低频率存在，而振动频率通常是较高的频率，当轧机动刚度补偿控制投入工作时，两种频率同时得到补偿，较低频率的厚差以轧制力闭环反馈为基础的轧机动刚度补偿控制会减小带钢厚差，但同时轧机较高频率的振动会增大。为了保证动刚度控制消除厚差功能的正常工作，同时又切断振动频率在动刚度控制中的反馈，可以将动刚度反馈回路拆分成两路来进行分别控制，一路维持原状将动刚度补偿系数设为较高值，使轧机工作在刚度硬特性来保证较小的带钢厚差，另一路通过设置高通滤波器将波动轧制力中的振动频率提取出来，通过设计合理的抑振补偿系数以及相位控制，即将动刚度补偿反馈回路拆分成两路，一路为需要刚度补偿的较低频率的厚差控制，另一路为振动较高频率的通道，前者为原有功能，后者完成抑振功能。即在不影响原动刚度补偿回路控制功能的基础上，通过新增反馈回路中新的补偿系数和相位控制来达到减振抑振的目的，也成为抑制轧机振动一种新的通用措施。经过现场应用，抑振效果很好。

## 9.8 更换支承辊轴承抑振

经过前面介绍，支承辊轴承刚度动态变化表现为一定的激振频率，轴承间隙变大对振动有放大作用，特别是动态轧制力激励频率与辊系轴承故障频率吻合时轧机振动得到进一步放大。

为了验证新旧支承辊轴承对轧机振动的影响，选择在支承辊新轴承上机时就开始压靠试验和该支承辊轴承服役一段时间在换辊前再进行压靠试验对比，统计轧机振动优势频率以及幅值与支承辊转频的关系。更换新支承辊轴承以后仍然存在随支承辊转频增加的振动优势频率，说明即使是无故障轴承，由于配合间隙的存在仍然可监测到轴承故障频率。对比新旧轴承动压靠试验的结果，发现安装新轴承振动虽然有所减弱，但是依旧存在，并且在频率靠近共振频率时仍有明显放大效果。

在现场的实际生产过程中，合理控制支承辊的辊径，使其激振频率避开共振频率是很有效的抑振措施。另外，也可以通过选择四列圆柱滚子轴承不同的滚动体数量来避开共振区。

## 9.9 改变轧制速度抑振

当轧机在轧制某些钢种和规格时出现严重振动现象，一般采取降速抑振，其效果明显，但同时产量降低影响经济效益。在还没有找到更好的抑制轧机振动措施之前，轧制此钢种和规格只能被迫通过降低轧机轧制速度的损失来换取稳定轧制过程。

以某 1550 冷连轧机组为例，在轧制材质 SPHC-1、规格 0.20 mm×806 mm 时，S5 轧制速度从 179 m/min 逐渐升至 902 m/min 时出现严重振动问题。经过统计，轧机振动速度与轧制速度关系如图 9-23 所示。从图中明显看出，当轧制速度超过 800 m/min，轧机突然出现严重振动现象，其振动呈现发散状态，被迫降速来缓解振动，因此在轧制该钢种和规格时轧机只能被迫降速生产，因此限制轧制速度在 800 m/min 以内，以换取稳定生产。

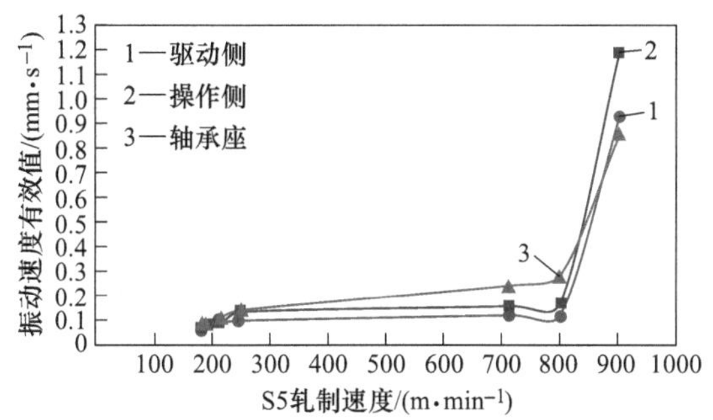


图 9-23 S5 轧机轧制振动速度有效值与轧制速度关系

通常轧辊在轧制带钢一定里程后，其表面状态趋于恶化，轧机易出现突发严重振动现象。在此之前尽早通过提速的方法躲开共振区，以免发生振动，但有时提高轧制速度受到主传动电机功率的限制，此时降速抑振成为唯一的选择。注意在轧机出现发散振动时，不要以提高轧制速度来避开共振区，可能会产生更强烈的振动，甚至损坏轧机零部件。因此，在轧机还未出现振动之前，同时主传动电机功率允许的前提下，可以尽早提高轧制速度以越过共振区获得稳定的轧制工况。

## 9.10 液压油温度及牌号对轧机振动影响

液压油的黏度与压力和温度有很大关系，轧机振动有时对温度的变化极为敏感，温度升高，油液的黏度降低。在轧机连续工作时，由于黏温特性，液压系统中的液压油黏度降低，导致液机耦合阻尼减小，轧机振动呈现增强的趋势。

实际生产过程中，采取更换液压油的方式，有时会有比较不错的抑振效果。针对轧机复杂的液压系统，选取一款优异性能的液压油，不仅有助于减轻轧机液机耦合振动问题，性能卓越的液压油还会增强系统元件的抗磨性和防腐性，帮助延长元件的寿命，减少保养成本并提高系统总体性能和生产能力。

## 9.11　改变机械结构参数抑振

冷连轧机组投产后出现振动问题时，想要通过改变机械结构参数来抑振却十分困难，因此在轧机设计阶段就应该从机械系统动力学角度做好优化研究，使得后续现场投用的轧机具有更好的抗振性能，即在同样的激振源作用下其振幅较小。

首先依据机械图纸建立轧机三维实体模型，然后导入有限元软件中求解轧机的机械幅频特性，依据幅频特性曲线中共振频率对应的幅值来评定轧机抗振性能的优劣，即在同样的激励下其振幅更小，以降低轧机振动现象。冷连轧机的振动频率一般为 100~300 Hz，因此当改变配辊、牌坊、主传动减速机速比甚至取消减速机后，求解的机械幅频特性曲线中该频率范围内的共振频率对应的幅值越小越好，表明抗振效果越好。同时还要保证轧机具有足够的强度，即承载能力。另外，在目前已有低速大力矩电机的出现，可以实现轧机传动的合理配置，从而降低轧机振动现象。

轧机振动存在多种激励，综合反映在垂直系统的轧制力波动和主传动系统的扭矩波动，因此需要将辊缝激振、液压压下缸激振和主传动电机激振作为激振源组合成辊缝、压上、传动、辊缝+压上、辊缝+传动、压上+传动和辊缝+压上+传动的 7 种组合激振模式下进行抗振性能分析，确定在这 7 种可能激励的模式下其振幅都要小的方案，作为轧机抗振性能好的机械结构设计准则。同时需要分析共振频率对应的幅值是由几个主要模态叠加而成的，找到与共振频率最为接近频率的模态是导致振幅较大的主要原因，从而获得降低该模态的贡献量也是提高轧机抗振性能的一种途径。

## 9.12　其他辅助抑振措施

（1）机械间隙抑制轧机振动。轧机机械系统中轴承座与牌坊之间间隙、轧辊与套筒之间间隙、齿轮啮合间隙和轴承间隙等对轧机振动都具有放大作用。因此，平时检修时，在允许的前提下尽量减小机械间隙，这样有利于减小轧机振动放大效应。

（2）负荷分配抑制轧机振动。轧机振动时，重新分配一下轧机间负荷，即将振动较大轧机的轧制力降低，动态轧制力波动幅值也随之降低，对缓解轧机振动有利。

（3）轧辊材质抑制轧机振动。选用耐磨性好的轧辊，使轧辊上线出现振痕的时间延长，对缓解轧辊生成的再生振动起到了抑制作用。

（4）更新轧辊对轧机振动影响。轧辊轧制一定的里程后，轧辊表面变得粗糙甚至出现振痕，此时应及时换辊，以减小由于轧辊粗糙度变大或产生振痕使轧机振动变得更大。

（5）异步轧制抑制轧机振动。适当采用上下工作辊允许的辊径差，可使轧机处于异步搓轧状态，从而减小动态轧制力波动，提高轧制稳定性。

（6）板形控制抑制轧机振动。板形控制系统一般采用控制器控制，其中增益和积分时间常数的大小设定对轧机振动也有影响。因此，在现场可通过改变增益值和积分时间值进行测定轧机振动变化状态，采用抑振效果好的参数作为最终值，当然也要综合考虑对板形控制的影响。

## 9.13 本 章 小 结

本章重点讨论了如何抑制轧机振动的方法和手段，减小主传动及液压压上系统提供的振动能量成为通用的抑振措施，实践表明抑振效果显著。而其他常规的抑振方法，例如，减小机械间隙、改善磨辊状态、轧机间负荷分配、更换轧辊材质和辊系配辊等有时会缓解轧机振动，但有时效果并不明显，因此这些措施只能作为临时或辅助抑振措施。

# 10 冷连轧机组振动研究启示

## 10.1 冷连轧机组振动主要影响因素

冷连轧机组振动是国内外轧制领域普遍存在的现象，当振动能量达到一定门槛值时就发生强烈振动并伴随刺耳的噪声。

经过对现场冷连轧机组的大量振动测试、理论研究和仿真分析，获得了冷连轧机组的振动规律。轧机存在多个激励源，如带钢来料激励、机械旋转零部件激励、电机电流谐波激励和液压辊缝调节激励等。提供振动能量主要为辊缝压上液压缸和主传动电机，其他如弯辊、平衡和窜辊等相对能量较小，一般可以忽略。轧机振动放大因素较多，机械间隙主要有轴承座与牌坊间隙、减速机和齿轮座内的齿轮啮合间隙、万向接轴间隙、轧辊扁头与套筒之间间隙、辊系轴承装配和磨损间隙等都起到振动放大作用。还有共振区放大效应，即振动频率与机械幅频特性中共振频率吻合表现出明显的振动，避开某区间的轧制速度，轧机振动得到缓解或消失。上述称为轧机振动四要素，即激励源、提供振动能量源、多因素放大和进入共振区。由此可以得到抑制轧机振动的路径，即寻找振动根源、共振区消减振动能量、更换新零部件和避开共振区。

除了轧机本身影响振动因素外，带钢成为轧机振动的主要激励源。来料带钢的硬度波动和厚度波动导致轧机产生微振，经过轧机液压辊缝反馈控制系统和主传动速度反馈系统等耦合放大后，在一定的轧制条件下，轧机振动出现集中频率，此频率与轧机机械幅频特性共振频率吻合，将产生强烈的振动，最终导致轧辊和带钢生成振痕，不仅缩短了轧辊的在线使用寿命，也降低了带钢表面的质量，甚至威胁轧机的安全生产。

## 10.2 精准捕捉轧机振动真实信号

跟踪冷连轧机组振动大数据分析表明：冷连轧机组振动是由轧制力、扭矩的波动频率与轧机幅频特性的共振频率相近或吻合的结果。当轧机振动速度达到一定门槛值时，振动就表现出来，可以说轧机在轧制过程中一直存在振动，只是在较小的范围内没有表现出强烈振动而已。因此说轧机振动是绝对的，不振是相对的，只要将轧机振动能量控制在较小范围内，就认为轧机振动问题得到解决，此时基本不影响产品质量和零部件的使用寿命。

轧机振动时轧制力的波动始终存在，但有时由于PLC采样频率或过程数据采集系统的采样频率较低，导致轧制力频谱分析失真，依据这样的数据会造成错误的分析结果。因此轧机振动监测精度的提高对捕捉振动现象和解决振动问题至关重要，应予以足够重视。

同理，主传动动态扭矩信号也十分重要，现场配置的过程数据采集系统得到的主传动动态扭矩一般是依据电机电流和磁场计算得到的。实际上，轧制动态过程中电机电流与动态扭矩之间关系非常复杂。由于电磁惯性和机电惯性的存在，依据电机电流和磁场计算出的扭矩与实际动态扭矩差别较大，特别是频率成分不同，这给轧机振动研究和溯源提供了伪信号，因此直接测量电机输出轴的动态扭矩成为分析主传动扭振重要的依据。

## 10.3 加强轧机振动遗传机制研究

大量实践表明冷连轧机组振动与热连轧机组及连铸机振动密切相关，带钢来料首先经过连铸机将液态钢水铸成连铸坯，经过热连轧后送到冷连轧机组继续轧制。因此，连铸坯的厚度和硬度波动经过热连轧机并没有消除，而是经过热连轧机的厚差控制，其厚差降低了，但其硬度波动会变大，对后道工序冷连轧机组的振动激励就会变得更大，使得动态轧制力波动也变大，容易诱发冷连轧机振动。从这个角度来说，冷连轧来料受到连铸坯和热连轧机的影响，同时热连轧机的振动对带钢的硬度和厚度波动影响也会遗传给冷连轧机组，过去在这方面的研究寥寥无几，因此今后要加大力度来研究振动遗传更深层次的机制，对解释轧机振动和抑制轧机振动将起到更重要的作用。

## 10.4 轧机振动研究现状及展望

轧机振动研究长达60多年之久，从20世纪60年代开始，轧机振动就有报道，而发明轧机已有500多年的历史，冷连轧机组问世也有100多年。通过纵观轧机振动的研究历史，轧机振动与连铸、液压辊缝伺服控制和主传动晶闸管控制的工业应用密切相关，随着轧机装备水平不断提高，特别是近年高强度薄规格带钢的产量骤增，使轧机振动呈现多样化和复杂化，这就给轧机振动研究提出了新的挑战。过去研究轧机振动的人一般为机械或力学专业，而解决轧机振动需要从连铸、工艺、机械、电气、液压和计算机等专业协同配合，要求具有丰富的知识结构和认知水平，才能对轧机振动认识更加深刻，这使得许多研究者遇到了严峻的挑战，甚至放弃攻关。

虽然轧机振动研究取得了长足的进步，但依靠目前的仿真软件尚不能建立完全符合轧机实际的机电液耦合复杂系统的模型，仅能够进行局部建模来分析振动规律，有时仿真结果与实际振动情况相差甚远，特别是依靠仿真结果提出抑振措施，往往遇到了严峻的挑战，目前最有效的办法还是通过现场试验和投入实时抑振措施来消减轧机振动现象，因此轧机振动研究还有很长的路要走。

随着监测技术、现代控制理论和轧机振动研究的不断深化，未来将出现更多的抑振措施，一定会取得更好的抑振效果。另外，随着铸−轧流程智能监测技术和大数据技术的发展，前面工序对后面工序的遗传影响将会逐步定量化，特别是将来轧制过程带钢变形抗力波动实时监测的实现，对解释轧机振动和前后工序的协同抑振将起到重要作用。

## 10.5　本章小结

经过多年的深入研究与广泛探索，在轧机振动领域的知识积累已取得了显著成效。然而，鉴于轧制工艺的持续复杂化和产品质量要求的日益提高，轧机振动研究依然面临诸多待解难题，亟需我们进一步探索与解答。

当前，精准捕捉轧机振动信号和在线监测带钢性能且确保信息不遗漏，已成为该领域研究的关键课题。这一目标的实现，既依赖于传感器技术与数据处理技术的持续创新与突破，也要求我们对轧机振动的内在机理进行更为深入透彻的研究与理解。唯有如此，我们才能有效提取振动信号中的有用信息，并剔除干扰因素，为后续振动分析与抑振措施的实施奠定坚实可靠的基础。

此外，从铸-轧全流程的维度出发，开展轧机振动的溯源研究，也是未来研究的重要方向。此类研究有助于我们全面把握轧机振动的产生与传递机制，进而提出更为有效的抑振策略与解决方案。然而，溯源研究的深入开展离不开大数据的支撑与验证，因此，需进一步强化轧制过程中各类数据的采集、整理与分析工作，以构建更为完善的数据体系，为溯源研究提供强有力的数据支撑。

综上所述，轧机振动研究仍面临诸多挑战与机遇。我们需持续秉持科学严谨的研究态度，勇于创新，不断探索，以推动轧机振动研究的深入发展。我们有理由相信，在不久的将来，我们定能实现对轧机振动的全面理解与掌握，为现代冶金工业的繁荣与进步贡献更多的智慧与力量。

# 参 考 文 献


[1] 钟掘．复杂机电系统耦合设计理论及方法［M］．北京：机械工业出版社，2007.

[2] 邹家祥．冷连轧机系统振动控制［M］．北京：冶金工业出版社，1998.

[3] 闫晓强．热连轧机多态耦合振动控制［M］．北京：冶金工业出版社，2021.

[4] 贾大朋，李韶岗，米楠，等．1250 mm 五机架六辊冷连轧工艺控制系统核心技术［J］．轧钢，2020，37（3）：71-76.

[5] 闫晓强．CSP 轧机耦合振动研究［D］．北京：北京科技大学，2007.

[6] 凌启辉．现代热连轧液机机耦合振动研究［D］．北京：北京科技大学，2014.

[7] 张义方．多源谐波诱发 CSP 轧机主传动耦合振动研究［D］．北京：北京科技大学，2014.

[8] 王鑫鑫．基于热连轧机耦合振动的主动抑振控制研究［D］．北京：北京科技大学，2019.

[9] 肖彪. 基于功率流的热连轧机振动能量研究［D］．北京：北京科技大学，2021.

[10] 韩京清．自抗扰控制技术：估计补偿不确定因素的控制技术［M］．北京：国防工业出版社，2008.

[11] 闫晓强，王辉，等．现代连轧机耦合振动抑制重要进展［J］．中国冶金，2014，24（4）：1-4.

[12] 闫晓强．连轧机振动控制重要进展综述［J］．冶金设备，2013（2）：55-57.

[13] 闫晓强．轧机振动控制的工程应用新进展［N］．世界金属导报，2013-12-17（B07）.

[14] 王鑫鑫．铸轧全流程轧机耦合振动机制研究及应用［N］．世界金属导报，2019-01-15（B06）.

[15] 魏青轩．PDA 数据采集系统在热连轧生产中的应用［D］．太原：太原理工大学，2010.

[16] 崔秀波．数字式扭矩遥测系统开发研究［D］．北京：北京科技大学，2007.

[17] 闫晓强，崔秀波．基于 NRF9E5 的轧机扭矩遥测系统［J］．微计算机信息，2007（25）：107-108，136.

[18] 闫晓强，杨舒拉，程伟，等．轧机扭矩遥测系统［J］．冶金设备，2001（6）：63-65，32.

[19] 关世昌．基于磁耦合谐振式扭矩遥测系统无线供电传输特性研究［D］．北京：北京科技大学，2020.

[20] 闫雄．轧机扭矩遥测无线电能传输自动调谐研究［D］．北京：北京科技大学，2021.

[21] 孙运强．U 型耦合结构无线电能传输特性研究［D］．北京：北京科技大学，2021.

[22] 贾金亮，闫晓强．磁耦合谐振式无线电能传输特性研究动态［J］．电工技术学报，2020，35（20）：4217-4231.

[23] Jia J L，Yan X Q. Application of magnetic coupling resonant wireless power supply in a torque online telemetering system of a rolling mill［J］. Journal of Electrical and Computer Engineering，2020：1-9.

[24] Jia J L，Yan X Q. Research on wireless power transmission characteristics of the torque telemetry system under the influence of rolling mill drive shaft［J］. UPB Scientific Bulletin，Series C：Electrical Engineering and Computer Science，2020，82（1）：315-327.

[25] Jia J L，Yan X Q. Research on frequency tracking control of the wireless power transfer system

based on WiFi [J]. UPB Scientific Bulletin, Series C: Electrical Engineering and Computer Science, 2020, 82 (4): 221-234.

[26] Jia J L, Yan X Q. Research on characteristics of wireless power transfer system based on U-type coupling mechanism [J]. Journal of Electrical and Computer Engineering, 2021: 1-9.

[27] 闫晓强，孙志辉，孙德宏，等．轧机工况在线监测系统软件 [J]．冶金设备，2002 (1): 45-47.

[28] 孙志辉，闫晓强，程伟．轧机工况监测系统软件设计．中国钢铁年会论文集 [C]. 2003, 3: 747-750.

[29] 黄壮．轧制油对热连轧机振动能量影响研究 [D]. 北京：北京科技大学，2015.

[30] 刘克飞．轧制速度对热连轧机振动能量影响研究 [D]. 北京：北京科技大学，2015.

[31] 闫晓强，杨喜恩，吴先峰．轧机水平振动侧向液压振动抑制器抑振效果仿真研究 [J]. 振动与冲击，2013, 32 (24): 11-14.

[32] 杨喜恩．热连轧机辊系侧向约束状态对振动的影响研究 [D]. 北京：北京科技大学，2012.

[33] 苏杭帅．磨辊质量对热连轧机振动能量影响研究 [D]. 北京：北京科技大学，2015.

[34] Wang X X, Yan X Q, et al. A PID controller with desired closed-loop time response and stability margin [C]//Control Conference (CCC), 2017 36th Chinese. IEEE, 2017: 64-69.

[35] Yan X Q. Research on the impact of AGC vibration on the horizontal vibration of the roll system for CSP rolling mill [J]. Advanced Materials Research, 2010, 139-141.

[36] 张之明．轧机主电机谐波导致脉动扭矩机理研究 [D]. 北京：北京科技大学，2014.

[37] 张义方，闫晓强，凌启辉．电流谐波与轧制力谐波协同诱发主传动多态耦合振动研究 [J]. 振动与冲击，2014, 33 (21): 8-12.

[38] 么爱东．液压弯辊对热连轧机振动能量影响研究 [D]. 北京：北京科技大学，2015.

[39] 付兴辉．热连轧液机压弯辊振动控制研究 [D]. 北京：北京科技大学，2017.

[40] 吴先锋．大型热连轧机轴向幅频特性研究 [D]. 北京：北京科技大学，2012.

[41] Takeuchi E, Brimacombe J K. The formation of oscillation marks in the continuous casting of steel slabs [J]. Metallurgical Transactions B, 1984, 15B (9): 493-509.

[42] Lainea E, Bustu rial J C. The ELV solidification model in continuous casting billetes moulds using casting power [C]. Proceedings of 1st European Conference on Continuous Casting. Florence Italy: 1991: 1621-1631.

[43] 张洪威，连铸板坯表面振痕形成机理的研究 [D]. 秦皇岛：燕山大学，2013.

[44] 雷作胜，等．连铸结晶器振动下弯月面处温度波动的模拟实验 [J]. 金属学报，2002 (8): 877-880.

[45] Fredriksson H, Elfsberg J. Thoughts about the initial solidification process during continuous casting of steel [J]. Scandinavian Journal of Metallurgy, 2002, 31 (10): 292-297.

[46] 侯晓光，王恩刚，许秀杰，等．弯月面热障涂层方法对结晶器传热及铸坯振痕形貌的影响 [J]. 金属学报，2015, 51 (9): 1145-1152.

[47] 刘珺．结晶器反向振动控制模型及铸坯质量研究 [D]. 秦皇岛：燕山大学，2014.

[48] 张林涛，等．连铸坯表面振痕的形成及影响因素 [J]. 炼钢，2006, 22 (4): 35-39.

[49] Akira MATSUSHITA, et al. Direct observation of molten steel meniscus in CC mold during casting [J]. Transactions ISIJ, 1988: 28: 531-534.

[50] Gupta D, Chakraborty S, Lahiri A K. Asymmetry and oscillation of the fluid flow pattern in a continuous casting mould: A water model study [J]. ISIJ International, 1997, 37 (7): 654-658.

[51] Thomas B G, Barco J, Arana J. Model of Thermal-Fluid flow in the Meniscus Region During An Oscillation Cycle [C/OL]. 2006.

[52] 谭利坚，沈厚发，柳百成，等. 连铸结晶器液位波动的数值模拟 [J]. 金属学报，2003 (4): 435-438.

[53] 王维维，张家泉，陈素琼，等. 水口侧孔倾角对大方坯结晶器流场和液面波动的影响 [J]. 北京科技大学学报，2007 (8): 816-821.

[54] 武绍文，张彩军，刘毅，等. 板坯连铸结晶器流场物理与数学模拟研究 [J]. 炼钢，2019，35 (1): 54-60.

[55] 胡群，张硕，王璞，等. 大方坯结晶器内液面波动与卷渣行为 [J]. 中国冶金，2020，30 (6): 63-70.

[56] Claudio Ojeda, et al. Model of thermal-fluid flow in the meniscus region during an oscillation cycle [C]. AISTech 2007, Steelmaking Conference Proc., Indianapolis, May, 2007.

[57] 谢集群. 1850mm×230mm 板坯连铸结晶器流场与温度场数值模拟 [J]. 中国冶金，2020，30 (2): 54-62.

[58] Shen B, Shen H, Liu B. Instability of fluid flow and level fluctuation in continuous thin slab casting mould [J]. ISIJ international. 2007, 47 (3): 427-432.

[59] 张磊，翟冰钰，王万林. 薄板坯连铸及其铸坯表面缺陷的形成机理 [J]. 连铸，2020 (4): 22-28.

[60] 程乃良，杨拉道，江中块，等. 板坯连铸结晶器液面周期性波动的探讨 [J]. 炼钢. 2009，25 (6): 59-62.

[61] 田立，田运辉，谢卫东，等. 基于前馈补偿方式的板坯结晶器液面周期性波动研究[J]. 炼钢，2019，35 (4): 38-42.

[62] 孟祥宁，崔禹，吕则胜，等. 连铸结晶器非正弦振动共振分析 [J]. 东北大学学报（自然科学版），2019，40 (9): 1273-1278.

[63] 史灿. CSP 轧机垂扭振动耦合研究 [D]. 北京：北京科技大学，2008.

[64] 焦念成. 连轧机动力学特性对垂扭耦合振动影响研究 [D]. 北京：北京科技大学，2009.

[65] 张义方，闫晓强，凌启辉. 基于连轧机垂扭耦合振动致变形区中性角振动研究 [J]. 工程科学学报，2015，37 (S1): 98-102.

[66] 王宗元. 热连轧机机电耦合振动控制仿真研究 [D]. 北京：北京科技大学，2016.

[67] 张义方，闫晓强，凌启辉. 负载谐波诱发轧机主传动机电耦合扭振仿真研究 [J]. 工程力学，2015，32 (1): 213-217，225.

[68] 刘丽娜. CSP 轧机弧形齿接轴弯扭耦合振动研究 [D]. 北京：北京科技大学，2008.

[69] 闫晓强，刘丽娜，史灿，等. CSP 轧机弯扭耦合振动频率研究 [J]. 振动与冲击，2009，

28（3）：182-185，209.
［70］闫晓强，刘丽娜，曹曦，等．CSP 轧机万向接轴弯扭耦合振动［J］．北京科技大学学报，2008（10）：1158-1162.
［71］邹建才．热连轧液机耦合振动研究［D］．北京：北京科技大学，2014.
［72］王小华．热连轧液机耦合振动抑制仿真研究［D］．北京：北京科技大学，2016.
［73］李立彬．酸轧机组液机耦合振动研究［D］．北京：北京科技大学，2019.
［74］于文宝．热连轧机压下伺服阀动态特性对轧机振动影响研究［D］．北京：北京科技大学，2021.
［75］Xiao B，Yan X Q. Interface vibration characteristics of rolling mill components based on power flow［J］. Australian Journal of Mechanical Engineering，2020，18.
［76］Xiao B，Yan X Q. Application of finite element power flow and visualization in rolling mill vibration［C］. The 4th International Conference on Power，Energy and Mechanical Engineering，2020：162.
［77］Goyder H，White R，Vibrational power flow from machines into built-up structures，Part iii：power flow through isolation systems［J］. Journal of Sound and Vibration，1980（4）：97-117.
［78］Goyder H，White R，Vibrational power flow from machines into built-up structures，Part ii：wave propagation and power flow in beam-stiffened plates［J］. Journal of Sound and Vibration，1980（4）：77-96.
［79］Gavri L，Pavi G. A finite element method for computation of structural intensity by the normal mode approach［J］. Journal of Sound and Vibration，1993，164（1）：29-43.
［80］朱翔，李天匀，赵耀，等．基于有限元的损伤结构功率流可视化研究［J］．机械工程学报，2009，45（2）：132-137.
［81］吴梓峰．结构振动功率流流向控制方法及其应用［D］．广州：华南理工大学，2017.
［82］Undson J，Bielawa R，Flannelly R. Generalized frequency domain substructure synthesis［J］. Journal of the American Helicopter Society，1988，33（1）：55-64.
［83］Lancaster P，Tismenetsky M. The theory of matrices［M］. Academic Press，Londond，UK，1985.
［84］闫晓强，程伟，李树平．轧机扭振控制［J］．北京科技大学学报，1997，19（增刊）.
［85］张瑞成，童朝南．具有不确定性参数的轧机主传动系统自抗扰控制器设计［J］．电工技术学报，2005（12）：86-90.
［86］张瑞成，童朝南，李伯群．基于 LMI 方法的轧机主传动系统机电振动 H_∞ 控制［J］．北京科技大学学报，2006（2）：179-184.
［87］张瑞成，童朝南．基于自抗扰控制技术的轧机主传动系统机电振动控制［J］．北京科技大学学报，2006（10）：978-984.
［88］Gao Z. Scaling and bandwidth-parameterization based controller tuning［C］. IEEE，2003：1242516.
［89］Chen X，Li D，Gao Z，et al. Tuning method for second-order active disturbance rejection control［C］. Yantai，China：2011.
［90］Li S，Zhang S，Liu Y，et al. Parameter-tuning in active disturbance rejection controller using

time scale [J]. Control Theory and Applications, 2012, 29 (1): 125-129.

[91] Shi S, Li J, Zhao S. On design analysis of linear active disturbance rejection control for uncertain system [J]. International Journal of Control and Automation, 2014, 7 (3): 225-236.

[92] Liang G, Li W, Li Z. Control of superheated steam temperature in large-capacity generation units based on active disturbance rejection method and distributed control system [J]. Control Engineering Practice, 2013, 21 (3): 268-285.

[93] Ahi B, Haeri M. Linear active disturbance rejection control from the practical aspects [J]. IEEE/ASME Transactions on Mechatronics, 2018.

[94] Zhang C, Zhu J, Gao Y. Order and parameter selections for active disturbance rejection controller [J]. Control Theory & Applications, 2014 (11): 1480-1485.

[95] 王鑫鑫. 闫晓强. 基于扩张状态观测器的轧机振动抑振器研究 [J]. 振动与冲击, 2019, 38 (5): 1-6.

[96] Wang X X, Yan X Q, Li D, et. al. An approach for setting parameters for two-degree-of-freedom PID controllers [J]. Algorithms, 2018, 11 (4): 48.

[97] Wang X X, Yan X Q. Influence of mill modulus control gain on vibration in hot rolling mills [J]. Journal of Iron and Steel Research International, 2020, 27 (5): 528-536.

[98] Wang X X, Yan X Q. Active vibration suppression for rolling mills vibration based on extended state observer and parameter identification [J]. Journal of Low Frequency Noise, Vibration and Active Control, 2019, 39 (2): 435-450.

[99] Wang X X, Yan X Q. Dynamic model of the hot strip rolling mill vibration resulting from entry thickness deviation and its dynamic characteristics [J]. Mathematical Problems in Engineering, 2019, 11.

[100] 张寅. 基于 DSP 的轧制力智能监测装置的研究 [D]. 北京: 北京科技大学, 2004.

[101] 袁振文. 基于 LabVIEW 的中板轧机在线智能监测系统研究 [D]. 北京: 北京科技大学, 2006.

[102] 张超. 基于虚拟仪器的轧制力在线监测系统的开发研究 [D]. 北京: 北京科技大学, 2007.

[103] 曹羲. CSP 轧机二阶扭振抑制研究 [D]. 北京: 北京科技大学, 2008.

[104] 张龑. 双机架可逆式冷轧机辊系振动研究 [D]. 北京: 北京科技大学, 2009.

[105] 司小明. CSP 轧机与 FTSR 轧机动态特性对比仿真研究 [D]. 北京: 北京科技大学, 2010.

[106] 包淼. CSP 轧机辊系动态响应特性仿真研究 [D]. 北京: 北京科技大学, 2010.

[107] 范连东. FTSR 轧机主传动系统低频振动研究 [D]. 北京: 北京科技大学, 2010.

[108] 黄森. 2250 热连轧 R2 轧机轴向力生成机理研究 [D]. 北京: 北京科技大学, 2011.

[109] 牛立新. 2250 热连轧机集油盒损坏机理研究 [D]. 北京: 北京科技大学, 2011.

[110] 杨文广. 三种热连轧机抗振性评定及结构修改研究 [D]. 北京: 北京科技大学, 2012.

[111] 雷洋. 热连轧机主传动系统扭振非线性因素研究 [D]. 北京: 北京科技大学, 2013.

[112] 任力. 冷连轧机结构参数对垂扭耦合振动特性影响研究 [D]. 北京: 北京科技大

学，2013.

[113] 刘伟．冷连轧机轧制力和张力耦合振动研究 [D]．北京：北京科技大学，2013.

[114] 岳翔．1220 冷连轧机振动与抑制研究 [D]．北京：北京科技大学，2013.

[115] 张勇．冷轧机主传动控制系统抗扰性能仿真研究 [D]．北京：北京科技大学，2016.

[116] 周志．基于 ADAMS 冷轧机工作辊轴承振动仿真研究 [D]．北京：北京科技大学，2017.

[117] 刘建伟．带钢厚度谐波对冷轧机振动影响研究 [D]．北京：北京科技大学，2017.

[118] 贾星斗．二十辊森吉米尔 HZ21 轧机动力学研究 [D]．北京：北京科技大学，2019.

[119] 陈远．热轧原料状态对 F3 轧机振动影响研究 [D]．北京：北京科技大学，2019.

[120] 李霄．1720 冷连轧机振动研究及控制 [D]．北京：北京科技大学，2020.

[121] 隋立国．力马达阀动力学特性对轧机振动影响研究 [D]．北京：北京科技大学，2020.

[122] 李珂．弧形齿接轴动力学特性对热连轧机振动的影响研究 [D]．北京：北京科技大学，2021.

[123] 于文宝．热连轧机压下伺服阀动态特性对轧机振动影响研究 [D]．北京：北京科技大学，2021.

[124] Zhang Y F, Yan X Q, Lin Q H. Characteristic of torsional vibration of mill main drive excited by electromechanical coupling [J]. Chinese Journal of Mechanical Engineering, 2016, 29 (1): 180-187.

[125] 凌启辉，赵前程，王宪，等．热连轧机液机耦合系统振动特性 [J]．钢铁，2017, 52 (2)：51-58.

[126] 张义方，闫晓强，凌启辉．多源激励下 CSP 轧机主传动扭振问题研究 [J]．机械工程学报，2017, 53 (10)：34-42.

[127] 闫晓强，么爱东，刘克飞．液压弯辊控制参数对热连轧机振动能量影响研究 [J]．振动与冲击，2016, 35 (11)：41-46, 65.

[128] 凌启辉，闫晓强，张义方．基于 S 变换的热连轧机耦合振动特征提取 [J]．振动、测试与诊断，2016, 36 (1)：115-119, 201-202.

[129] 凌启辉，闫晓强，张义方．热连轧机非线性水平振动抑制研究 [J]．长安大学学报（自然科学版），2015, 35 (6)：145-151.

[130] 闫晓强．薄带钢表面振纹生成机理及抑制 [C]//中国金属学会．2014 年全国轧钢生产技术会议文集（下）．中国金属学会，2014：3.

[131] 张义方，闫晓强，凌启辉．变频谐波诱发轧机传动非线性耦合振动研究 [J]．华南理工大学学报（自然科学版），2014, 42 (7)：62-67.

[132] 凌启辉，闫晓强，张清东，等．双动力源作用下热连轧机工作辊非线性水平振动特性研究 [J]．振动与冲击，2014, 33 (12)：133-137, 175.

[133] 凌启辉，闫晓强，张清东，等．双动力源驱动下的热连轧机振动特征 [J]．振动、测试与诊断，2014, 34 (3)：534-538, 594.

[134] 凌启辉，闫晓强，张义方，等．热连轧机再生振动特性研究 [J]．中国冶金，2014, 24 (5)：59-64.

[135] 闫晓强，吴先峰，杨喜恩，等．热连轧机扭振与轴向振动耦合研究 [J]．工程力学，

2014，31（2）：214-218.

［136］闫晓强，包淼，李永奎，等．热连轧 FTSR 轧机振动研究［J］．工程力学，2012，29（2）：230-234.

［137］闫晓强．热连轧机机电液耦合振动控制［J］．机械工程学报，2011，47（17）：61-65.

［138］闫晓强，黄森，牛立新，等．2250 热连轧 R2 轧机轴向力生成机理［J］．北京科技大学学报，2011，33（5）：636-640.

［139］闫晓强，牛立新，黄森，等．连轧机万向接轴集油盒损坏机理［J］．北京科技大学学报，2011，33（4）：499-503.

［140］闫晓强，张龑．可逆式冷轧机振动机理研究［J］．振动与冲击，2010，29（9）：231-234，254.

［141］闫晓强，曹曦，刘丽娜，等．轧机主传动系统异常振动仿真研究［J］．系统仿真学报，2009，21（11）：3439-3442，3459.

［142］宋淼，张龚，胡孔白，等．可逆式冷轧机垂直振动测试与仿真分析［J］．冶金设备，2009（2）：48-50，62.

［143］闫晓强，史灿，曹曦，等．CSP 轧机扭振与垂振耦合研究［J］．振动、测试与诊断，2008，28（4）：377-381，414.

［144］闫晓强，张超．轧制力在线智能监测虚拟仪器开发研究［J］．微计算机信息，2007（7）：72-74.

［145］孙德宏，高元军，孙志辉，等．轧机压力监测系统的应用［J］．重型机械，2002（5）：49-51.

［146］闫晓强，袁晓江，程伟，等．大型轧机工况在线监测系统［J］．冶金自动化，2002（2）：59-61.

［147］闫晓强，程伟，李树平．轧机扭振控制［J］．北京科技大学学报，1997（S1）：69-73.

［148］Ling Q H，Yan X Q，et. al. Nonliner horizontal vibration characteristics of working rolls of a hot rolling mill with dual power source［J］. Journal of Viberation Shock，2014，33（12）：133-137，175.

［149］Ling Q H，Yan X Q，Reasearch on harmonic of hydraulic screwdown sysytem on modern hot rolling mill［J］. Adwance and Aaterial Rearch，2012，42（3）：203-209.

［150］闫晓强，邹家祥．平均纯变形抗力模型［J］．北京科技大学学报，1994，16（S2）：42-45.

［151］孙德宏，高元军，孙志辉，等．轧机压力监测系统应用［J］．重型机械，2002（5）：49-51.

［152］袁振文，闫晓强．基于 Labview 的轧机状态监测系统研究［J］．北京科技大学学报，2005，27（S1）：232-234.

［153］Yan X Q，Sun Z H，Chen W. Research on thin slab continuous casting and rolling mills vibration control［C］. 薄板坯连铸连轧国际研讨会，2009：510-517.

［154］Yan X Q，Sun Z H，Chen W. Vibration control in thin slab hot strip mills［J］. Iron Making and Steelmaking，2011，38（4）：309-313.

［155］闫晓强，宋泽红，李永奎，等．FTSR 热连轧机振动现象测试及分析［J］．吉林冶金，

2010（4）：35-39.

［156］ Xiao B，Yan X Q. Multiple root resonance of tandem mill［J］. Journal of Vibroengineering，2020，22（3）：524-535.

［157］ 贾金亮．轧机新型扭矩遥测系统研究及抑振应用［D］. 北京：北京科技大学，2021.

［158］ 齐杰彬．冷连轧机多源诱发振动研究［D］. 北京：北京科技大学，2022.

［159］ 杨文皓．动态轧制扭矩激励下轧机主传动扭振特性研究［D］. 北京：北京科技大学，2023.

［160］ 杨绪飞．轧机轧制力波动激励轧辊轴承振动研究［D］. 北京：北京科技大学，2022.

［161］ 李胜奇．连铸结晶器液面波动影响因素研究［D］. 北京：北京科技大学，2022.

［162］ 贾星斗．冷连轧机组协同振动机制及控制研究［D］. 北京：北京科技大学，2023.

［163］ 刘煜杰．热连轧机振动谐波生成与遗传机制研究［D］. 北京：北京科技大学，2024.

［164］ 赵梦梦．基于两种动力学模型轧机振动模态耦合响应贡献量研究［D］. 北京：北京科技大学，2024.

［165］ 邵化壮．热连轧机主传动机电耦合阻尼抑振控制研究［D］. 北京：北京科技大学，2024.

［166］ 张建民．热连轧机液机耦合阻尼抑振控制研究［D］. 北京：北京科技大学，2024.

［167］ 王立东．热连轧机机械系统抗振性能研究［D］. 北京：北京科技大学，2024.